C로 실습하는

수치해석학

이규봉 지음

KM 경문사

수치해석학은 컴퓨터의 발전과 더불어 응용수학과 자연과학 그리고 공학을 공부하는 학생에게 매우 중요한 과목이 되었다. 수학의 문제가 복잡해지고 광범위해지면서 손으로 해를 구하는 것은 거의 불가능하게 되었다. 간단한 예로, 2행 2열 또는 3행 3열 정도의 연립방정식은 손으로 그 해를 계산할 수 있으나 크기가 100 또는 1000 정도로 커지면 손으로 계산하는 것은 불가능하다. 그러나 컴퓨터의 지속적인 발전으로 우리는 불가능하다고 보는 문제를 컴퓨터를 이용하여 해결할 수 있게 되었다. 컴퓨터를 이용하기 위해서는 컴퓨터가 이해할 수 있는 언어로 문제를 바꾸어 주어야 하는데 이것은 C 또는 Matlab 같은 컴퓨터 언어를 우리가 습득함으로써 해결할 수 있다.

수학의 문제를 컴퓨터의 빠른 연산을 이용하여 해결하기 위해서는 조직적이고 반복적인 방법으로 변환하여 주어야 한다. 이러한 것을 알고리즘이라 하며 수치해석학은 이러한 알고리즘을 개발하는 학문이다. 따라서 수치해석학에서는 알고리즘이 어떻게 유도되는지 이론적인 면을 알려주고 그 알고리즘을 이용하여 수학의 문제를 해결할 수 있는 실습을 동시에 추구하는 것이 바람직하다. 따라서 이 교재에서는 우선 이론적인 면을 예제를 들어가며 이해하기 쉽도록 설명했고, 수치실습을 할 수 있도록 모든 알고리즘을 C 언어로 프로그램을 작성했다. Matlab을 실습에 이용할 경우 내용이 같은 《Matlab으로 실습하는 수치해석학》을 참고하면 된다.

이 책은 다음과 같은 특징이 있다.

한 학기 또는 두 학기에 알맞게 편집 전체의 내용을 매주 3시간 15주 강의를 기본으로 하여 한 학기에 거의 할 수 있도록 수치해석학의 전반적인 내용을 편집했다. 15주 중 보통 기말고사 기간 중에 수업이 없으므로 전체의 내용을 14개의 장으로 나누었으며 각 장은 1주일 3시간의 강의에 충분하다. 시간이 부족한 경우 * 표시한 절은 생략해도 좋다. 실습을 병행하면 두 학기에 모든 내용을 다룰 수 있다.

알기 쉽게 설명 전체의 내용은 이론과 실습을 적절하게 배분했다. 필요한 수학적인 이론을 예제를 통해 설명하고 증명은 가능한 생략했다. 알고리즘이 유도되는 과정을 자세히 설명하여 공학도를 위한 교재로 내용이 적당하고 알기 쉽게 설명했다. 수학전공자들에게는 실습용 참고도서로 적당하다.

알고리즘마다 예제 첨가 모든 알고리즘마다 예제를 첨가하여 알고리즘의 내용을 이해하기 쉽도록 했으며 프로그램예제를 통해 C 프로그램을 직접 시행할 수 있도록 했다.

연습문제 풀이 및 실습문제 이론의 이해를 위해 매 장마다 연습문제가 있고 홀수 번 문제의 풀이를 제공했다. 실습문제가 다양하게 제공되어 단원을 이해하는데 도움이 되도록 했다.

C 프로그램 설명 거의 모든 알고리즘의 프로그램을 C 언어를 이용하여 만들었다. 이 프로그램은 Bolland사의 윈도우즈용 터보 C와 마이크로소프트사의 Visual C++에서 완벽하게 컴파일 될 뿐 아니라 Linux에서도 실행된다. C를 잘 모르는 학생을 위하여 알고리즘에 필요한 기초적인 C 문법을 부록으로 첨부 하였다. 프로그램예제를 통하여 프로그램을 확인할 수 있게 하였으며 제공된 C 프로그램을 그대로 또는 수정하여 직접 계산해 볼 수 있도록 하였다.

이 교재를 사용할 때는 먼저 수학적인 이론에 대한 설명을 하면서 알고리즘이 유도된 과정을 이해시키고 간단한 예제를 통해 설명하는 것을 권장한다. 아래 홈페이지에서 제공된 C 프로그램 소스를 내려 받아 학생들 스스로 수업에서 또는 수업이 끝난 후에 실습하도록 한다.

http://cafe.daum.net/cyberna

또한 경문사 웹하드에서도 동일한 내용의 C 프로그램이 제공되어 있으므로 내려 받아 사용할 수 있다.

웹하드 주소: http://kms.webhard.co.kr/
아이디: guest
비밀번호: 3004
'내리기전용' 폴더 → 'C로 실습하는 수치해석학(이규봉 저)' 폴더
[폴더 암호: 9788961053716]

이규봉
gblee@pcu.ac.kr

차례

제1장 — 오차는 왜 생길까?

제2장 — 행렬과 연립방정식

제3장 — 가우스 소거법과 LU 분해법

제4장 — 노름과 반복법

제5장 — 고유치방정식의 수치해법

제6장 — 방정식의 해 구하기 (1)

제7장 — 방정식의 해 구하기 (2)

제8장 보간법

제9장 스플라인 함수

제10장 최적근사함수

제11장 수치미적법

제12장 — 복합수치적분과 가우스 구적법

제13장 — 미분방정식의 수치해법

제14장 — 유한차분법과 유한요소법

부 록

제1장 오차는 왜 생길까?

그림 1.1

순환하는 마디가 있는 소수는 유리수, 순환마디가 없는 무한소수는 무리수이다. 모든 소수는 실수이다.

원시 시대에 수는 물건을 세기 위해서 필요하였다. 문명이 발달함에 따라 수도 발달하여 물건을 세기에 적합한 자연수에서 정수, 유리수, 무리수, 실수 그리고 복소수까지 발전되었다. 충분한 시간이 주어지면 우리는 정수와 정수 간의 연산은 정확하게 할 수 있다. 유리수의 연산도 분수를 이용하면 정확하게 계산할 수 있다. 그러나 소수로 표현하면, 간단한 유리수도 정확하게 표현할 수 없다. 예를 들어 하나를 셋으로 나눌 때 분수로는 $\frac{1}{3}$이라고 정확하게 표현할 수 있으나 소수로는 $0.333\cdots$이 되어 정확하게 표현할 수 없다. 단지 순환소수 $0.\dot{3}$이라고 약속할 수 있으나 그것은 기호에 지나지 않는다. 하나를 셋으로 나눌 때 그 값을 0.333이라 한다면 이것은 참값과 분명 차이가 난다. 이 차이를 오차(error)라 한다. 무리수를 정확하게 표현하기는 더욱더 어렵다. 예를 들면, π는 원주율을 나타내는 기호로 $3.141592\cdots$으로 표현되며 유리수처럼 소수부분에 순환하는 마디도 없다. 따라서 무리수의 표현에는 반드시 오차가 생긴다. 수의 연산에는 수가 무한히 많기 때문에 연산의 결과를 정확하게 표현할 수 없는 경우가 많다. 더구나 이 수의 연산을 컴퓨터를 이용하여 계산하려면 컴퓨터가 수를 표현하는 데 필요한 자리의 수는 유한하므로, 자릿수가 많거나 무한인 수의 계산에는 필연적으로 오차가 따른다. 이처럼 수치계산을 하는 데에는 오차가 발생하기 마련인데, 오차는 크게 두 가지 종류로 분류할 수 있다. 컴퓨터에서 수를 표현하는 기억소자의 수가 제한되어 있는 데서 오는 오차와, 수식 또는 함수를 다항식의 합으로 표현하는 데서 오는 오차이다. 예를 들어, 테일러 전개에 의하여 e^x를 다항식으로 표현하면

$$e^x = 1 + x + \frac{x^2}{2!} + \cdots + \frac{x^n}{n!} + \cdots$$

이다. 양변에 $x = 1$을 대입하여 e를 $1 + 1 + \frac{1}{2!} + \cdots + \frac{1}{n!}$이라고 하면 오차가 발생한다.

이 장에서는 컴퓨터에서 수를 표현하는 방법과 오차의 다양성에 대하여 알아보기로 한다.

1.1 컴퓨터가 수를 기억하는 방법

컴퓨터는 전기를 이용하여 움직이는 기계이므로 전기가 켜질 때와 꺼질 때의 두 가지 현상을 이용하여 수를 표현할 수 있다. 컴퓨터에 있는 기억소자(memory chip)에 전기가 나갈 때를 0, 들어올 때를 1이라 하면, 하나의 기억소자는 0과 1로 전기상태를 표현할 수 있다. 이러한 기억소자 여러 개를 묶어 하나로 사용하면 더욱 다양한 수를 표현할 수 있다. 예를 들어, 두 개의 소자로 표현할 수 있는 현상은 00, 01, 10, 11으로 이것을 이용하여 나타낼 수 있는 수는 모두 네 개이다. 일반적으로 많이 사용하는 개인용 컴퓨터는 32개의 소자를 사용하는데 이것을 32비트 기억소자라 한다. 이 경우 얼마나 많은 수를 어떻게 표현하는지 알아보자.

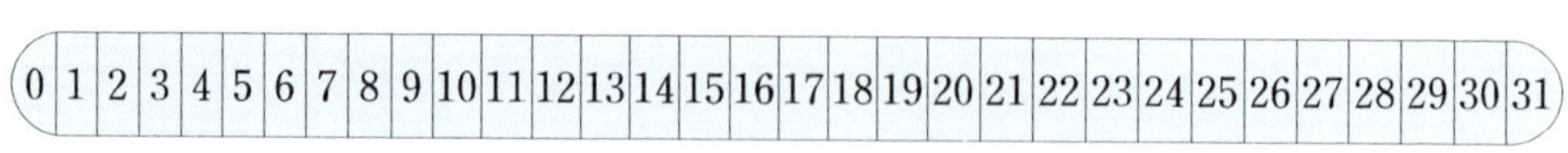

그림 1.2 32비트 기억소자

그림 1.2와 같이 한 단어를 이루고 있는 32비트 기억소자의 0번 비트는 수의 부호를 나타내고 1번 비트부터 31번 비트까지 31개의 기억소자

가 수를 나타낸다. 따라서 32개의 기억소자가 표현할 수 있는 수는 최대 $2^{32} = 4294967296$개이고, 이 중 2147483647개는 양수를, 2147483648개는 음수를, 나머지 하나는 0을 표현하여 표현 가능한 정수는 -2147483648부터 2147483647까지 모두 4294967296개이다. 항상 31번 비트 다음에 소수점이 고정되어 있는 것으로 보아 이를 **고정소수점**(fixed point) 표현이라고 한다.

소수를 표현하는 데는 다음과 같은 **부동소수점**(floating point) 표현을 사용한다.

$$x = (0.a_1a_2a_3 \cdots a_r)_b \times b^c, \ 0 \le a_i < b, \ m \le c \le M \qquad (1.1)$$

여기서 $a_1a_2a_3 \cdots a_r$을 **가수**(mantissa), b를 **기저**(base), c를 **지수**(exponent)라고 하며 상수 m과 M은 컴퓨터 기종에 따라 다르다. 가수 $a_1 \cdots a_r$을 x의 처음 r개의 유효숫자라 한다. 특히 a_1이 0이 아니면 이 표현은 **정규화**(normalized)되었다고 한다. 정규화하지 않으면 같은 수를 다르게 표현할 수 있다. 즉, 0.123 또는 0.0123×10. 그러므로 정규화하는 이유는 수를 단 한 가지의 표현으로 나타내려고 하는 것이다. 식 (1.1)과 같은 표현을 사용하는 경우 **b-진법**을 사용한다고 한다.

0.0123의 처음 3개의 유효숫자는 123이다.

32비트를 한 단위로 사용하는 컴퓨터에서 소수의 표현 방법을 알아보자. 그림 1.2에서 0번 비트는 부호를 나타내며 1번 비트부터 7번 비트까지는 지수를, 8번 비트부터 31번 비트까지 24개 비트는 가수를 나타낸다. 소수점은 7번과 8번 비트 사이에 있는 것으로 생각한다. 지수를 나타내는 7개의 비트가 표현할 수 있는 수는 $2^7 = 128$개로 이 중 64개는 음수를 나타내고 나머지 64개는 0과 양수를 나타낸다. 따라서 큰 수는 양수로 최대 63, 작은 수는 음수로 최소 -64이다. 이 경우 $m = -64$, $M = 63$이 된다. 가수를 표현할 수 있는 24개의 비트는 4비트를 수의 한 자리로 사용하면 6자리를 표현할 수 있어 자리수는 $r = 6$이 된다. 4비트가 한 자리 수를 표현하므로 한 자리가 나타낼 수 있는 수는 $2^4 = 16$으로 0부터 15까지 모두 16개의 수를 표현할 수 있다. 따라서 $b = 16$이 되므로 4비트는 16진법을 나타낸다. 그러므로 32비트 컴퓨터에서 실수는 다음과 같이 나타난다.

$$x = (0.a_1a_2a_3a_4a_5a_6)_{16} \times 16^c, \ 0 \le a_i < 16, \ -64 \le c \le 63 \qquad (1.2)$$

단, $a_1 \neq 0$이다. 식 (1.2)와 같은 표현은 16진법을 사용한다고 한다. 가수가 표현할 수 있는 최대의 수는 16진법으로 $0.FFFFFF(\approx 1)$이므로(F는 15를 뜻함) 이 컴퓨터가 나타낼 수 있는 최대의 실수는

$$(0.FFFFFF)_{16} \times 16^{63} \approx 16^{63} \approx 0.72 \times 10^{76}$$

이다. 가수가 표현할 수 있는 최소의 16진법 수는 $(0.100000)_{16} = 16^{-1}$이므로 최소의 양의 실수는

$$(0.100000)_{16} \times 16^{-64} = 16^{-65} \approx 0.54 \times 10^{-78}$$

가 된다. 절대값이 최대실수보다 크면(overflow) 올바른 연산을 할 수 없고 최소실수보다 작으면(underflow) 일반적으로 0으로 처리하여 계산한다. 이와 같은 컴퓨터에서 32비트를 한 단어로 사용하면 일배정도(single precision), 64비트를 한 단어로 사용하면 이배정도(double precision)의 표현이라 한다.

1.2 마무리오차

컴퓨터는 유한개의 기억소자를 사용하여 수를 표현하므로 연산 과정 중에 생긴 수는 그에 맞는 자릿수만 기억한다. 따라서 컴퓨터에 표현되는 수와 실제의 수와는 차이가 있을 수 있는데 이 차이를 마무리오차(rounding-off error)라 한다. 예를 들어, 네 자리만 기억되면 수 12.345는 12.35가 되든지 아니면 12.34로 전환해야 하므로 마무리오차 0.005 또는 -0.005가 발생된다. 16진법과 여섯 자리 가수로 표현되는 컴퓨터에서 실수 x를 기억시키는 방법은

$$\overline{x} = (0.a_1a_2a_3a_4a_5a_6)_{16} \times 16^c, \ 0 \leq a_i < 16$$

임을 알았다. 이 경우 일곱 개 이상의 자리는 표현할 수 없으므로 컴퓨터에서 x를 표현하는 수 $\overline{x}$와 참값 x는 차이가 날 수 있다. 일곱 개 이상의 자리가 있는 수를 여섯 자리로 기억시키는 데는 두 가지 방법이 있다.

하나는 7번째 자리 이하를 모두 버리는 버림(chopping)이고 다른 하나는 7번째 자리가 8(10진법의 경우는 5)보다 작으면 버리고, 그 이상이면 6번째 자리에 1을 더해주는 반올림(symmetric rounding)이다.

예제 1.1 가수가 여섯 자리이고 16진법인 컴퓨터에서 $x = 0.1234568 \times 16^3$를 나타내는 수는 다음과 같다.

풀이

(1) $\bar{x} = 0.123456 \times 16^3$ 버림

(2) $\bar{x} = 0.123457 \times 16^3$ 반올림 ■

오차가 아주 작을지라도 파국을 초래할 수 있다. 실질적으로 1996년 6월 4일 Arianne 미사일이 폭파하였고, 1991년 걸프전쟁에서 패트리어트 미사일이 미국진영에 떨어졌다고 한다.

컴퓨터에서 더하는 순서를 바꾸면 마무리오차의 영향으로 그 결과가 달라질 수 있다. 예를 들면, 가수가 다섯 자리이고 10진법을 사용하는 컴퓨터에서 반올림을 사용할 때 0.12345에 0.000002를 더하면 0.123452는 반올림하여 다시 0.12345가 되어

$$\begin{aligned}&(((0.12345+0.000002)+0.000002)+0.000002)\\&=((0.12345+0.000002)+0.000002)\\&=(0.12345+0.000002)\\&=0.12345\end{aligned}$$

이 되나, 더하는 순서를 바꾸어 작은 수끼리 먼저 더하면

$$\begin{aligned}&0.12345+(0.000002+(0.000002+0.000002))\\&=0.12345+(0.000002+0.000004)\\&=0.12345+0.000006\\&=0.12346\end{aligned}$$

오차를 줄이기 위해 계산할 때는 비슷한 수끼리 먼저 연산을 하는 것이 좋다.

이 되어 서로 같지 않다. 이것은 0.000006을 0.12345에 더하면 0.123456은 반올림되어 0.12346이 되기 때문이다. 덧셈을 할 때는 비슷한 크기의 수끼리 먼저 합하여 그 결과들을 다시 합하는 것이 바람직하다.

알고리즘 1.1 수의 합산

목 적	$a_1+\cdots+a_n$
입 력	$n,\ a_i$
출 력	sum
	sum$=0.0$ for $i=1$ to n sum$=$sum$+a_i$ end

프로그램예제 1.1 알고리즘 1.1을 이용하여 1.0에 10^{-16}을 10^7번 더하는 프로그램을 만들고, 더하는 순서를

$$1.0+10^{-16}+\cdots+10^{-16}\text{과 } 1.0+(10^{-16}+\cdots+10^{-16})$$

으로 하여 각각을 비교해 보자.

프로그램 1.1 rounding_off.cpp

```
                                #include<stdio.h>
                                main( )
                                {
일배정도 선언                   float sum1 = 1.0, sum0 = 0.0, dif = 0.000001;
이배정도 선언                   double dsum1 = 1.0, dsum0 = 0.0, ddif = 0.000001;
정수형 선언                     int i;
                                for(i = 1; i<= 10000; i + + )
                                {
1에 0.000001을 더함.              sum1 = sum1 + dif; dsum1 = dsum1 + ddif;
0.000001끼리 먼저                 sum0 = sum0 + dif; dsum0 = dsum0 + ddif;
더한 후 나중에 1을              }
더함.                           printf("Sum1 = %f, Sum0 = %f\n", sum1, sum0 + 1.0);
                                printf("dSum1 = %f, dSum0 = %f", dsum1, dsum0 + 1.0);
                                return;
                                }
```

실행 Sum1 = 1.009537, Sum0 = 1.010000

dSum1 = 1.010000, dSum0 = 1.010000

오차를 줄이기 위해 계산할 때는 이배정도를 사용한다.

이 합은 $1.0+10^{-9}$가 되어야 한다. 그러나 1에 상대적으로 아주 작은 수를 계속 더한 sum1은 마무리오차가 누적되어 1이 된다. 그러나 작은 수를 먼저 더하고 나중에 1을 더한 sum2는 정확하다.

1.3 테일러 전개와 절단오차

무리수 e의 값은 얼마인가? 계산기(Casio fx-115)을 사용하면 2.718281828이 나온다. 이 수는 물론 정확한 수가 아니라 e의 근사값이다. 이 값을 살펴보기 위해 적당한 수 x에서 e^x의 값을 구하여 보자. e^x의 근사값은 테일러(Taylor) 전개 $e^x = 1+x+\frac{x^2}{2!}+\cdots+\frac{x^n}{n!}+\cdots$을 이용하면 사칙연산을 통하여 계산할 수 있다. 이 무한합을 계산할 수 없으므로 이 중 유한합 $1+x+\frac{x^2}{2!}+\cdots+\frac{x^n}{n!}$을 이 값으로 대신한다. 이때 오차가 발생하며 이와 같이 수식의 계산에서 무한합을 계산할 수 없어 유한개의 합을 그 근사값으로 하여 발생되는 오차를 절단오차(truncation error)라고 한다.

테일러 정리에 의하면 함수 f가 $x=a$에서 계속 미분가능할 때 $x=a$을 중심으로 함수 $f(x)$의 값은 다음과 같이 표현할 수 있다.

$$f(x)=f(a)+(x-a)f'(a)+\frac{(x-a)^2}{2!}f''(a)+\cdots+\frac{(x-a)^n}{n!}f^{(n)}(a)+\cdots$$

이 중에서 처음 유한개 항의 합

$$f(a)+(x-a)f'(a)+\frac{(x-a)^2}{2!}f''(a)+\cdots+\frac{(x-a)^n}{n!}f^{(n)}(a)$$

을 $f(x)$의 $x=a$에서 n차 테일러 전개식이라 한다.

예제 1.2 테일러 전개를 이용하여 $f(x)=e^x$의 $a=0$에서의 전개식을 구하고 $f(1)=e$의 근사값을 $n=2, 4, 6, 8, 10$일 때 구해보자.

풀이 $f(0)=f(0)=f''(0)=\cdots=f^{(n)}(0)=\cdots=1$이므로

$$\begin{aligned} e^x &= 1+x+\frac{x^2}{2!}+\cdots+\frac{x^n}{n!}+\cdots \\ &\approx 1+x+\frac{x^2}{2!}+\cdots+\frac{x^n}{n!} \end{aligned}$$

이다. 계산기를 사용하여 다음과 같은 표를 얻는다. 참고로 계산기에서 보여주는 e의 값은 2.718281828이다.

n	2	4	6	8	10
근사값	2.5	2.708333333	2.718055555	2.718278769	2.7182818

■

알고리즘 1.2 테일러 전개

목 적	$\sum_{k=0}^{n}\frac{(x-a)^k}{k!}f^{(k)}(a)$의 $x=x_0$에서 함수값
입 력	$n, x_0, a, f(x), f'(x), f''(x), \cdots, f^{(n)}(x)$
출 력	sum
	sum$=0.0$ for $k=0$ to n 　sum$=$sum$+\frac{(x_0-a)^k}{k!}f^{(k)}(a)$ end

프로그램예제 1.2 알고리즘 1.2를 이용하여 함수 $f(x)=e^x$의 $x=a$에서 n차 테일러 전개식으로 $f(x_0)$의 근사값을 계산하는 프로그램을 작성하고 예제 1.2를 확인해보자.

프로그램 1.2 taylor_exp.cpp

```
                         #include <stdio.h>
                         #include <math.h>
테일러 전개 함수 선언      double Taylor_exp(int, double, double);
                         void main(void)
```

	`{`
	`    int n; double a, x;`
입력된 n 항까지 전개	`    printf("차수 n은?");`
	`    scanf("%d", &n);`
입력된 a, x 의 값을	`    printf("\n a와 x의 값은?");`
이용하여 e^x 를 계산	`    scanf("%lf %lf", &a, &x);`
	`    printf("\nn = %d \tExp(%lf) = %lf", n, x,`
	`        Taylor_exp(n, a, x));`
테일러 전개 함수	`}`
	`double Taylor_exp(int n, double a, double x)`
	`{`
	`    int k, j;    double sum = 0., fact;`
	`    for(k = 0; k<= n; k + +)`
	`    {`
	`        fact = 1.;`
fact 변수값은 k!값을	`        for(j = 1; j<= k; j + +)`
계산한다.	`        fact = fact*j;`
	`        sum = sum + exp(a)*pow(x − a, k)/fact;`
	`    }`
sum은 e^x 의 값이다.	`    return sum;`
	`}`

실행 차수 n은? 10

a 와 x의 값은? 0 1

n=10 Exp(1.000000) =2.718282

n차 테일러 전개식을 근사식으로 사용할 경우 생긴 절단오차는 다음과 같이 큰 $O(\ )$로 나타낸다.

$$f(x)=f(a)+(x-a)f'(a)+\frac{(x-a)^2}{2!}f''(a)+\cdots$$
$$+\frac{(x-a)^n}{n!}f^{(n)}(a)+\cdots$$
$$=f(a)+(x-a)f'(a)+\cdots+\frac{(x-a)^n}{n!}f^{(n)}(a)$$
$$+O((x-a)^{n+1})$$

$n=1$과 $n=2$인 경우 각각의 테일러 전개식을 함수 $f(x)$의 $x=a$에서 **일차근사식**, **이차근사식**이라 하며 다음의 오른쪽 항과 같이 나타낸다.

$$\begin{aligned} f(x) &\approx f(a)+(x-a)f'(a) \\ &\approx f(a)+(x-a)f'(a)+\frac{(x-a)^2}{2}f''(x-a) \end{aligned}$$

각각의 경우 절단오차는 $O((x-a)^2)$, $O((x-a)^3)$이다. $f(x)=g(x)+O((x-a)^2)$의 의미는 $x \to a$일 때 $(x-a)^2$이나 $f(x)-g(x)$가 0으로 수렴하는 정도가 비슷함을 말한다. 즉,

$$\lim_{x\to a}\frac{f(x)-g(x)}{(x-a)^2}=\text{상수}$$

예제 1.3 $f(x)=\ln(x+1)$의 $a=0$에서 일차근사식과 이차근사식을 구하고 $x=1$, 0.5, 0.1, 0.05, 0.01에서 그 값을 비교해보자.

풀이 $f(0)=\ln 1=0$, $f'(x)=\dfrac{1}{x+1}$이므로 $f''(0)=1$이고 $f''(x)=-\dfrac{1}{(x+1)^2}$이므로 $f''(0)=-1$이다. 따라서 $\ln(x+1)$의 $a=0$에서 일차근사식은 x, 이차근사식은 $x-\dfrac{x^2}{2}$이다. 이 근사식을 이용하여 $x=1$, 0.5, 0.1, 0.05, 0.01에서 근사값을 구하면 다음과 같고 그래프는 그림 1.3과 같다.

식 \ x	1	0.5	0.1	0.05	0.01
일차근사식	1	0.5	0.1	0.05	0.01
이차근사식	0.5	0.375	0.095	0.04875	0.00995
참 값	0.69314718	0.405465108	0.095310179	0.048790164	0.009503308

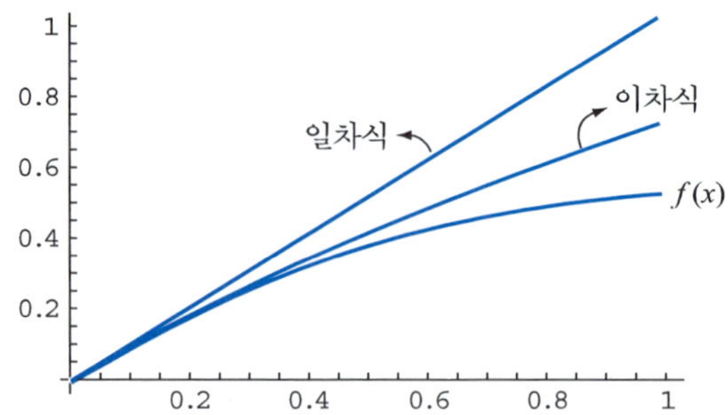

그림 1.3 일차, 이차근사식 비교

■

1.4 다양한 오차의 정의

컴퓨터에서 수를 저장하는 기억소자의 유한성으로 인하여 수를 표현할 때 필연적으로 오차가 생기는 이유를 설명하였다. 어느 수의 참값이 x이고 이 값을 컴퓨터에서 나타내는 수를 $\overline{x}$라고 하자. 이때 $|x-\overline{x}|$을 절대오차(absolute error)라 하고 참값이 0이 아닌 경우 $\dfrac{|x-\overline{x}|}{|x|}$을 상대오차(relative error)라 한다. 연산과정 중에 발생되는 오차의 최대치를 그 오차의 한계(error bound)라고 한다. 10진법인 경우 소수점 첫째 자리에서 버림하여 정수를 얻으면 절대오차의 한계는 1이 된다. 예를 들어 참값 1.999는 소수점 첫째 자리에서 버림하면 1이 되기 때문에 그 오차 $|1.999-1|$는 1을 넘을 수 없다. 그러나 반올림의 경우 절대오차의 한계는 0.5가 되어 버림의 경우보다 오차가 반이나 더 작다. 컴퓨터의 반복성을 활용하여 문제를 풀 수 있도록 변형된 알고리즘(algorithm)은 발생되는 오차의 한계가 작고 실행속도가 빠르며 기억용량을 가능한한 작게 만드는 것이 좋다.

기계오차보다 작은 양수를 1에 더하면 그 값이 변하지 않는다.

컴퓨터에서 아주 작은 양수 ε에 대하여 $1+\varepsilon$은 1로 저장될 수 있다. 이와 같은 경우 함수 $f(x)$의 $x=1$에서 미분값을 계산할 때 그 수 ε보다 작은 모든 양수 δ에 대하여 $1+\delta=1$이 되어 근사값 $\dfrac{f(1+\delta)-f(1)}{\delta}$은 항상 0이 되는 잘못된 결과를 낳게 된다. $1+\varepsilon$의 컴퓨터에서 표현하는 수 $\overline{1+\varepsilon}$이 1보다 크게 되는 최소의 양의 실수 ε을 기계오차(machine epsilon)라 한다. 즉,

$$\text{기계오차} = \min\{\varepsilon > 0 \,|\, \overline{1+\varepsilon} > 1\}$$

예제 1.4 가수가 다섯 자리이고 16진법을 이용하는 컴퓨터에서 기계오차를 구해 보자.

풀이 이 컴퓨터에서 $1+16^{-4}=(0.10001)_{16}\times 16>1$이므로 기계오차 ε는 16^{-4}보다 클 수 없다. 버림의 경우 16^{-4} 다음으로 작은 수 $(0.0000FFF\cdots)_{16}$는 $\overline{1+(0.0000FFF\cdots)_{16}}=1$이므로 기계오차는 16^{-4}이다. 그러나 반올림의 경우

$$\overline{1+(0.00008)}_{16}=(1.00001)_{16}>1\text{이고 }\overline{1+0.00007FF}=1$$

이므로 기계오차는 $(0.00008)_{16}=8\times 16^{-5}=0.5\times 16^{-4}$이다. ■

$1+\dfrac{1}{2^n}$에서 n이 점점 커지면 오차로 인하여 $1+\dfrac{1}{2^n}=1$이 되는 경우가 생긴다. $1+\dfrac{1}{2^n}>1$이 되는 최소의 수 $\dfrac{1}{2^n}$을 구하여 기계오차를 추정해보자.

알고리즘 1.3 기계오차

목 적	기계오차 계산
출 력	meps

	meps = 1
	while 1+meps > 1 do
	    meps = meps/2;
	end
	meps=2×meps

프로그램예제 1.3 •• 알고리즘 1.3을 이용하여 일배정도와 이배정도를 사용할 때 학생이 사용하는 컴퓨터의 기계오차를 구해보자.

프로그램 1.3 •• machine_eps.cpp

```
#include<stdio.h>
main( )
{
/* double body=2, test=1, meps; */      double 선언을 하려면 /* */을 float 앞뒤로 옮기면 됨
float body=2, test=1, meps;
for( ; body>1.; )                        1+test이 1보다 큰지 확인
{
    test=test/2;
    body=1+test;                         1 보다 크지 않으면 그 직전 meps 출력
}
printf("Machine epsilon=%16.8e", 2*meps);
}
```

실행 Machine epsilon=1.19209290e−07
(double을 사용하면 Machine epsilon=2.22044605e−16)

meps는 1+meps=1이 되기 직전의 meps이다. 즉, 이 계산과정에서 1+meps>1이 되는 마지막 meps이다. 이 값은 컴퓨터 기종마다 또는 컴파일러마다 달라질 수 있다.

개념정리

1.1 절

- **고정소수점 표현**

컴퓨터에서 정수를 나타내는 방법을 고정소수점 표현이라 한다.

- **부동소수점 표현, 가수, 기저, 지수, 정규화, b-진법**

컴퓨터에서 소수를 나타내는 다음과 같은 방법을 부동소수점 표현이라 한다.

$$x = (0.a_1 a_2 a_3 \cdots a_r)_b \times b^c$$
$$0 \le a_i < b,\ m \le c \le M$$

여기서 $a_1 a_2 a_3 \cdots a_r$을 가수, b를 기저, c를 지수라고 한다. a_1이 0이 아니면 이 표현은 정규화되었다고 한다. 이와 같은 경우 b-진법을 사용한다고 한다.

- **오버플로워, 언더플로워**

절대값이 최대실수보다 크면 오버플로워, 최소실수보다 작으면 언더플로워라 한다.

- **일배정도, 이배정도**

32비트를 한 단어로 사용하는 컴퓨터에서 32비트를 사용하면 일배정도, 64비트를 한 단어로 사용하면 이배정도의 표현이라 한다.

1.2 절

- **마무리오차**

컴퓨터에서 수를 표현하는 장치가 제한되어 있는 데서 오는 오차를 마무리오차라 한다.

- **버림, 반올림**

수의 특정한 자릿수 이하를 모두 버리는 방법을 버림이라 하고, 사용된 진법 b의 반보다 작으면 특정한 자릿수 이하를 버리고, 그 이상이면 그 위 자리에 1을 더해주는 방법을 반올림이라 한다.

1.3 절

- **$O(h)$**

$h \to 0$일 때 $O(h)$가 0으로 수렴하는 정도나 h가 0으로 수렴하는 정도가 비슷함을 말한다. 즉,

$$\lim_{h \to 0} \frac{O(h)}{h} = \text{상수}$$

- **일차근사식**

$f(a) + (x-a)f'(a)$를 $f(x)$의 $x=a$에서 일차근사식이라 한다.

1.4 절

- **절대오차, 상대오차**

참값이 x이고 근사값이 $\bar{x}$일 때 $|x-\bar{x}|$을 절대오차라 하고, 참값이 0이 아닌 경우 $\dfrac{|x-\bar{x}|}{|x|}$을 상대오차라 한다.

- **오차의 한계**

연산과정 중에 발생되는 오차의 최대치를 그 오차의 한계라고 한다.

- **알고리즘**

컴퓨터의 반복성을 활용하여 문제를 풀 수 있도록 변형된 방법을 알고리즘이라 한다.

- **기계오차**

$1+\varepsilon$를 컴퓨터에서 표현하는 수 $\overline{1+\varepsilon}$가 1보다 크게 되는 최소의 양의 실수 ε을 기계오차라 한다. 즉, $\min\{\varepsilon > 0 \mid \overline{1+\varepsilon} > 1\}$

연습문제

1. 10진법으로 표현한 11, 37, 100, 234, 500, 2689을 2진법과 16진법으로 표현하라.

2. 2진법 101, 1111, 10001, 1010101을 10진법으로 표현하라.

3. 16진법 12, 123, A10, ABCD, 10101을 16진법으로 표현하라.

4. 10진법으로 표현한 1.1, 2.4, 10.12을 2진법, 16진법으로 표현하라.

5. 2진법 1.1, 11.11, 100.101, 1101.11, 0.1000101을 10진법으로 표현하라.

6. 16진법 0.8A, 1.2, AB.CD, 10.101, ABE.8C을 10진법으로 표현하라.

7. 64비트를 한 단위로 사용할 때 표현할 수 있는 정수는 몇 개이며 음수와 음이 아닌 수로 양분할 때 최대의 정수와 최소의 정수를 구하라.

8. 64비트를 한 단위로 사용할 때 1비트는 부호를, 15개 비트는 지수를, 나머지 48개는 가수를 나타낸다면 최대 실수와 최소 실수를 16진법으로 나타내라. 10진법으로 표현하면 어느 정도인지 보여라.

9. 함수 $\sin x$, $\cos x$, $\ln(x+1)$, e^x의 $a=0$에서 테일러 전개식을 구하라.

10. 문제 9를 이용하여 $\sin 1$, $\cos 1$, $\ln(2)$, e의 근사값을 테일러 전개 3항까지 구하여 계산하라.

11. 소수 4째 자리에서 반올림하여 3째 자리로 만들 때 생기는 오차의 한계를 구하라.

12. 소수 4째 자리를 버려서 3째 자리로 만들 때 생기는 오차의 한계를 구하고 반올림의 경우와 비교하라.

13. $x_1 = 1015$, $x_2 = \cdots = x_{10} = 0.4$라고 하자. 가수가 4자리인 컴퓨터에서 $x_1 + x_2 + \cdots + x_{10}$과 $x_{10} + x_9 + \cdots + x_1$을 순서대로 계산하고 왜 값의 차이가 있는지 설명하라.

14. 가수가 3자리일 때 다음 다항식의 $x = 0.1515$를 계산하고 각각의 경우 덧셈과 곱셈의 연산 횟수를 구하고 어느 값이 정확한지 알아보고 그 이유를 설명하라.

$$x^3 - 4x^2 + 3x - 0.101, \quad ((x-4)x+3)x - 0.101$$

15. 반올림의 경우 오차의 한계는 버림의 경우의 0.5가 됨을 설명하라.

16. 함수 $\sin x$와 e^x의 $x=0$에서의 일차식을 구하고 오차가 0.01보다 작으려면 측정할 값이 얼마나 0에 가까워야 하는지 각각 구하라.

17. 실습문제 2의 알고리즘을 사용하면 다항식 $p(x) = \sum_{i=0}^{d} a_i x^i$의 계산에서 덧셈과 곱셈은 모두 몇 번을 해야 하는가?

18. 다항식 $p(x) = \sum_{i=0}^{n} a_i x^i$를

$$p(x) = a_0 + a_1 x + a_2 x^2 + \cdots + a_n x^n$$

과 같이 순서에 의하여 단순히 계산하면 덧셈과 곱셈은 모두 몇 번을 해야 하는가? 실습문제 3과 비교하여 어느 방법이 좋은지 설명하라.

실습문제

1. 알고리즘 1.1을 이용하여 $\sum_{i=1}^{n} a_i$를 구하는 프로그램을 작성하고 $\sum_{i=1}^{100} i^2$와 $\sum_{i=1}^{100} (2i-1)$을 구하라.

2. 알고리즘 1.1을 응용하여 $\prod_{i=1}^{n} a_i$를 구하는 프로그램을 작성하고 $\prod_{i=1}^{10} i^2$와 $\prod_{i=1}^{10} (2i-1)$을 구하라.

3. 프로그램 1.2는 입력 n에 출력이 하나씩 나오게 되어있다. for( )문을 적용하여 예제 1.2의 $n=2, 4, 6, 8, 10$의 결과를 동시에 구하는 프로그램을 작성하고 그 결과가 예제 1.2에서 계산한 결과와 같은지 비교하라.

4. 10진법으로 표현된 정수를 2진법과 16진법으로 바꾸는 프로그램을 작성하여 연습문제 1을 확인하라(진법에 관해서는 부록 참조).

5. 다항식 $p(x) = \sum_{i=0}^{d} a_i x^i$의 계산은 다음 호너의 법칙을 이용할 수 있다.

```
p = a_d
for i=d-1 to 0
    p = x*p + a_i
end
```

이 알고리즘을 이용하여 다항식 $p(x)$의 $x=a$에서 값을 계산하는 프로그램을 작성하라.

6. 실습문제 3의 프로그램을 이용하여 다항식 $p(x) = 1+2x+3x^2+4x^3+5x^4$의 $x=0.5, 3, 3.2$에서 값을 구하라.

7. 함수 $f(x) = \sin x$의 $x=a$에서 n차 테일러 전개식으로 $f(x_0)$의 근사값을 계산하는 프로그램을 작성하고 $a=1$, $x_0=\pi$일 때 $f(x_0)$의 3차, 5차 테일러 전개식으로 근사값을 구하라.

8. 함수 $f(x) = \dfrac{e^x - x - 1}{x^2}$의 6차 테일러 전개는 다음과 같다.

$$T_6(x) = \frac{1}{2!} + \frac{1}{3!}x + \frac{1}{4!}x^2 + \frac{1}{5!}x^3 + \frac{1}{6!}x^4 + \frac{1}{7!}x^5$$

$T_6(x)$을 구하는 프로그램을 만들고 $x = 10^{-k}$, $k=1, 2, \cdots, n$일 때 $f(x)$와 $T_6(x)$의 값을 비교하라.

9. 도함수 정의 $f'(x) = \lim_{h \to 0} \dfrac{f(x+h) - f(x)}{h}$를 이용하여 $\sin x$의 $x=1$에서 도함수의 값을 구하고자 한다. $h = 10^{-n}$, $n=1, \cdots, 8$일 때 오차를 구해 보라. 점점 작아지는지 아니면 어느 순간 오차가 커지는지 살펴보고 그 이유를 설명하라.

제2장 행렬과 연립방정식

자연과학이나 사회과학 또는 공학에서 나타나는 현상을 수학적인 모델로 변환하면 주로 미분방정식으로 표현된다. 이 미분방정식의 해를 구하기 위하여 수치적인 방법을 적용하면 연립방정식이 만들어지고 이 연립방정식의 해가 미분방정식의 근사해가 된다. 예를 들어, 그림 2.1과 같이 동질의 균일한 막대의 양 끝이 항상 0^0로 유지되고 막대 전체에 외부의 열이 $f(x)$와 같은 분포로 가해지고 있다 하자.

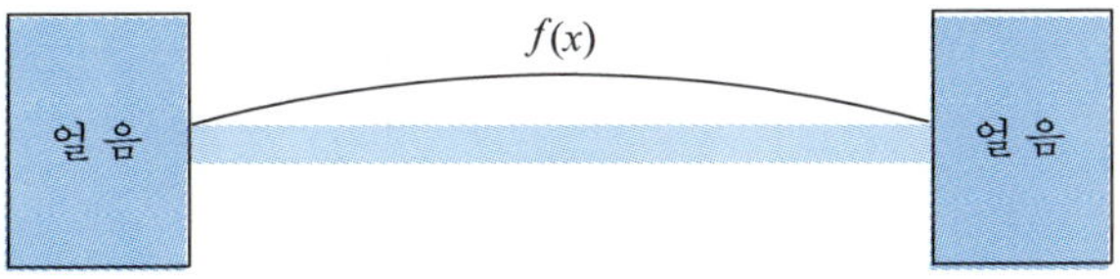

그림 2.1 막대의 열 전도

편의상 막대의 길이를 1이라 하고 위치에 따른 열의 분포함수를 $u(x)$라 하자. 이 현상을 나타내는 수학적 모델은 아래와 같은 미분방정식으로 나타난다.

$$\begin{aligned} &-u''(x) + \sigma u(x) = f(x),\ 0 < x < 1,\ \sigma \geq 0 \\ &u(0) = u(1) = 0 \end{aligned} \tag{2.1}$$

구간 [0, 1]을 균등하게 분할하여 $h=\dfrac{1}{N+1}$, $x_j=jh$, $f_j=f(x_j)$, $j=1, 2, \cdots, N$이라 정의하고, 미분방정식 (2.1)의 근사해를 유한차분법을 이용하여 구하면 다음과 같은 연립방정식을 얻는다([14장]).

$$\begin{aligned}
&(2+\sigma h^2)u_1-u_2 &&= h^2 f_1\\
&\quad -u_1+(2+\sigma h^2)u_2-u_3 &&= h^2 f_2\\
&\qquad\qquad\vdots &&\quad\vdots\\
&\quad -u_{N-2}+(2+\sigma h^2)u_{N-1}-u_N &&= h^2 f_{N-1}\\
&\qquad\qquad -u_{N-1}+(2+\sigma h^2)u_N &&= h^2 f_N
\end{aligned} \tag{2.2}$$

연립방정식 (2.2)의 해 u_j가 $u(x)$의 $x=x_j$에서 근사값이 된다.

따라서 n개의 미지수를 포함하는 m개의 일차 방정식으로 이루어진 연립방정식

$$\begin{aligned}
a_{11}x_1 + a_{12}x_2 + \cdots + a_{1n}x_n &= b_1\\
a_{21}x_1 + a_{22}x_2 + \cdots + a_{2n}x_n &= b_2\\
\vdots \qquad\qquad\qquad &\quad \vdots\\
a_{m1}x_1 + a_{m2}x_2 + \cdots + a_{mn}x_n &= b_m
\end{aligned} \tag{2.3}$$

의 해를 구하는 것은 자연과학이나 사회과학 또는 공학에서 다루어지는 수학에서 매우 중요하다. 연립방정식 (2.3)은 행렬을 이용하여 다음과 같이 표시할 수 있다.

$$\begin{pmatrix} a_{11} & a_{12} & \cdots & a_{1n}\\ a_{21} & a_{22} & \cdots & a_{2n}\\ \vdots & \vdots & & \vdots\\ a_{m1} & a_{m2} & \cdots & a_{mn} \end{pmatrix} \begin{pmatrix} x_1\\ x_2\\ \vdots\\ x_n \end{pmatrix} = \begin{pmatrix} b_1\\ b_2\\ \vdots\\ b_m \end{pmatrix} \tag{2.4}$$

식 (2.4)에서 각각 대응하는 행렬을 A, 벡터를 x와 b라 하면 간단히 $Ax=b$와 같이 행렬방정식으로 나타낼 수 있다. 여기서 A를 이 방정식의 **계수행렬**(coefficient matrix)이라 하며 연립방정식의 해를 구하는 데 행렬의 성질을 아는 것은 매우 중요하다.

2.1 행렬의 성질

행렬 (matrix)이란 수 a_{ij}를 다음과 같이 직사각형 모양으로 나열한 것을 말하며 이 경우 m행 n열 행렬 또는 $m \times n$ 행렬이라 한다. 이 책에서는 a_{ij}를 실수로 가정한다.

$$A = \begin{pmatrix} a_{11} & a_{12} & \cdots & a_{1n} \\ a_{21} & a_{22} & \cdots & a_{2n} \\ \vdots & \vdots & & \vdots \\ a_{m1} & a_{m2} & \cdots & a_{mn} \end{pmatrix}$$

여기서 a_{ij}를 i행 j열 **성분**(component) 또는 (i, j)-성분이라 하며 a_{i1}, a_{i2}, $\cdots$, a_{in}을 i번째 **행**(row), a_{1j}, a_{2j}, $\cdots$, a_{mj}를 j번째 **열**(column)이라고 한다. 간단히 $A = (a_{ij})_{m \times n}$로 나타낸다.

$m = 1$이면 A를 **행벡터**(row vector), $n = 1$이면 **열벡터**(column vector)라고 한다. 특히 $m = n$이면 n차 **정사각행렬**(square matrix)이라 하고 a_{11}, a_{22}, $\cdots$, a_{nn}을 행렬 A의 **대각성분**(diagonal entries)이라 한다. 성분이 모두 0인 행렬을 **영행렬**(zero matrix)이라고 한다.

행렬, 벡터, 스칼라(또는 상수)를 나타내는 기호로는 특별한 설명이 없는 한 행렬은 영문 대문자 A, B, X, $\cdots$; 벡터는 영문 소문자 a, b, x, y, $\cdots$; 스칼라(또는 상수)는 그리스 소문자 α, β, δ, $\cdots$를 사용한다.

예제 2.1

(1) $\begin{pmatrix} 1 & 2 & 3 \\ 4 & 5 & 6 \end{pmatrix}$에서 A는 2×3 행렬이고 2는 1행 2열 성분, 1, 2, 3은 첫 번째 행, 3, 6은 세 번째 열,

(2) $(1\ 2\ 3)$ 행벡터, $\begin{pmatrix} 3 \\ 4 \end{pmatrix}$ 열벡터,

(3) $\begin{pmatrix} 0 & 0 & 0 \\ 0 & 0 & 0 \end{pmatrix}$ 영행렬, $\begin{pmatrix} 1 & 2 \\ 4 & 5 \end{pmatrix}$ 2차 정사각행렬.

크기가 같은 두 행렬 $A = (a_{ij})_{m \times n}$, $B = (b_{ij})_{m \times n}$에서 서로 대응하는 성분이 모두 같을 때 A와 B는 **같다**고 한다.

$$A = B \quad \Leftrightarrow \quad a_{ij} = b_{ij}, \quad (1 \le i \le m, 1 \le j \le n).$$

크기가 같은 행렬과 행렬의 **덧셈**은 $A=(a_{ij})$, $B=(b_{ij})$일 때

$$A+B=(a_{ij}+b_{ij})$$

로 정의하고, 상수 α에 대하여 **스칼라 곱셈**은

$$\alpha A=(\alpha a_{ij})$$

로 정의한다.

예제 2.2 $A=\begin{pmatrix}1 & -2 & 3\\ 0 & 5 & 6\end{pmatrix}$, $B=\begin{pmatrix}1 & 3 & 0\\ -2 & 1 & 2\end{pmatrix}$이면 $A+B=\begin{pmatrix}2 & 1 & 3\\ -2 & 6 & 8\end{pmatrix}$, $2B=\begin{pmatrix}2 & 6 & 0\\ -4 & 2 & 4\end{pmatrix}$.

두 행렬의 곱셈은 앞행렬의 열의 크기와 뒤행렬의 행의 크기가 같을 때 정의된다. 즉 $A=(a_{ij})_{m\times l}$, $B=(b_{ij})_{l\times n}$에 대하여 행렬의 **곱셈** $AB=(c_{ij})_{m\times n}$라 하면 성분 c_{ij}는 행렬 A의 i행과 행렬 B의 j열을 같은 위치의 성분끼리 곱하여 합한 것이다.

$$c_{ij}=\sum_{k=1}^{l}a_{ik}b_{kj}$$

예제 2.3 $A=\begin{pmatrix}1 & 2 & 0\\ 0 & 5 & 6\end{pmatrix}$, $B=\begin{pmatrix}1 & 2\\ -1 & 0\\ 0 & 4\end{pmatrix}$이면 $AB=\begin{pmatrix}-1 & 2\\ -5 & 24\end{pmatrix}$.

알고리즘 2.1 행렬의 곱셈

목 적	행렬의 곱 AB
입 력	m, n, l, a_{ij}, b_{ij}
출 력	c_{ij}

	for $i=1$ to m
	  for $j=1$ to n
	    $c_{ij}=\sum_{k=1}^{l}a_{ik}b_{kj}$
	  end
	end

알고리즘 2.1의 프로그램은 프로그램 2.1과 같이 작성할 수 있다.

프로그램 2.1 •• **matrix_mult.cpp**

```
#include <stdio.h>
void Matrix_Mult(int, int, int);
double A[20][20], B[20][20], C[20][20];          // 행렬 곱 함수 선언
void main(void)
{   int i, j, l, m, n;                           // 행렬 A(m×l)의 원소 를 입력(한 번에 한 행씩 입력: 한 행 입력이 끝나면 Enter키로 마감)
    printf("앞행렬의 크기 m, l과 뒤행렬의 크기 n은?");
    scanf("%d %d %d", &m, &l, &n);
    printf("\n앞행렬의 성분은? \n");
    for(i=0; i<m; i++)
    {
        printf("%d 행 : ", i+1);
        for(j=0; j<l; j++)
          scanf("%lf", &A[i][j]);
    }                                            // 행렬 B(l×n)의 원소를 입력(한 번에 한 행씩 입력: 한 행 입력이 끝나면 Enter키로 마감)
    printf("\n뒤행렬의 성분은? \n");
    for(i=0; i<l; i++)
    {
        printf("%d 행 : ", i+1);
        for(j=0; j<n; j++)
           scanf("%lf", &B[i][j]);
    }                                            // 행렬 곱 함수 호출
    Matrix_Mult(m, l, n);
    printf("행렬의 곱은 : \n");
    for(i=0; i<m; i++)
    {
        for(j=0;j<n;j++)
        printf("%lf \t", C[i][j]);
        printf("\n");
    }
    return;
}

void Matrix_Mult(int m, int l, int n)
{   int i, j, k;    double sum;
    for(i=0; i<m; i++)
    {
        for(j=0; j<n; j++)
        {
           sum=0.;
           for(k=0; k<l; k++)
```

$$c_{ij} = \sum_{k=1}^{l} a_{ik} b_{kj}$$

```
                sum = sum + A[i][k]*B[k][j];
            C[i][j] = sum;
        }
    }
    return;
}
```

프로그램예제 2.1 •• matrix_mult.cpp을 이용하여 다음 주어진 행렬의 곱을 구해보자.

$$A = \begin{pmatrix} 4 & -1 & 2 \\ -1 & 4 & -1 \\ 2 & -1 & 4 \end{pmatrix}, \quad B = \begin{pmatrix} 1 & -2 & 0 \\ -2 & 1 & -4 \\ 0 & -4 & 1 \end{pmatrix}$$

실행

```
앞 행렬의 크기 m, l과 뒤행렬의 크기 n은?  3 3 3
앞 행렬의 성분은?
1 행 :   4 -1   2
2 행 :  -1   4 -1
3 행 :   2 -1   4
뒤 행렬의 성분은?
Row 1 :   1 -2   0
Row 2 :  -2   1 -4
Row 3 :   0 -4   1
행렬의 곱은 :
  6.000000    -17.000000     6.000000
 -9.000000     10.000000   -17.000000
  4.000000    -21.000000     8.000000
```

행렬의 곱셈에서는 교환 법칙이 성립하지 않는다.

행렬의 곱 AB는 앞행렬 A의 열의 크기와 뒤행렬 B의 행의 크기가 반드시 같아야 연산이 되며 행렬의 곱셈에서는 교환법칙이 성립하지 않는다.

$$AB \neq BA$$

연립방정식 (2.4)에서

$$A = \begin{pmatrix} a_{11} & a_{12} & \cdots & a_{1n} \\ a_{21} & a_{22} & \cdots & a_{2n} \\ \vdots & \vdots & & \vdots \\ a_{m1} & a_{m2} & \cdots & a_{mn} \end{pmatrix}$$

이고 벡터 x와 b를 $x=\begin{pmatrix} x_1 \\ x_2 \\ \vdots \\ x_n \end{pmatrix}$, $b=\begin{pmatrix} b_1 \\ b_2 \\ \vdots \\ b_m \end{pmatrix}$라 하면, 방정식 (2.3)은 간단히 $Ax=b$로 나타낼 수 있다. 연립방정식 (2.3)의 해를 구하기 위하여 행렬의 성질을 알아보기로 하자. 행렬 A에서 A_j를 A의 j번째 열벡터

$$A_j=\begin{pmatrix} a_{1j} \\ a_{2j} \\ \vdots \\ a_{mj} \end{pmatrix}$$

라 하면

$$\begin{aligned} Ax &= \begin{pmatrix} a_{11} & a_{12} & \cdots & a_{1n} \\ a_{21} & a_{22} & \cdots & a_{2n} \\ \vdots & \vdots & & \vdots \\ a_{m1} & a_{m2} & \cdots & a_{mn} \end{pmatrix} \begin{pmatrix} x_1 \\ x_2 \\ \vdots \\ x_n \end{pmatrix} \\ &= \begin{pmatrix} a_{11}x_1 + a_{12}x_2 + \cdots + a_{1n}x_n \\ a_{21}x_1 + a_{22}x_2 + \cdots + a_{2n}x_n \\ \vdots \\ a_{m1}x_1 + a_{m2}x_2 + \cdots + a_{mn}x_n \end{pmatrix} = x_1A_1 + \cdots + x_nA_n \end{aligned}$$

로 되어 행렬과 벡터의 곱 Ax는 행렬 A의 열벡터들의 일차결합으로 된다. 따라서 b가 A의 열벡터들의 일차결합으로 나타낼 수 있으면 그때의 계수들이 $Ax=b$의 해가 된다. 마찬가지로 A는 $m\times n$ 행렬이고 $B=[B_1,\ B_2,\ \cdots,\ B_l]$는 $n\times l$ 행렬, B_j는 B의 j 번째 열벡터라고 하면

$$AB=[AB_1,\ AB_2,\ \cdots,\ AB_l]$$

로 나타낼 수 있다.

예제 2.4 다음에서 Ax를 행렬 A의 열벡터들의 일차결합으로 나타내어 보자.

$$A=\begin{pmatrix} 1 & 2 & 3 & 4 \\ 2 & 4 & 1 & 3 \\ 3 & 1 & 5 & 1 \\ 4 & 3 & 1 & 2 \end{pmatrix},\quad x=\begin{pmatrix} x_1 \\ x_2 \\ x_3 \\ x_4 \end{pmatrix}$$

풀이

$$Ax=\begin{pmatrix} x_1+2x_2+3x_3+4x_4 \\ 2x_1+4x_2+x_3+3x_4 \\ 3x_1+x_2+5x_3+x_4 \\ 4x_1+3x_2+x_3+2x_4 \end{pmatrix}$$

$$=x_1\begin{pmatrix}1\\2\\3\\4\end{pmatrix}+x_2\begin{pmatrix}2\\4\\1\\3\end{pmatrix}+x_3\begin{pmatrix}3\\1\\5\\1\end{pmatrix}+x_4\begin{pmatrix}4\\3\\1\\2\end{pmatrix}$$ ■

행렬과 행렬 또는 상수 사이의 연산은 곱셈에서 교환법칙이 성립하지 않는 것을 제외하고는 모두 수의 사칙연산과 성질이 동일하다.

정리 2.1

크기가 같은 행렬 A, B, C와 영행렬 O, 상수 a, b에 대하여 다음이 성립한다.

(1) $A+O=A$ (2) $(A+B)+C=A+(B+C)$

(3) $A+B=B+A$ (4) $a(A+B)=aA+aB$

(5) $(a+b)A=aA+bA$ (5) $(ab)A=a(bA)$

정리 2.2

$m\times n$ 행렬 A, $n\times l$ 행렬 B, $l\times p$ 행렬 C에 대하여 다음이 성립한다.

$$(AB)C=A(BC)$$

n차 정사각행렬에서 대각선에 있는 성분이 모두 1이고 그 나머지 성분이 모두 0인 행렬을 **단위행렬**(identity matrix)이라 하며 I_n 또는 간단히 I로 나타낸다. 단위행렬을 임의의 행렬에 곱하여도 그 임의의 행렬은 변하지 않는다.

$$AI=IA=A$$

단위행렬과 영행렬은 수에서 1과 0에 해당하는 성질이 있다.

2.2 벡터의 내적과 노름

n개의 순서쌍 $(x_1, x_2, \cdots, x_n)$을 n차 벡터라 하며 다음과 같이 나타내기로 하자.

$$\begin{pmatrix} x_1 \\ x_2 \\ \vdots \\ x_n \end{pmatrix}$$

각각의 성분이 실수인 n차 벡터로 이루어진 집합을 유클리드(Euclidean) n 공간이라고 하며 R^n으로 나타낸다. 즉,

$$\mathrm{R}^n = \left\{ \begin{pmatrix} x_1 \\ x_2 \\ \vdots \\ x_n \end{pmatrix} \middle| \, x_1, x_2, \cdots, x_n \in \mathrm{R} \right\}$$

정의 2.3 벡터 $u, v \in \mathrm{R}^n$의 **내적**(inner product)은 다음과 같이 정의한다.

$$u \cdot v = u_1 v_1 + \cdots + u_n v_n$$

$u \cdot v$는 내적의 특수한 경우로 $u^T v$와 같다. 일반적인 내적의 정의는 함수로 정의되며 제10장에서 다룬다. 상수(또는 스칼라)의 크기는 절대값을 사용하는 것처럼 벡터 $u \in \mathrm{R}^n$의 크기를 나타내는 척도로 절대값을 일반화한 노름이라는 용어를 사용한다. 이것은 u와 u의 내적의 제곱근이다.

정의 2.4 다음을 벡터 $u \in \mathrm{R}^n$의 유클리드 **노름**(norm)이라 한다.

$$\|u\| = \sqrt{u_1^2 + \cdots + u_n^2}$$

내적과 노름의 관계는 다음과 같다.

$$|u \cdot v| = \|u\| \|v\| \cos \theta$$

여기서 θ는 벡터 u와 v의 사잇각이다.

벡터의 크기는 노름으로 측정한다.

유클리드 노름은 노름의 특수한 경우이며 일반적인 정의는 제4장에서 다루기로 한다. 두 수의 거리(또는 차)는 절대값을 이용하는 것처럼 두 벡터 사이의 거리는 노름을 이용하여 정의한다.

정의 2.5

벡터 $u \in \mathrm{R}^n$와 $v \in \mathrm{R}^n$의 거리는 $\|u-v\|$로 정의한다. 즉,

$$\|u-v\| = \sqrt{(u_1-v_1)^2 + \cdots + (u_n-v_n)^2}$$

정의 2.5에서 노름은 $n=1$인 경우 절대값과 같다. 또한 $n=2$, 3인 경우 노름은 벡터의 길이가 되고 거리는 벡터간의 차의 크기, 즉 한 벡터의 끝에서 다른 벡터의 끝까지 잇는 벡터의 길이가 된다.

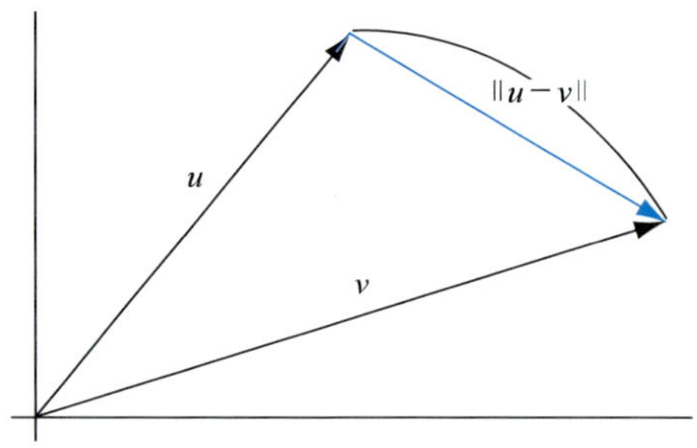

그림 2.2 R^2에서 $\|u-v\|$의 기하학적 의미

두 상수 α, β의 거리 $|\alpha-\beta|$가 작으면 작을수록 α, β는 가깝다고 하는 것처럼 $\|u-v\|$가 작으면 작을수록 벡터 u, v는 가깝다고 한다. 일반적인 벡터에 관하여는 제4장에서 다룬다.

예제 2.5 $u = \begin{pmatrix} 1 \\ 4 \\ 6 \end{pmatrix}$, $v = \begin{pmatrix} -2 \\ 1 \\ -1 \end{pmatrix}$일 때 $u \cdot v$, $\|u\|$, $\|u-v\|$를 구해보자.

풀이

$u \cdot v = 1(-2) + 4(1) + 6(-1) = -4$

$\|u\| = \sqrt{1+16+36} = \sqrt{53}$

$\|u-v\| = \sqrt{9+9+49} = \sqrt{67}$ ■

알고리즘 2.2 벡터의 내적

목 적	벡터의 내적 $x \cdot y$
입 력	$n,\ x_i,\ y_i$
출 력	$s = x \cdot y$
	$s=0$ for $i=1$ to n $s=s+x_i y_i$ end

알고리즘 2.2에서 내적을 출력하는 프로그램은 프로그램 2.2와 같이 할 수 있다.

프로그램 2.2 ••

inner_product.cpp

	#include <stdio.h>
벡터의 내적을 구하는 서브루틴 선언 (결과값은 double)	double Inner_Product(int); double x[30], y[30]; void main(void)
	{ int i, n;

벡터 x의 원소 입력 (한 번에 모두 입력: 원소와 원소 사이는 띄워쓰기로 구분)	printf("벡터의 크기(또는 차수)는?");
	scanf("%d", &n);
	printf("\n벡터 x의 성분은?\n");
	for(i=0; i<n; i++)
	    scanf("%lf", &x[i]);

벡터 y의 원소 입력	printf("\n벡터 y의 성분은? \n");
	for(i=0; i<n; i++)
	    scanf("%lf", &y[i]);
	printf("\n<x,y>=%lf", Inner_Product(n));

벡터의 내적을 구하는 서브루틴 호출	return; }

벡터의 내적을 구하는 서브루틴	double Inner_Product(int n)
	{ int i; double sum=0.;
	    for(i=0; i<n; i++)
	        sum=sum+x[i]*y[i];
	    return(sum);
	}

프로그램예제 2.2 •• inner_product.cpp을 이용하여 아래 벡터의 내적을 구해보자.

$$x=(2,\ 1,\ -4,\ 5,\ 1),\ \ y=(1,\ -2,\ 1,\ 1,\ -1)$$

실행

벡터의 크기(또는 차수)는? 5

벡터 x 의 성분은?

2 1 −4 5 1

벡터 y 의 성분은?

1 −2 1 1 −1

$<x,y \geqq 0.000000$

정의 2.6 $m\times n$ 행렬 $A=(a_{ij})_{m\times n}$에 대하여 각각의 $(i,\ j)$성분이 a_{ji}인 행렬을 A의 **전치행렬**(transpose matrix)이라고 하며 A^T로 나타낸다. 즉,

$$A^T=\begin{pmatrix} a_{11} & a_{12} & \cdots & a_{m1} \\ a_{12} & a_{22} & \cdots & a_{m2} \\ \vdots & \vdots & & \vdots \\ a_{1n} & a_{2n} & \cdots & a_{mn} \end{pmatrix}$$

예제 2.6 $A=\begin{pmatrix} 2 & 6 & 0 \\ 8 & 6 & 4 \end{pmatrix}$이면 $A^T=\begin{pmatrix} 2 & 8 \\ 6 & 6 \\ 0 & 4 \end{pmatrix}$이다.

전치행렬을 이용하면 $u,\ v\in R^n$의 내적과 노름은 $u\cdot v=v^Tu$, $\|u\|=\sqrt{u^Tu}$로 나타낼 수 있으며 전치행렬은 다음과 같은 성질이 있다.

정리 2.7 $m\times n$ 행렬 $A,\ B,\ n\times l$ 행렬 C와 상수 a에 대하여 다음이 성립한다.

(1) $(A^T)^T=A$ (2) $(A+B)^T=A^T+B^T$

(3) $(AC)^T=C^TA^T$ (4) $(aA)^T=aA^T$

정사각행렬에서 대각성분을 중심으로 마주 보는 성분이 모두 같으면 $A=A^T$이고 이때 A를 **대칭행렬**(symmetric matrix)이라 한다. $A=(a_{ij})$가 대칭행렬이면 정사각행렬이고 $a_{ij}=a_{ji}$이 된다. 정사각행렬 (a_{ij})

에서 대각선 아래(또는 위)에 있는 성분이 모두 0일 때 **위삼각행렬** (upper triangular matrix)(또는 **아래삼각행렬**, lower triangular matrix)이라고 한다. 대각선 성분과 바로 아래 위 성분을 제외한 모든 성분이 0일 때 **삼중대각행렬** (tridiagonal matrix)이라 한다. 대각선 성분만 제외하고 나머지 성분이 모두 0일 때 **대각행렬** (diagonal matrix)이라 하며

$$\mathrm{Diag}\{a_{11},\ a_{22},\ \cdots,\ a_{nn}\}$$

으로 나타낸다. 특히 $a_{11}=a_{22}=\cdots=a_{nn}=\alpha$인 대각행렬을 **스칼라행렬** (scalar matrix)이라 하며 αI로 나타낸다.

예제 2.7 다음은 차례로 대칭, 위삼각, 아래삼각, 삼중대각, 대각, 스칼라행렬이다.

$$\begin{pmatrix}1&2&3&4\\2&4&1&3\\3&1&5&1\\4&3&1&2\end{pmatrix},\ \begin{pmatrix}1&2&3&4\\0&4&1&3\\0&0&5&1\\0&0&0&2\end{pmatrix},\ \begin{pmatrix}1&0&0&0\\2&4&0&0\\3&1&5&0\\4&3&1&2\end{pmatrix}$$

$$\begin{pmatrix}1&3&0&0\\2&4&6&0\\0&1&5&1\\0&0&3&2\end{pmatrix},\ \begin{pmatrix}1&0&0&0\\0&4&0&0\\0&0&5&0\\0&0&0&2\end{pmatrix},\ \begin{pmatrix}3&0&0&0\\0&3&0&0\\0&0&3&0\\0&0&0&3\end{pmatrix}$$

2.3 역행렬과 행렬식

정의 2.8 정사각행렬 A에 대하여 $AB=BA=I$인 행렬 B가 있으면 A를 **정칙행렬** (nonsingular matrix)이라 하고 B를 A의 **역행렬** (inverse matrix)이라 하며 $B=A^{-1}$로 나타낸다.

정칙행렬의 역행렬은 단 하나 존재하는 것은 쉽게 증명할 수 있으며 A가 정칙이면 연립방정식 $Ax=b$의 **해** (solution)는 $x=A^{-1}b$임을 알 수 있다. 크기가 2인 경우 행렬 $A=\begin{pmatrix}a&b\\c&d\end{pmatrix}$의 역행렬은 다음과 같다.

$$A^{-1} = \frac{1}{ad-bc}\begin{pmatrix} d & -b \\ -c & a \end{pmatrix}. \text{ 단 } ad-bc \neq 0.$$

여기서 $ad-bc$를 행렬 A의 **행렬식**(determinant)이라 하며 $|A|$ 또는 $\det(A)$라고 나타낸다. A가 정칙이면 $|A| = ad-bc \neq 0$이다. $A=(a_{ij})$, i, $j=1$, 2, 3이면 A의 행렬식은 다음과 같다.

$$|A| = a_{11}\begin{vmatrix} a_{22} & a_{23} \\ a_{32} & a_{33} \end{vmatrix} - a_{12}\begin{vmatrix} a_{21} & a_{23} \\ a_{31} & a_{33} \end{vmatrix} + a_{13}\begin{vmatrix} a_{21} & a_{22} \\ a_{31} & a_{32} \end{vmatrix} \tag{2.5}$$

식 (2.5)를 전개하면

$$\begin{aligned} |A| &= (a_{11}a_{22}a_{33} + a_{12}a_{23}a_{31} + a_{13}a_{21}a_{32}) \\ &\quad - (a_{13}a_{22}a_{31} + a_{12}a_{21}a_{33} + a_{11}a_{23}a_{32}) \end{aligned}$$

이 되어 그림 2.3과 같은 형태로 계산된다.

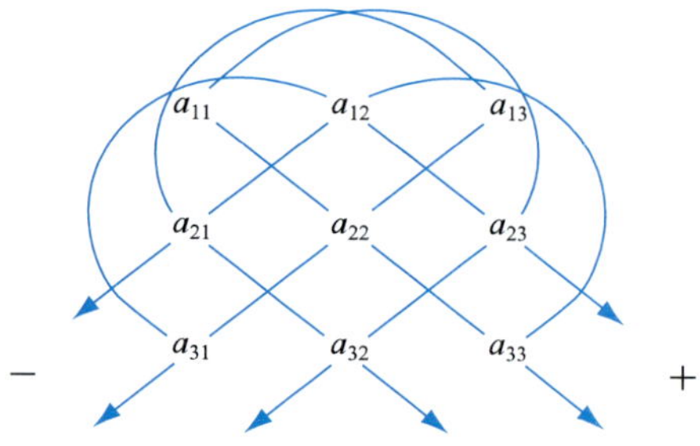

그림 2.3 3차 행렬의 행렬식

그러나 행렬의 크기가 4 이상인 경우는 위와 같은 형태로 되지 않는다. 이 경우 식 (2.5)와 같이 소행렬식을 이용하여야 한다.

예제 2.8 행렬 $\begin{pmatrix} 1 & 2 & 3 \\ 2 & 3 & 4 \\ 3 & 4 & 5 \end{pmatrix}$의 행렬식을 구하라.

풀이

$$\begin{aligned} \begin{pmatrix} 1 & 2 & 3 \\ 2 & 3 & 4 \\ 3 & 4 & 5 \end{pmatrix} &= \begin{vmatrix} 3 & 4 \\ 4 & 5 \end{vmatrix} - 2\begin{vmatrix} 2 & 4 \\ 3 & 5 \end{vmatrix} + 3\begin{vmatrix} 2 & 3 \\ 3 & 4 \end{vmatrix} \\ &= (15-16) - 2(10-12) + 3(8-9) \\ &= 0 \end{aligned}$$

■

알고리즘 2.3 2×2 행렬의 역행렬

목 적	2×2 행렬 A의 역행렬
입 력	$a_{11}, a_{12}, a_{21}, a_{22}$
출 력	A^{-1}

	$b_{11}=a_{22}$; $b_{22}=a_{11}$; $b_{12}=-a_{12}$; $b_{21}=-a_{21}$
	$\det = a_{11}a_{22}-a_{12}a_{21}$
	for $i=1$ to 2
	    for $j=1$ to 2
	        $b_{ij}=a_{ij}/\det$
	    end
	end

알고리즘 2.3에 의하여 2×2 행렬의 역행렬을 구하는 프로그램은 프로그램 2.3과 같다.

프로그램 2.3 inverse_2by2.cpp

```
                        #include <stdio.h>
역행렬 함수 선언          void Inverse_2by2();
                        double A[2][2];
                        void main(void)
                        {    int i, j;
                             printf("행렬의 성분은? \n");
A_{2×2}의 원소를 입력       for(i=0; i<2; i++)
                             {
                                 printf("%d 행 : ", i+1);
                                 for(j=0; j<2; j++)
                                    scanf("%lf", &A[i][j]);
                             }
역행렬 함수 호출              Inverse_2by2();
                             printf("\n역행렬은? \n");
                             for(i=0; i<2; i++)
                             {
                                 for(j=0; j<2; j++)
                                     printf("%lf\t", A[i][j]);    printf("\n");
                                     printf("/n");
                             }
                             return;
```

역행렬을 구하기 위한 함수	`}`
	`void Inverse_2by2( )`
	`{`

교환	`int i, j;   double det;`

행렬 A의 행렬식	`det=A[0][0];  A[0][0]=A[1][1];  A[1][1]=det;`
	`det=A[0][0]*A[1][1]-A[0][1]*A[1][0];`
	`A[0][1]=-A[0][1];  A[1][0]=-A[1][0];`
	`for(i=0; i<2; i++)`
	`    for(j=0; j<2; j++)`
	`        A[i][j]=A[i][j]/det;`
	`return;`
	`}`

프로그램예제 2.3 inverse_2by2.cpp을 이용하여 행렬 $A=\begin{pmatrix}1 & 2\\ 3 & 4\end{pmatrix}$의 역행렬을 구해보자.

실행

```
행렬의 성분은?
1 행 : 1  2
2 행 : 3  4
역행렬은?
-2.000000     1.000000
 1.500000    -0.500000
```

정칙행렬의 곱의 역행렬은 다음과 같은 성질이 있다.

정리 2.9 같은 크기의 정사각행렬 A, B에 대하여 다음이 성립한다.

(1) A가 정칙행렬이면 A^{-1}도 정칙행렬이고 $(A^{-1})^{-1}=A$.

(2) A, B가 정칙행렬이면 AB도 정칙행렬이고 $(AB)^{-1}=B^{-1}A^{-1}$.

정의 2.10 x_1, x_2, $\cdots$, x_n을 벡터라고 하자. 적어도 하나는 0이 아닌 상수 α_1, α_2, $\cdots$, α_n이 존재하여, $\alpha_1 x_1+\alpha_2 x_2+\cdots+\alpha_n x_n=0$이면 벡터 x_1, x_2, $\cdots$, x_n을 **일차종속**(linearly dependent)이라 한다. 만일 일차종속이 아니면, 즉

$$\alpha_1 x_1+\alpha_2 x_2+\cdots+\alpha_n x_n=0 \Rightarrow \alpha_1=\cdots=\alpha_n=0$$

을 만족하면 벡터 x_1, x_2, $\cdots$, x_n을 **일차독립**(linearly independent)이라 한다.

예제 2.9 (1) e_i는 i번째 성분만 1이고 나머지는 모두 0인 벡터라고 하자. 그러면 $\{e_1,\ e_2,\ \cdots,\ e_n\}$은 일차독립이다.

(2) $\{(1, 0, 0, 0)^T, (1, 1, 0, 0)^T, (1, 1, 1, 0)^T, (1, 1, 1, 1)^T,$ $(4, 3, 2, 1)^T\}$은 일차종속이다. 왜냐하면

$$(4, 3, 2, 1)^T = (1, 0, 0, 0)^T + (1, 1, 0, 0)^T + (1, 1, 1, 0)^T + (1, 1, 1, 1)^T.$$

(3) 행렬 $\begin{pmatrix} 1 & 1 & 1 & 1 \\ 0 & 1 & 1 & 1 \\ 0 & 0 & 1 & 1 \\ 0 & 0 & 0 & 1 \end{pmatrix}$은 정칙이고 열벡터 $\{(1, 1, 1, 1), (0, 1, 1, 1),$ $(0, 0, 1, 1), (0, 0, 0, 1)\}$와 행벡터 $\{(1, 0, 0, 0)^{\mathrm{T}}, (1, 1, 0, 0)^{\mathrm{T}},$ $(1, 1, 1, 0)^T, (1, 1, 1, 1)^T\}$은 일차독립이다.

연립방정식 $Ax = b$의 해의 존재성은 계수행렬 A의 성질에 달려 있음을 다음 정리에 의하여 알 수 있다.

정리 2.11 정사각행렬 A에 대하여 다음은 서로 같은 뜻이다.

(1) A는 정칙이다.

(2) 임의의 벡터 b에 대하여 $Ax = b$는 단 하나의 해 $x = A^{-1}b$를 갖는다.

(3) $Ax = 0$는 단 하나의 해 $x = 0$을 갖는다.

(4) 행렬 A의 열(또는 행)벡터는 일차독립이다.

이외에도 A가 정칙인 것과 A의 행렬식 $|A| \neq 0$은 서로 동치이다. 그러나 행렬식 $|A|$는 A의 성분이 조금만 변하여도 크게 변할 수 있으므로 행렬이 정칙행렬인지 아닌지 알고자 할 때 행렬식을 실질적으로 계산하는 일은 드물다.

2.4 덧붙인 행렬과 기본행 연산

연립방정식 $Ax = b$의 해를 구하기 위해서 계수행렬 A와 벡터 b를 같

이 다루는 것이 편리한 경우가 있다. A와 b를 같이 다루기 위해서 벡터 b를 행렬 A에 다음과 같이 덧붙인다.

정의 2.12 행렬 $A=(a_{ij})_{m\times n}$에 벡터 $b=(b_1, b_2, \cdots, b_m)^T$를 아래와 같이 덧붙인 행렬을 $(A|b)$로 나타내며 이 행렬을 A에 b를 **덧붙인 행렬**(augmented matrix)이라 한다.

$$(A|b)=\begin{pmatrix} a_{11} & a_{12} & \cdots & a_{1n} & b_1 \\ a_{21} & a_{22} & \cdots & a_{2n} & b_2 \\ \vdots & \vdots & & \vdots & \vdots \\ a_{m1} & a_{m2} & \cdots & a_{mn} & b_m \end{pmatrix}$$

예제 2.10 $A=\begin{pmatrix} 2 & 3 & 0 \\ 4 & 3 & 2 \end{pmatrix}$, $b=\begin{pmatrix} 1 \\ 4 \end{pmatrix}$이면 $(A|b)=\begin{pmatrix} 2 & 3 & 0 & 1 \\ 4 & 3 & 2 & 4 \end{pmatrix}$이다.

다음 연립방정식을 살펴보자.

$$\begin{aligned} x + 2y + z &= 4 \\ 2x + y &= 3 \\ 4x + 2y + 2z &= 8 \end{aligned} \tag{2.6}$$

$x=1$, $y=1$, $z=1$을 이 방정식에 대입하면 성립하므로 $x=1$, $y=1$, $z=1$은 방정식 (2.6)의 해이다. 연립방정식 (2.6)에서 처음 두 식을 교환하여 얻은 방정식

$$\begin{aligned} 2x + y &= 3 \\ x + 2y + z &= 4 \\ 4x + 2y + 2z &= 8 \end{aligned}$$

의 해도 역시 $x=1$, $y=1$, $z=1$이다. 즉, 연립방정식에 있는 각 방정식의 순서를 교환하여도 해는 변하지 않는다. 또한 식 (2.6)의 첫 번째 식의 양변에 0이 아닌 상수, 예를 들어 2를 곱하여 만든 방정식

$$\begin{aligned} 2x + 4y + 2z &= 8 \\ 2x + y &= 3 \\ 4x + 2y + 2z &= 8 \end{aligned}$$

의 해도 변함없이 $x=1$, $y=1$, $z=1$이다. 즉, 연립방정식에 있는 한 방

정식의 양변에 0이 아닌 상수를 곱하여도 그 연립방정식의 해는 변함이 없다. 이번에는 식 (2.6)에 있는 처음 식의 양변에 -2를 곱하여 두 번째 식에 더하여 만든 방정식

$$\begin{aligned} x + 2y + z &= 4 \\ -3y - 2z &= -5 \\ 4x + 2y + 2z &= 8 \end{aligned}$$

의 해도 역시 $x=1$, $y=1$, $z=1$이다. 이처럼 연립방정식에 있는 한 방정식의 양변에 상수를 곱하여 그 결과를 다른 방정식에 더하여 얻은 방정식의 해도 변함이 없다. 이와 같이 두 연립방정식의 형태는 다를 수 있으나 해가 같은 경우 두 식은 동치(equivalence)라고 한다.

연립방정식 (2.6)을 행렬로 나타내면

$$\begin{aligned} x + 2y + z &= 4 \\ 2x + y \quad &= 3 \\ 4x + 2y + 2z &= 8 \end{aligned} \iff \begin{pmatrix} 1 & 2 & 1 \\ 2 & 1 & 0 \\ 4 & 2 & 2 \end{pmatrix}\begin{pmatrix} x \\ y \\ z \end{pmatrix} = \begin{pmatrix} 4 \\ 3 \\ 8 \end{pmatrix}$$

이고 이 방정식의 덧붙인 행렬은

$$(A \mid b) = \begin{pmatrix} 1 & 2 & 1 & 4 \\ 2 & 1 & 0 & 3 \\ 4 & 2 & 2 & 8 \end{pmatrix}$$

이 된다. 연립방정식에서 처음 두 식을 교환하는 것은 덧붙인 행렬의 처음 두 행을 교환하는 것이고, 처음 식의 양변에 2를 곱하는 것은 첫 행에 2를 곱하는 것이며, 처음 식의 양변에 -2를 곱하여 두 번째 식에 더하여 만든 것은 첫 행의 양변에 -2를 곱하여 두 번째 행에 더하는 것과 같다. 이와 같은 과정을 기본행 연산과정(elementary row operations)이라 하며 기본행 연산과정을 거쳐 나온 연립방정식의 해는 모두 같다.

기본행 연산과정

(1) 두 행을 교환한다.
(2) 한 행에 0이 아닌 상수를 곱한다.
(3) 한 행에 상수를 곱하여 다른 행에 더한다.

이 기본행 연산을 나타내는 행렬을 기본행렬(elementary matrices)이라 한다. 즉, 단위행렬 I의 i번째 행과 j번째 행을 서로 교환한 행렬을 E_{ij},

단위행렬의 i번째 행에 상수 α를 곱한 행렬을 E_i^α, 그리고 단위행렬의 i번째 행에 상수 α를 곱한 후 j번째 행에 더한 행렬을 E_{ij}^α이라고 하면, 행렬 E_{ij}, E_i^α, E_{ij}^α이 기본행렬이고 다음과 같다.

$$E_{ij} = \begin{pmatrix} 1 & 0 & \cdots & \cdots & & \cdots & 0 \\ 0 & \ddots & & \cdots & \cdots & \cdots & 0 \\ & \cdots & 0 & \cdots & 1 & \cdots & \\ \vdots & \cdots\cdots & & \cdots & \cdots & \cdots & \vdots \\ & \cdots & 1 & \cdots & 0 & \cdots & \\ \vdots & \cdots\cdots & & \cdots & \cdots & \ddots & 0 \\ 0 & \cdots\cdots & & & \cdots & 0 & 1 \end{pmatrix} \begin{matrix} \\ \\ \leftarrow i\text{번째 행} \\ \\ \leftarrow j\text{번째 행} \\ \\ \\ \end{matrix}$$

$$E_i^\alpha = \begin{pmatrix} 1 & 0 & \cdots & \cdots & & \cdots & 0 \\ \vdots & \ddots & \cdots & & \cdots & \cdots & \cdots \\ & \cdots & 1 & \cdots & \cdots & & \\ \vdots & & & \alpha & & & \\ & \cdots\cdots & & & 1 & & \cdots \\ \vdots & \cdots\cdots & & & \cdots & \ddots & 0 \\ 0 & \cdots\cdots & & \cdots & \cdots & 0 & 1 \end{pmatrix} \begin{matrix} \\ \\ \\ \leftarrow i\text{번째 행} \\ \\ \\ \\ \end{matrix}$$

$$E_{ij}^\alpha = \begin{pmatrix} 1 & 0 & \cdots & & \cdots & & 0 \\ 0 & \ddots & \cdots & & \cdots & & \\ & & 1 & & & \cdots & \vdots \\ \vdots & & & \ddots & & & \\ & & \alpha & \cdots & 1 & & \vdots \\ \vdots & & \vdots & & & \ddots & 0 \\ 0 & & \cdots & \cdots & & 0 & 1 \end{pmatrix} \begin{matrix} \\ \\ \leftarrow i\text{번째 행} \\ \\ \leftarrow j\text{번째 행} \\ \\ \\ \end{matrix}$$

기본행 연산을 기본행렬의 곱으로 다음과 같이 각각 나타낼 수 있다.

(1) $E_{ij}A$ $\Leftrightarrow$ 행렬 A의 i행과 j행을 바꾼다.

(2) $E_i^\alpha A$ $\Leftrightarrow$ 행렬 A의 i행에 상수 α를 곱한다.

(3) $E_{ij}^\alpha A$ $\Leftrightarrow$ 행렬 A의 i행에 상수 α를 곱하여 j행에 더한다.

예제 2.11 기본행렬의 성질을 이용하여 $E_{12}A$, E_3^2A, E_{23}^2A과 $E_{14}E_{23}^2A$을 구해보자. 단 A는

$$A = \begin{pmatrix} 1 & 2 & 3 & 4 \\ 2 & 4 & 1 & 3 \\ 3 & 1 & 5 & 1 \\ 4 & 3 & 1 & 2 \end{pmatrix}$$

풀이 $E_{12}A$는 행렬 A의 첫 번째 행과 두 번째 행을 교환한 것이고

$$\begin{pmatrix}0&1&0&0\\1&0&0&0\\0&0&1&0\\0&0&0&1\end{pmatrix}\begin{pmatrix}1&2&3&4\\2&4&1&3\\3&1&5&1\\4&3&1&2\end{pmatrix}=\begin{pmatrix}2&4&1&3\\1&2&3&4\\3&1&5&1\\4&3&1&2\end{pmatrix}$$

E_3^2A는 행렬 A의 세 번째 행에 2를 곱한 것이고

$$\begin{pmatrix}1&0&0&0\\0&1&0&0\\0&0&2&0\\0&0&0&1\end{pmatrix}\begin{pmatrix}1&2&3&4\\2&4&1&3\\3&1&5&1\\4&3&1&2\end{pmatrix}=\begin{pmatrix}1&2&3&4\\2&4&1&3\\6&2&10&2\\4&3&1&2\end{pmatrix}$$

E_{23}^2A는 행렬 A의 두 번째 행에 2를 곱하여 세 번째 행에 더한 것이며

$$\begin{pmatrix}1&0&0&0\\0&1&0&0\\0&2&1&0\\0&0&0&1\end{pmatrix}\begin{pmatrix}1&2&3&4\\2&4&1&3\\3&1&5&1\\4&3&1&2\end{pmatrix}=\begin{pmatrix}1&2&3&4\\2&4&1&3\\7&9&7&7\\4&3&1&2\end{pmatrix}$$

$E_{14}E_{23}^2A$는 행렬 A의 두 번째 항에 2를 곱하여 세 번째 항에 더한 후 첫 행과 네 번째 행을 교환한 것이다.

$$\begin{pmatrix}0&0&0&1\\0&1&0&0\\0&2&1&0\\1&0&0&0\end{pmatrix}\begin{pmatrix}1&2&3&4\\2&4&1&3\\3&1&5&1\\4&3&1&2\end{pmatrix}=\begin{pmatrix}4&3&1&2\\2&4&1&3\\7&9&7&7\\1&2&3&4\end{pmatrix}$$ ■

주어진 행렬의 두 행을 교환하는 프로그램은 프로그램 2.4와 같다.

프로그램 2.4 row_change.cpp

```
#include <stdio.h>
void Row_Change(int, int, int);        // 행을 교환하는 서브루틴 선언
double A[50][50];
void main(void)
{    int i, j, r1, r2, m, n;
     printf("행렬의 행과 열의 크기는? : ");      // A행렬의 크기를 입력
     scanf("%d %d", &m, &n);
     printf("\n행렬의 성분은? : \n");
     for(i=0; i<m; i++)                    // A행렬의 원소를 입력
     {
          printf("%d 행 : ", i+1);
          for(j=0; j<n; j++)
             scanf("%lf", &A[i][j]);
```

```
                    }
교환할 행을          printf("\n교환할 행과 행은? ");
선택                 scanf("%d %d", &r1, &r2);
                    Row_Change(r1, r2, n);
                    printf("\n결과 : \n");
                    for(i=0; i<m; i++)
                    {
행을 교환하는            for(j=0; j<n; j++)
서브루틴 호출                printf("%lf\t", A[i][j]);
                        printf("\n");
                    }
                    return;
                }

행을 교환하는    void Row_Change(int r1, int r2, int n);
서브루틴         {   int j;    double change;
                    for(j=0; j<n; j++)
                    {
                        change=A[r1-1][j];
                        A[r1-1][j]=A[r2-1][j];
                        A[r2-1][j]=change;
                    }
                    return;
                }
```

프로그램예제 2.4 row_change.cpp을 이용하여 다음 행렬의 2번째 행과 3번째 행을 교환하여라.

$$A=\begin{pmatrix}1 & 2 & 1\\ 2 & 1 & 0\\ 4 & 2 & 2\end{pmatrix}$$

실행

```
행렬의 행과 열의 크기는? 3 3
행렬의 성분은?
1 행 : 1  2  1
2 행 : 2  1  0
3 행 : 4  2  2
```

```
교환할 행과 행은? 2 3

결과 :
1.000000      2.000000      1.000000
4.000000      2.000000      2.000000
2.000000      1.000000      0.000000
```

개념정리

2.1 절

• **행렬, 성분, 열(행)벡터**

실수 a_{ij}를 아래와 같이 직사각형 모양으로 나열한 것을 행렬이라 하며 $A=(a_{ij})_{m\times n}$로 나타낸다. a_{ij}를 i행 j열 성분, $a_{i1}, \cdots, a_{in}$을 i번째 행, $a_{1j}, \cdots, a_{mj}$를 j번째 열이라고 한다. $m=1$이면 A를 **행벡터**, $n=1$이면 **열벡터**라 한다.

• **정사각행렬**

행과 열의 크기가 같은 행렬

• **영행렬**

성분이 모두 0인 행렬

• **덧셈, 스칼라곱셈, 곱셈**

$A=(a_{ij})$, $B=(b_{ij})$일 때

$$A+B=(a_{ij}+b_{ij})$$

상수 α에 대하여 $\alpha A=(\alpha a_{ij})$, $A=(a_{ij})_{m\times l}$ $B=(b_{ij})_{l\times n}$일 때 $AB=(c_{ij})_{m\times n}$, 단,

$$c_{ij}=\sum_{k=1}^{l} a_{ik}c_{kj}$$

• **단위행렬**

대각선에 있는 성분이 모두 1이고 그 나머지 성분이 모두 0인 행렬을 **단위행렬**이라 한다.

2.2 절

• **유클리드 n 공간**

각각의 성분이 실수인 n차 벡터로 이루어진 집합을 **유클리드 n 공간**이라고 하며 R^n으로 나타낸다.

• **내적, 노름, 거리**

벡터 $u=\mathrm{R}^n$와 $v\in\mathrm{R}^n$에서

$$u\cdot v=u_1v_1+\cdots+u_nv_n$$
$$\|u\|=\sqrt{u_1^2+\cdots+u_n^2}$$
$$\|u-v\|=\sqrt{(u_1-v_1)^2+\cdots+(u_n-v_n)^2}$$

• **전치행렬**

행과 열을 바꾼 행렬로 A^T로 나타낸다.

• **대칭행렬**

대각성분을 중심으로 마주 보는 성분이 같은 행렬. 즉, $A=A^T$.

• **위(아래)삼각행렬, 삼중대각행렬, 대각행렬, 스칼라 행렬**

정사각행렬 (a_{ij})에서 대각선 아래(또는 위)에 있는 성분이 모두 0일 때 **위삼각행렬**(또는 **아래삼각행렬**)이라고 한다. 대각선 위 성분과 그 아래 위 성분을 제외한 모든 성분이 0일 때 **삼중대각행렬**이라고 한다. 대각선 위의 성분만 제외하고 나머지 성분이 모두 0일 때 **대각행렬**이라고 하며

$$\mathrm{Diag}\{a_{11}, \cdots, a_{nn}\}$$

으로 나타낸다. 특히

$$a_{11}=a_{22}=\cdots=a_{nn}=\alpha$$

인 대각행렬을 **스칼라행렬**(scalar matrix)이라고 하며 αI로 나타낸다.

2.3 절

• **정칙행렬, 역행렬**

정사각행렬 A에 대하여 $AB=BA=I$인 행렬 B가 있으면 A를 **정칙행렬**이라 하고 B를 A의 역행

렬이라 하며 $B=A^{-1}$로 나타낸다.

- **일차종속, 일차독립**

벡터 $x_1, x_2, \cdots, x_n$에 대하여, 적어도 하나는 0이 아닌 상수 $\alpha_1, \alpha_2, \cdots, \alpha_n$이 존재하여

$$\alpha_1 x_1 + \alpha_2 x_2 + \cdots + \alpha_n x_n = 0$$

이면 $x_1, \cdots, x_n$을 **일차종속**이라 한다. 일차종속이 아니면 $x_1, x_2, \cdots, x_n$을 **일차독립**이라 한다.

2.4 절

- **덧붙인 행렬**

행렬 $A=(a_{ij})_{m\times n}$에 벡터 $b=(b_1, \cdots, b_m)^T$를 다음과 같이 덧붙인 행렬을 $(A|b)$로 나타내며 이 행렬을 A에 b를 **덧붙인 행렬**이라 한다.

$$(A|b)=\begin{pmatrix} a_{11} & a_{12} & \cdots & a_{1n} & b_1 \\ a_{21} & a_{22} & \cdots & a_{2n} & b_2 \\ \vdots & \vdots & & \vdots & \vdots \\ \vdots & \vdots & & \vdots & \vdots \\ a_{m1} & a_{m2} & \cdots & a_{mn} & b_m \end{pmatrix}$$

- **동치**

두 연립방정식의 해가 같은 경우 두 식은 **동치**라 한다.

- **기본행 연산과정**

두 행을 교환한다.
한 행에 0이 아닌 상수를 곱한다.
한 행에 상수를 곱하여 다른 행에 더한다.

연습문제

1. 다음 행렬에서 $A+B$, $3B$, AC, $B-3A$를 구하라.

$$A=\begin{pmatrix}1 & 2 & -2\\ 2 & -1 & 5\end{pmatrix},\ B=\begin{pmatrix}-1 & 0 & 2\\ 3 & 2 & -2\end{pmatrix},$$
$$C=\begin{pmatrix}1 & 2\\ -2 & 1\\ 3 & 2\end{pmatrix}$$

2. 다음 행렬에서 AB, BA, A^{-1}, B^{-1}, $(AB)^{-1}$, $B^{-1}A^{-1}$를 구하라.

$$A=\begin{pmatrix}1 & 2\\ 2 & -1\end{pmatrix},\ B=\begin{pmatrix}-1 & 0\\ 3 & 2\end{pmatrix}$$

3. 정의 2.1을 증명하라.

4. 정의 2.2를 증명하라.

5. 다음 벡터에서 $|u\cdot v|$, $\|u\|\|v\|$을 구하고 크기를 비교하라.

(1) $u=(1, 0, -3)$, $v=(2, 5, 1)$
(2) $u=(1, 2, 0, -3)^T$, $v=(-2, 2, 5, 1)^T$
(3) $u=(1, 2, -3)$, $v=(2, 4, -6)$
(4) $u=(1, 2, 2, -3)^T$, $v=(3, -5, 5, 1)^T$

6. 다음 벡터에서 $\|u+v\|^2$, $\|u\|^2+\|v\|^2$을 구하고 크기를 비교하라.

(1) $u=(1, 0, -3)$, $v=(2, 5, 1)$
(2) $u=(1, 2, 0, -3)^T$, $v=(-2, 2, 5, 1)^T$
(3) $u=(1, 2, -3)$, $v=(2, 4, -6)$
(4) $u=(1, 2, 2, -3)^T$, $v=(3, -5, 5, 1)^T$

7. 다음 행렬에서 $(A+B)^T$, A^TC^T, $(AC)^T$, C^TA^T를 구하라.

$$A=\begin{pmatrix}1 & 2 & -2\\ 2 & -1 & 5\end{pmatrix},\ B=\begin{pmatrix}-1 & 0 & 2\\ 3 & 2 & -2\end{pmatrix},$$
$$C=\begin{pmatrix}1 & 2\\ -2 & 1\\ 3 & 5\end{pmatrix}$$

8. 다음 벡터가 일차종속인지 일차독립인지 설명하라.

(1) $(1, 2)$, $(3, -1)$, $(2, 3)$
(2) $(1, 2, 3)^T$, $(2, 3, 4)^T$, $(3, 4, 5)^T$
(3) $(1, 0, 1)$, $(0, 1, 1)$, $(1, 1, 0)$
(4) $(1, 2, 3, 0)^T$, $(0, -2, 3, -1)^T$, $(1, 0, -1, 5)^T$, $(2, 0, 5, 4)^T$

9. 정의 2.12를 증명하라.
[힌트. (1) ⇔ (2), (2) ⇒ (3) ⇒ (4) ⇒ (2) 또는 (1) ⇒ (2) ⇒ (3) ⇒ (4) ⇒ (1) 순으로 증명]

10. 크기가 n인 정사각행렬 A와 상수 σ에 대하여 행렬식은 $|\sigma A|=\sigma^n|A|$이 성립한다. 이 결과를 이용하여 행렬이 정칙행렬인지 알고자 할 때 직접 $|A|$을 계산하지 않는 이유를 설명하라.

11. A가 정칙행렬이면 역행렬은 단 하나 존재함을 증명하라.

12. 크기가 2인 경우 행렬 $A=\begin{pmatrix}a & b\\ c & d\end{pmatrix}$의 역행렬은 다음과 같음을 설명하라.

$$A^{-1}=\frac{1}{ad-bc}\begin{pmatrix}d & -b\\ -c & a\end{pmatrix}$$

단, $ad-bc\neq 0$.

13. 기본행렬의 성질을 이용하여 $E_{13}A$, $E_3^{-1}A$, $E_{24}^{-2}A$와 $E_{13}E_3^{-1}A$, $E_2^2E_{24}^{-2}A$를 구하라. 단,

$$A=\begin{pmatrix}1 & 2 & 0 & 3 & 4\\ 2 & 4 & 1 & 0 & 3\\ 3 & 0 & 1 & 5 & 1\\ 4 & 3 & 0 & 1 & 2\end{pmatrix}$$

14. A, B를 크기가 같은 정사각행렬이라 하자. $AB=0$가 되는 영행렬이 아닌 A, B를 예를 들어 보라.

실습문제

1. 프로그램 2.1를 이용하여 AB를 구하라.

(1) $A=\begin{pmatrix}1 & 2 & -2\\ 2 & -1 & 5\end{pmatrix}$, $B=\begin{pmatrix}1 & 2\\ -2 & 1\\ 3 & 5\end{pmatrix}$

(2) $A=\left(\dfrac{1}{i+j-1}\right)$, $B=(i+j-1)$,

$i,\ j=1, \cdots, 5$

2. 프로그램 2.2를 이용하여 다음 벡터의 내적 $u \cdot v$를 구하라.

(1) $u=(1, 2, -3)$, $v=(2, 4, -6)$

(2) $u=(1, 2, 2, -3)^T$, $v=(3, -5, 5, 1)^T$

3. 프로그램 2.3을 이용하여 다음 행렬의 역행렬을 구하라.

(1) $\begin{pmatrix}1 & 2\\ 2 & -1\end{pmatrix}$　　(2) $\begin{pmatrix}-1 & 0\\ 3 & 2\end{pmatrix}$

4. 프로그램 2.2를 수정하여 벡터의 노름을 계산하는 서브루틴을 만들라.

5. 프로그램 2.3을 이용하여 AA^{-1}을 출력하는 서브루틴을 작성하고 AA^{-1}이 I가 되는지 확인하라. 단 A의 크기는 2이다.

6. 입력이 A, b이고 출력이 덧붙인 행렬 $(A|b)$가 되는 서브루틴을 작성하라.

7. 행렬의 한 행에 0이 아닌 상수를 곱하는 서브루틴을 작성하라.

8. 입력이 A, B, α 이고 출력이 $A+\alpha B$가 되는 서브루틴을 작성하라.

9. 벡터 x와 행렬 A에 대하여 벡터 $b=Ax$을 출력하는 서브루틴을 작성하라.
[참고. $n=\text{length}(x)$이면 벡터 Ax의 i번째 성분 $b(i)$는 $\sum_{k=1}^{n} a_{ik}x_k$, $k=1,2,\cdots,n$]

10. 행렬 A, B의 곱 $C=AB$를 출력하는 서브루틴을 작성하라.
[참고. A의 열의 수와 B의 행의 수가 같아야 한다. n이 A의 열의 크기이면 벡터 AB의 $(i,\ j)$번째 성분 $c_{ij}=\sum_{k=1}^{n} a_{ik}b_{kj}$이다.]

11. 크기가 $n\times n$인 행렬 H의 $(i,\ j)$번째 성분이 $1/(i+j-1)$인 힐베르트 행렬을 출력하는 서브루틴을 작성하라.

12. 식 (2.5)를 이용하여 크기가 3인 행렬의 행렬식을 구하는 서브루틴을 작성하라.

제3장 가우스 소거법과 LU 분해법

행렬 A가 정칙이면 역행렬이 있고 연립방정식 $Ax=b$의 해는 단 하나 $x=A^{-1}b$가 된다. 따라서 이론적으로는 역행렬 A^{-1}을 구한 후 이 행렬에 벡터 b를 곱하여 해를 얻을 수 있다. 그러나 행렬 A의 차수가 크면 역행렬을 구하는 것은 계산적으로 볼 때 연립방정식의 해를 구하는 것보다 더욱 힘들고 매우 비효율적이다. 그러므로 연립방정식 $Ax=b$의 해를 구하기 위하여 A^{-1}을 구한 후 b에 곱하여 해를 얻지는 않는다. 이 장에서는 계수행렬을 위삼각행렬로 변환하여 해를 구하는 방법인 가우스 소거법과 계수행렬을 아래삼각행렬과 위삼각행렬의 곱으로 변환하여 해를 구하는 LU 분해법을 알아본다.

3.1 가우스 소거법

연립방정식

$$
\begin{aligned}
a_{11}x_1 + a_{12}x_2 + \cdots + a_{1n}x_n &= b_1 \\
a_{21}x_1 + a_{22}x_2 + \cdots + a_{2n}x_n &= b_2 \\
\vdots \qquad\qquad\qquad & \quad \vdots \\
a_{n1}x_1 + a_{n2}x_2 + \cdots + a_{nn}x_n &= b_n
\end{aligned}
\tag{3.1}
$$

의 덧붙인 행렬은

$$
(A \mid b) \equiv \begin{pmatrix} a_{11} & a_{12} & \cdots & a_{1n} & b_1 \\ a_{21} & a_{22} & \cdots & a_{2n} & b_2 \\ \vdots & \vdots & & \vdots & \vdots \\ a_{n1} & a_{n2} & \cdots & a_{nn} & b_n \end{pmatrix}
\tag{3.2}
$$

이 된다. 덧붙인 행렬 (3.2)에 기본행 연산과정을 반복하여 수행하면 계수행렬 A를 위삼각행렬로 변환하여 동치인 연립방정식으로 만들 수 있다. 위삼각행렬 방정식의 해는 역대입법을 이용하여 쉽게 구할 수 있다. 이와 같은 방법을 **가우스 소거법**(Gauss elimination method)이라 하며 다음과 같이 두 단계로 나누어 볼 수 있다.

단계 1. 위삼각행렬화

덧붙인 행렬 (3.2)에서 a_{11}이 0이 아니라고 가정하자. 만일 0이면 첫 번째 열에서 0이 아닌 성분 a_{k1}을 찾아서 덧붙인 행렬의 k번째 행과 첫 번째 행을 바꾸면 된다. 첫 번째 과정은 기본행 연산 (3)을 덧붙인 행렬에 적용하여 a_{21}, $\cdots$, a_{n1}을 모두 0으로 만든다. 즉, 덧붙인 행렬의 첫 번째 행에 $-a_{i1}/a_{11}$을 곱하여 그 행렬의 i번째 행에 더하는 과정을 $i=2$에서 n까지 모두 실행하면 그 결과 덧붙인 행렬 $(A \mid b)$는 아래와 같은 행렬 $(A \mid b)^{(2)}$로 변한다.

$$
(A \mid b)^{(2)} \equiv \begin{pmatrix} a_{11}^{(1)} & a_{12}^{(1)} & \cdots & a_{1n}^{(1)} & b_1^{(1)} \\ 0 & a_{22}^{(2)} & \cdots & a_{22}^{(2)} & b_2^{(2)} \\ \vdots & \vdots & & \vdots & \vdots \\ 0 & a_{n2}^{(2)} & \cdots & a_{n2}^{(2)} & b_n^{(2)} \end{pmatrix}
$$

여기서 $a_{ij}^{(1)} = a_{ij}$, $b_i^{(1)} = b_i\,(1 \le i,\, j \le n)$이다. 같은 방법으로 $a_{22}^{(2)}$가 0이면 0이 아닌 성분을 그 아래 성분에서 찾아 그 행과 두 번째 행을 바꾸면 되므로 $a_{22}^{(2)}$도 0이 아니라고 가정할 수 있다. 따라서 두 번째 행에 $-a_{i2}^{(2)}/a_{22}^{(2)}$을 곱하여 i번째 행에 더하는 과정을 $i = 3, \cdots, n$까지 반복하여 실행하면 두 번째 열, 세 번째 항부터 n번째 항까지 모두 0이 된다. 이와 같은 과정을 대각선 아래 항이 모두 0이 될 때까지 계속하면 다음과 같은 위삼각행렬을 얻는다.

$$(A\,|\,b)^{(n)} \equiv \begin{pmatrix} a_{11}^{(1)} & a_{12}^{(1)} & \cdots & \cdots & a_{1n}^{(1)} & b_1^{(1)} \\ 0 & a_{22}^{(2)} & \cdots & \cdots & a_{2n}^{(2)} & b_2^{(2)} \\ \vdots & 0 & \ddots & & \vdots & \vdots \\ \vdots & \vdots & \ddots & \ddots & \vdots & \vdots \\ 0 & 0 & \cdots & 0 & a_{nn}^{(n)} & b_n^{(n)} \end{pmatrix}$$

만일 행렬 A가 정칙이면 (3.3)의 대각선 성분 $a_{ii}^{(i)}\ (1 \le i \le n)$은 모두 0이 아니다.

프로그램 안에서 저장할 때는 $a_{ij}^{(i)}$과 $b_i^{(i)}\ \ (1 \le i \le j \le n)$은 다시 a_{ij}, b_j의 장소에 저장되므로 따로 구별할 필요가 없다. 이 과정은 다음과 같이 요약하여 정리할 수 있다.

$$\begin{aligned} &\text{for } j = 1 \text{ to } n-1 \\ &\quad \text{for } i = j+1 \text{ to } n \\ &\qquad i\text{행} = i\text{행} + j\text{행} \times \left(-\frac{a_{ij}}{a_{jj}}\right) \end{aligned} \tag{3.4}$$

여기서 i행의 $n+1$개 성분 모두를 계산할 필요는 없고, 처음 j개의 성분은 모두 0이므로 i행의 $j+1$번째 성분부터 $n+1$번째 성분까지 모두 $n-j+1$개의 성분만 계산하면 된다.

단계 2. 역대입법

단계 1이 완전히 끝난 후 나온 덧붙인 행렬 (3.3)에서 성분 $a_{ij}^{(i)}$과 $b_i^{(i)}$ $(1 \le i \le j \le n)$을 편의상 다시 a_{ij}, b_j로 하면 (3.1)의 해를 구하는 것은 다음 연립방정식의 해를 구하는 것과 같다.

$$
\begin{aligned}
a_{11}x_1 + a_{12}x_2 + \cdots \cdots + a_{1n}x_n &= b_1 \\
a_{22}x_2 + \cdots \cdots + a_{2n}x_n &= b_2 \\
\ddots \qquad \qquad &\vdots \\
\ddots \qquad &\vdots \\
a_{n-1,n-1}x_{n-1} + a_{n-1,n}x_n &= b_{n-1} \\
a_{nn}x_n &= b_n
\end{aligned} \tag{3.5}
$$

행렬 A가 정칙이면 (3.5)의 대각성분 a_{ii}, $1 \leq i \leq n$은 모두 0이 아니므로 맨 아래 식에서 x_n을 먼저 구하고 그 결과를 바로 위 식에 대입하여 x_{n-1}을 구하고 x_n, x_{n-1}을 바로 위 식에 다시 대입하는 방법을 계속하면 모두 구할 수 있다. 즉,

$$
\begin{aligned}
& x_n = b_n / a_{nn} \\
& \text{for } i = n-1 \text{ to } 1 \\
& \qquad x_i = (b_i - \sum_{k=i+1}^{n} a_{ik} \cdot x_k) / a_{ii}
\end{aligned}
$$

예제 3.1 다음 방정식의 해를 가우스 소거법으로 구해보자.

$$
\begin{pmatrix} 1 & 2 & 1 \\ 2 & 1 & 0 \\ 4 & 2 & 2 \end{pmatrix} \begin{pmatrix} x \\ y \\ z \end{pmatrix} = \begin{pmatrix} 4 \\ 3 \\ 8 \end{pmatrix}
$$

풀이 이 연립방정식의 덧붙인 행렬은

$$
(A|b) = \begin{pmatrix} 1 & 2 & 1 & 4 \\ 2 & 1 & 0 & 3 \\ 4 & 2 & 2 & 8 \end{pmatrix}
$$

이다. 이 행렬의 1행$\times(-2)$을 2행에 더하고, 1행$\times(-4)$을 3행에 더하면

$$
\begin{pmatrix} 1 & 2 & 1 & 4 \\ 0 & -3 & -2 & -5 \\ 0 & -6 & -2 & -8 \end{pmatrix}
$$

을 얻고, 다시 이 행렬의 2행$\times(-2)$을 3행에 더하면

$$
\begin{pmatrix} 1 & 2 & 1 & 4 \\ 0 & -3 & -2 & -5 \\ 0 & 0 & 2 & 2 \end{pmatrix}
$$

을 얻는다. 역대입법에 의하여 해는

$$
z = 2/2 = 1
$$

$$y=(-5+2z)/(-3)=1$$
$$x=4-z-2y=1$$

이 된다. ■

예제 3.1의 연산과정을 기본행렬로 나타내면 다음과 같다.

$$E_{23}^{-2}E_{13}^{-4}E_{12}^{-2}(A\,|\,b)=\begin{pmatrix}1 & 2 & 1 & 4\\ 0 & -3 & -2 & -5\\ 0 & 0 & 2 & 2\end{pmatrix}$$

가우스 방법은 마무리오차에 의하여 심각한 오차를 유발할 수 있음을 다음 예를 통해서 알아보자. 가수가 세 자리이고 10진법을 사용하는 컴퓨터에서 아래 문제를 가우스 소거법으로 구해보자.

$$0.0002x+y=2$$
$$x+y=3$$

우선 첫째 식에 -5000을 곱하여 둘째 식에 더하면 표현할 수 있는 가수가 세 자리이므로 반올림에 의하여

$$-5000+1=-5000,\ -5000\times 2+3=-10000 \tag{3.6}$$

가 된다. 따라서

$$0.0002x+y=2$$
$$-5000y=-10000$$

이 되어 해는 $y=2$, $x=0$가 된다. 그러나 이 방정식의 해는 $x=1.0002$, $y=1.9998$이므로 $x=0$, $y=2$는 적당한 해가 될 수 없다. 방정식의 순서를 바꾸어 다시 가우스 소거법을 적용해보자.

$$x+y=3$$
$$0.0002x+y=2$$

첫째 식에 -0.0002을 곱하여 둘째 식에 더하면 표현할 수 있는 가수가 세 자리이므로 반올림에 의하여

$$1-0.0002=1,\quad 2-0.0002\times 3=2 \tag{3.7}$$

가 된다. 따라서

$$x + y = 3$$
$$y = 2$$

이고 해는 $y = 2$, $x = 1$이다. 이 해는 $y = 2$, $x = 0$에 비교하면 아주 좋은 근사값이 된다.

이렇게 마무리오차가 크게 발생한 것은 큰 수와 작은 수의 연산 때문이다. 가우스 소거법에서 첫 번째 방정식에 m을 곱하여 i 번째 방정식에 더하는 과정을 살펴보자. $m = -a_{i1}/a_{11}$이라 하면

$$(a_{i2} + ma_{12})x_2 + \cdots + (a_{in} + ma_{1n})x_n = b_i + mb_1 \tag{3.8}$$

식 (3.6)에서 보듯이 식 (3.8)에서 만일 $|m|$이 매우 크면 각 항 $a_{ik} + ma_{1k}$들에 심각한 마무리오차가 발생하여 (3.8)에서 a_{i2}, $\cdots$, a_{in}, b_i의 값이 상실될 수 있어 식 (3.8)의 의미를 제대로 나타낼 수 없다. 그러나 $|m|$이 작으면 식 (3.7)에서 보듯이 마무리오차가 발생하여도 그렇게 심각하지 않으므로 식 (3.8)이 의미가 있다. 이처럼 가우스 방법을 시행하기 전에 절대값이 가장 큰 항을 찾아 그 항이 속한 행과 첫 번째 행을 먼저 바꾼 후 소거법을 실행하면 오차를 줄일 수 있다. 이렇게 오차를 줄이는 방법을 피벗전략(pivoting)이라고 하며 이 방법을 부분피벗 가우스 소거법(partial pivoting Gauss elimination method)이라 한다.

예제 3.2 예제 3.1의 해를 부분피벗 가우스 소거법으로 구해보자.

풀이 이 연립방정식의 덧붙인 행렬은

$$(A|b) = \begin{pmatrix} 1 & 2 & 1 & 4 \\ 2 & 1 & 0 & 3 \\ 4 & 2 & 2 & 8 \end{pmatrix}$$

이다. 이 행렬의 1열 3행이 가장 크므로 1행과 3행을 교환한다.

$$\begin{pmatrix} 4 & 2 & 2 & 8 \\ 2 & 1 & 0 & 3 \\ 1 & 2 & 1 & 4 \end{pmatrix}$$

이 행렬의 1행$\times\left(-\dfrac{2}{4}\right)$을 2행에 더하고 1행$\times\left(-\dfrac{1}{4}\right)$을 3행에 더하면

$$\begin{pmatrix} 4 & 2 & 2 & 8 \\ 0 & 0 & -1 & -1 \\ 0 & 1.5 & 0.5 & 2 \end{pmatrix}$$

을 얻는다. 이 행렬의 두 번째 열의 3행이 2행인 0보다 더 크므로 2행과 3행을 교환한다.

$$\begin{pmatrix} 4 & 2 & 2 & 8 \\ 0 & 1.5 & 0.5 & 2 \\ 0 & 0 & -1 & -1 \end{pmatrix}$$

이 행렬의 두 번째 열의 3행이 이미 0이 되었으므로 위삼각행렬이 되었다. 역대입법에 의하여 해는

$$z = (-1)/(-1) = 1$$
$$y = (2 - 0.5z)/(1.5) = 1$$
$$x = (8 - 2z - 2y)/4 = 1$$

이 된다. ■

가우스 소거법은 위삼각행렬로 변환한 후 역대입법을 한다.

가우스 소거법은 주어진 행렬을 동치인 위삼각행렬로 변환시키는 과정과 역으로 푸는 두 가지의 과정으로 이루어져 있다. 편의상 $a_{i,n+1} = b_i$, $i = 1, \cdots, n$이라고 하면 다음과 같은 알고리즘을 얻을 수 있다.

알고리즘 3.1 가우스 소거법

목 적	$Ax = b$의 해 x
입 력	A, b, n
출 력	x

	for $j=1$ to $n-1$//위삼각행렬화
	    $a_{jj}=0$이면 $a_{lj} \neq 0(l > j)$인 첫 번째 행 l을 찾는다.
	        l행과 j행을 바꾼다.
	    for $i=j+1$ to n
	        $a_{ij} = -a_{ij}/a_{jj}$
	        for $k=j+1$ to $n+1$
	            $a_{ik} = a_{ik} + a_{ij} \cdot a_{jk}$
	        end
	    end
	end
	if $a_{nn}=0$ then stop//역대입법
	else

```
        b_n = a_{n,n+1}/a_{nn} // 해를 b에 다시 저장
        for i = n-1 to 1
            b_i = (a_{i,n+1} - Σ_{k=i+1}^{n} a_{ik} b_k) / a_{ii}
        end
    end
```

알고리즘 3.1의 둘째 줄 "$a_{jj}=0$이면 $a_{lj}\neq 0(i>j)$인 첫 번째 행 l을 찾는다" 대신 $|a_{lj}|=\max|a_{kj}||k=j,\ j+1,\ \cdots,\ n$인 첫 번째 행 1을 찾는 것으로 하면 부분피벗 가우스 소거법이 된다.

(3.4)에서 필요한 곱셈의 수는 $\dfrac{a_{ij}}{a_{jj}}$를 포함하여 $n-j+2$이다. 따라서 해를 구하는데 필요한 곱셈의 수는

$$\begin{aligned}\sum_{j=1}^{n-1}\sum_{i=j+1}^{n}(n-j+2) &= \sum_{j=1}^{n-1}(n-j+2)(n-j)\\ &= \sum_{k=1}^{n-1}k(k+2)\\ &= \sum_{k=1}^{n-1}k^2+2\sum_{k=1}^{n-1}k\\ &= \frac{n(n-1)(2n-1)}{6}+n(n-1)\\ &= \frac{n(n-1)(2n+5)}{6}\\ &\approx \frac{n^3}{3}\end{aligned}$$

가우스 소거법은 $O\left(\dfrac{n^3}{3}\right)$의 연산과 n^2 만큼의 기억용량이 필요하다.

이다. 그러므로 n차 연립방정식을 위삼각행렬화하는 데 약 $\dfrac{n^3}{3}$ 정도의 연산이 필요하다. 같은 방법으로 역대입법에 필요한 곱셈의 수는 $\dfrac{n(n+1)}{2}$으로 약 $\dfrac{n^2}{2}$ 정도 필요하다. n이 크면 상대적으로 n^2보다 n^3이 훨씬 크므로 전체적으로 필요한 곱셈의 수는 약 $\dfrac{n^3}{3}$ 또는 $O\left(\dfrac{n^3}{3}\right)$로 나타내며 이 알고리즘에 필요한 기억용량은 n^2이 된다.

예제 3.3 알고리즘 3.1에서 $a_{jj}=0$이면 $a_{lj}\neq 0(l>j)$인 첫 번째 행 l을 찾아 l행과 j행을 바꾸는 과정을 Matlab 코드로 작성해보자.

풀이

```
if A(j,j)==0
    for l=j+1 : n
        if A(l,j)~=0
            changer=A(l,:); A(l,:)=A(j,:); A(j,:)=changer;
            break
        end
    end
end
```

■

예제 3.4 식 (3.5)의 $Ux=b$의 해 x를 다시 b에 저장하는 역대입법을 함수문으로 작성해보자. 단 U는 위삼각행렬이다.

풀이

```
% 역대입법 Ux=b, b: 열벡터, U: 위삼각행렬
function [b]=backrward_solve(U,b)
% Ux=b, b: 열벡터, U: 위삼각행렬
n=length(b);
b(n)=b(n)/U(n,n);
for i=n-1:-1:1
    b(i)=(b(i)-U(i, i+1:n)*b(i+1:n))/U(i, i);
end
```

■

예제 3.3과 3.4를 이용하여 알고리즘 3.1을 프로그램하면 다음과 같다. 부분피벗 가우스 소거법의 프로그램은 alg3_1_p.m으로 제공한다.

프로그램 3.1

gauss.cpp

	#include <stdio.h>
가우스 소거법을 위한 서브루틴 설정	void gauss(int);
	double A[50][51];
	void main(void)
행렬의 크기를 입력	{ int i, j, n;
	printf("행렬 A의 크기는?");
	scanf("%d", &n);

행렬의 원소를 입력
(한 행씩 입력한다.)

```
printf("\n행렬 A의 성분은? \n");
    for(i = 0;i<n;i + +)
    {
        printf("%d 행 : ", i+1);
        for(j = 0;j<n;j + +)
            scanf("%lf", &A[i][j]);
    }
```

벡터 b를 입력
-편의상 b[i] = A[i][n]
으로 놓는다
가우스 소거법을 실행
할 수 있는 서브루틴을
호출

```
    printf("b의 성분은? \n");
    for(i = 0;i<n;i + +)
        scanf("%lf",&A[i][n]);
    gauss(n);
}
void gauss(int n)
{   int i, j, k;     double m;
```

i 행과 j 행을 바꾸어 준
다.

```
    for(j = 0; j<n; j + +)
    {
       if(A[j][j] = = 0)
       {
          for(i = j + 1; i<n; i + +)
          {
             if(A[i][j]! = 0)
             {
                for(k = j; k<n + 1; k + +)
                {
                  m = A[j][k]; A[j][k] = A[i][k]; A[i][k] =
m;
                }
                break;
             }
          }
       }
       if(A[j][j] = = 0)
       {
```

대각성분에 0이 있으면
실행을 중단한다
소거하는 부분

```
         printf("정칙행렬이 아닙니다! "); return;
       }
       for(i = j + 1; i<n; i + +)
       {
          A[i][j] = − A[i][j]/A[j][j];
          for(k = j + 1; k<n + 1; k + +)
             A[i][k] = A[i][k] + A[i][j]*A[j][k];
       }
    }
```

역대입법 실행

```
for(i=n-1; i>=0; i--)
{
 for(k=i+1; k<n; k++)
        A[i][n]=A[i][n]-A[i][k]*A[k][n];
    A[i][n]=A[i][n]/A[i][i];
}
```

연립방정식의 해를 출력

```
printf("\n해 x는 : \n");
for(i=0; i<n; i++)
    printf("%lf \t", A[i][n]);
return;
}
```

프로그램예제 3.1•• gauss.cpp를 이용하여 다음 연립방정식의 해를 구해보자.

$$\begin{pmatrix} 1 & 3 & 1 \\ 2 & 1 & 1 \\ 4 & 0 & 2 \end{pmatrix}\begin{pmatrix} x_1 \\ x_2 \\ x_3 \end{pmatrix} = \begin{pmatrix} 2 \\ 3 \\ 6 \end{pmatrix}$$

실행

```
행렬 A의 크기는? 3
행렬 A의 성분은?
1 행 : 1  3  1
2 행 : 2  1  1
3 행 : 4  0  2
b의 성분은?
2  3  6
해  x는 :
1.000000        0.000000        1.000000
```

아래와 같이 계수행렬이 삼중대각행렬인 경우 연산의 수를 대폭 줄일 수 있다.

$$
\begin{pmatrix}
d_1 & c_1 & 0 & \cdots & \cdots & 0 \\
a_2 & d_2 & c_2 & 0 & \cdots & 0 \\
0 & a_3 & d_3 & \ddots & \cdots & \vdots \\
\vdots & 0 & \ddots & \ddots & \ddots & 0 \\
\vdots & \vdots & \ddots & \ddots & d_{n-1} & c_{n-1} \\
0 & 0 & \cdots & 0 & a_n & d_n
\end{pmatrix}
\begin{pmatrix} x_1 \\ x_2 \\ \vdots \\ \vdots \\ x_{n-1} \\ x_n \end{pmatrix}
=
\begin{pmatrix} b_1 \\ b_2 \\ \vdots \\ \vdots \\ b_{n-1} \\ b_n \end{pmatrix}
$$

계수행렬이 삼중대각행렬인 경우 알고리즘 3.1의 j에 관하여 $i=j+1$, $k=j+1$과 $n+1$만 필요하므로 다음과 같은 알고리즘이 된다.

알고리즘 3.2 삼중대각행렬의 가우스 소거법

목 적	$Ax=b$의 해 x(단, A는 삼중대각행렬)
입 력	a_i, b_i, c_i, d_i, n
출 력	x

	for $j=1$ to $n-1$
	    $d_j=0$이면 다음 행과 바꾼다.
	    $m=-a_{j+1}/d_j$, $d_{j+1}=d_{j+1}+mc_j$, $b_{j+1}=b_{j+1}+mb_j$
	end
	$b_n=b_n/d_n$
	for $i=n-1$ to 1
	    $b_i=(b_i-c_ib_{i+1})/d_i$
	end

이 경우 곱셈의 연산수는 $O(5n)$이 되어 알고리즘 3.1을 사용하는 것보다 연산수는 대폭 줄일 수 있다.

LU 분해법은 어려운 연립방정식 하나를 쉬운 연립방정식 두 개로 나누어 해를 구하는 방법이다.

3.2 LU 분해법

행렬 A가 아래삼각행렬 L과 위삼각행렬 U의 곱 $A=LU$로 표현할 수 있다면

$$Ax=b \Leftrightarrow Lz=b, \quad Ux=z$$

가 된다. 즉, 복잡한 $Ax=b$의 해를 직접 구하는 대신, 대입법에 의하여 $Lz=b$의 해를 쉽게 구하고 그 해와 함께 역대입법에 의하여 $Ux=z$의 해를 구할 수 있는데 이 해가 바로 구하고자 하는 $Ax=b$의 해가 된다. 이러한 방법을 **LU 분해법** (LU decomposition method)이라 한다. 그러나 모든 정사각행렬이 다 LU 분해가 되는 것은 아니다. 예를 들어, 행렬

$$\begin{pmatrix} 0 & 1 \\ 1 & 0 \end{pmatrix}$$

은 LU 분해가 되지 않는다.

$A=LU$라고 하면 두 행렬 A와 LU의 각 성분은 서로 같으므로 $A=LU$에는 n^2개의 방정식이 있다. 그러나 미지수는 행렬 L의 대각성분과 그 아래에 있는 성분 l_{ij}와 U의 대각성분과 그 위에 있는 성분 u_{ji}, $1 \le j \le i \le n$이므로 개수는 모두 n^2+n개이다. 이 연립 비선형방정식이 해 l_{ij}와 u_{ji}를 갖으려면 미지수의 개수를 n^2으로 줄여야 한다. 그러므로 다음과 같은 방법으로 n개의 조건을 추가한다.

(1) $l_{11}=l_{22}=\cdots=l_{nn}=1$

(2) $u_{11}=u_{22}=\cdots=u_{nn}=1$

(3) $l_{11}=u_{11},\ l_{22}=u_{22},\ \cdots,\ l_{nn}=u_{nn}$

조건 (1)을 추가한 방법을 **두리틀**(Doolittle) **방법**, (2)를 추가한 것은 **크라우트**(Crout) **방법** 그리고 (3)을 추가한 것은 **숄레스키**(Cholesky) **방법**이라고 한다.

예제 3.5 다음 방정식의 해를 두리틀 방법과 크라우트 방법으로 구해보자.

$$\begin{pmatrix} 2 & 1 \\ 4 & 7 \end{pmatrix}\begin{pmatrix} x \\ y \end{pmatrix}=\begin{pmatrix} 3 \\ 11 \end{pmatrix}$$

풀이 (두리틀 방법)

$\begin{pmatrix} 2 & 1 \\ 4 & 7 \end{pmatrix}=\begin{pmatrix} 1 & 0 \\ a & 1 \end{pmatrix}\begin{pmatrix} b & c \\ 0 & d \end{pmatrix}$라 하면 $b=2,\ c=1,\ ab=4,\ ac+d=7$이 되어

$a=2,\ b=2,\ c=1,\ d=5$

(대입법)

$\begin{pmatrix} 1 & 0 \\ 2 & 1 \end{pmatrix}\begin{pmatrix} u \\ v \end{pmatrix} = \begin{pmatrix} 3 \\ 11 \end{pmatrix}$에서 $u=3,\ v=11-2u=5.$

(역대입법)

$\begin{pmatrix} 2 & 1 \\ 0 & 5 \end{pmatrix}\begin{pmatrix} x \\ y \end{pmatrix} = \begin{pmatrix} 3 \\ 5 \end{pmatrix}$에서 $x=1,\ y=1.$

(크라우트 방법)

$\begin{pmatrix} 2 & 1 \\ 4 & 7 \end{pmatrix} = \begin{pmatrix} b & 0 \\ a & d \end{pmatrix}\begin{pmatrix} 1 & c \\ 0 & 1 \end{pmatrix}$라 하면 $b=2,\ bc=1,\ a=4,\ ac+d=7$이 되어

$a=4,\ b=2,\ c=\frac{1}{2},\ d=5$

(대입법)

$\begin{pmatrix} 2 & 0 \\ 4 & 5 \end{pmatrix}\begin{pmatrix} u \\ v \end{pmatrix} = \begin{pmatrix} 3 \\ 11 \end{pmatrix}$에서 $u=1.5,\ v=\frac{1}{5}(11-4u)=1.$

(역대입법)

$\begin{pmatrix} 1 & 0.5 \\ 0 & 1 \end{pmatrix}\begin{pmatrix} x \\ y \end{pmatrix} = \begin{pmatrix} 1.5 \\ 1 \end{pmatrix}$에서 $x=1,\ y=1.$ ■

3.3 숄레스키 방법

연립방정식 $Ax=b$에서 행렬 A가 대칭이고, $A=LU$로 유일하게 아래삼각행렬 L과 위삼각행렬 U로 분해된다면 $LU=(LU)^T=U^TL^T$가 되어 $U=L^T$가 된다. 따라서 $A=LL^T$로 분해되어 저장공간을 줄일 수 있을 뿐만 아니라 연산의 개수도 줄일 수 있다. 이러한 분해가 가능한 행렬은 대칭행렬이고 양의 정부호를 갖는 행렬이다. 이러한 행렬의 경우 숄레스키 방법이 다른 방법보다 더욱 효과적이다.

정의 3.1 대칭행렬 A가 $x \neq 0$인 벡터에 대하여 $x^TAx > 0$이면 양의 정부호(positive definite, SPD)를 갖는다고 한다.

예제 3.6 행렬 $\begin{pmatrix} 4 & -1 \\ -1 & 4 \end{pmatrix}$은 양의 정부호를 가짐을 보이자.

풀이 $x \neq 0$인 $x \in \mathrm{R}^2$에 대하여

$$\begin{aligned} x^T Ax &= (x_1 \;\; x_2)\begin{pmatrix} 4 & -1 \\ -1 & 4 \end{pmatrix}\begin{pmatrix} x_1 \\ x_2 \end{pmatrix} \\ &= 4x_1^2 - 2x_1x_2 + 4x_2^2 \\ &= (x_1 - x_2)^2 + 3(x_1^2 + x_2^2) \end{aligned}$$

이 성립하므로 양의 정부호를 갖는다. ■

정리 3.2 대칭행렬 A가 양의 정부호를 가지면 $A = LL^T$로 분해되며 역도 성립한다.

행렬 A가 대칭이고 양의 정부호를 갖는다고 하자. 그러면 정리 3.2에 의해 $A = LL^T$인 아래삼각행렬 L이 존재한다. 따라서

$$A = LL^T, \;\; Ax = b \;\Leftrightarrow\; Lz = b, \;\; L^T x = z$$

이 행렬 L을 구하기 위하여 다음의 곱을 살펴보자.

$$\begin{pmatrix} a_{11} & a_{21} & \cdots & \cdots & a_{n1} \\ a_{21} & a_{22} & \cdots & \cdots & a_{n2} \\ \vdots & \vdots & \ddots & & \vdots \\ \vdots & \vdots & & \ddots & \vdots \\ a_{n1} & a_{n2} & \cdots & \cdots & a_{nn} \end{pmatrix} = \begin{pmatrix} l_{11} & 0 & \cdots & \cdots & 0 \\ l_{21} & l_{22} & 0 & \cdots & 0 \\ \vdots & \vdots & \ddots & \ddots & \vdots \\ \vdots & \vdots & & \ddots & 0 \\ l_{n1} & l_{n2} & \cdots & \cdots & l_{nn} \end{pmatrix}\begin{pmatrix} l_{11} & l_{21} & \cdots & \cdots & l_{n1} \\ 0 & l_{22} & 0 & \cdots & l_{n2} \\ \vdots & 0 & \ddots & & \vdots \\ \vdots & \vdots & \ddots & \ddots & \vdots \\ 0 & 0 & \cdots & 0 & l_{nn} \end{pmatrix}$$

이 방정식으로부터 다음을 얻는다.

$$\begin{array}{lll} a_{11} = l_{11}^2 & & \\ a_{21} = l_{21}l_{11}, & a_{22} = l_{21}^2 + l_{22}^2 & \\ a_{31} = l_{31}l_{11}, & a_{32} = l_{31}l_{21} + l_{32}l_{22}, & a_{33} = l_{31}^2 + l_{32}^2 + l_{33}^2 \\ \vdots & \vdots & \vdots \\ a_{i1} = l_{i1}l_{11}, & a_{ij} = l_{i1}l_{j1} + \cdots + l_{i,j-1}l_{j,j-1} + l_{ij}l_{jj}, & a_{ii} = l_{i1}^2 + \cdots + l_{i,i-1}^2 + l_{ii}^2 \\ \vdots & & \\ a_{n1} = l_{n1}l_{11}, & a_{nj} = l_{n1}l_{j1} + \cdots + l_{n,j-1}l_{j,j-1} + l_{nj}l_{jj}, & a_{nn} = l_{n1}^2 + \cdots + l_{n,n-1}^2 + l_{nn}^2 \end{array} \tag{3.9}$$

예제 3.7 다음 방정식의 해를 숄레스키 방법으로 구하라.

$$\begin{pmatrix} 4 & 1 \\ 1 & 4 \end{pmatrix}\begin{pmatrix} x \\ y \end{pmatrix} = \begin{pmatrix} 5 \\ 5 \end{pmatrix}$$

풀이 (숄레스키 방법 : LU 분해)

$\begin{pmatrix} 4 & 1 \\ 1 & 4 \end{pmatrix} = \begin{pmatrix} b & 0 \\ a & d \end{pmatrix}\begin{pmatrix} b & a \\ 0 & d \end{pmatrix}$라 하면 $b^2 = 4,\ ab = 1,\ a^2 + d^2 = 4$가 되어

$a = \frac{1}{2},\ b = 2,\ d = \frac{\sqrt{15}}{2}$

(대입법)

$$\begin{pmatrix} 2 & 0 \\ \frac{1}{2} & \frac{\sqrt{15}}{2} \end{pmatrix}\begin{pmatrix} u \\ v \end{pmatrix} = \begin{pmatrix} 5 \\ 5 \end{pmatrix}\text{에서 } u = \frac{5}{2},\ v = \frac{\sqrt{15}}{2}.$$

(역대입법)

$$\begin{pmatrix} 2 & \frac{1}{2} \\ 0 & \frac{\sqrt{15}}{2} \end{pmatrix}\begin{pmatrix} x \\ y \end{pmatrix} = \begin{pmatrix} \frac{5}{2} \\ \frac{\sqrt{15}}{2} \end{pmatrix}\text{에서 } x = 1,\ y = 1.$$

■

식 (3.9)로부터 대칭행렬 A가 양의 정부호를 갖을 때 다음과 같은 알고리즘을 얻을 수 있다.

알고리즘 3.3 숄레스키 방법

목 적	$Ax = b$의 해 x
입 력	$A,\ b,\ n$
출 력	$L,\ x$

	for $i = 1$ to n//숄레스키 분해
	  for $j = 1$ to $i-1$
	    $l_{ij} = (a_{ij} - \sum_{k=1}^{j-1} l_{ik} l_{jk}) / l_{jj}$
	  end
	  $l_{ii} = (a_{ii} - \sum_{k=1}^{i-1} l_{ik}^2)^{\frac{1}{2}}$
	end
	$Ly = b$의 해를 구한다.
	$L^T x = y$의 해를 구한다(역대입법)

촐레스키 방법은 가우스 소거법에 비하여 연산의 수와 저장공간이 약 $\frac{1}{2}$ 정도이다.

$A=LL^T$로 분할하는 데 필요한 곱셈의 수는 나누기와 제곱근을 포함하여

$$\sum_{i=1}^{n}\left(i+\sum_{j=1}^{i-1}j\right)=\frac{1}{2}\sum_{i=1}^{n}(i^2+i)=\frac{1}{6}n^3+O(n^2)$$

이다. 따라서 가우스 소거법에 비하여 연산의 수가 약 $\frac{1}{2}$ 정도로 줄어든다. 또한 행렬 A가 대칭이므로 저장공간도 반으로 줄일 수 있다. 알고리즘 3.3은 프로그램 3.2와 같이 작성될 수 있다.

프로그램 3.2 ••

cholesky_exp.cpp

```
#include <stdio.h>
#include <math.h>
void cholesky(int);          // 촐레스키 방법을 위한 서브루틴 설정
double A[50][50];
void main(void)
{   int i, j, n;
    printf("행렬 A의 크기는?");
    scanf("%d", &n);
    printf("\n행렬 A의 아래 부분 성분은?  \n");   // 촐레스키 방법을 사용하기 위해서 입력 행렬이 대칭 행렬이어야 하기 때문에 대각성분 아래만 입력하면 된다.
    for(i=0;i<n;i++)
    {
        printf("%d 행 : ",i+1);
        for(j=0;j<=i;j++)
            scanf("%lf", &A[i][j]);
    }
    printf("벡터 b의 성분은? \n");      // 벡터 b를 입력 -편의상 b[i]=A[i][n]으로 놓는다.
    for(i=0;i<n;i++)
        scanf("%lf",&A[i][n]);
    cholesky(n);                        // Cholesky 방법을 실행할 수 있는 서브루틴을 호출
    printf("\n해 x는 : \n");
    for(i=0; i<n; i++)
        printf("%lf \t", A[i][n]);
}
void cholesky(int n)
{   int i, j, k;   double sum;
    for(i=0;i<n;i++)
    {
        for(j=0;j<=i;j++)
        {
```

```
                                      sum = 0.0;
아래삼각행렬                          for(k = 0; k<= j - 1; k + +)
L을 구한다.                               sum = sum + A[i][k] * A[j][k];
                                      if(j<i)
                                          A[i][j] = (A[i][j] - sum)/A[j][j];
                                      else
                                      {
                                          if(A[i][i] - sum  <= 0)
입력행렬이 양의 정부                      {
호인지를 판별                                 printf("\n입력된 행렬은 '양의 정부호'가
                                                      아닙니다!\n\n");
                                                      return;
                                          }
                                          A[i][i] = pow(A[i][i] - sum, 0.5);
                                      }
                                  }
                              }
                          printf("\n아래삼각행렬 L : \n");
아래삼각행렬 L을 출력         for(i = 0;i<n;i + +)
                              {
                                  for(j = 0;j<n;j + +)
                                      printf("%lf\t", A[i][j]);
                                  printf("\n");
                              }
                              for(j = 0; j<= n - 1; j + +)
대입법(y = L^T x로 두고       {
Ly = b를 푼다.)                   for(k = 0; k<j; k + +)
                                      A[j][n] = A[j][n] - A[j][k]*A[k][n];
                                  A[j][n] = A[j][n]/A[j][j];
                              }
역대입법                      for(i = n - 1; i>= 0; i - -)
(y = L^T x를 푼다.)           {
                                  for(k = i + 1; k<n; k + +)
                                      A[i][n] = A[i][n] - A[k][i]*A[k][n];
                                  A[i][n] = A[i][n]/A[i][i];
                              }
                              return;
                          }
```

프로그램예제 3.2 cholesky.cpp을 이용하여 다음 연립방정식의 해를 구해보자.

$$\begin{pmatrix} 4 & -1 & 0 \\ -1 & 4 & -1 \\ 0 & -1 & 4 \end{pmatrix}\begin{pmatrix} x_1 \\ x_2 \\ x_3 \end{pmatrix}=\begin{pmatrix} 3 \\ 2 \\ 3 \end{pmatrix}$$

실행

```
행렬 A의 크기는? 3
행렬 A의 아래 부분 성분은?
1 행 :   4
2 행 : -1   4
3 행 :   0  -1   4
벡터 b의 성분은?
3  2  3

아래삼각행렬 L :
  2.000000      0.000000      0.000000
 -0.500000      1.936492      0.000000
  0.000000     -0.516398      1.932184
해 x는 :
  1.000000      1.000000      1.000000
```

*3.4 가우스-조르당 방법과 역행렬

가우스 소거법을 이용하여 행렬 A를 위삼각행렬 U로 변환하였다. 이 행렬 U에 기본행 연산과정을 반복 적용하여 항등행렬 I로 변환하면 덧붙인 행렬 $(A|b)$는 동치인 $(I|b')$이 되어 b'이 $Ax=b$의 해가 된다. 이와 같이 구하는 방법을 가우스-조르당(Gauss-Jordan) 방법이라 한다.

예제 3.8 예제 3.1의 결과를 이용하여 가우스-조르당 방법으로 다음 방정식의 해를 구해보자.

$$\begin{pmatrix} 1 & 2 & 1 \\ 2 & 1 & 0 \\ 4 & 2 & 2 \end{pmatrix}\begin{pmatrix} x \\ y \\ z \end{pmatrix}=\begin{pmatrix} 4 \\ 3 \\ 8 \end{pmatrix}$$

풀이 예제 3.1에 의하여 덧붙인 행렬 $(A|b)=\begin{pmatrix}1&2&1&4\\2&1&0&3\\4&2&2&8\end{pmatrix}$은

$\begin{pmatrix}1&2&1&4\\0&-3&-2&-5\\0&0&2&2\end{pmatrix}$으로 변환되었다. 이 행렬의 3행을 2행에 더하여 주고, 3행 $\times(-0.5)$을 1행에 더하면

$$\begin{pmatrix}1&2&0&3\\0&-3&0&-3\\0&0&2&2\end{pmatrix}$$

이 된다. 이 행렬의 3행$\times\frac{1}{2}$, 2행$\times\left(-\frac{1}{3}\right)$을 시행한 후 2행$\times(-2)$을 1행에 더하면

$$\begin{pmatrix}1&0&0&1\\0&1&0&1\\0&0&1&1\end{pmatrix}$$

이 되어 해는 $x=1,\ y=1,\ z=1$이 된다. ■

가우스-조르당 방법을 이용하여 행렬 A의 역행렬을 구해보자. 두 방정식 $Ax=b_1$과 $Ax=b_2$의 해는 계수행렬이 같으므로 가우스 소거법에 의하여 계수행렬을 위삼각행렬로 한번만 만들고 그 결과를 이용하여 각각의 경우 역대입법으로 해를 구하면 된다. 즉 덧붙인 행렬을 $(A|b_1|b_2)$로 하여 소거법을 시행하면 된다.

예제 3.9 가우스 소거법에서 위삼각행렬로 만드는 과정을 한 번만 시행하고 다음 해를 구해보자.

$$\begin{pmatrix}1&2&1\\2&1&0\\4&2&2\end{pmatrix}\begin{pmatrix}x\\y\\z\end{pmatrix}=\begin{pmatrix}4\\3\\8\end{pmatrix},\ \begin{pmatrix}1&2&1\\2&1&0\\4&2&2\end{pmatrix}\begin{pmatrix}x\\y\\z\end{pmatrix}=\begin{pmatrix}2\\2\\6\end{pmatrix}$$

풀이 이 연립방정식의 덧붙인 행렬은

$$(A|b_1|b_2)=\left(\begin{array}{ccc|cc}1&2&1&4&2\\2&1&0&3&2\\4&2&2&8&6\end{array}\right)$$

이고, 이 행렬의 1행$\times(-2)$을 2행에 더하고 1행$\times(-4)$을 3행에 더하면

$$\left(\begin{array}{ccc|cc} 1 & 2 & 1 & 4 & 2 \\ 0 & -3 & -2 & -5 & -2 \\ 0 & -6 & -2 & -8 & -2 \end{array}\right)$$

을 얻는다. 다시 이 행렬의 2행×(−2)을 3행에 더하면

$$\left(\begin{array}{ccc|cc} 1 & 2 & 1 & 4 & 2 \\ 0 & -3 & -2 & -5 & -2 \\ 0 & 0 & 2 & 2 & 2 \end{array}\right)$$

을 얻는다. 역대입법에 의하여 해는

$$\begin{array}{ll} z = 2/2 = 1 & z = 2/2 = 1 \\ y = (-5+2z)/(-3) = 1\text{과} & y = (-2+2z)/(-3) = 0 \\ x = 4 - z - 2y = 1 & x = 2 - z - 2y = 1 \end{array}$$

이 된다. ■

정의 2.9에 의하여 $AX = I$를 만족하는 행렬 X가 A의 역행렬이 된다. 방정식 $AX = I$는

$$Ax_1 = e_1,\ Ax_2 = e_2,\ \cdots,\ Ax_n = e_n$$

과 동치이다. 단, e_i는 i번째 성분은 1이고 다른 성분은 모두 0인 벡터이다. 이 방정식의 덧붙인 행렬은 $(A \mid I)$이고 이 행렬에 가우스-조르당 방법을 적용하면 동치인 $(I \mid X)$으로 변환된다. 이때 행렬 X가 A의 역행렬이 된다.

예제 3.10 예제 3.1의 계수행렬의 역행렬을 구하라.

풀이 덧붙인 행렬

$$\left(\begin{array}{ccc|ccc} 1 & 2 & 1 & 1 & 0 & 0 \\ 2 & 1 & 0 & 0 & 1 & 0 \\ 4 & 2 & 2 & 0 & 0 & 1 \end{array}\right)$$

에 예제 3.1과 예제 3.8의 소거 과정을 그대로 따라해 보자. 덧붙인 행렬의 1행×(−2)을 2행에 더하고 1행×(−4)을 3행에 더하면

$$\left(\begin{array}{ccc|ccc} 1 & 2 & 1 & 1 & 0 & 0 \\ 0 & -3 & -2 & -2 & 1 & 0 \\ 0 & -6 & -2 & -4 & 0 & 1 \end{array}\right)$$

이 된다. 이 행렬의 2행×(−2)을 3행에 더하면

$$\left(\begin{array}{ccc|ccc} 1 & 2 & 1 & 1 & 0 & 0 \\ 0 & -3 & -2 & -2 & 1 & 0 \\ 0 & 0 & 2 & 0 & -2 & 1 \end{array}\right)$$

이 되고 이 행렬의 3행을 2행에 더하고, 3행$\times(-0.5)$을 1행에 더하면

$$\left(\begin{array}{ccc|ccc} 1 & 2 & 1 & 1 & 1 & -0.5 \\ 0 & -3 & 0 & -2 & -1 & 1 \\ 0 & 0 & 2 & 0 & -2 & 1 \end{array}\right)$$

이며 이 행렬의 3행$\times\frac{1}{2}$, 2행$\times\left(-\frac{1}{3}\right)$을 시행한 후 2행$\times(-2)$를 1행에 더하면

$$\left(\begin{array}{ccc|ccc} 1 & 0 & 0 & -1/3 & 1/3 & 1/6 \\ 0 & 1 & 0 & 2/3 & 1/3 & -1/3 \\ 0 & 0 & 1 & 0 & -1 & 1/2 \end{array}\right)$$

이 된다. 따라서 역행렬은 다음과 같다.

$$\begin{pmatrix} -1/3 & 1/3 & 1/6 \\ 2/3 & 1/3 & -1/3 \\ 0 & -1 & 1/2 \end{pmatrix}$$

■

알고리즘 3.4에서 입력된 A는 A에 I를 덧붙인 행렬 AI]로 바꾸어야 한다. 출력시에는 A의 오른쪽 부분이 입력한 A의 역행렬이 된다.

알고리즘 3.4 가우스-조르당 소거법

목 적	A의 역행렬
입 력	A, n
출 력	A^{-1}

```
for j=1 to n-1//위삼각행렬화
    a_jj=0이면 a_lj ≠ (l>j)인 첫 번째 행 l을 찾는다.
    l행과 j행을 바꾼다.
    for i=j+1 to n
        a_ij =- a_ij/a_jj
        for k=j+1 to 2n
            a_ik = a_ik + a_ij · a_jk
        end
    end
end
if a_nn = 0 then stop
else//항등행렬화
    for i=n to 1
        for k=n+1 to 2n
            a_ik =- a_ik/a_ii
```

```
        end
        for j=i-1 to 1
            for k=n+1 to 2n
                a_jk = a_jk + a_ji · a_ik
            end
        end
    end
endif
```

알고리즘 3.4에서 a_{ij}, $i=1$, $\cdots$, n, $j=n+1$, $\cdots$, $2n$의 초기 성분은 항등행렬로 주어지고 출력시에는 주어진 행렬의 역행렬이 저장된다. 알고리즘 3.4는 프로그램 3.3과 같이 작성될 수 있다.

프로그램 3.3 gauss_jordan.cpp

	`#include <stdio.h>`
	`void Gauss_Jordan(int);`
가우스-조르당 소거법을 위한 서브루틴 설정	`double A[50][100];`
	`void main(void)`
	`{`
	`int i, j, n;`
행렬의 크기를 입력	`printf("행렬의 크기는? ");`
	`scanf("%d", &n);`
행렬의 원소를 입력 (한 행씩 입력한다.)	`printf("\n행렬 A의 성분은? \n");`
	`for(i=0;i<n;i++)`
	`{`
	`printf("%d 행 : ", i+1);`
	`for(j=0;j<n;j++)`
	`scanf("%lf", &A[i][j]);`
a_{ij}, $i=1,\cdots,n$, $j=n+1,\cdots,2n$의 초기성분은 항등행렬로 주어진다.	`for(j=n;j<2*n;j++)`
	`{`
	`if(j==i+n)`
	`A[i][j]=1.;`
	`else`
	`A[i][j]=0.;`
	`}`
서브루틴을 호출	`}`
역행렬을 출력한다.	`Gauss_Jordan(n);`

```
                              printf("\n역행렬은 : ");
                              for(i=0; i<n; i++)
                              {
                                  printf("\n          ");
                                  for(j=n;j<2*n;j++)
                                      printf("%lf \t", A[i][j]);
                              }
                          }
역행렬을 구하는            void Gauss_Jordan(int n)
서브루틴                   {
                              int i, j, k;     double m;
                              for(j=0; j<n; j++)
                              {
                                  if(A[j][j]==0)
대각성분의 원소가 0이              {
아니도록 만들어 준다.                for(i=j+1; i<n; i++)
                                      {
                                          if(A[i][j]!=0)
                                          {
i행과 j행을                                   for(k=j; k<n+1; k++)
바꾸어 준다.                                  {
                                                  m=A[j][k];
                                                  A[j][k]=A[i][k];
                                                  A[i][k]=m;
                                              }
                                              break;
대각성분에 0이 있으면                      }
실행을 중단한다                        }
                                  }
                                  if(A[j][j]==0)
                                  {
위삼각행렬화를 위해                    printf("비정칙행렬입니다.");
가우스 소거법 적용                     return;
                                  }
                                  for(i=j+1; i<n; i++)
                                      for(k=j+1; k<2*n; k++)
                                  A[i][k]=A[i][k]-(A[i][j]/A[j][j])*A[j][k];
                              }
항등행렬화                     for(i=n-1; i>=0; i--)
                              {
                                  for(k=n;k<2*n;k++)
                                      A[i][k]=A[i][k]/A[i][i];
```

```
            for(j = i - 1; j>= 0; j - - )
                for(k = n;k<2*n;k + + )
                    A[j][k] = A[j][k] - A[j][i]*A[i][k];
        }
        return;
}
```

프로그램예제 3.3 •• gass_jordan.cpp로 $\begin{pmatrix} 1 & 2 & 1 \\ 2 & 1 & 0 \\ 4 & 2 & 2 \end{pmatrix}$의 역행렬을 구하라.

실행

```
행렬의 크기는? 3
행렬 A의 성분은?
1 행 : 1  2  1
2 행 : 2  1  0
3 행 : 4  2  2

역행렬은 :
  -0.333333        0.333333        0.166667
   0.666667        0.333333       -0.333333
   0.000000       -1.000000        0.500000
```

개념정리

3.1 절

• 가우스 소거법

기본행 연산과정을 응용하여 덧붙인 행렬 $(A|b)$을 위삼각행렬 $(U|b')$로 변환 후 역대입법을 이용하여 계산하는 방법

• 부분피벗 가우스 소거법

가우스 소거법 중 기준 열에서 가장 큰 성분을 찾아 두 행을 교환한 후 소거하는 방법

3.2 절

• LU 분해방법

행렬 A가 아래삼각행렬 L과 위삼각행렬 U의 곱 $A=LU$로 표현할 수 있다면 $Ax=b$ 대신 $Lz=b$, $Ux=z$를 푸는 방법

3.3 절

• 양의 정부호

대칭행렬 A가 $x \neq 0$인 벡터에 대하여 $x^TAx>0$이면 양의 정부호를 갖는다고 한다.

• 숄레스키 방법

행렬 A가 대칭이고 양의 정부호를 가지면 $A=LL^T$인 아래삼각행렬 L을 구한 후 $Ax=b$ 대신 $Lz=b$, $L^Tx=z$를 푸는 방법

3.4 절

• 가우스-조르당 방법

기본행 연산과정을 응용하여 덧붙인 행렬 $(A|b)$을 항등행렬 $(I|b')$로 변환하여 해 b을 구하는 방법

연습문제

1. 컴퓨터가 세 자리 연산을 한다고 할 때 다음 연립방정식의 해를 가우스 소거법과 부분피벗 가우스 소거법으로 해를 구하라.

$$0.0001x + y = 1$$
$$x + y = 2$$

2. 가우스 소거법에서 역대입법에 필요한 곱셈의 수가 $\frac{n(n+1)^2}{2}$ 임을 보여라.

3. 알고리즘 3.2에서 필요한 곱셈의 수(복잡도)를 구하라.

4. 행렬 $\begin{pmatrix} 1 & 2 & 1 \\ 2 & 1 & 0 \\ 4 & 2 & 2 \end{pmatrix}$에서 L을 구하라.

5. 행렬 $\begin{pmatrix} 0 & 1 \\ 1 & 0 \end{pmatrix}$은 LU 분해가 되지 않음을 보여라.

6. 가우스 소거법도 LU 분해법이 됨을 보여라.

7. 다음 방정식을 크라우트 방법으로 해를 구하라.

$$\begin{pmatrix} 2 & 1 \\ 4 & 7 \end{pmatrix}\begin{pmatrix} x \\ y \end{pmatrix} = \begin{pmatrix} 3 \\ 11 \end{pmatrix}$$

8. 다음 방정식을 크라우트 방법으로 해를 구하라.

$$\begin{pmatrix} 4 & -1 & 0 \\ -1 & 4 & -1 \\ 0 & -1 & 4 \end{pmatrix}\begin{pmatrix} x_1 \\ x_2 \\ x_3 \end{pmatrix} = \begin{pmatrix} 3 \\ 2 \\ 3 \end{pmatrix}$$

9. 행렬의 크기 n일 때 두리틀 방법에서 LU 분해에 필요한 곱셈의 수를 구하라.

10. 다음 연립방정식의 해를 가우스 소거법으로 구하라.

$$\begin{pmatrix} 1 & 2 & 1 \\ 2 & 1 & 0 \\ 4 & 2 & 2 \end{pmatrix}\begin{pmatrix} x \\ y \\ z \end{pmatrix} = \begin{pmatrix} 4 \\ 3 \\ 8 \end{pmatrix}$$

11. 다음 연립방정식의 해를 구하기 위하여 가우스 소거법으로 구하고자 한다. 한 번의 위삼각행렬화와 두 번의 역대입법으로 해를 구하라.

$$\begin{pmatrix} 1 & 3 & 1 \\ 2 & 1 & 1 \\ 4 & 0 & 2 \end{pmatrix}\begin{pmatrix} x & u \\ y & v \\ z & w \end{pmatrix} = \begin{pmatrix} 2 & 4 \\ 3 & 2 \\ 6 & 2 \end{pmatrix}$$

12. 다음 연립방정식의 해를 부분 피벗 가우스 소거법으로 구하라.

$$\begin{pmatrix} 1 & 2 & 1 \\ 2 & 1 & 0 \\ 4 & 2 & 2 \end{pmatrix}\begin{pmatrix} x \\ y \\ z \end{pmatrix} = \begin{pmatrix} 4 \\ 3 \\ 8 \end{pmatrix}$$

13. 다음 연립방정식의 해를 LU 분해법으로 구하라.

$$\begin{pmatrix} 1 & 2 & 1 \\ 2 & 1 & 0 \\ 4 & 2 & 2 \end{pmatrix}\begin{pmatrix} x_1 \\ x_2 \\ x_3 \end{pmatrix} = \begin{pmatrix} 4 \\ 3 \\ 8 \end{pmatrix}$$

14. 가우스-조르당 소거법을 이용하여 행렬 $\begin{pmatrix} 1 & 2 \\ 3 & 4 \end{pmatrix}$의 역행렬을 구하라.

15. 다음과 같은 삼중 대각행렬 A와 벡터 x, b에서 $Ax = b$의 해를 구하는 가우스 소거법의 알고리즘은 알고리즘 3.2와 같음을 설명하라.

$$A = \begin{pmatrix} d_1 & b_1 & 0 & \cdots & 0 \\ c_1 & d_2 & b_2 & & \vdots \\ 0 & c_2 & \ddots & & 0 \\ \vdots & & & \ddots & b_{n-1} \\ 0 & \cdots & 0 & c_{n-1} & d_n \end{pmatrix}, \quad x = \begin{pmatrix} x_1 \\ x_2 \\ \vdots \\ \vdots \\ x_n \end{pmatrix}, \quad b = \begin{pmatrix} b_1 \\ b_2 \\ \vdots \\ \vdots \\ b_n \end{pmatrix}$$

16. 숄레스키 방법에서 알고리즘을 유도한 것과 같이 크라우트 방법의 알고리즘을 유도하라.

17. 가우스-조르당 소거법을 이용하여 행렬 $\begin{pmatrix} 8 & 1 & 6 \\ 3 & 5 & 7 \\ 4 & 9 & 2 \end{pmatrix}$의 역행렬을 구하라.

실습문제

1. $|a_{lj}| = \max\{|a_{kj}| \mid k = j, j+1, \cdots, n\}$인 첫 번째 행 l을 찾아 l행과 j행을 바꾸는 프로그램를 작성하고 프로그램 3.1을 수정하여 부분피벗 가우스 소거법 프로그램을 작성하라.

2. 알고리즘 3.1에서 j행$\times\left(-\dfrac{a_{ij}}{a_{jj}}\right)$을 i행에 더하는 프로그램을

   for k=j+1 to n+1

   $$a_{ik} = a_{ik} - (a_{ij}/a_{jj}) \cdot a_{jk}$$

   end

   으로 하지 않고

   $$a_{ij} = -a_{ij}/a_{jj}$$

   for k=j+1 to n+1

   $$a_{ik} = a_{ik} + a_{ij} \cdot a_{jk}$$

   end

   으로 하였다. 그 차이점은 무엇인가?

3. 프로그램 3.1을 이용하여 다음 방정식의 해를 구하라.

$$\begin{pmatrix} 2 & -1 & & & \\ -1 & 2 & \ddots & & \\ & \ddots & \ddots & \ddots & \\ & & \ddots & 2 & -1 \\ & & & -1 & 2 \end{pmatrix}$$

4. 프로그램 3.2를 이용하여 다음 방정식의 해를 구하라.

$$\begin{pmatrix} 4 & 1 & 1 & 1 \\ 1 & 4 & 1 & 1 \\ 1 & 1 & 4 & 1 \\ 1 & 1 & 1 & 4 \end{pmatrix} x = \begin{pmatrix} 7 \\ 7 \\ 7 \\ 7 \end{pmatrix}$$

5. 프로그램 3.3을 이용하여 프로그램예제 3.3의 역행렬을 구하고 그 결과에 b를 곱하여 해를 구하라.

6. 다음과 같이 정의된 행렬 $H = (a_{ij})_{n\times n}$을 n차 힐베르트 행렬이라고 한다.

$$a_{ij} = \frac{1}{i+j-1}, \quad 1 \le i, j \le n$$

   $b = (b_1, b_2, \cdots, b_n)^T$이고 $b_k = a_{k1} + a_{k2} + \cdots + a_{kn}$, $1 \le k \le n$이면 연립방정식 $Hx = b$는 해 $x = (1, 1, \cdots, 1)^T$를 갖는다. 프로그램 3.1를 이용하여 $n = 5, 10$일 때 결과를 비교하라.

7. 프로그램 3.3을 이용하여 2차부터 5차까지 힐베르트 행렬의 역행렬을 구한 후 그 결과와 원래의 힐베르트 행렬을 곱하여 항등행렬이 나오는 지 확인하라. 프로그램에 잘못이 없음에도 불구하고 항등행렬과 아주 다른 행렬이 나오면 그 이유를 설명하라.

제4장 노름과 반복법

반복법은 계수행렬에 0이 많이 있는 경우 연산의 수나 기억장소를 효과적으로 줄일 수 있다.

방정식의 수와 미지수의 수가 매우 많은 연립방정식을 가우스 소거법이나 LU 분해와 같은 방법으로 해를 구하면 오차가 누적되어 해의 정밀도가 떨어질 뿐만 아니라 해를 구하는 시간도 오래 걸릴 수 있다. 더구나 계수행렬에 0이 많이 있는 경우 일반적으로 0이 아닌 성분만을 효과적으로 이용하여 기억장치를 줄인다거나, 연산의 수를 줄이는 것이 용이하지 않다. 이러한 경우 이 장에서 설명하는 반복법(iteration method)을 이용하면 0이 많은 장점을 살려 더욱 효과적인 근을 구할 수 있다.

계수행렬을 $A = N - P$로 분해하면 $Ax = b$의 해를 구하는 것은 $Nx = Px + b$의 해를 구하는 것과 같다. 이 해는 임의의 초기벡터 $x^{(0)}$에 대하여 반복식

$$Nx^{(k)} = Px^{(k-1)} + b$$

의 해를 반복적으로 구하여 근사값을 구할 수 있다. 그러므로 $A = N - P$로 분해할 때 $Nx = b'$을 쉽게 구할 수 있도록 N을 정해야 한다. 또한 계수행렬에 0이 많은 경우 행렬과 벡터의 곱 Px에서 연산수를 줄이는데 효과적으로 이용할 수 있다. 이렇게 구한 근사해가 $Ax = b$의 해와 얼마나 가까운지 알아보기 위하여 벡터의 크기를 재는 노름에 관하여 알아본다.

4.1 노 름

상수(또는 스칼라)의 크기는 그 상수의 절대값으로 하며 두 상수의 거리는 그 차의 절대값으로 표현한다. 벡터의 크기나 벡터와 벡터 사이의 차를 구하기 위해서 절대값과 같은 개념이 필요한데 벡터에서는 절대값을 일반화한 노름이라고 하는 개념을 도입하여 설명한다.

정의 4.1

함수 $\|\cdot\|: \mathrm{R}^n \to \mathrm{R}$이 다음 조건을 만족하면 R^n 위에서 **벡터노름**(vector-norm 또는 노름)이라고 한다.

(1) 모든 $x \in \mathrm{R}^n$에 대하여 $\|x\| \geq 0$이다.

(2) $\|x\| = 0$이면 $x = 0$이고 그 역도 성립한다.

(3) 상수 $\alpha \in \mathrm{R}$에 대하여 $\|\alpha x\| = |\alpha| \cdot \|x\|$이 성립한다.

(4) 모든 x, $y \in \mathrm{R}^n$에 대하여 $\|x+y\| \leq \|x\| + \|y\|$이 성립한다.

즉 벡터노름은 위 네 가지를 모두 만족하는 다변수함수이다. $n=1$인 경우 절대값 $|\cdot|$은 위 조건을 모두 만족하므로 $|\cdot|$은 R 위에서 노름이 된다. 따라서 노름은 절대값을 일반화한 개념이다. 임의의 벡터 $x \in \mathrm{R}^n$에 대하여

$$\|x\| = |x_1| + \cdots + |x_n|$$

라고 정의하면, 모든 $x \in \mathrm{R}^n$에 대하여 $\|x\| \geq 0$이고 $\|x\| = |x_1| + \cdots + |x_n| = 0$이면 당연히 각 성분 $|x_1| = \cdots = |x_n| = 0$이다. 따라서 모든 $i = 1, 2, \cdots, n$에 대하여 $x_i = 0$이므로 $x = 0$이 되며 그 역도 당연히 성립한다. 상수 $\alpha \in \mathrm{R}$에 대하여

$$\begin{aligned} \|\alpha x\| &= |\alpha x_1| + \cdots + |\alpha x_n| \\ &= |\alpha|(|x_1| + \cdots + |x_n|) = |\alpha| \cdot \|x\| \end{aligned}$$

이고, 모든 x, $y \in \mathrm{R}^n$에 대하여

$$\begin{aligned} \|x+y\| &= |x_1 + y_1| + \cdots + |x_n + y_n| \\ &\leq (|x_1| + |y_1|) + \cdots + (|x_n| + |y_n|) \end{aligned}$$

$$= (|x_1| + \cdots + |x_n|) + (|y_1| + \cdots + |y_n|)$$
$$= \|x\| + \|y\|$$

수의 크기는 절대값 $|\ |$, 벡터의 크기는 노름 $\|\ \|$으로 측정한다.

이 성립하므로 이 $\|\cdot\|$은 노름이 된다. 이 노름을 $\|\cdot\|_1$이라고 나타내며 다음과 같이 정의된 $\|\cdot\|_2$, $\|\cdot\|_\infty$도 노름이 됨을 보일 수 있다.

$$\|x\|_2 = \sqrt{x_1^2 + \cdots + x_n^2},\ \|x\|_\infty = \max|x_1|, \cdots, |x_n|$$

예제 4.1 $x = (1, 2, -3, 2)^T$일 때 노름 $\|x\|_1$, $\|x\|_2$, $\|x\|_\infty$을 구하라.

풀이

$$\|x\|_1 = 1+2+3+2 = 8$$
$$\|x\|_2 = \sqrt{1+4+9+4} = 3\sqrt{2}$$
$$\|x\|_\infty = \max\{1, 2, 3, 2\} = 3$$

■

노름 $\|\cdot\|_\alpha$와 $\|\cdot\|_\beta$에서 적당한 상수 c_1, c_2가 존재하여 모든 $x \in \mathrm{R}^n$에 대하여 부등식

$$c_1\|x\|_\alpha \le \|x\|_\beta \le c_2\|x\|_\alpha$$

이 성립되면 두 노름은 **동치**(equivalent)라고 한다. 동치인 두 노름에서 어떤 벡터의 값이 한 노름에 대하여 0이면 다른 노름에 대하여도 그 값은 0이 된다. 일반적으로 R^n 위에서 모든 노름은 동치이다.

정리 4.2 다음 부등식이 성립한다.

$$\|x\|_2 \le \|x\|_1 \le \sqrt{n}\,\|x\|_2,\ \|x\|_\infty \le \|x\|_2 \le \sqrt{n}\,\|x\|_\infty,$$
$$\|x\|_\infty \le \|x\|_1 \le n\|x\|_\infty$$

정리 4.2에 의하여 $\frac{1}{n}\|x\|_1 \le \|x\|_\infty \le \|x\|_2 \le \|x\|_1 \le n\|x\|_\infty$이므로 노름 $\|x\|_1$, $\|x\|_2$, $\|x\|_\infty$은 모두 동치이다.

예제 4.2 $x = (1, 2, -3, 2)^T$일 때 관계식 $\frac{1}{4}\|x\|_1 \le \|x\|_\infty \le \|x\|_2 \le \|x\|_1 \le 4\|x\|_\infty$이 성립함을 보여라.

풀이 예제 4.1에 의하여 $\|x\|_1 = 8$, $\|x\|_2 = 3\sqrt{2}$, $\|x\|_\infty = 3$이므로 성립한다. ■

R^2 위에서 노름 $\|x\|_1$, $\|x\|_2$, $\|x\|_\infty$이 1이 되는 벡터의 위치는

$$\{x \in R^2 | \|x\|_1 = 1\} = \{(x_1, x_2) | |x_1| + |x_2| = 1\}$$

$$\{x \in R^2 | \|x\|_2 = 1\} = \{(x_1, x_2) | x_1^2 + x_2^2 = 1\}$$

$$\{x \in R^2 | \|x\|_\infty = 1\} = \{(x_1, x_2) | |x_1| = 1 \text{ 또는 } |x_2| = 1\}$$

이므로 다음과 같이 그래프로 나타낼 수 있다.

R^n에서 벡터노름은 모두 동치이다. 한 노름에 대하여 0이면 다른 노름에 대하여도 0이다.

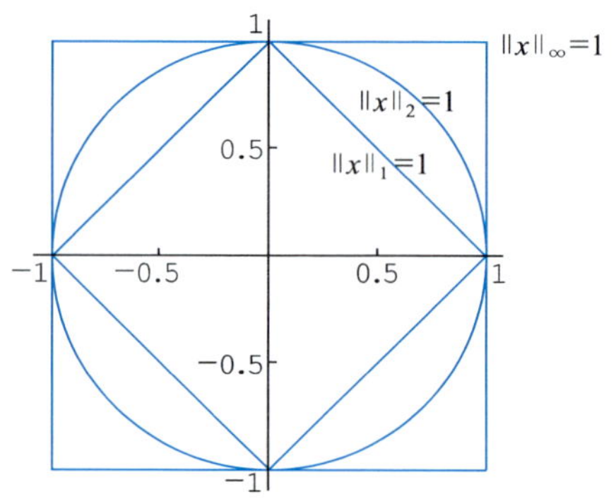

그림 4.1 R^2에서 각 노름이 1이 되는 영역

그림 4.1에서 마름모, 원, 정사각형은 각각 $\|x\|_1 = 1$, $\|x\|_2 = 1$, $\|x\|_\infty = 1$인 영역이다. 그러므로 동일한 벡터 x의 경우

$$\|x\|_1 \geq \|x\|_2 \geq \|x\|_\infty$$

임을 기하학적으로 알 수 있다.

알고리즘 4.1 벡터노름의 계산

목 적	$\|x\|_1$, $\|x\|_2$, $\|x\|_\infty$의 계산
입 력	n, x_1, x_2, $\cdots$, x_n
출 력	sum1, sum2, sum3
	sum1=sum2=sum3=0 for i=1 to n sum1=sum1+$\|x_i\|$

```
    sum2=sum2 + x_i^2
    if |x_i| ≥ sum3 then sum3 = |x_i|
end
sum2= √sum2
```

알고리즘 4.1에 의한 프로그램은 프로그램 4.1과 같다. 주어진 벡터에 대하여 세 가지의 노름을 구한다.

프로그램 4.1 ••

vector_norm.cpp

	#include <stdio.h>
	#include <math.h>
	void Vector_Norm(int);
벡터의 노름을 구하기	double x[50];
위한 서브루틴 선언	void main(void)
	{ int i, n;
	printf("벡터 x의 크기는?");
	scanf("%d", &n);
벡터 x의 원소를 입력	printf("\n벡터 x의 성분은? \n");
	for(i=0;i<n;i++)
	scanf("%lf", &x[i]);
벡터의 노름을 구하기	Vector_Norm(n);
위한 서브루틴 호출	return;
	}
	void Vector_Norm(int n)
벡터의 노름을 구하기	{ int i; double sum, max=0.;
위한 서브루틴	sum=0.;
	for(i=0; i<n; i++)
$\|x\|_1 = \sum_{i=1}^{n} \|x_i\|$	sum=sum + fabs(x[i]);
	printf("\n ||x||_1=%lf", sum);
	sum=0.;
	for(i=0; i<n; i++)
$\|x\|_2 = \sqrt{\sum_{i=1}^{n} x_i^2}$	sum=sum + pow(x[i],2);
	printf("\n ||x||_2=%lf", sqrt(sum));
	for(i=0; i<n; i++)
	{
$\|x\|_\infty = \max\{\|x_i\|\}$	if(fabs(x[i])>=max)
	max=fabs(x[i]);
	}
	printf("\n ||x||_inf=%lf", max);

```
            return;
        }
```

프로그램예제 4.1 vector_norm.cpp를 이용하여 $x=(1, 2, 2, 3, 4)$의 각 노름을 구하라.

실행

```
벡터 x의 크기는? 5
벡터 x의 성분은?
1  2  2  3  4

‖x‖_1 = 12.000000
‖x‖_2 = 5.830952
‖x‖_inf = 4.000000
```

n차 벡터로 이루어진 집합을 R^n으로 정의했듯이 m행 n열 행렬로 이루어진 집합을 $\mathrm{R}^{m\times n}$으로 나타낸다. 즉,

$$\mathrm{R}^{m\times n}=\{(a_{ij})\,|\,a_{ij}\in\mathrm{R},\ i=1,\ \cdots,\ m,\ j=1,\ \cdots,\ n\}$$

정의 4.3

함수 $\|\cdot\|:\mathrm{R}^{n\times n}\to\mathrm{R}$이 다음 조건을 만족하면 **행렬노름** (matrix-norm)이라 한다.

(1) 모든 $A\in\mathrm{R}^{n\times n}$에 대하여 $\|A\|\geq 0$이다.

(2) $\|A\|=0$이면 $A=0$이고 그 역도 성립한다.

(3) 상수 α에 대하여 $\|\alpha A\|=|\alpha|\cdot\|A\|$이 성립한다.

(4) 모든 $A,\ B\in\mathrm{R}^{n\times n}$에 대하여, $\|A+B\|\leq\|A\|+\|B\|$이 성립한다.

(5) 모든 $A,\ B\in\mathrm{R}^{n\times n}$에 대하여, $\|AB\|\leq\|A\|\cdot\|B\|$이 성립한다.

행렬 $A\in\mathrm{R}^{n\times n}$에 대하여 다음과 같이 정의하자.

$\|A\|_1=\max\{\|A_1\|_1,\ \cdots,\ \|A_n\|_1\}$, A_i는 A의 i번째 열벡터

$\|A\|_\infty=\max\{\|A^1\|_1,\ \cdots,\ \|A^n\|_1\}$, A^i는 A의 i번째 행벡터

$$\|A\|_F=\sqrt{\sum_{i=1}^{n}\sum_{j=1}^{n}a_{ij}^2}$$

이것은 모두 $R^{n\times n}$ 위에서 노름의 성질을 만족하며 $\|\cdot\|_F$를 **프로베니우스(Frobenius) 노름**이라 한다.

예제 4.3 행렬 $A=\begin{pmatrix} 1 & -5 & 3 & 2 \\ -2 & 0 & 1 & 2 \\ 3 & -5 & 2 & 1 \\ 0 & 3 & 2 & 1 \end{pmatrix}$의 각 노름을 구하라.

풀이 $\|A\|_1=\max\{6, 13, 8, 6\}=13$

$\|A\|_\infty=\max\{11, 5, 11, 6\}=11$

$\|A\|_F=\sqrt{101}$ ■

정리 4.4 위에서 정의한 행렬노름은 다음 부등식을 만족한다.

(1) $\|Ax\|_1 \le \|A\|_1\|x\|_1$

(2) $\|Ax\|_\infty \le \|A\|_\infty\|x\|_\infty$

(3) $\|Ax\|_2 \le \|A\|_F\|x\|_2$

예제 4.4 다음 행렬 A와 벡터 x에 대하여 정리 4.4의 부등식이 성립함을 보여라.

$$A=\begin{pmatrix} 1 & -5 & 3 & 2 \\ -2 & 0 & 1 & 2 \\ 3 & -5 & 2 & 1 \\ 0 & 3 & 2 & 1 \end{pmatrix},\quad x=\begin{pmatrix} 1 \\ 0 \\ 2 \\ 1 \end{pmatrix}$$

풀이 $Ax=(9, 2, 8, 5)^T$이므로 $\|Ax\|_1=24$, $\|Ax\|_\infty=9$, $\|Ax\|_2=\sqrt{174}=13.2$이고 $\|A\|_1=13$, $\|A\|_\infty=11$, $\|A\|_F=\sqrt{101}=10.05$, $\|x\|_1=4$, $\|x\|_2=\sqrt{6}=2.45$, $\|x\|_\infty=2$이므로 정리 4.4의 부등식이 성립한다. ■

계수행렬이 A인 연립방정식의 해를 구할 때 오차는 행렬 A의 형태에 따라 매우 다양하게 나타날 수 있다. 특히, 행렬의 노름과 그 역행렬의 노름의 곱을 **조건상수**(condition number)라 하며 다음과 같이 나타낸다.

$$K(A)=\|A\|\cdot\|A^{-1}\|$$

노름 $\|\cdot\|$은 이미 정의된 행렬노름을 뜻한다. 다음 정리에서 보듯이 이 조건상수는 연립방정식의 해를 구할 때 생기는 오차의 한계를 결정한다.

정리 4.5 x_e가 $Ax=b$의 참값이고 x_a가 계산된 값일 때 다음 부등식이 성립한다.

$$\frac{1}{K(A)}\cdot\frac{\|Ax_a-b\|}{\|b\|}\le\frac{\|x_a-x_e\|}{\|x_e\|}\le K(A)\cdot\frac{\|Ax_a-b\|}{\|b\|}$$

$\|Ax_a-b\|$가 아주 작다고 해서 일반적으로 x_a가 참값에 가깝다고 보기는 어렵다.

정리 4.5에 의하면 조건상수가 큰 행렬의 방정식은 주어진 벡터노름 $\|\cdot\|$에 대하여 잉여오차(residual error) $\|Ax_a-b\|$가 작을지라도 계산된 값 x_a의 상대오차의 한계가 클 수 있으므로 참값에 가깝다고 보기 어렵다. 이러한 행렬을 불량조건의 행렬(ill-conditioned matrix)이라 하며 이러한 행렬을 계산할 때는 주의가 필요하다. 힐베르트 행렬이 대표적인 불량조건의 행렬이다.

4.2 반복법과 야코비 방법

계수행렬이 $A=N-P$로 분해되면 $Ax=b$의 해를 구하는 것은 $Nx=Px+b$의 해를 구하는 것과 같다고 했다. 만일 A가 $\|N^{-1}P\|<1$이 되는 행렬 N, P로 분해된다면 A는 정칙행렬이 된다. 왜냐하면, A가 정칙행렬이 아니라고 가정하면 정리 2.12에 의하여 $Ax=0$가 되는 0이 아닌 해 x가 있으므로 $Nx=Px$ 또는 $x=N^{-1}Px$가 된다. $\|N^{-1}P\|<1$이므로 정리 4.4에 의하여 $\|x\|\le\|N^{-1}P\|\cdot\|x\|<\|x\|$가 되어 모순이다. 그러므로 A가 $\|N^{-1}P\|<1$이 되는 행렬 N, P로 분해되면 A는 정칙이고 따라서 $Ax=b$의 해가 존재하고 동치인 $Nx=Px+b$의 해도 존재한다.

초기벡터 $x^{(0)}$가 주어지면 반복식 $Nx^{(k)}=Px^{(k-1)}+b$의 해 $x^{(k)}$와 참값 x의 관계는

$$N(x-x^{(k)})=(Px+b)-(Px^{(k-1)}+b)=P(x-x^{(k-1)})$$

이므로

$$x-x^{(k)}=N^{-1}P(x-x^{(k-1)})$$

이다. 양변의 노름을 구하면 정리 4.4에 의하여

$$\begin{aligned}\|x-x^{(k)}\| &\le \|N^{-1}P\|\cdot\|x-x^{(k-1)}\|\\ &\le \|N^{-1}P\|^2\cdot\|x-x^{(k-2)}\|\\ &\vdots\\ &\le \|N^{-1}P\|^k\cdot\|x-x^{(0)}\|\end{aligned}$$

이다. $\|N^{-1}P\|<1$이므로 반복하여 해를 구하면 $\|x-x^{(k)}\|\to 0$이 되어 해 $x^{(k)}$는 참값 x로 수렴한다. 그러므로 충분히 큰 k를 택하여 $x^{(k)}$를 근사값으로 할 수 있다.

정리 4.6

$A=N-P$이고 $\|N^{-1}P\|<1$이면 행렬 A는 정칙이고, 임의의 초기벡터 $x^{(0)}$에 대하여 $Nx^{(k)}=Px^{(k-1)}+b$의 해 $x^{(k)}$는 $Ax=b$의 해에 수렴한다.

$A=N-P$가 되는 N, P를 선택하는 방법에 따라 야코비 방법과 가우스-사이델 방법 등으로 나눌 수 있다. 행렬

$$\begin{pmatrix}10 & -5 & 1\\ 5 & 20 & -1\\ 1 & -5 & 40\end{pmatrix}=\begin{pmatrix}0 & 0 & 0\\ 5 & 0 & 0\\ 1 & -5 & 0\end{pmatrix}+\begin{pmatrix}10 & 0 & 0\\ 0 & 20 & 0\\ 0 & 0 & 40\end{pmatrix}+\begin{pmatrix}0 & -5 & 1\\ 0 & 0 & -1\\ 0 & 0 & 0\end{pmatrix}$$

에서 보듯이 행렬 A의 대각성분 아래 성분만으로 이루어진 아래삼각행렬을 L, 대각성분만으로 이루어진 대각행렬을 D, 그리고 대각성분 위에 있는 성분만으로 이루어진 위삼각행렬을 U라 하면 $A=L+D+U$가 된다. D는 대각행렬이므로 $Dx=b'$의 해는 매우 쉽게 구현할 수 있다. 따라서 $N=D$, $P=-(L+U)$라고 하면, 방정식 $Ax=b$는 $Dx=-(L+U)x+b$와 동치가 된다. 초기벡터 $x^{(0)}$와 $k=1, 2, \cdots$에 대하여 방정식

$$Dx^{(k)}=-(L+U)x^{(k-1)}+b \tag{4.1}$$

의 해 $x^{(k)}$의 i번째 성분은 양변의 i번째 성분이 각각 $a_{ii}x_i^{(k)}$와 $-\sum_{j=1,\, j\neq i}^{n} a_{ij}x_j^{(k-1)}+b_i$이므로

$$x_i^{(k)} = \frac{1}{a_{ii}}\left[b_i - \sum_{j=1,\ j\neq i}^{n} a_{ij}x_j^{(k-1)}\right],\ i = 1,\ \cdots,\ n \tag{4.2}$$

가 된다. 이와 같이 반복적인 근사해를 구하는 방법을 **야코비 방법**(Jacobi method)이라 한다. 정리 4.6에 의하여 식 (4.1)에서 $\|D^{-1}(L+U)\| < 1$ 이면 임의의 초기벡터에 대하여 식 (4.2)의 근사해는 해에 수렴한다.

예제 4.5 다음 연립방정식을 주어진 초기벡터를 이용하여 유효숫자 세 자리까지 벡터열을 구하라.

$$\begin{pmatrix} 8 & 2 & -4 \\ 5 & 10 & -3 \\ -1 & 5 & 20 \end{pmatrix}\begin{pmatrix} x_1 \\ x_2 \\ x_3 \end{pmatrix} = \begin{pmatrix} 6 \\ 12 \\ 24 \end{pmatrix},\quad x^{(0)} = \begin{pmatrix} 0 \\ 0 \\ 0 \end{pmatrix}$$

풀이

$$\begin{pmatrix} 8 & 0 & 0 \\ 0 & 10 & 0 \\ 0 & 0 & 20 \end{pmatrix}\begin{pmatrix} x_1^{(1)} \\ x_2^{(1)} \\ x_3^{(1)} \end{pmatrix} = \begin{pmatrix} 0 & -2 & 4 \\ -5 & 0 & 3 \\ 1 & -5 & 0 \end{pmatrix}\begin{pmatrix} x_1^{(0)} \\ x_2^{(0)} \\ x_3^{(0)} \end{pmatrix} + \begin{pmatrix} 6 \\ 12 \\ 24 \end{pmatrix}$$

$$= \begin{pmatrix} 6 - 2x_2^{(0)} + 4x_3^{(0)} \\ 12 - 5x_1^{(0)} + 3x_3^{(0)} \\ 24 + x_1^{(0)} - 5x_2^{(0)} \end{pmatrix} = \begin{pmatrix} 6 \\ 12 \\ 24 \end{pmatrix}$$

따라서

$$\begin{pmatrix} x_1^{(1)} \\ x_2^{(1)} \\ x_3^{(1)} \end{pmatrix} + \begin{pmatrix} 0.75 \\ 1.20 \\ 1.20 \end{pmatrix}$$

이고, 같은 방법으로

$$\begin{pmatrix} 8x_1^{(2)} \\ 10x_2^{(2)} \\ 20x_3^{(2)} \end{pmatrix} = \begin{pmatrix} 6 - 2x_2^{(1)} + 4x_3^{(1)} \\ 12 - 5x_1^{(1)} + 3x_3^{(1)} \\ 24 + x_1^{(1)} - 5x_2^{(1)} \end{pmatrix} = \begin{pmatrix} 8.4 \\ 11.9 \\ 18.8 \end{pmatrix}$$

이다. 따라서

$$\begin{pmatrix} x_1^{(2)} \\ x_2^{(2)} \\ x_3^{(2)} \end{pmatrix} = \begin{pmatrix} 1.05 \\ 1.19 \\ 0.938 \end{pmatrix}$$

이다. 같은 방법으로 다음과 같은 벡터열을 얻는다.

	$x^{(0)}$	$x^{(1)}$	$x^{(2)}$	$x^{(3)}$	$x^{(4)}$	$x^{(5)}$	$x^{(6)}$
x_1	0	0.75	1.05	0.922	0.989	1.00	1.00
x_2	0	1.20	1.19	0.956	1.03	1.01	1.00
x_3	0	1.20	0.938	0.956	1.01	1.993	1.00

■

알고리즘 4.2 야코비 방법

목 적	$Ax = b$의 해 x
입 력	A, b, n, Max, $x^{(0)}$, eps
출 력	x
	for $k = 1$ to Max for $i = 1$ to n $x_i^{(k)} = [b_i - \sum_{j=1, j \neq i}^{n} a_{ij} x_j^{(k-1)}] / a_{ii}$ end if $\lVert x^{(k)} - x^{(k-1)} \rVert \leq$ eps then 멈춤 end

알고리즘 4.2에 의한 프로그램은 프로그램 4.2와 같다.

프로그램 4.2 ••

jacobi.cpp

야코비 방법을 실행하는 서브루틴 설정
Max : 최대반복횟수
eps : 허용오차

```
#include <stdio.h>
#include <math.h>
void Jacobi(int, int, double);
double A[50][51];  double x[50];
void main(void)
{   int i, j, n, Max;      double eps, sum;
    printf("행렬 A의 크기는?");
    scanf("%d", &n);
    printf("\n행렬 A의 성분은?\n");
    for(i=0;i<n;i++)
    {
        printf("%d 행 : ", i+1);
        for(j=0;j<n;j++)
```

```
                scanf("%lf", &A[i][j]);
        }
        printf("b의 성분은?\n");
        for(i=0; i<n; i++)
```

입력된 행렬이 강대각 지배행렬인지를 판별

```
            scanf("%lf", &A[i][n]);
        for(i=0; i<n; i++)
        {
            sum=0.;
            for(j=0; j<n; j++)
            {
                if(i!=j)
                    sum=sum+fabs(A[i][j]);
            }
            if(fabs(A[i][i]) < sum)
            {
        printf("\n입력된 행렬은 '강대각지배행렬'이
                아닙니다.\n");
                return;
            }
        }
```

최대 반복횟수 Max 값을 입력

```
    printf("\n최대반복회수 Max는?");
        scanf("%d", &Max);
```

허용오차 eps값을 입력

```
        printf("\n허용오차의 한계는?");
        scanf("%lf", &eps);
```

초기치 벡터 x를 입력

```
        printf("\n초기벡터의 성분은?\n");
        for(i=0; i<n; i++)
```

야코비 방법을 실행할 수 있는 서브루틴 호출

```
            scanf("%lf", &x[i]);
        Jacobi(n, Max, eps);
    }
    void Jacobi(int n, int Max, double eps)
    {   int i, j, k;     double sum, norm, next_x[50];
```

반복횟수만큼 야코비 방법을 실행

```
        for(k=1;k<=Max;k++)
        {
            printf("\nk=%d\n", k);
            for(i=0; i<n; i++)
            {
                sum=0.;
                for(j=0; j<n; j++)
                {
                    if(i!=j)
                        sum=sum+A[i][j]*x[j];
                }
```

```
                    next_x[i] = (A[i][n] - sum)/A[i][i];
                    printf("%lf\t", next_x[i]);
                }
                norm = 0.;                          // infinite_norm으로 오차를 계산
                for(i = 0; i<n; i++)
                {
                    if(norm < fabs(next_x[i] - x[i]))
                        norm = fabs(next_x[i] - x[i]);
                }
                if(norm <= eps)                     // 허용오차보다 오차가 작으면 실행 중단
                    return;
                for(i = 0; i<n; i++)
                    x[i] = next_x[i];
            }
            return;
        }
```

프로그램예제 4.2 다음 연립방정식을 주어진 초기벡터 $x^{(0)}$를 이용하여 jacobi.cpp로 구하여라. 단, 최대 반복횟수는 10으로 한다.

$$\begin{pmatrix} 10 & -5 & 1 \\ 5 & 20 & -1 \\ 1 & -5 & 40 \end{pmatrix}\begin{pmatrix} x_1 \\ x_2 \\ x_3 \end{pmatrix} = \begin{pmatrix} 6 \\ 24 \\ 36 \end{pmatrix}, \quad x^{(0)} = \begin{pmatrix} 0 \\ 0 \\ 0 \end{pmatrix}$$

실행

```
행렬 A의 크기는? 3
행렬 A의 성분은?
1 행 : 10   -5    1
2 행 :  5   20   -1
3 행 :  1   -5   40
b의 성분은?
6   24   36
최대반복회수 Max는? 10
허용오차의 한계는? 0.00001
초기벡터의 성분은 :
0   0   0
k = 1
0.600000        1.200000        0.900000
```

k = 2		
1.110000	1.095000	1.035000
k = 3		
1.044000	0.974250	1.009125
k = 4		
0.986212	0.989456	0.995681
k = 5		
0.995160	1.003231	0.999027
k = 6		
1.001713	1.001161	1.000525
k = 7		
1.000528	0.999598	1.000102
k = 8		
0.999789	0.999873	0.999937
k = 9		
0.999943	1.000050	0.999989
k = 10		
1.000026	1.000014	1.000008

4.3 가우스-사이델 방법

$A = N - P$에서 $N = D + L$, $P = -U$라고 하면, $Ax = b$는 $(D+L)x = -Ux + b$와 동치가 된다. $(D+L)$은 아래삼각행렬이므로 방정식 $(D+L)x = b'$의 해는 쉽게 구할 수 있다. 초기벡터 $x^{(0)}$와 $k = 1, 2, \cdots$에 대하여 다음 식을 얻을 수 있다.

$$(D+L)x^{(k)} = -Ux^{(k-1)} + b \tag{4.3}$$

곱셈의 정의에 의하여 i번째 성분은

$$a_{ii}x_i^{(k)} + \sum_{j=1}^{i-1} a_{ij}x_j^{(k)} = b_i - \sum_{j=i+1}^{n} a_{ij}x_j^{(k-1)}$$

이므로

$$x_i^{(k)} = \frac{1}{a_{ii}}\left[b_i - \sum_{j=1}^{i-1} a_{ij}x_j^{(k)} - \sum_{j=i+1}^{n} a_{ij}x_j^{(k-1)}\right] \tag{4.4}$$

이 된다. 이와 같이 반복적인 근사해를 구하는 방법을 가우스-사이델 방법(Gauss-Seidel method)이라 한다. 정리 4.6에 의하여 식 (4.3)에서 $\|(D+L)^{-1}U\| < 1$이면 임의의 초기벡터에 대하여 식 (4.4)의 근사해는 해에 수렴한다.

예제 4.6 다음 연립방정식을 가우스-사이델 방법과 주어진 초기벡터를 이용하여 유효숫자 세 자리까지 벡터열을 구하라.

$$\begin{pmatrix} 8 & 2 & -4 \\ 5 & 10 & -3 \\ -1 & 5 & 20 \end{pmatrix}\begin{pmatrix} x_1 \\ x_2 \\ x_3 \end{pmatrix} = \begin{pmatrix} 6 \\ 12 \\ 24 \end{pmatrix}, \quad x^{(0)} = \begin{pmatrix} 0 \\ 0 \\ 0 \end{pmatrix}$$

풀이

$$\begin{pmatrix} 8 & 0 & 0 \\ 5 & 10 & 0 \\ -1 & 5 & 20 \end{pmatrix}\begin{pmatrix} x_1^{(1)} \\ x_2^{(1)} \\ x_3^{(1)} \end{pmatrix} = \begin{pmatrix} 0 & -2 & 4 \\ 0 & 0 & 3 \\ 0 & 0 & 0 \end{pmatrix}\begin{pmatrix} x_1^{(0)} \\ x_2^{(0)} \\ x_3^{(0)} \end{pmatrix} + \begin{pmatrix} 6 \\ 12 \\ 24 \end{pmatrix}$$

$$= \begin{pmatrix} 6 - 2x_2^{(0)} + 4x_3^{(0)} \\ 12 + 3x_3^{(0)} \\ 24 \end{pmatrix}$$

이므로

$$\begin{pmatrix} 8x_1^{(1)} \\ 10x_2^{(1)} \\ 20x_3^{(1)} \end{pmatrix} = \begin{pmatrix} 6 - 2x_2^{(0)} + 4x_3^{(0)} \\ 12 - 5x_1^{(1)} + 3x_3^{(0)} \\ 24 + x_1^{(0)} - 5x_2^{(1)} \end{pmatrix} = \begin{pmatrix} 6 \\ 8.25 \\ 20.6 \end{pmatrix}$$

이다. 따라서 $x_1^{(1)} = 0.75$, $x_2^{(1)} = 0.825$, $x_3^{(1)} = 1.03$이고

$$\begin{pmatrix} 8x_1^{(2)} \\ 10x_2^{(2)} \\ 20x_3^{(2)} \end{pmatrix} = \begin{pmatrix} 6 - 2x_2^{(1)} + 4x_3^{(1)} \\ 12 - 5x_1^{(2)} + 3x_3^{(1)} \\ 24 + x_1^{(2)} - 5x_2^{(2)} \end{pmatrix} = \begin{pmatrix} 8.46 \\ 9.79 \\ 20.2 \end{pmatrix}$$

이다. 따라서 $x_1^{(2)} = 1.06$, $x_2^{(2)} = 0.979$, $x_3^{(2)} = 1.01$이다. 같은 방법으로 벡터열을 얻는다.

	$x^{(0)}$	$x^{(1)}$	$x^{(2)}$	$x^{(3)}$	$x^{(4)}$
x_1	0	0.75	1.06	1.01	1.00
x_2	0	0.825	0.979	0.998	1.00
x_3	0	1.03	1.01	1.00	1.00

■

야코비 방법의 식 (4.2)와 가우스-사이델 방법의 식 (4.4)를 비교해 보면 새로운 벡터의 성분 $x_i^{(k)}$을 생성하는데 야코비 방법에서는 그 전 벡터의 거의 모든 벡터성분 $x_j^{(k-1)}$, $j \neq i$을 사용하나, 가우스-사이델 방법에서는 그 전 벡터의 벡터성분 $x_j^{(k-1)}$, $j = i+1, \cdots, n$과 현재 만들어진 벡터의 성분 $x_j^{(k)}$, $j = 1, \cdots, i-1$을 사용한다. 현재 만들어진 벡터의 성분 $x_j^{(k)}$, $j = 1, \cdots, i-1$이 그 전 벡터의 벡터성분 $x_j^{(k-1)}$, $j = 1, \cdots, i-1$보다 개선된 것이므로, 해가 수렴한다고 가정하면 가우스-사이델 방법의 근사해가 참값에 수렴하는 속도가 대체적으로 야코비 방법보다 빠르다고 할 수 있다.

야코비 방법에서는 새로운 벡터를 그 직전 벡터로부터 모두 생성하나 가우스-사이델 방법에서는 새로운 성분은 그 직전까지 생성된 성분을 이용한다.

알고리즘 4.3 가우스-사이델 방법

목 적	$Ax = b$의 해 x
입 력	A, b, n, Max, $x^{(0)}$, eps
출 력	$x^{(k)}$

	for $k = 1$ to Max
	    for $i = 1$ to n
	        $x_j^{(k)} = [b_i - \sum_{j=1}^{i-1} a_{ij} x_j^{(k)} - \sum_{j=i+1}^{n} a_{ij} x_j^{(k-1)}]/a_{ii}$
	    end
	    if $\lVert x^{(k)} - x^{(k-1)} \rVert \le$ eps then 멈춤
	end

알고리즘 4.3에 의한 프로그램은 프로그램 4.3과 같다.

프로그램 4.3 ●● gauss_seidel.cpp

```
#include <stdio.h>
#include <math.h>
```

야코비 방법을 실행하는 서브루틴 설정

```
void Gauss_Seidel(int, int, double);
double A[50][51]; double x[50];
void main(void)
```

Max : 최대반복횟수
eps : 허용오차

```
{   int i, j, n, Max;      double eps, sum;
    printf(“행렬 A의 크기는?”);
    scanf(“%d”, &n);
    printf(“\n행렬 A의 성분은?\n”);
    for(i=0; i<n; i++)
    {
        printf(“%d 행 : ”, i+1);
        for(j=0; j<n; j++)
            scanf(“%lf’, &A[i][j]);
    }
    printf(“b의 성분은?\n”);
    for(i=0; i<n; i++)
        scanf(“%lf’, &A[i][n]);
    for(i=0; i<n; i++)
```

입력된 행렬이 강대각지배행렬인지를 판별

```
    {
        sum=0.;
        for(j=0; j<n; j++)
        {
            if(i!=j)
                sum=sum+fabs(A[i][j]);
        }
        if(fabs(A[i][i]) < sum)
        {
            printf(“\n입력된 행렬은 ‘강대각지배행렬’이
                    아닙니다.\n”);
            return;
        }
    }
```

최대 반복횟수 Max 값을 입력
허용오차 eps 값을 입력

```
    printf(“\n최대반복회수 Max는?”);
    scanf(“%d”, &Max);
    printf(“\n허용오차의 한계는?”);
    scanf(“%lf’, &eps);
```

초기치 벡터 x를 입력
가우스-사이델 방법을 실행할 수 있는 서브루

```
    printf(“\n초기벡터의 성분은?\n”);
    for(i=0; i<n; i++)
        scanf(“%!f’, &x[i]);
```

틴 호출	`Gauss_Seidel(n, Max, eps);`
반복 횟수만큼 실행	
야코비 방법과 달리 먼저 구한 x[ ]를 이용한다.	
infinite_norm으로 오차를 계산	
허용오차보다 오차가 작으면 실행 중단	

```
        Gauss_Seidel(n, Max, eps);
}
void Gauss_Seidel(int n, int Max, double eps)
{   int i, j, k;     double sum, norm, next_x[50];
    for(k=1; k<=Max; k++)
    {  printf("\nk=%d \n", k);
       for(i=0;i<n;i++)
       {
          sum=0.0;
          for(j=0; j<n; j++)
          {
             if(j<i)
       sum=sum + (A[i][j]*next_x[j]);
             else
             {
                if(j>i)
                   sum=sum + (A[i][j]*x[j]);
             }
          }
          next_x[i]=(A[i][n]-sum)/A[i][i];
          printf("%lf \t", next_x[i]);
       }
       norm=0.;
       for(i=0; i<n; i++)
       {
          if(norm < fabs(next_x[i]-x[i]))
             norm=fabs(next_x[i]-x[i]);
       }
       if(norm <=eps)
          return;
       for(i=0; i<n; i++)
          x[i]=next_x[i];
    }
    return;
}
```

프로그램예제 4.3 •• 다음 연립방정식을 주어진 초기벡터 $x^{(0)}$를 이용하여 gauss_seidel.cpp로 구하라. 단, 최대 반복횟수는 10, $\mathrm{eps} = 0.00001$로 한다.

$$\begin{pmatrix} 4 & -1 & 1 \\ -2 & 3 & 1 \\ 1 & 2 & 4 \end{pmatrix}\begin{pmatrix} x_1 \\ x_2 \\ x_3 \end{pmatrix} = \begin{pmatrix} 4 \\ 2 \\ 7 \end{pmatrix}, \quad x^{(0)} = \begin{pmatrix} 0 \\ 0 \\ 0 \end{pmatrix}$$

실행

```
행렬 A의 크기는? 3
행렬 A의 성분은?
1 행 :   4  -1   1
2 행 :  -2   3   1
3 행 :   1   2   4
b의 성분은?
4  2  7
최대반복회수 Max는? 10
허용오차의 한계는? 0.00001
초기벡터의 성분은?
0  0  0
k = 1
1.000000        1.333333        0.833333
k = 2
1.125000        1.138889        0.899306
k = 3
1.059896        1.073495        0.948278
k = 4
1.031304        1.038110        0.973119
k = 5
1.016248        1.019792        0.986042
k = 6
1.008438        1.010278        0.992752
k = 7
1.004381        1.005337        0.996236
k = 8
1.002275        1.002771        0.998045
k = 9
1.001182        1.001439        0.998985
k = 10
1.000614        1.000747        0.999473
```

알고리즘을 살펴보면 새로운 근사벡터 $x^{(k)}$를 만들 때 야코비 방법은 바로 전의 근사벡터 $x^{(k-1)}$의 모든 성분을 이용하고 가우스-사이델 방법은 $x_i^{(k)}$를 만들 때 바로 전의 근사항을 사용하므로, 즉 가우스-사이델 방법이 더 최근의 근사항을 이용하는 것으로 볼 때 수렴하면 가우스-사이델 방법이 야코비 방법보다 대체로 더 빨리 수렴할 것이라고 했다. 그러나 행렬의 구조에 따라 야코비 방법이나 가우스-사이델 방법이 수렴할 수도 또는 하지 않을 수도 있다.

정의 4.7

행렬의 대각성분의 절대값이 그 행의 대각성분을 제외한 나머지 성분의 절대값의 합보다 클 때 이 행렬을 **강대각지배**(diagonally dominant)행렬이라고 한다.

예제 4.7

다음 행렬은 각 대각성분 4가 그 행의 대각성분을 제외한 나머지 성분의 절대값 1 또는 2의 합보다 크므로 강대각지배행렬이다.

$$\begin{pmatrix} 4 & -1 & 1 \\ -2 & 4 & 1 \\ 1 & 2 & 4 \end{pmatrix}$$

강대각지배행렬이면 야코비 방법과 가우스-사이델 방법은 수렴한다. 양의 정부호를 가지면 가우스-사이델 방법은 수렴한다.

강대각지배행렬인 경우 임의의 초기벡터에 대하여 야코비 방법과 가우스-사이델 방법으로 구한 근사해는 참값에 수렴하며 대칭행렬이 양의 정부호이면 임의의 초기벡터에 대하여 가우스-사이델 방법으로 구한 근사해는 정리 4.10에 의하여 해에 수렴한다.

정리 4.8

행렬 A가 강대각지배행렬이면 임의의 초기벡터에 대해 야코비 방법과 가우스-사이델 방법으로 구한 벡터열은 해에 수렴한다.

정리 4.9

대칭행렬 A가 양의 정부호를 가지면 임의의 초기벡터에 대하여 가우스-사이델 방법으로 구한 벡터열은 해에 수렴한다.

*4.4 SOR 방법

SOR 방법(successive over relaxation method)은 가우스-사이델 방법을 확장한 방법으로 주어진 상수 ω(완화변수, relaxation parameter)를 이용하여 구한다. 즉, SOR 방법의 k번째 근사값은 SOR 방법으로 구한 $k-1$번째 근사값과 가우스-사이델 방법으로 구한 k번째 근사값을 이용하여 가우스-사이델 방법보다 더 빨리 수렴할 수 있도록 할 수 있다.

임의의 벡터 $x^{(0)}$에 대하여 $x^{(k-1)}$를 SOR 방법으로 구한 벡터라 하자. 이 벡터를 이용하여 가우스-사이델 방법으로 구한 벡터를 $\overline{x}_j^{(k)}$라 하면 SOR 방법으로 구한 k번째 근사해를 다음과 같이 정의한다.

$$x_j^{(k)} = (1-\omega)x_j^{(k-1)} + \omega\overline{x}_j^{(k)}$$

이 식의 양변에 대각행렬 D를 곱하면

$$\begin{aligned} Dx^{(k)} &= (1-\omega)Dx^{(k-1)} + \omega(-Lx^{(k)} - Ux^{(k-1)} + b) \\ &= Dx^{(k-1)} - \omega[-Lx^{(k)} - (D+U)x^{(k-1)} + b] \end{aligned}$$

이 되어 $i=1, 2, \cdots, n$에 대하여

$$x_i^{(k)} = x_i^{(k-1)} + \frac{\omega}{a_{ii}}\left[-\sum_{j=1}^{i-1} a_{ij}x_j^{(k)} - \sum_{j=i}^{n} a_{ij}x_j^{(k-1)} + b_i\right]$$

가 된다. 완화변수 ω에 대하여 다음이 성립한다([Demmel 6.5]).

정리 4.10

A가 양의 정부호인 행렬이고 $0<\omega<2$이면 임의의 초기벡터에 대하여 SOR 방법은 수렴한다.

$\omega=1$이면 SOR 방법은 가우스-사이델 방법이 된다. 그러므로 정리 4.9는 정리 4.10의 따름정리가 된다. 가장 최적치인 ω는 $D^{-1}(L+U)$의 고유치로 다음과 같이 표현된다.

정리 4.11 A가 양의 정부호인 삼중대각행렬이고 ρ를 행렬 $D^{-1}(L+U)$의 고유치 중 절대값이 가장 큰 수라고 하면 $\rho^2<1$이고 최적치 ω는 다음과 같다.

$$\omega=\frac{2}{1+\sqrt{1-\rho^2}}$$

행렬 $D^{-1}(L+U)$의 고유치를 알 수 있으면 수렴하는 속도를 가장 빠르게 할 수 있는 완화변수 ω를 정리 4.11에 의하여 구할 수 있다.

예제 4.8 삼중대각행렬 $A=\begin{pmatrix}5&3&0\\3&5&1\\0&1&5\end{pmatrix}$에서 최적완화변수 ω를 구하라.

풀이

$$D^{-1}(L+U)=\begin{pmatrix}\frac{1}{5}&0&0\\0&\frac{1}{5}&0\\0&0&\frac{1}{5}\end{pmatrix}\begin{pmatrix}0&3&0\\3&0&1\\0&1&0\end{pmatrix}$$

$$=\begin{pmatrix}0&0.6&0\\0.6&0&0.2\\0&0.2&0\end{pmatrix}$$

이므로 특성다항식 $p(\lambda)=-\lambda(\lambda^2-0.4)$이다. $\rho^2=0.4$이므로

$$\omega=\frac{2}{1+\sqrt{0.6}}=1.127$$

이다. ■

알고리즘 4.4 SOR 방법

목 적	$Ax = b$의 해 x
입 력	A, b, n, Max, $x^{(0)}$, ω, eps
출 력	x

	for $k=1$ to Max
	    for $i=1$ to n
	        $x_i^{(k)} = x_i^{(k-1)} + \omega\left[-\sum_{j=1}^{i-1} a_{ij}x_j^{(k)} - \sum_{j=i}^{n} a_{ij}x_j^{(k-1)} + b_i\right]/a_{ii}$
	    end
	    if $\lVert x^{(k)} - x^{(k-1)} \rVert \le$ eps then 멈춤
	end

완화변수 $\omega = 1$이면 SOR 방법은 가우스-사이델 방법이 된다.

완화변수 ω를 선택사항으로 하는 알고리즘 4.4의 프로그램은 프로그램 4.4와 같다.

프로그램 4.4 ••

sor.cpp

SOR-방법으로 실행하는 서브루틴을 설정

```
#include <stdio.h>
#include <math.h>
void SOR(int, int, double, double);
double A[50][51], x[50];
void main(void)
{
```

Max : 최대반복횟수
eps : 허용오차
w : 완화변수

```
    int i, j, n, Max;
    double eps, w, sum;
    printf(“행렬 A의 크기는?”);
    scanf(“%d”, &n);
    printf(“\n행렬 A의 성분은?\n”);
```

행렬A의 원소를 입력

```
    for(i=0; i<n; i++)
    {
        printf(“%d 행:”, i+1);
        for(j=0; j<n; j++)
            scanf(“%lf”, &A[i][j]);
    }
    printf(“b의 성분은?\n”);
```

벡터b의 원소를 입력

```
    for(i=0; i<n; i++)
        scanf(“%lf”, &A[i][n]);
    for(i=0; i<n; i++)
```

입력된 행렬이 강대각 지배행렬인지를 판별

```
        {
            sum = 0.;
            for(j = 0; j<n; j + +)
            {
                if(i! = j)
                    sum = sum + fabs(A[i][j]);
            }
            if(fabs(A[i][i]) < sum)
            {
                printf("\n입력된 행렬은 '강대각지배행렬'이
아닙니다.\n");
                return;
            }
        }
```

최대 반복횟수 Max 값을 입력

```
        printf("\n최대반복회수 Max는?");
        scanf("%d", &Max);
```

허용오차 eps 값을 입력

```
        printf("\n허용오차의 한계는?");
    scanf("%lf", &eps);
```

초기치 벡터 x를 입력

```
        printf("\n초기벡터의 성분은?\n");
        for(i = 0; i<n; i + +)
            scanf("%lf", &x[i]);
        printf("\n완화변수 w (0 < w < 2)는?");
        scanf("%lf", &w);
```

SOR 방법을 실행할 수 있는 서브루틴 호출

```
        SOR(n, Max, eps, w);
}
```

SOR 방법을 실행할 수 있는 서브루틴

```
void SOR(int n, int Max, double eps, double w)
{   int i, j, k;
    double sum, norm, next_x[50];
    for(k = 1; k< = Max; k + +)
    {
        printf("\nk = %d \n", k);
        for(i = 0; i<n; i + +)
            sum = 0.0;
            for(j = 0; j<n; j + +)
```

가우스-사이델 방법과 달리 i=j일 경우도 더 해줌.

```
            {
                if(j<i)
                    sum = sum + (A[i][j]*next_x[j]);
                else
                    sum = sum + (A[i][j]*x[j]);
            }
            next_x[i] = x[i] − w*(sum − A[i][n])/A[i][i];
            printf("%lf \t", next_x[i]);
```

```
                                  }
infinite_norm으로                  norm = 0.;
오차를 계산                         for(i = 0; i<n; i++)
                                  {
허용오차보다 오차가                      if(norm < fabs(next_x[i] - x[i]))
적으면 실행 중단                            norm = fabs(next_x[i] - x[i]);
                                  }
허용오차보다 오차가                  if(norm <= eps)
적으면 실행 중단                        return;
                                  for(i = 0; i<n; i++)
                                      x[i] = next_x[i];
                              }
                              return;
                          }
```

프로그램예제 4.4 •• 다음 연립방정식을 주어진 초기벡터 $x^{(0)}$를 이용하여 sor.cpp로 구하라. 단, 최대 반복횟수는 10으로 하고 완화변수 $\omega = 0.9$, $\varepsilon = 0.0001$로 한다.

$$\begin{pmatrix} 4 & -1 & 0 \\ 2 & 5 & 1 \\ 1 & 2 & 4 \end{pmatrix}\begin{pmatrix} x_1 \\ x_2 \\ x_3 \end{pmatrix} = \begin{pmatrix} 3 \\ 8 \\ 7 \end{pmatrix}, \quad x^{(0)} = \begin{pmatrix} 0 \\ 0 \\ 0 \end{pmatrix}$$

실행

```
행렬 A의 크기는? 3
행렬 A의 성분은?
1 행 : 4   -1   0
2 행 : 2    5   1
3 행 : 1    2   4
b의 성분은?
3  8  7
최대반복회수 Max는? 10
허용오차의 한계는? 0.00001
초기벡터의 성분은?
0  0  0
완화도움변수 (0 < w < 2)는? 0.9

k = 1
```

```
0.675000        1.197000        0.884475
k = 2
1.011825        1.036238        0.969480
k = 3
1.009336        1.005756        0.992257
k = 4
1.002229        1.001167        0.998199
k = 5
1.000485        1.000266        0.999591
k = 6
1.000108        1.000061        0.999907
k = 7
1.000025        1.000014        0.999979
k = 8
1.000006        1.000003        0.999995
k = 9
1.000001        1.000001        0.999999
```

개념정리

4.1 절

• 벡터노름

함수 $\|\cdot\|: \mathrm{R}^n \to \mathrm{R}$이 다음 조건을 만족하면 R^n 위에서 벡터노름이라고 한다.

(1) 모든 $x \in \mathrm{R}^n$에 대하여 $\|x\| = 0$이다.

(2) $\|x\| = 0 \Leftrightarrow x = 0$

(3) 상수 $\alpha \in \mathrm{R}$에 대하여
$\|\alpha x\| = |\alpha| \cdot \|x\|$

(4) 모든 x, $y \in \mathrm{R}^n$에 대하여
$\|x + y\| \le \|x\| + \|y\|$

벡터 $x \in \mathrm{R}^n$에 대하여

$\|x\|_1 = |x_1| + \cdots + |x_n|$

$\|x\|_2 = \sqrt{x^2 + \cdots + x^n}$

$\|x\|_\infty = \max\{|x_1|, \cdots, |x_n|\}$

• 동치

노름 $\|\cdot\|_\alpha$, $\|\cdot\|_\beta$에 대하여 적당한 상수 c_1, c_2가 존재하여

$$c_1\|x\|_\alpha \le \|x\|_\beta \le c_2\|x\|_\alpha$$

가 되면 두 노름은 **동치**라고 한다.

• 행렬노름

함수 $\|\cdot\|: \mathrm{R}^{n\times n} \to \mathrm{R}$이 다음 조건을 만족하면 **행렬 노름**이라고 한다.

(1) 모든 $A \in \mathrm{R}^{n\times n}$, $\|A\| \ge 0$이다.

(2) $\|A\| = 0 \Leftrightarrow A = 0$

(3) 상수 a에 대하여 $\|aA\| = |a| \cdot \|A\|$

(4) $\|A + B\| \le \|A\| + \|B\|$

(5) $\|AB\| \le \|A\| \cdot \|B\|$

행렬 $A \in \mathrm{R}^{n\times n}$에 대하여

$\|A\|_1 = \max\{\|A_1\|_1, \cdots, \|A_n\|_1\}$

A_i는 A의 i번째 열벡터

$\|A\|_\infty = \max\{\|A^1\|_1, \cdots, \|A^n\|_1\}$

A_i는 A의 i번째 행벡터

$\|A\|_F = \sqrt{\sum_{i=1}^{n}\sum_{j=1}^{n} a_{ij}^2}$

• 조건상수

$K(A) = \|A\| \cdot \|A^{-1}\|$

4.2 절

• 강대각지배행렬

행렬의 대각성분의 절대값이 그 행의 대각성분을 제외한 나머지 성분의 절대값의 합보다 클 때 이 행렬을 강대각지배행렬이라고 한다.

연습문제

1. $|x_1y_1+x_2y_2| \le \sqrt{x_1^2+x_2^2}\sqrt{y_1^2+y_2^2}$를 이용하여 $\|x\|_2=\sqrt{x_1^2+x_2^2}$과 $\|x\|_\infty=\max\{|x_1|,|x_2|\}$은 R^2 위에서 노름임을 보여라.

2. 다음 벡터의 노름 $\|\cdot\|_1, \|\cdot\|_2, \|\cdot\|_\infty$을 구하라.
   (1) $(1,-3), (2,5), (-2,0), (-5,2)$
   (2) $(1,0,-3), (2,3,5), (-2,0,1), (1,2,3)$
   (3) $(1,2,0,-3), (1,2,3,5), (-2,0,1,3),$
   $(4,3,2,1)$

3. $\|x\|$이 노름이고 C가 정칙이라 하자.
   $\|x\|_C=\|Cx\|$로 정의하면 $\|x\|_C$도 노름이 됨을 보여라.

4. 정리 4.2의 부등식을 증명하라.

5. 행렬 $A\in\mathrm{R}^{n\times n}$에 대하여 $\|A\|_1, \|A\|_\infty, \|A\|_F$은 모두 $\mathrm{R}^{n\times n}$ 위에서 노름이 됨을 보여라.

6. 다음 행렬의 노름 $\|\cdot\|_1, \|\cdot\|_\infty, \|\cdot\|_F$을 구하라.
   (1) $\begin{pmatrix}1&-3\\0&1\end{pmatrix}, \begin{pmatrix}3&2\\2&1\end{pmatrix}, \begin{pmatrix}2&3\\4&1\end{pmatrix}, \begin{pmatrix}2&3\\3&2\end{pmatrix}$
   (2) $\begin{pmatrix}4&2&0\\2&4&2\\0&2&4\end{pmatrix}, \begin{pmatrix}4&2&0\\1&-4&2\\1&2&3\end{pmatrix},$
   $\begin{pmatrix}1&-2&0\\2&4&0\\0&0&5\end{pmatrix}, \begin{pmatrix}1&2&3\\2&3&4\\3&4&5\end{pmatrix}$

7. 문제 2와 6을 이용하여 다음에서 정리 4.4가 성립함을 보여라.
   (1) $A=\begin{pmatrix}1&-3\\0&1\end{pmatrix},\ x=\begin{pmatrix}2\\5\end{pmatrix}$
   (2) $A=\begin{pmatrix}4&2&0\\2&4&2\\0&2&4\end{pmatrix},\ x=\begin{pmatrix}2\\3\\5\end{pmatrix}$

8. 다음 행렬의 각 노름에 관한 조건상수를 구하라.
   $\begin{pmatrix}1&-3\\0&1\end{pmatrix}, \begin{pmatrix}3&2\\2&1\end{pmatrix}, \begin{pmatrix}2&3\\4&1\end{pmatrix}, \begin{pmatrix}2&3\\3&2\end{pmatrix}$

9. $A=N-P$이고 $\|N^{-1}P\|\le\lambda<1$이면 임의의 초기벡터 $x^{(0)}$에 대하여 $x^{(k)}$는 $Ax=b$의 해에 수렴한다. 이때 수렴속도는 다음과 같음을 보여라.
   (1) $\|x-x^{(k)}\|\le\lambda^k\|x-x^{(0)}\|$
   (2) $\|x-x^{(k)}\|\le\dfrac{\lambda^k}{1-\lambda}\|x^{(1)}-x^{(0)}\|$

10. 다음 연립방정식을 초기벡터 $x^{(0)}=(0,0)^T$로 하여 야코비 방법으로 $x^{(3)}$까지 구하라. 단, 유효숫자는 3자리까지 하여라.
    (1) $4x+y=5$
    $x-4y=5$
    (2) $5x-2y=5$
    $x+8y=1$
    (3) $\begin{pmatrix}1&-3\\0&1\end{pmatrix}\begin{pmatrix}x\\y\end{pmatrix}=\begin{pmatrix}2\\5\end{pmatrix}$
    (4) $\begin{pmatrix}4&-1\\-1&4\end{pmatrix}\begin{pmatrix}x\\y\end{pmatrix}=\begin{pmatrix}3\\3\end{pmatrix}$

11. 문제 10의 연립방정식을 초기벡터 $x^{(0)}=(0,0)^T$로 하여 가우스-사이델 방법으로 $x^{(3)}$까지 구하라. 단, 유효숫자는 3자리까지 하여라.

12. 다음 연립방정식의 해를 야코비 방법과 가우스-사이델 방법으로 구해보아라. 왜 수렴이 되지 않는지 이유를 설명하라.

$$x+4y=6$$
$$x-\ y=1$$

13. 문제 10을 완화변수 $\omega=0.5, 1.3, 1.8$ 각각에 대하여 SOR 방법으로 벡터 $x^{(1)}$을 구하라.

14. 주어진 초기벡터 $x^{(0)}$를 이용하여 방정식 $Ax=b$

의 근사벡터 $x^{(2)}$를 야코비 방법으로 $x^{(3)}$까지 구하라. 단, 유효숫자는 3자리까지 하여라.

$$A=\begin{pmatrix} 4 & 1 & 0 \\ 2 & 5 & 1 \\ -1 & 2 & 4 \end{pmatrix},\ b=\begin{pmatrix} 1 \\ 0 \\ 2 \end{pmatrix},$$

$$x^{(0)}=\begin{pmatrix} 1 \\ 1 \\ 1 \end{pmatrix}$$

15. 강대각지배행렬 $\begin{pmatrix} 2 & 1 \\ 1 & 3 \end{pmatrix}$이 양의 정부호를 가짐을 보여라.

16. 초기벡터 $x^{(0)}=0$을 이용하여 근사벡터 $x^{(2)}$를 야코비 방법과 가우스-사이델 방법으로 각각 구하여라.

(1)
$$\begin{aligned} 10x-\ \ 2y\qquad\ &=8 \\ -2x+10y-\ \ 2z&=6 \\ -\ \ 2y+10z&=8 \end{aligned}$$

(2)
$$\begin{aligned} 10x-\ \ y+\ \ 2z&=11 \\ -\ \ x+12y-\ \ z&=10 \\ 2x-\ \ y+20z&=21 \end{aligned}$$

(3)
$$\begin{aligned} 10x-\ \ y+\ \ 2z\qquad\ &=6 \\ -x+11y-\ \ z+3v&=25 \\ 2x-\ \ y+10z-\ v&=-11 \\ 3y-\ \ z+8v&=15 \end{aligned}$$

17. 다음 방정식을 가우스-사이델 방법과 $\omega=1.25$를 이용한 SOR 방법으로 $x^{(3)}$을 구하라. 단, $x^{(0)}=(1,1,1)^T$

$$\begin{aligned} 4x+3y\qquad\ &=24 \\ 3x+4y-\ \ z&=30 \\ -\ \ y+4z&=-24 \end{aligned}$$

18. $|x^Ty|\le\|x\|_2\|y\|_2$를 이용하여
$\|x\|_2=\sqrt{x_1^2+\cdots+x_n^2}$ 과
$\|x\|_\infty=\max\{|x_1|,\cdots,|x_n|\}$은 R^n 위에서 노름임을 보여라.

실습문제

1. 프로그램 4.1을 이용하여 연습문제 2의 노름을 구하라.

2. 프로그램 4.2를 이용하여 연습문제 16의 해를 구하라.

3. 프로그램 4.3을 이용하여 연습문제 16의 해를 구하라.

4. 프로그램 4.4를 이용하여 연습문제 16의 해를 구하라.

5. 벡터 x에 대하여 $\|x\|_1$을 출력하는 서브루틴을 작성하라.

6. 벡터 x에 대하여 $\|x\|_2$을 출력하는 서브루틴을 작성하라.

7. 벡터 x에 대하여 $\|x\|_\infty$을 출력하는 서브루틴을 작성하라.

8. 선택변수의 입력에 따라 노름을 출력하는 서브루틴을 작성하라.
[참고] 선택변수가 1이면 $\|x\|_1$, 2이면 $\|x\|_2$, 3이면 $\|x\|_\infty$를 출력.

9. 정의 4.7을 이용하여 강대각지배행렬을 출력하는 서브루틴을 작성하고, 구해진 행렬을 프로그램 4.2와 4.3에 적용하여라.

10. 정리 4.11을 이용하여 최적치 ω를 구하는 서브루틴을 작성하고, 프로그램 4.4에 이것을 사용한 것과 다른 것을 사용한 결과를 비교하라.

제5장 고유치방정식의 수치해법

연립방정식의 해법은 행렬 A와 벡터 b를 알 때 $Ax = b$를 만족하는 벡터 x를 구하는 것이나, 고유치방정식의 해법은 정사각행렬 A만 주어졌을 때 $Ax = \lambda x$를 만족하는 상수 λ와 벡터 x를 구하는 것이다. 이 상수 λ를 A의 고유치라 하고 0이 아닌 벡터 x를 고유치 λ에 대응하는 A의 고유벡터라고 한다. 영벡터 $x = 0$은 항상 이 방정식을 만족하므로 관심의 대상이 되지 않는다. 정리 2.12에 의하여 연립방정식 $Ax = b$에서 A가 정칙이면 해가 단 하나이나, 고유치방정식에서는 정칙에 관계 없이 고유치가 여러 개이고 그에 대응하는 벡터 x는 무수히 많다. 이 고유치방정식은 연립방정식과 더불어 중요한 선형대수학의 문제이며 응용 분야가 넓은 분야이다.

5.1 고유치방정식과 행렬

정의 5.1 정사각행렬 A에서 방정식 $Ax = \lambda x$를 만족하는 상수 λ를 A의 고유치(eigenvalue), 0이 아닌 벡터 x를 고유치 λ에 대응하는 A의 고유벡터(eigenvector)라고 한다.

예제 5.1 $A=\begin{pmatrix}1&3\\0&2\end{pmatrix}$, $u=\begin{pmatrix}3\\1\end{pmatrix}$, $v=\begin{pmatrix}1\\0\end{pmatrix}$이면 $Au=2u$, $Av=1v$이다. 따라서 A의 고유치는 $\lambda_1=2$와 $\lambda_2=1$이고 u, v는 각각에 대응하는 고유벡터이다.

예제 5.1에서 고유벡터 u에 임의의 상수를 곱한 벡터, 예를 들어 $w=\begin{pmatrix}9\\3\end{pmatrix}$도 $Aw=2w$를 만족한다. 즉, 임의의 상수 α에 대하여 $Ax=\lambda x$ 이면

$$A(\alpha x)=\alpha(Ax)=\alpha(\lambda x)=\lambda(\alpha x)$$

이므로 고유벡터에 0이 아닌 임의의 상수를 곱한 벡터는 모두 고유벡터이다. 이 벡터와 0을 포함하여 고유공간이라고 한다.

정의 5.2 고유치 λ에 대하여 $Ax=\lambda x$를 만족하는 벡터 전체의 집합

$$\{x\in \mathrm{R}^n | Ax=\lambda x\}$$

을 λ에 대응하는 A의 **고유공간**(eigenspace)이라 한다.

예제 5.1에서 $\lambda_1=2$에 대응하는 고유공간은 $\left\{\alpha\begin{pmatrix}3\\1\end{pmatrix} | \alpha\in\mathrm{R}\right\}$로 이 공간은 기하학적으로 원점을 지나고 기울기가 $\frac{1}{3}$인 직선에 해당되며 $\lambda_2=1$에 대응하는 고유공간은 $\left\{\alpha\begin{pmatrix}1\\0\end{pmatrix} | \alpha\in\mathrm{R}\right\}$로 원점을 지나고 기울기가 0인 직선(즉, x축)에 해당된다.

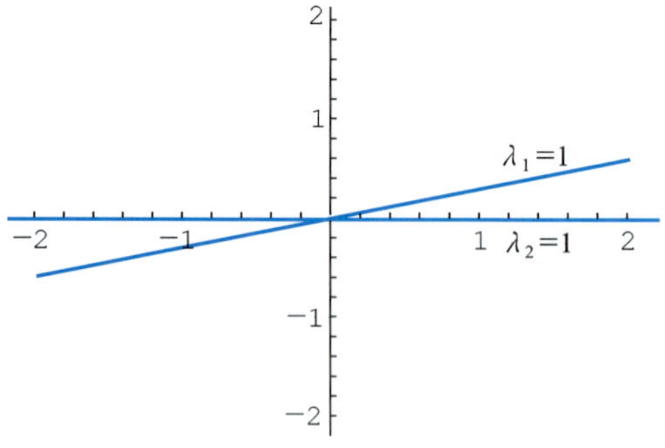

그림 5.1 예제 5.1의 행렬 A의 고유공간

λ가 행렬 A의 고유치이면 정의 5.1에 의하여 $Ax=\lambda x$을 만족하는 0이 아닌 벡터 x가 있다. 즉, $(A-\lambda I)x=0$이므로 행렬 $A-\lambda I$는 0이 아닌 해 x를 갖는다. 정리 2.12에 의하여 $A-\lambda I$는 정칙이 아니고 따라서 행렬식 $|A-\lambda I|=0$이 된다. 마찬가지로 행렬식 $|A-\lambda I|=0$이면 $Ax=\lambda x$을 만족하는 0이 아닌 벡터 x가 존재하므로 다음과 같은 정리가 성립된다.

정리 5.3

λ가 행렬 A의 고유치이면 $A-\lambda I$의 행렬식 $|A-\lambda I|=0$이고 그 역도 성립한다.

대수학의 기본정리 n차 방정식의 해는 복소수 위에서 n개의 해를 갖는다.

행렬식 $p(\lambda)=|A-\lambda I|$을 행렬 A의 λ에 관한 **특성다항식**(characteristic polynomial)이라 하며 $p(\lambda)=0$을 **특성방정식**(characteristic equation)이라고 한다. 따라서 λ가 행렬 A의 고유치라는 것과 $p(\lambda)=0$라는 것은 같은 뜻이다. 행렬 A의 크기가 n이면 특성다항식의 차수는 n이다. 대수학의 기본정리에 의하여 차수가 n인 특성방정식 $p(\lambda)=0$의 해는 복소수 위에서 반드시 n개 존재하고 특성방정식의 해가 고유치이므로 다음 성질이 있다.

정리 5.4

크기가 n인 행렬은 중복을 포함하여 복소수 범위에서 고유치는 n개이다.

예제 5.2 행렬 $A=\begin{pmatrix}1&3\\0&2\end{pmatrix}$의 고유치, 고유벡터 그리고 고유공간을 구해보자.

풀이 행렬 A의 특성방정식

$$\begin{aligned}p(\lambda)=|A-\lambda I|&=\left|\begin{pmatrix}1-\lambda&3\\0&2-\lambda\end{pmatrix}\right|\\&=(1-\lambda)(2-\lambda)=0\end{aligned}$$

의 해는 $\lambda=1,\ 2$이므로 $\lambda_1=2,\ \lambda_2=1$이다. 한편 $\lambda_1=2$에 대응하는 A의 고유공간은 방정식 $(A-\lambda_1 I)u=0$을 만족하므로

$$\begin{pmatrix}-1&3\\0&0\end{pmatrix}\begin{pmatrix}x\\y\end{pmatrix}=\begin{pmatrix}0\\0\end{pmatrix}\Rightarrow -x+3y=0$$

이 된다. $y=\alpha$라 하면 $x=3\alpha$이므로 $\lambda_1=2$에 대응하는 A의 고유공간은 $\{\alpha\begin{pmatrix}3\\1\end{pmatrix}|\alpha\in\mathrm{R}\}$이고 $u_1=\begin{pmatrix}3\\1\end{pmatrix}$은 고유벡터이다. 같은 방법으로 $\lambda_2=1$에 대응하는 A의 고유공간은 $\{\alpha\begin{pmatrix}1\\0\end{pmatrix}|\alpha\in\mathrm{R}\}$이고 $u_2=\begin{pmatrix}1\\0\end{pmatrix}$는 고유벡터이다. ■

크기가 n인 행렬은 복소수 범위에서 n개의 고유치를 가지며, 특히 고유치가 모두 다르면 대응하는 고유벡터는 일차독립이다.

예제 5.2에서 말한 고유벡터뿐만 아니라 고유공간에 속한 0이 아닌 벡터는 모두 고유벡터이다. 크기가 n인 행렬은 중복을 포함하여 복소수 범위에서 n개의 고유치가 있으나 그에 대응하는 일차독립인 고유벡터는 많아야 n개이다. 그러나 서로 다른 n개의 고유치가 있으면 그에 대응하는 n개의 고유벡터는 일차독립이다. 위(또는 아래) 삼각행렬의 특성방정식의 근은 모두 대각성분이므로 다음 성질을 갖는다.

정리 5.5

행렬 A가 서로 다른 n개의 고유치를 가지면 그에 대응하는 고유벡터는 일차독립이다.

예제 5.3

예제 5.2에서 보듯이 행렬 $A=\begin{pmatrix}1 & 3\\0 & 2\end{pmatrix}$의 고유치는 $\lambda_1=2$와 $\lambda_2=1$이고 각각에 대응하는 고유벡터 $u=\begin{pmatrix}3\\1\end{pmatrix}$, $v=\begin{pmatrix}1\\0\end{pmatrix}$은 일차독립이다.

예제 5.4

행렬 $B=\begin{pmatrix}1 & 1\\0 & 1\end{pmatrix}$의 고유치와 고유벡터를 구하라.

풀이 $p(\lambda)=|B-\lambda I|=(1-\lambda)^2$이므로 $\lambda=1$은 중복도 2를 갖는 고유치이다. $\lambda=1$에 대응하는 고유벡터는 $(B-I)\begin{pmatrix}x\\y\end{pmatrix}=0$을 만족하므로 $y=0$이다. 따라서 일차독립인 B의 고유벡터는 $\begin{pmatrix}1\\0\end{pmatrix}$ 하나뿐이다. ■

예제 5.2와 5.4에서 보았듯이 위(또는 아래)삼각행렬의 특성방정식의 근은 모두 대각성분이므로 다음 성질을 갖는다.

정리 5.6

위(또는 아래)삼각행렬의 고유치는 행렬의 대각성분과 같다.

직선 $y=x$와 $y=-x$의 기울기를 서로 곱하면 -1이므로 두 직선은 수직을 이루며 다음과 같이 표현할 수 있다.

$$\left\{\alpha\begin{pmatrix}1\\1\end{pmatrix} \mid \alpha\in\mathrm{R}\right\},\ \left\{\alpha\begin{pmatrix}1\\-1\end{pmatrix} \mid \alpha\in\mathrm{R}\right\}$$

이 표현에서 벡터 $\begin{pmatrix}1\\1\end{pmatrix}$, $\begin{pmatrix}1\\-1\end{pmatrix}$의 내적을 구하면 $\begin{pmatrix}1\\1\end{pmatrix}\cdot\begin{pmatrix}1\\-1\end{pmatrix}=0$ 또는 $(1\ -1)\begin{pmatrix}1\\1\end{pmatrix}=0$이다. 이와 같이 벡터 x, $y\in\mathrm{R}^n$가 $x^Ty=0$을 만족하면 x, y는 서로 **직교**(orthogonal)한다고 한다. 행렬이 대칭이면 고유벡터는 직교한다.

정리 5.7 대칭행렬의 고유치가 다르면 그에 대응하는 고유벡터는 직교한다.

증명 $Au=\lambda u$, $Av=\mu v$이고 $\lambda\neq\mu$라고 하자. 그러면

$$v^TAu=\lambda v^Tu,\ u^TAv=\mu u^Tv$$

이다. v^TAu, v^Tu, u^TAv와 u^Tv는 모두 상수이고 행렬 A는 대칭이므로 $v^TAu=(u^TAv)^T$, $v^Tu=(u^Tv)^T$이므로 $v^TAu=u^TAv$이고 $v^Tu=u^Tv$이다. 따라서

$$(\lambda-\mu)u^Tv=0$$

이고 $\lambda\neq\mu$이므로 $u^Tv=0$이 된다. ■

예제 5.5 $\begin{pmatrix}2&1\\1&2\end{pmatrix}$의 고유벡터가 직교함을 살펴보자.

풀이 $p(\lambda)=\lambda^2-4\lambda+3=0$에서 $\lambda=1$, 3이다. $\lambda=1$과 $\lambda=3$에 대응하는 고유벡터는 각각

$$x+y=0,\ -x+y=0$$

을 만족하므로 각각에 대응하는 고유벡터는 $(1,-1)^T$, $(1,1)^T$이다. 따라서 벡터의 곱은 $(1,-1)(1,1)^T=0$이므로 직교한다. ■

정리 5.8 n차 대칭행렬에서 서로 직교하는 고유벡터는 n개이다.

임의의 n차 벡터는 n개의 일차독립인 벡터의 일차결합으로 만들어지고 직교하는 벡터는 일차독립이므로 정리 5.8에 의하여 다음이 성립한다.

정리 5.9 임의의 n차 벡터는 n차 대칭행렬의 고유벡터의 일차결합으로 만들어진다.

정리 5.10 블록행렬 $\begin{pmatrix} A & B \\ O & C \end{pmatrix}$의 고유치는 A 또는 C의 고유치이고 그 역도 성립한다. 단, O는 영행렬이다.

예제 5.6 $\begin{pmatrix} 2 & 1 & 0 \\ 1 & 2 & 0 \\ 0 & 0 & 3 \end{pmatrix}$의 고유치와 직교하는 세 개의 고유벡터를 구해보자.

풀이 예제 5.5와 정리 5.10에 의하여 고유치는 $\lambda=1,\ 3$이고 3은 중복된 고유치이다. $\lambda=1$에 대응하는 고유벡터는

$$\begin{pmatrix} 1 & 1 & 0 \\ 1 & 1 & 0 \\ 0 & 0 & 2 \end{pmatrix}\begin{pmatrix} x \\ y \\ z \end{pmatrix}=\begin{pmatrix} 0 \\ 0 \\ 0 \end{pmatrix}$$

을 만족하므로 $x+y=0,\ z=0$, 즉 $(1,-1,0)$이 된다. $\lambda=3$에 대응하는 고유벡터는

$$\begin{pmatrix} -1 & 1 & 0 \\ 1 & -1 & 0 \\ 0 & 0 & 0 \end{pmatrix}\begin{pmatrix} x \\ y \\ z \end{pmatrix}=\begin{pmatrix} 0 \\ 0 \\ 0 \end{pmatrix}$$

을 만족하므로 $-x+y=0$이다. 즉, $\lambda=3$에 대응하는 고유벡터는 x성분과 y성분이 같아야 한다. $\lambda=3$에 대응하는 고유벡터로 $(1,1,0)^T$, $(0,0,1)^T$을 택하면 고유벡터는 모두 서로 직교한다. ■

예제 5.7 다음 행렬의 고유치를 구하고 대응하는 고유벡터는 서로 직교하는지 살펴보자.

$$\begin{pmatrix} 2 & -1 & 1 \\ -1 & 1 & -2 \\ 1 & -2 & 1 \end{pmatrix}$$

풀이 특성다항식이

$$p(\lambda)=\begin{vmatrix} 2-\lambda & -1 & 1 \\ -1 & 1-\lambda & -2 \\ 1 & -2 & 1-\lambda \end{vmatrix}$$

$$=(2-\lambda)(1-\lambda)^2+2+2-[(1-\lambda)+4(2-\lambda)+(1-\lambda)]$$

$$=(\lambda-4)(\lambda-1)(\lambda+1)$$

이므로 이 행렬의 고유치는 $\lambda_1=4$, $\lambda_2=1$, $\lambda_3=-1$이다. $\lambda_1=4$일 때 대응하는 고유벡터는

$$\begin{pmatrix} -2 & -1 & 1 \\ -1 & -3 & -2 \\ 1 & -2 & -3 \end{pmatrix}\begin{pmatrix} x \\ y \\ z \end{pmatrix}=\begin{pmatrix} 0 \\ 0 \\ 0 \end{pmatrix}$$

이므로 세 번째 행을 첫 번째 행에 더하고 다시 첫 행에 -1을 곱하여 둘째 행에 더하면

$$\begin{pmatrix} -1 & -3 & -2 \\ -1 & -3 & -2 \\ 1 & -2 & -3 \end{pmatrix} \Rightarrow \begin{pmatrix} -1 & -3 & -2 \\ 0 & 0 & 0 \\ 1 & -2 & 3 \end{pmatrix} \Rightarrow \begin{pmatrix} -1 & -3 & -2 \\ 1 & -2 & -3 \\ 0 & 0 & 0 \end{pmatrix}$$

이 된다. 다시 첫 행을 두 번째 행에 더한 후 나온 두 번째 행을 -5로 나누면

$$\begin{pmatrix} -1 & -3 & -2 \\ 0 & -5 & -5 \\ 0 & 0 & 0 \end{pmatrix} \Rightarrow \begin{pmatrix} -1 & -3 & -2 \\ 0 & 1 & 1 \\ 0 & 0 & 0 \end{pmatrix}$$

이 된다. $z=k$라고 놓으면 $y=-k$, $x=k$가 되어 고유벡터는

$$\begin{pmatrix} 1 \\ -1 \\ 1 \end{pmatrix}$$

가 된다. 같은 방법으로

$$u_2=\begin{pmatrix} -2 \\ -1 \\ 1 \end{pmatrix},\ u_3=\begin{pmatrix} 0 \\ 1 \\ 1 \end{pmatrix}$$

를 구할 수 있고 u_1, u_2, u_3 모두 직교한다. ■

예제 5.7에서 보았듯이 대칭행렬의 고유치는 모두 실수임을 알 수 있다.

정리 5.11 행렬 A가 대칭이면 A의 고유치는 실수이다.

$Ax = \lambda x$이고 $\|x\| = 1$이면 정리 4.4에 의하여 $\|Ax\| \le \|A\|\|x\| = \|A\|$이고 $\|Ax\| = \|\lambda x\| = |\lambda|\|x\| = |\lambda|$이므로 행렬의 노름과 고유치와의 관계는 항상 $-\|A\| \le \lambda \le \|A\|$임을 알 수 있다. 행렬노름은 어떠한 형태이든지 이 부등식이 모두 성립한다.

정리 5.12 λ가 행렬 A의 고유치이면 $-\|A\| \le \lambda \le \|A\|$이다.

대칭행렬의 고유치는 항상 실수이다.

정리 5.12에 의하여 행렬의 고유치가 포함되어 있는 전체 범위를 구할 수 있으며 $\|\cdot\|_1$, $\|\cdot\|_2$, $\|\cdot\|_F$는 모두 노름이므로 정리 5.12에 적용할 수 있다. 더욱 구체적으로 고유치의 분포는 걸쉬고린(Gerschgorin)의 원판 정리에서 볼 수 있다.

정의 5.13 걸쉬고린의 원판

정사각행렬 $A = a_{ij}$에서

$$r_k = \sum_{j \ne k} |a_{kj}|,\ c_k = \sum_{i \ne k} |a_{ik}|$$

라 하고

$$R_k = \{z : |z - a_{kk}| \le r_k\},\ C_k = \{z : |z - a_{kk}| \le c_k\}$$

라고 하자. 만일 λ가 행렬 A의 고유치이면 $\lambda \in R_k$이고 $\lambda \in C_m$인 k와 m이 존재한다.

예제 5.8 $\begin{pmatrix} 2 & -1 & 1 \\ -1 & 1 & -2 \\ 1 & -2 & 1 \end{pmatrix}$에서 걸쉬고린의 원판 정리가 성립하는지 살펴보자.

풀이 $r_1 = c_1 = 2,\ r_2 = c_2 = r_3 = c_3 = 3$이므로

$$R_1 = C_1 = \{z : |z - 2| \le 2\},$$
$$R_2 = R_3 = C_2 = C_3 = \{z : |z - 1| \le 3\}$$

이다. 고유치 $\lambda = -1,\ 1,\ 4$는 그림 5.2와 같이 모두 이 범위에 속해 있다. ■

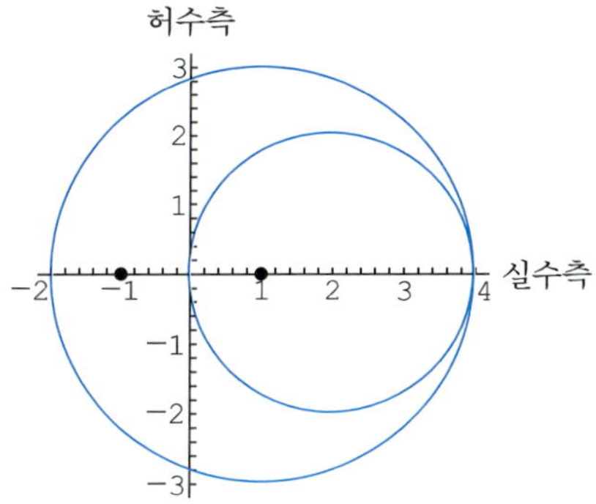

그림 5.2 걸쉬고린의 원판

걸쉬고린 원판 정리에 의하여 행렬의 고유치의 분포를 짐작할 수 있으며 이를 이용하여 5.3절의 역거듭제곱방법에서 필요한 이동변수 α를 택하면 이에 가까운 고유치를 구할 수 있게 된다.

5.2 거듭제곱방법

행렬의 고유치는 이론적으로 그 행렬의 특성방정식의 근이다. 그러나 실질적으로 특성방정식의 근을 구하는 것은 좋은 방법이라 할 수 없다. 고유치 중에서 그 절대값이 가장 큰 고유치가 실제 문제에서 주로 필요한 경우가 있으므로 이 절에서는 절대값이 가장 큰 고유치를 구하는 방법에 대하여 알아보자.

예제 5.9 행렬 $A=\begin{pmatrix}1&3\\0&2\end{pmatrix}$, $x_0=\begin{pmatrix}1\\1\end{pmatrix}$에서 $A^k x_0$, $k=1,\ 2,\ 3,\ 4$를 구하고 절대값이 가장 큰 고유치에 대응하는 고유벡터로 수렴하는지 살펴보자.

풀이 예제 5.2로부터 행렬 $A=\begin{pmatrix}1&3\\0&2\end{pmatrix}$의 절대값이 가장 큰 고유치는 2이고 그에 대응하는 고유벡터는 $\begin{pmatrix}3\\1\end{pmatrix}$이다. 한편

$$Ax_0=\begin{pmatrix}1&3\\0&2\end{pmatrix}\begin{pmatrix}1\\1\end{pmatrix}=\begin{pmatrix}4\\2\end{pmatrix}=2\begin{pmatrix}2\\1\end{pmatrix}$$

$$A^2x_0=A(Ax_0)=\begin{pmatrix}1&3\\0&2\end{pmatrix}\begin{pmatrix}4\\2\end{pmatrix}=\begin{pmatrix}10\\4\end{pmatrix}=4\begin{pmatrix}2.5\\1\end{pmatrix}$$

$$A^3x_0 = A(A^2x_0) = \begin{pmatrix} 1 & 3 \\ 0 & 2 \end{pmatrix}\begin{pmatrix} 10 \\ 4 \end{pmatrix} = \begin{pmatrix} 22 \\ 8 \end{pmatrix} = 8\begin{pmatrix} 2.75 \\ 1 \end{pmatrix}$$

$$A^4x_0 = A(A^3x_0) = \begin{pmatrix} 1 & 3 \\ 0 & 2 \end{pmatrix}\begin{pmatrix} 22 \\ 8 \end{pmatrix}$$

$$= \begin{pmatrix} 46 \\ 16 \end{pmatrix} = 16\begin{pmatrix} 2.875 \\ 1 \end{pmatrix}$$

이므로 위의 곱은 점점 $\begin{pmatrix} 3 \\ 1 \end{pmatrix}$의 상수 배, 즉 고유치 2에 대응하는 고유벡터에 가까워짐을 알 수 있다. ■

한편 $Ax = \lambda x,\ x \neq 0$이면

$$\frac{x^TAx}{x^Tx} = \frac{\lambda x^Tx}{x^Tx} = \lambda$$

이므로 만일 $\tilde{x}$가 절대값이 가장 큰 고유치 λ에 대응하는 고유벡터 x의 근사벡터라면 $\dfrac{\tilde{x}^TA\tilde{x}}{\tilde{x}^T\tilde{x}}$은 λ의 근사값이 될 것이다.

예제 5.10 행렬 $A = \begin{pmatrix} 1 & 3 \\ 0 & 2 \end{pmatrix}$, $x_0 = \begin{pmatrix} 1 \\ 1 \end{pmatrix}$에서 $x_k = A^kx_0$이라 하자. $\dfrac{x_k^TAx_k}{x_k^Tx_k}$, $k = 1$, 2, 3, 4를 구하고 절대값이 가장 큰 고유치에 수렴하는지 살펴보자.

풀이

$$\frac{x_1^TAx_1}{x_1^Tx_1} = \frac{48}{20} = 2.4$$

$$\frac{x_2^TAx_2}{x_2^Tx_2} = \frac{252}{116} = 2.1724$$

$$\frac{x_3^TAx_3}{x_3^Tx_3} = \frac{1140}{548} = 2.0803$$

$$\frac{x_4^TAx_4}{x_4^Tx_4} = \frac{4836}{2372} = 2.0388$$

이 되어 점점 고유치 2에 수렴함을 알 수 있다. ■

$Au = \lambda u$라고 하자. 그러면

$$A^2u = A(Au) = A(\lambda u) = \lambda Au = \lambda^2u$$

이다. 같은 방법으로 $A^k u = \lambda^k u$가 되므로 A^k의 고유치는 λ^k이고 그에 대응하는 고유벡터는 u이다. 크기가 n인 행렬 A가 다음과 같은 고유치를 갖고 그에 대응하는 고유벡터 u_1, u_2, $\cdots$, u_n이 일차독립이라고 하자.

$$|\lambda_1| > |\lambda_2| \geq \cdots \geq |\lambda_n|$$

임의의 초기벡터 x_0에 대하여 $x_k = A^k x_0$, $k=1, 2, \cdots$이라고 하자. u_1, $\cdots$, n_n이 일차독립이므로 x_0는 적당한 상수 α_1, α_2, $\cdots$, α_n이 존재하여 다음과 같이 고유벡터의 일차결합으로 나타난다.

$$x_0 = \alpha_1 u_1 + \alpha_2 u_2 + \cdots + \alpha_n u_n, \ \alpha_1 \neq 0$$

$A^k u_i = \lambda_i^k u_i$, $i = 1, 2, \cdots, n$이므로

$$\begin{aligned} x_k &= A^k(\alpha_1 u_1 + \alpha_2 u_2 + \cdots + \alpha_n u_n) \\ &= \alpha_1 A^k u_1 + \alpha_2 A^k u_2 + \cdots + \alpha_n A^k u_n \\ &= \alpha_1 \lambda_1^k u_1 + \alpha_2 \lambda_2^k u_2 + \cdots + \alpha_n \lambda_n^k u_n \\ &= \lambda_1^k \left[\alpha_1 u_1 + \alpha_2 \left(\frac{\lambda_2}{\lambda_1}\right)^k u_2 + \cdots + \alpha_n \left(\frac{\lambda_n}{\lambda_1}\right)^k u_n \right] \end{aligned}$$

거듭제곱방법은 가장 큰 고유치로 수렴한다.

여기서 $\left|\frac{\lambda_2}{\lambda_1}\right|$, $\cdots$, $\left|\frac{\lambda_n}{\lambda_1}\right| < 1$이므로 k가 커짐에 따라 $\left|\frac{\lambda_i}{\lambda_1}\right|$은 0으로 수렴하게 된다. 즉, 충분히 큰 k에 대하여 x_k는 λ_1에 대응하는 고유벡터 u_1에 가깝게 된다.

$\beta_k = \dfrac{x_k^T A x_k}{x_k^T x_k}$라 하고 $x_k^T u_i = \gamma_i$, $i = 1, 2, \cdots, n$이라 하면

$$\beta_k = \lambda_1 \frac{\alpha_1 \gamma_1 + \alpha_2 \left(\frac{\lambda_2}{\lambda_1}\right)^{k+1} \gamma_2 + \cdots + \alpha_n \left(\frac{\lambda_n}{\lambda_1}\right)^{k+1} \gamma_n}{\alpha_1 \gamma_1 + \alpha_2 \left(\frac{\lambda_2}{\lambda_1}\right)^k \gamma_2 + \cdots + \alpha_n \left(\frac{\lambda_n}{\lambda_1}\right)^k \gamma_n}$$

이고 $1 > \left|\frac{\lambda_2}{\lambda_1}\right| \geq \cdots \geq \left|\frac{\lambda_n}{\lambda_1}\right|$이므로 β_k는 $\left(\frac{\lambda_2}{\lambda_1}\right)^k$가 0에 수렴하는 만큼 빨리 λ_1에 수렴한다. 즉, $\beta_k = \lambda_1 + O\left(\left(\frac{\lambda_2}{\lambda_1}\right)^k\right)$이다. 따라서 $|\lambda_1|$과 $|\lambda_2|$

의 차이가 클수록 $\left|\dfrac{\lambda_2}{\lambda_1}\right|$이 작아지므로 더욱 빨리 수렴한다. 만약 $\alpha_1 = 0$이면 이론적으로는 β_k가 λ_2에 수렴할 것이나 마무리오차로 인하여 실질적으로는 그 경우도 λ_1에 수렴한다.

알고리즘 5.1 거듭제곱방법

목 적	행렬 A의 절대값이 가장 큰 고유치와 이에 대응하는 고유벡터
입 력	Max, x_0
출 력	β_k, x_k
	for $k=1$ to Max $y = Ax_{k-1}$ $\beta_k = x_{k-1}^T y$ $\eta = \sqrt{y^T y}$ $x_k = y/\eta$ end for

k가 커짐에 따라 β_k는 λ_1에 수렴하고 x_k는 u_1에 수렴한다. 만일 행렬 A가 대칭이면 정리 5.8에 의하여 n개의 직교하는 고유벡터가 존재한다. 이 경우 $\beta_k = \lambda_1 + O\left[\left(\dfrac{\lambda_2}{\lambda_1}\right)^{2k}\right]$가 되어 더욱 빨리 수렴한다. 알고리즘 5.1에 대한 프로그램은 프로그램 5.1과 같다.

프로그램 5.1 power.cpp

```
                        #include <stdio.h>
                        #include <math.h>
거듭제곱방법            double A[50][50], x[50];
서브루틴 선언           void Power(int, int);
                        void main( )
Max : 최대반복횟수      {    int i, j, n, Max;
                             printf("최대반복횟수는?");
정사각행렬 A의                   scanf("%d", &Max);
크기를 입력                  printf("행렬의 크기는?");
                                 scanf("%d", &n);
행렬 A의 원소 입력           printf("\n행렬의 성분은?\n");}
                             for(i=0; i<n; i++)
```

```
	{  printf("%d 행 : ", i+1);
	   for(j=0; j<n; j++)
	      scanf("%lf", &A[i][j]);
	}
```

초기 단위벡터
x의 원소를 입력

```
	printf("초기벡터는?\n");
	for(i=0; i<n; i++)
	   scanf("%lf", &x[i]);
```

거듭제곱방법
서브루틴 호출

```
	Power(n, Max);
	return;
}
```

거듭제곱방법 서브루틴

```
void Power(int n, int Max)
{  int i, j, k; double y[50], eigval, eta, sum;
   for(k=1; k<=Max; k++ )
   {  printf("\nk=%d\n", k);
```

$y = A x_{k-1}$를 계산

```
      for(i=0; i<n; i++)
      {
         sum=0.;
         for(j=0; j<n; j++)
            sum=sum+A[i][j]*x[j];
         y[i]=sum;
      }
```

$\beta_k = x_{k-1}^T y$를 계산
β_k : 가장 큰 고유치

```
      sum=0.;
      for(i=0; i<n; i++)
        sum=sum+x[i]*y[i];
      printf("\t고유치는 : %lf \n", eigval=sum);
```

$\eta = \sqrt{y^T y}$를 계산

```
      sum=0.;
      for(i=0; i<n; i++)
        sum=sum+y[i]*y[i];
      eta=pow(sum, 0.5);
```

$x_k = y/\eta$를 계산
(x_k : 고유치에
대응하는 고유벡터)

```
      printf("\t고유벡터는 : ");
      for(i=0; i<n; i++)
         printf("%lf \t", x[i]=y[i]/eta);
   }
   return;
}
```

프로그램예제 5.1 다음 주어진 행렬과 초기벡터 x_0를 이용하여 power.cpp로 가장 큰 고유치와 그에 대응하는 고유벡터를 구하여라. 단, 최대 반복횟수는 10으로 한다.

$$\begin{pmatrix} -4 & 14 & 0 \\ -5 & 13 & 0 \\ -1 & 0 & 2 \end{pmatrix}, \ x_0 = \begin{pmatrix} 1 \\ 1 \\ 1 \end{pmatrix}$$

실행

```
최대반복횟수는? 10
행렬의 크기는? 3
행렬의 성분은?
1 행 : -4   14   0
2 행 : -5   13   0
3 행 : -1    0   2
초기벡터의 성분은?
1  1  1


k = 1
     고유치는 : 19.000000
     고유벡터는 : 0.778499        0.622799        0.077850
k = 2
     고유치는 : 6.933333
     고유벡터는 : 0.796858        0.597644       -0.088540
k = 3
     고유치는 : 6.475747


     고유벡터는 : 0.798244        0.583332       -0.150097
k = 4
     고유치는 : 6.230470
     고유벡터는 : 0.797990        0.576326       -0.176237
k = 5
     고유치는 : 6.112702
     고유벡터는 : 0.797721        0.572909       -0.188194
k = 6
     고유치는 : 6.055633
     고유벡터는 : 0.797564        0.571228       -0.193884
k = 7
     고유치는 : 6.027620
     고유벡터는 : 0.797482        0.570396       -0.196649
```

k = 8

고유치는 : 6.013756

고유벡터는 : 0.797441 0.569983 − 0.198009

k = 9

고유치는 : 6.006863

고유벡터는 : 0.797420 0.569777 − 0.198683

k = 10

고유치는 : 6.003427

고유벡터는 : 0.797410 0.569674 − 0.199017

5.3 역거듭제곱방법

거듭제곱방법을 이용하면 절대값이 가장 큰 고유치를 구할 수 있다. 이를 이용하여 임의의 상수에 가장 가까운 고유치를 구하는 방법을 알아보기로 하자.

상수 α에 대하여 $Ax = \lambda x$이면 $(A - \alpha I)x = (\lambda - \alpha)x$가 된다. 즉, A의 고유치가 λ이면 행렬 $A - \alpha I$의 고유치는 $\lambda - \alpha$가 되고 대응하는 고유벡터는 λ에 대응하는 A의 고유벡터와 같다. 그러므로 α가 A의 고유치가 아니면 행렬 $A - \alpha I$는 0인 고유치가 없으므로 정리 2.12에 의하여 정칙이고 역행렬이 존재한다. $Ax = \lambda x$이면

$$(A - \alpha I)^{-1} x = \frac{1}{(\lambda - \alpha)} x$$

이므로 역행렬 $(A - \alpha I)^{-1}$의 고유치는 $(\lambda - \alpha)^{-1}$가 되고 대응하는 고유벡터는 λ에 대응하는 A의 고유벡터와 같다. 따라서 행렬 $B = (A - \alpha I)^{-1}$에 거듭제곱방법을 적용하면 $x_k = \dfrac{B^k x_0}{\| B^k x_0 \|}$는 B의 고유치 중 절대값이 가장 큰 고유치에 대응하는 고유벡터로 수렴한다.

B의 고유치는 $(\lambda_i-\alpha)^{-1}$, $i=1, 2, \cdots, n$이므로 절대값이 가장 큰 고유치는 α에 가장 가까운 A의 고유치이다. 따라서 $x_k=\dfrac{B^k x_0}{\|B^k x_0\|}$는 고유치에 대응하는 고유벡터 u_J로 수렴한다. 즉 J는

$$|\lambda_J-\alpha|=\min_i|\lambda_i-\alpha|$$

을 만족하는 첨자이다. 그러므로 $\beta_k=x_k^T A x_k$는 α에 가장 가까운 A의 고유치 λ_J로 수렴한다. 이와 같이 $(A-\alpha I)^{-1}$에 거듭제곱방법을 적용하는 방법을 **역거듭제곱방법**(inverse power method)이라 하며 이 방법에서 $(A-\alpha I)^{-1}x_k=x_{k+1}$은 역행렬 $(A-\alpha I)^{-1}$을 직접 구할 필요는 없고 동치인 연립방정식을 풀면 된다. 즉,

$$(A-\alpha I)^{-1}x_k=x_{k+1} \Leftrightarrow (A-\alpha I)x_{k+1}=x_k$$

알고리즘 5.2 역거듭제곱방법

목 적	행렬 A의 고유치 중 α에 가장 가까운 고유치와 이에 대응하는 고유벡터
입 력	Max, x_0, α
출 력	β_k, x_k

	for $k=1$ to Max
	  $(A-\alpha I)y=x_{k-1}$의 해를 구함
	  $\eta=\sqrt{y^T y}$
	  $x_k=y/\eta$
	  $\beta_k=x_k^T A x_k$
	end

k가 커짐에 따라 β_k는 α에 가장 가까운 A의 고유치 λ에 수렴하고 x_k는 그에 대응하는 고유벡터에 수렴한다. 또한 상수 α가 복소수이면 그에 가까운 복소 고유치를 구하는 데 매우 효과적이다. 거듭제곱방법에서 이미 한 것처럼 α가 고유치 λ에 가까울수록 더욱 빨리 수렴된다.

프로그램 5.2 •• **inverse_power.cpp**

```
#include <stdio.h>
#include <math.h>
double A[50][51], B[50][50], x[50];
```

거듭제곱방법 서브루틴 선언

```
void gauss(int);
void Inverse_Power(int, int, double, double);
void main( )
```

Max : 최대반복횟수

```
{    int i, j, n, Max;    double alpha, eps;
     printf("최대반복횟수는?");
        scanf("%d", &Max);
```

alpha : 이 값에 가장 근접한 고유치 구함

```
     printf("이동변수는?");
        scanf("%lf", &alpha);
```

eps : 허용오차

```
     printf("허용오차는?");
        scanf("%lf", &eps);
```

정사각행렬 A의 크기를 입력

```
     printf("행렬의 크기는?");
        scanf("%d", &n);
     printf("\n행렬의 성분은?\n");
     for(i=0; i<n; i++)
```

행렬 A의 원소 입력

```
     {  printf("%d 행 : ", i+1);
        for(j=0; j<n; j++)
        {
           scanf("%lf", &A[i][j]);      B[i][j]=A[i][j];
        }
     }
```

초기 단위벡터 x의 원소를 입력

```
     printf("초기벡터의 성분은?\n");
     for(i=0; i<n; i++)
        scanf("%lf", &x[i]);
```

역거듭제곱방법 서브루틴 호출

```
     Inverse_Power(n, Max, alpha, eps);
     return;
}
```

역거듭제곱방법 서브루틴

```
void Inverse_Power(int n, int Max, double alpha, double
eps)
{    int i, j, k;
     double y[50], beta, eta, sum, back_eigval=0.;
     for(k=1; k<=Max; k++ )
     {  printf("\nk=%d\n", k);
        for(i=0; i<n; i++)
        {
           for(j=0; j<n; j++)
              A[i][j]=B[i][j];
           A[i][i]=A[i][i]-alpha; A[i][n]=x[i];
```

```
        }
```

$(A-\alpha I)y = x_{k-1}$ 를 y에 관해서 푼다.

```
        gauss(n);
        for(i=0; i<n; i++)
            y[i]=A[i][n];
        sum=0.;
        for(i=0; i<n; i++)
            sum=sum+x[i]*y[i];
```

$\eta = \sqrt{y^T y}$ 를 계산

```
        eta=pow(sum, 0.5);
        printf("₩t 고유벡터는");
        for(i=0; i<n; i++)
```

$x_k = y/\eta$를 계산

```
            printf("%lf ₩t", x[i]=y[i]/eta);
        for(i=0; i<n; i++)
            sum=0.;
            for(j=0; j<n; j++)
```

$\beta = x_k^T A x_k$를 계산

```
                sum=sum+A[i][i]*x[j];
            y[i]=sum;
        sum=0.;
        for(i=0; i<n; i++)
            sum=sum+x[i]*y[i];
        beta=sum;
        printf("₩t 고유치는 %lf ₩n", beta);
        if(fabs(beta-back_eigval) < eps)
            return;
        back_eigval=beta;
    }
    return;
}
```

프로그램예제 5.2 다음 주어진 행렬과 초기벡터 x_0를 이용하여 inverse_power.cpp로 $\alpha = 4$에 가장 가까운 고유치와 그에 대응하는 고유벡터를 구하여라. 단, 최대반복횟수는 10으로 한다.

$$\begin{pmatrix} 4 & 6 & 2 \\ 5 & 10 & 0 \\ 1 & 0 & 2 \end{pmatrix}, \quad x_0 = \begin{pmatrix} 1 \\ 0 \\ 1 \end{pmatrix}$$

실행

```
최대반복횟수는? : 10
이동변수는? 4
```

```
허용오차는? 0.00001
행렬의 크기는? 3
행렬의 성분은?
 1 행 : 4    6   2
 2 행 : 5   10   0
 3 행 : 1    0   2
초기벡터의 성분은?
1  0  1

k = 1
      고유치는 : 3.200000
      고유벡터는 : -0.503509        0.419591        -0.755263
k = 2
      고유치는 : 2.705167
      고유벡터는 :   0.541972       -0.361315         0.758761
k = 3
      고유치는 : 2.708082
      고유벡터는 : -0.536782        0.369524        -0.758497
k = 4
      고유치는 : 2.708538
      고유벡터는 :   0.537507       -0.368385         0.758538
k = 5
      고유치는 : 2.708491
      고유벡터는 : -0.537406        0.368543        -0.758532
k = 6
      고유치는 : 2.708498
      고유벡터는 : 0.537420         -0.368521         0.758533
```

*5.4 수축방법

거듭제곱방법과 역거듭제곱방법으로 행렬의 고유치 중 그 절대값이 가장 큰 고유치 또는 주어진 상수에 가장 가까운 고유치 하나를 구하는 방법에 대하여 알아보았다. 이 절에서는 하나의 고유치와 그에 대응하는 고유벡터를 알 때 또 다른 고유치를 구하는 방법에 대하여 설명한다.

거듭제곱방법 또는 역거듭제곱방법을 이용하여 대칭행렬 A의 고유치 λ_ℓ와 그에 대응하는 고유벡터 u_ℓ를 알고 있다고 하자. 또 다른 고유치와 그에 대응하는 고유벡터를 구하기 위하여 다음 정리를 살펴보자.

정리 5.14 A를 n차 대칭행렬이라 하고 $Au_i = \lambda_i u_i$, $u_i^T u_i = 1$, $i = 1, \cdots, n$이라고 하자. 그러면 행렬 $B \equiv A - \lambda_\ell u_\ell u_\ell^T$의 고유치는 λ_ℓ을 제외한 A의 고유치와 0을 갖는다. 즉, $Bu_i = \lambda_i u_i$, $i \neq \ell$이고 $Bu_\ell = 0$이다.

증명 A는 대칭행렬이므로 정리 5.8에 의하여 $u_\ell^T u_k = 0$, $k \neq \ell$이고 $u_\ell^T u_\ell = 1$이므로

$$
\begin{aligned}
Bu_k &= (A - \lambda_\ell u_\ell u_\ell^T) u_k \\
&= Au_k - \lambda_\ell (u_\ell^T u_k) u_\ell \\
&= \begin{cases} 0, & k = \ell \\ \lambda_k u_k, & k \neq \ell \end{cases}
\end{aligned}
$$

이다. ■

예제 5.11 예제 5.7을 이용하여 다음 행렬에서 행렬 $B = A - \lambda_1 u_1 u_1^T$를 구하고 정리 5.14를 확인하라. 단, $u_1^T u_1 = 1$이다.

$$
\begin{pmatrix} 2 & -1 & 1 \\ -1 & 1 & -2 \\ 1 & -2 & 1 \end{pmatrix}
$$

풀이 예제 5.7에 의하여 이 행렬의 고유치는 $\lambda_1 = 4$, $\lambda_2 = 1$, $\lambda_3 = -1$이고, 각각에 대응하는 고유벡터는

$$u_1=\begin{pmatrix}1\\-1\\1\end{pmatrix},\ u_2=\begin{pmatrix}-2\\-1\\1\end{pmatrix},\ u_3=\begin{pmatrix}0\\1\\1\end{pmatrix}$$

이다. $\|u_1\|_2=\sqrt{3}$ 이므로 $u_1=\frac{1}{\sqrt{3}}\begin{pmatrix}1\\-1\\1\end{pmatrix}$로 택하면 $u_1^Tu_1=1$이 된다. 따라서 행렬 B는 다음과 같다.

$$\begin{aligned}B&=A-\lambda_1u_1u_1^T\\&=\begin{pmatrix}2&-1&1\\-1&1&-2\\1&-2&1\end{pmatrix}-\frac{4}{3}\begin{pmatrix}1\\-1\\1\end{pmatrix}(1,-1,1)\\&=\frac{1}{3}\left(3\begin{pmatrix}2&-1&1\\-1&1&-2\\1&-2&1\end{pmatrix}-4\begin{pmatrix}1&-1&1\\-1&1&-1\\1&-1&1\end{pmatrix}\right)\\&=\frac{1}{3}\begin{pmatrix}2&1&-1\\1&-1&-2\\-1&-2&1\end{pmatrix}\end{aligned}$$

이 행렬의 고유치는 $\lambda_1=0,\ \lambda_2=1,\ \lambda_3=-1$이고, 각각에 대응하는 고유벡터는 다음과 같다.

$$u_1=\begin{pmatrix}1\\-1\\1\end{pmatrix},\ u_2=\begin{pmatrix}-2\\-1\\1\end{pmatrix},\ u_3=\begin{pmatrix}0\\1\\1\end{pmatrix}$$ ■

거듭제곱방법으로 고유치를 구한 후 수축방법으로 행렬을 줄인 후 이 행렬에 거듭제곱방법을 다시 사용하여 고유치를 구한다. 이 고유치를 역거듭제곱방법의 이동변수로 이용하면 좀더 좋은 두 번째 고유치를 구할 수 있다.

이론적으로 이 정리는 대칭행렬의 모든 고유치와 고유벡터를 구할 수 있게 해준다. 거듭제곱방법을 이용하여 λ_1과 이에 대응하는 단위고유벡터 u_1를 구한 다음 행렬 $A-\lambda_1u_1u_1^T$를 구하고 이 행렬에 다시 거듭제곱방법을 이용하면 그 다음 번 고유치 λ_2와 고유벡터 u_2를 구할 수 있다. 이렇게 구하는 방법을 **수축방법**(deflation method)이라고 한다. 이 방법은 이론적으로는 모든 고유치를 구할 수 있으나 실질적으로는 오차가 클 수 있으므로 수축방법에서 구한 값은 그대로 고유치로 간주하기보다는 역거듭제곱방법의 이동변수 α로 사용하여 역거듭제곱방법을 한번 더 실행하면 더욱 좋은 근사값을 구할 수 있다.

*5.5 QR 방법

역거듭제곱방법과 수축방법을 이용해서 이론적으로는 모든 고유치를 구할 수 있지만 실제적으로는 오차가 누적되어 모든 고유치를 구하는 데 적당하지 않다. 이 절에서는 임의의 행렬 A에 대하여 $A=QR$이 되는 직교행렬 Q와 위삼각행렬 R을 구하는 방법을 이용하여 모든 고유치를 구할 수 있는 방법에 대하여 알아본다.

정의 5.15 정사각행렬 Q가 $Q^{-1}=Q^T$이면 Q를 직교행렬(orthogonal matrix)이라고 한다.

$Q=[q_1,\ q_2,\ \cdots,\ q_n]$가 직교행렬이면

$$Q^TQ=\begin{bmatrix} q_1^T \\ \vdots \\ q_n^T \end{bmatrix}[q_1,\ \cdots,\ q_n]=(q_i^Tq_i)=I$$

이므로 $i\neq j$이면 $q_i^Tq_j=0$이고 $q_i^Tq_i=1,\ i=1,\ \cdots,\ n$이다. 즉, 직교행렬 Q의 열벡터는 정규직교벡터이다.

예제 5.12 다음은 직교행렬이다.

(1) $\begin{pmatrix}1 & 0\\ 0 & 1\end{pmatrix},\ \dfrac{1}{\sqrt{2}}\begin{pmatrix}1 & -1\\ 1 & 1\end{pmatrix},\ \dfrac{1}{5}\begin{pmatrix}3 & 4\\ 4 & -3\end{pmatrix}$

(2) $\begin{pmatrix}\dfrac{1}{\sqrt{3}} & \dfrac{1}{\sqrt{6}} & \dfrac{1}{\sqrt{2}}\\ \dfrac{1}{\sqrt{3}} & -\dfrac{2}{\sqrt{6}} & 0\\ \dfrac{1}{\sqrt{3}} & \dfrac{1}{\sqrt{6}} & -\dfrac{1}{\sqrt{2}}\end{pmatrix}$

그림 5.4와 같이 일차독립인 두 벡터 $a_1,\ a_2$와 크기가 1이고 수직인 두 단위벡터 $q_1,\ q_2$ 사이의 관계를 살펴보자. 단 $q_1=a_1/\|a_1\|$이라고 하자. 그러면 $\|q_1\|=1$이다. 2.2절에서 보았듯이 두 벡터 $u,\ v$에 대하여

$u^T v = \|u\| \|v\| \cos\theta$이므로, $q_1^T a_2 = \|a_2\| \cos\theta$은 a_2를 q_1(또는 a_1)축에 수직으로 내린 벡터의 크기가 된다. 따라서 $(q_1^T a_2)q_1$는 a_2를 a_1축에 수직으로 내린 벡터가 된다.

$v_2 = a_2 - (q_1^T a_2)q_1$라고 하면 q_1과 v_2는 서로 수직이다. 따라서 $q_2 = v_2 / \|v_2\|$와 q_1은 크기가 1이고 서로 수직인 벡터가 된다. 따라서 일차독립인 두 벡터 a_1, a_2와 크기가 1이고 수직인 두 단위벡터 q_1, q_2 사이의 관계는 다음과 같다.

$$q_1 = a_1 / \|a_1\|$$
$$q_2 = v_2 / \|v_2\|, \text{ 단 } v_2 = a_2 - (q_1^T a_2)q_1$$

$r_{11} = \|a_1\|$, $q_1^T a_2 = r_{12}$, $r_{22} = \|v_2\|$라고 하면 $a_1 = r_{11} q_1$, $a_2 = r_{12} q_1 + r_{22} q_2$이므로

$$[a_1,\ a_2] = [q_1,\ q_2]\begin{pmatrix} r_{11} & r_{12} \\ 0 & r_{22} \end{pmatrix}$$

이 성립된다.

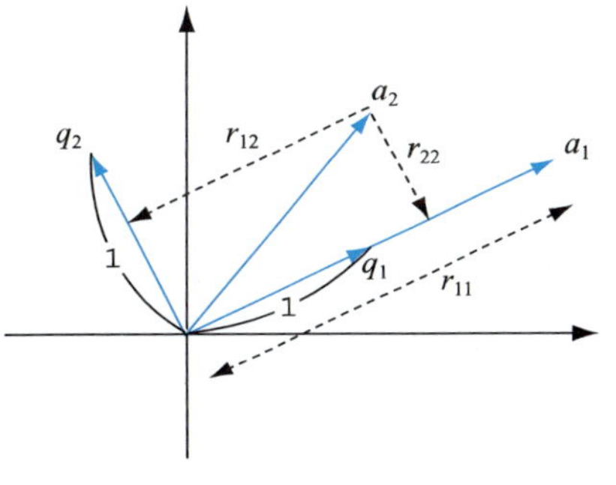

그림 5.4 q_i와 a_i의 기하학적인 관계

같은 방법으로 일차독립인 세 벡터 a_1, a_2, a_3에서 크기가 1이고 서로 수직인 세 벡터 q_1, q_2, q_3를 만들 때 그들의 관계는 다음과 같다.

$$q_1 = a_1 / \|a_1\|$$
$$q_2 = v_2 / \|v_2\|, \text{ 단 } v_2 = a_2 - (q_1^T a_2)q_1$$
$$q_3 = v_3 / \|v_3\|, \text{ 단 } v_3 = a_3 - (q_1^T a_3)q_1 - (q_2^T a_3)q_2$$

$r_{11} = \|a_1\|,\ r_{22} = \|v_2\|,\ r_{33} = \|v_3\|,\ r_{12} = q_1^T a_2,\ r_{13} = q_1^T a_3,\ r_{23} = q_2^T a_3$ 라고 하면

$$[a_1,\ a_2,\ a_3] = [q_1,\ q_2,\ q_3]\begin{pmatrix} r_{11} & r_{12} & r_{13} \\ 0 & r_{22} & r_{23} \\ 0 & 0 & r_{33} \end{pmatrix}$$

이 된다. $A = [a_1,\ a_2,\ a_3]$, $Q = [q_1,\ q_2,\ q_3]$, $R = \begin{pmatrix} r_{11} & r_{12} & r_{13} \\ 0 & r_{22} & r_{23} \\ 0 & 0 & r_{33} \end{pmatrix}$ 라 하면 Q는 직교행렬이고 $A = QR$이 된다. 이와 같은 방법을 **그람-슈미트(Gram-Schmidt) 직교화**라고 한다.

정리 5.16 **그람-슈미트 직교화**

행렬 $A = [a_1,\ \cdots,\ a_n]$가 정칙이면 $A = QR$로 분해할 수 있다.
단, $Q = [q_1,\ \cdots,\ q_n]$는 직교행렬이고 $R = [r_{ki}]$은 위삼각행렬이며 다음과 같이 구할 수 있다. $i = 1,\ 2,\ \cdots,\ n$과 $1 \le k < i$에 대하여

$$v_i = a_i - \sum_{j=1}^{i-1}(q_j^T a_i)q_j, \quad q_i = \frac{v_i}{\|v_i\|},$$

$$r_{ki} = q_k^T a_i, \quad r_{ii} = q_k^T a_i = \|v_i\|$$

예제 5.13 행렬 $\begin{pmatrix} 1 & 2 \\ 2 & 1 \end{pmatrix}$을 QR 분해해보자.

풀이 $v_1 = \begin{pmatrix} 1 \\ 2 \end{pmatrix}$, $q_1 = \dfrac{v_1}{\|v_1\|} = \dfrac{1}{\sqrt{5}}\begin{pmatrix} 1 \\ 2 \end{pmatrix}$, $r_{11} = \|v_1\| = \sqrt{5}$

$$v_2 = a_2 - (q_1^T a_2)q_1 = \begin{pmatrix} 2 \\ 1 \end{pmatrix} - \frac{4}{\sqrt{5}}\frac{1}{\sqrt{5}}\begin{pmatrix} 1 \\ 2 \end{pmatrix} = \frac{3}{5}\begin{pmatrix} 2 \\ -1 \end{pmatrix},$$

$$q_2 = \frac{v_2}{\|v_2\|} = \frac{1}{\sqrt{5}}\begin{pmatrix} 2 \\ -1 \end{pmatrix}$$

$r_{12} = q_1^T a_2 = \dfrac{4}{\sqrt{5}}$, $r_{22} = \|v_2\| = \dfrac{3}{\sqrt{5}}$ 이므로 $A = QR$로 분해된다. 여기서

$$Q = \frac{1}{\sqrt{5}}\begin{pmatrix} 1 & 2 \\ 2 & -1 \end{pmatrix}, \quad R = \frac{1}{\sqrt{5}}\begin{pmatrix} 5 & 4 \\ 0 & 3 \end{pmatrix}$$

■

그람-슈미트 방법을 이용하면 주어진 일차독립인 벡터를 이용하여 직교벡터를 만들 수 있다.

그람-슈미트 방법에서 $\{v_i\}$은 직교벡터이고 $\{q_i\}$는 정규직교벡터이다. $A=QR$이면 $A^TA=(R^TQ^T)(QR)=R^TR$이므로 행렬 R^TR은 A^TA의 숄레스키 분해이다. 그람-슈미트 방법은 A의 열벡터가 일차종속에 가까우면(즉 A가 불량조건의 행렬) 수치적으로 불안정하다. 따라서 개선된 그람-슈미트 방법을 사용한다. 이 방법은 $r_{ki}=q_k^Ta_i$ 대신에 $r_{ki}=q_k^Tq_i$를 사용한다.

알고리즘 5.3 그람–슈미트 QR 분해

목 적	$A=QR$이 되는 직교행렬 Q와 위삼각행렬 R을 구함
입 력	A, n
출 력	Q, R

	for $i=1$ to n
	    $q_i=a_i$;
	    for $k=1$ to $i-1$
	        $r_{ki}=q_k^Ta_i$; (그람-슈미트)
	        [$r_{ki}=q_k^Tq_i$; (개선된 그람-슈미트)]
	    $q_i=q_i-r_{ki}q_k$;
	    end
	    $r_{ii}=\|q_i\|_2$;
	    if $r_{ii}=0$
	        quit;
	    endif
	    $q_i=q_i/r_{ii}$;
	end

프로그램 5.3 ••

modified_gs.cpp

```
                              #include <stdio.h>
                              #include <math.h>
그람-슈미트 직교정리          void Modified_Gram_Schmidt(int, int);
서브루틴 설정                 double A[50][50], Q[50][50], R[50][50];
                              void main(void)
                              {    int i, j, n, m;
행렬의 크기입력                    printf("행렬의 크기는?");
```

```
                            scanf("%d %d", &n, &m);
행렬 A의 원소 입력           printf("\n행렬의 성분은?\n");
                            for(j=0; j<m; j++)
                            {
                                printf("a%d : ", j+1);
                                for(i=0; i<n; i++)
                                    scanf("%lf", &A[i][j]);
                            }
그람-슈미트 직교정리         Modified_Gram_Schmidt(n, m);
서브루틴 호출            }
A = QR로 분해            void Modified_Gram_Schmidt(int n, int m)
                         {
                            int i, j, k;    double sum;
                            for(i=0; i<m; i++)
                            {
                                for(j=0; j<n; j++)
                                    Q[j][i]=A[j][i];
q_i = a_i (열벡터)              for(j=0; j<=i-1; j++)
                                {
                                    sum=0.;
                                    for(k=0; k<n; k++)
                                        sum=sum+Q[k][j]*Q[k][i];
r_ji = q_j^T q_i                    R[j][i]=sum;
                                    for(k=0; k<n; k++)
q_i = q_i - r_ji q_j                    Q[k][i]=Q[k][i]-R[j][i]*Q[k][j];
                                }
                                sum=0.;
                                for(k=0;k<n;k++)
                                    sum=sum+Q[k][i]*Q[k][i];
                                R[i][i]=sqrt(sum);
r_ii = ||q_i||_2                if(R[i][i]==0)
if r_ii = 0 then quit           {
                                    printf("R의 대각성분이 0");
                                    return;
                                }
                                for(k=0; k<n; k++)
q_i = q_i / r_ii                    Q[k][i]=Q[k][i]/R[i][i];
                            }
행렬 Q를 출력                printf("\n\n행렬 Q");
                            for(j=0; j<m; j++)
                            {
                                printf("\n\nq%d : ", j+1);
```

```
                                      for(i=0; i<n; i++)
                                          printf("%lf", Q[i][j]);
                                  }
행렬 R을 출력                     printf("\n\n행렬 R");
                                  for(j=0; j<m; j++)
                                  {
                                      printf("\n\nr%d : ", j+1);
                                      for(i=0; i<m; i++)
                                          printf("%lf", R[i][j]);
                                  }
                                  return;
                              }
```

프로그램예제 5.3 •• 행렬 $\begin{pmatrix} 1 & 2 & 1 \\ 2 & 1 & 0 \\ 4 & 2 & 2 \end{pmatrix}$을 개선된 그람-슈미트 방법을 이용하여 QR 분해하라.

실행

```
행렬의 크기는? 3 3
행렬의 성분은?
a1 : 1 2 4
a2 : 2 1 2
a3 : 1 0 2

행렬 Q
q1 : 0.218218   0.436436   0.872872
q2 : 0.975900  -0.097590  -0.195180
q3 : 0.000000  -0.894427   0.447214

행렬 R
r1 : 4.582576  0.000000  0.000000
r2 : 2.618615  1.463850  0.000000
r3 : 1.963961  0.585540  0.894427
```

정의 5.17 정사각행렬 A, B에 대하여 $B=C^{-1}AC$가 되는 정칙행렬 C가 있으면 A, B는 서로 **비슷한 행렬**(similar matrices)이라고 한다.

A, B는 서로 비슷한 행렬이고 $Ax = \lambda x$, $x \neq 0$라고 하자. 그러면 $B = C^{-1}AC$가 되는 정칙행렬 C가 있어 $C^{-1}Ax = \lambda C^{-1}x$이 된다. $x = CC^{-1}x$이므로

$$C^{-1}A(CC^{-1}x) = \lambda C^{-1}(CC^{-1}x) \text{ 또는 } B(C^{-1}x) = \lambda(C^{-1}x)$$

이다. 즉, A의 고유치는 B의 고유치이고 그 역도 같은 방법으로 보일 수 있다.

정리 5.18 비슷한 행렬의 고유치는 서로 같다.

알고리즘 5.4 QR 방법

목 적	행렬 A의 고유치를 구함
입 력	A, n, Max
출 력	r_{ii}

	$A_0 = A$
	for $k=1$ to Max
	    $Q_kR_k = A_{k-1}$: QR 분해
	    $A_k = R_kQ_k$
	end

알고리즘 5.4에 의하여 만들어진 행렬 A_k는

$$\begin{aligned} A_k = R_kQ_k &= Q_k^T(Q_kR_k)Q_k = Q_k^TA_{k-1}Q_k \\ &= (Q_1 \cdots Q_k)^TA_0(Q_1 \cdots Q_k) = \widehat{Q_k}^T A \widehat{Q_k} \end{aligned}$$

이 성립한다. 단, $\widehat{Q_k} = Q_1 \cdots Q_k$. 정칙행렬의 곱은 정칙행렬이므로 $\widehat{Q_k}$은 정칙행렬이고 따라서 $\widehat{Q_k}^{-1} = \widehat{Q_k}^T$이므로 A_k는 A와 비슷한 행렬이다. 그러므로 정리 5.18에 의하여 모든 행렬 A_k의 고유치는 A의 고유치와 같다. 만일 A의 고유치가 $|\lambda_1| > \cdots > |\lambda_n|$이면 A_k는 다음과 같은 위삼각행렬로 수렴하여 고유치는 대각성분 위에 놓이게 된다.

$$A_k \to \begin{bmatrix} \lambda_1 & * & * & * \\ & \ddots & * & * \\ & & \ddots & * \\ & & & \lambda_n \end{bmatrix}$$

그러나 적당한 $r < n$이 있어 $|\lambda_r| = |\lambda_{r+1}|$이면 A_k는 다음과 같이 블록 위삼각행렬로 수렴하여 r번째 대각성분의 2×2 부분행렬의 고유치가 λ_r, λ_{r+1}이 된다.

$$A_k \to \begin{bmatrix} \lambda_1 & * & * & * & * & * \\ & \ddots & * & * & * & * \\ & & * & * & * & * \\ & & * & * & * & * \\ & & & & \ddots & * \\ & & & & & \lambda_n \end{bmatrix}$$

비슷한 행렬들은 고유치가 서로 같다.

그러므로 행렬 A가 복소고유치를 가지면 A_k는 대각성분에 2×2 부분행렬을 갖는 블록 위삼각행렬 형태로 수렴한다. 따라서 블록이 만들어진 2×2 행렬의 고유치는 따로 구한다. 즉 0에 충분히 가깝지 않은 대각성분 바로 아래 항을 찾아 그 항을 2행 1열로 하는 2×2 행렬의 고유치를 따로 구해주어야 한다.

정리 5.19 대칭인 2×2 행렬의 고유치가 서로 같으면 그 행렬은 스칼라행렬이다. 고유치의 절대값은 같지만 부호가 다르면 대각성분도 서로 부호만 다르고 고유치의 제곱은 행렬의 열벡터(또는 행벡터)의 유클리디안 노름의 제곱과 같다.

증명 $A = \begin{pmatrix} a & b \\ b & c \end{pmatrix}$라고 하자. 그러면 이 행렬의 특성방정식은 다음과 같다.

$$\lambda^2 - (a+c)\lambda + ac - b^2 = 0$$

이 방정식이 중근을 가진다고 하자. 그러면 $(a+c)^2 - 4(ac-b^2) = 0$이다. 따라서 $(a-c)^2 + (2b)^2 = 0$이므로 $a = c$, $b = 0$이다. 따라서 A는 스칼라행렬이다.
A의 고유치를 $\lambda, -\lambda$라고 하자. 그러면 $a+c=0$이고 따라서 $a^2+b^2=\lambda^2$이다.

■

정리 5.20 $A=\begin{pmatrix} a & b \\ b & -a \end{pmatrix}$에 QR 방법을 적용하면 중간행렬은 모두 A와 같다.

증명 $A=QR$이라고 하자. 그러면

$$Q=\frac{1}{a^2+b^2}\begin{pmatrix} a & b \\ b & -a \end{pmatrix},\quad R=\begin{pmatrix} \sqrt{a^2+b^2} & 0 \\ 0 & \sqrt{a^2+b^2} \end{pmatrix}$$

이다. $RQ=A$이므로 중간행렬은 모두 같다. ■

예제 5.14 $\begin{pmatrix} 0 & 1 \\ 1 & 0 \end{pmatrix}$의 고유치는 1, -1이고 $\begin{pmatrix} 3 & 4 \\ 4 & -3 \end{pmatrix}$의 고유치는 5, -5이다. 이 행렬에 QR 알고리즘을 적용하면 중간행렬 $A^{(k)}$는 각각 모두 같다.

정리 5.19와 5.20에 의하여 A가 대칭행렬이면 A_k는 대각행렬로 수렴하거나, 대각성분에 2×2 부분행렬을 갖는 아래와 같은 삼중대각행렬로 수렴한다.

$$A_k \rightarrow \begin{bmatrix} \lambda_1 & & & & \\ & \ddots & & & \\ & & * & * & \\ & & * & * & \\ & & & & \ddots & \\ & & & & & \lambda_n \end{bmatrix}$$

행렬 A가 대칭이고 $|\lambda_1|>\cdots>|\lambda_n|$을 만족하면 A_k는 $D=\mathrm{diag}(\lambda_1, \cdots, \lambda_n)$에 수렴하며 그 속도는 인접한 고유치의 비로 결정된다. 즉 $C=\max|\lambda_i|/|\lambda_{i-1}|$이면

$$\|A_k-D\|=O(C^k)$$

이다.

프로그램 5.4 ••

QR.cpp

```
                    #include <stdio.h>
                    #include <math.h>
QR방법 서브루틴      void QR_Method(int);
```

```
그람-슈미트 직교정리     void Modified_Gram_Schmidt(int);
서브루틴 설정            double A[50][50], Q[50][50], R[50][50];
                         void main(void)
                         {    int i, j, n;
행렬의 크기입력               printf("행렬의 크기는?");
                              scanf("%d", &n);
행렬 A의 원소 입력            printf("\n행렬의 성분은?\n");
                              for(i=0; i<n; i++)
                              {  printf("%d 행 : ", i+1);
                                 for(j=0;j<n;j++)
                                    scanf("%lf", &A[i][j]);
                              }
R방법 서브루틴 호출           QR_Method(n);
                         return;
                         }
                         void QR_Method(int n)
                         {
                              int i, j, k, v, Max, symm=1;
                              double sum, error, rho, csol[50];
ρ의 값을 입력                 printf("\n이동변수 rho는?");    scanf("%lf", &rho);
최대반복횟수 입력             printf("최대반복회수 Max는?"); scanf("%d", &Max);
허용오차 입력                 printf("오차한계는?"); scanf("%lf", &error);
입력행렬이 대칭행렬인       for(i=0; i<n; i++)
가를 판별                     {  for(j=0; j<n; j++)
                                    if(A[i][j]!=A[j][i])
csol[ ] : 고유치 허수부                symm=2;
                                 csol[i]=0.;
                              }
                              for(v=1; v<=Max; v++)
                              {
                                 for(i=0; i<n; i++)
Q_k R_k = A_(k-1) - ρI                A[i][i]=A[i][i]-rho;
                                 Modified_Gram_Schmidt(n);
                                 for(i=0; i<n; i++)
                                 {  for(j=0; j<n; j++)
                                    {  sum=0.;
                                       for(k=0; k<n; k++)
                                          sum=sum+R[i][k]*Q[k][j];
                                       A[i][j]=sum;
                                    }
A_k = R_k Q_k + ρI                  A[i][i]=A[i][i]-rho;
                              }
                              }
```

행렬이 대칭인 경우

```
if(symm = = 1)
    sum = 0.;
    for(i = 1; i<n; i + +)
    {
        if(fabs(A[i][i − 1])> = sum)
            sum = fabs(A[i][i − 1]);
    }
    printf(“\n\nMatrix A_k”);
    for(i = 0; i<n; i + +)
    {
        printf(“\n\n%d 행: ”, i + 1);
        for(j = 0; j<n; j + +)
            printf(“%lf’, A[i][j]);
    }
    if(sum>error)
    {
printf(“\n\n 반복 횟수를 더 크게 해 주세요!!\n\n”);
        return;
```

대칭행렬이 아닌 경우

```
    }
}
else
{
    printf(“\n\n행렬 A_k”);
    for(i = 0; i<n; i + +)
    {
        printf(“\n\n %d 행:”, i + 1);
        for(j = 0; j<n; j + +)
            printf(“%lf’, A[i][j]);
    }
    for(i = 1; i<n; i + +)
    {
        if(fabs(A[i][i − 1])>error)
        {
            if(i = = n − 1)
            {
```

2×2 부분행렬의 고유치를 계산 $\begin{pmatrix} a_{i-1,i-1} & a_{i-1,i} \\ a_{i,i-1} & a_{ii} \end{pmatrix}$

```
                sum = pow(A[i − 1][i − 1] + A[i][i], 2)
                    − 4.*(A[i − 1][i − 1]*A[i][i] −
                    − A[i − 1][i]*A[i][i − 1]);
                if(sum<0)
                {
                    csol[i − 1] = sqrt( − 1.*sum)/2.;
                    csol[i] = − 1.*sqrt( − 1.*sum)/2.;
                    sum = (A[i − 1][i − 1] + A[i][i])/2.;
```

```
                A[i-1][i-1]=sum;
                A[i][i]=sum;
            }
            else
            {   sum=sqrt(sum);
                A[i][i-1]=(A[i-1][i-1]
                    +A[i][i]+sum)/2.;
                sum=(A[i-1][i-1]+A[i][i]
                        -sum)/2.;
             if(fabs(A[i][i-1])>=fabs(sum))
            {
                A[i-1][i-1]=A[i][i-1];
                A[i][i]=sum;
            }
            else
            {
                A[i-1][i-1]=sum;
                A[i][i]=A[i][i-1];
            }
        }
    }
    else
    {
     if(fabs(A[i+1][i])>error)
     {
        printf("\n\n
          반복 횟수를 더 크게 해 주세요!!\n\n");
        return;
     }
     else
     {
      sum=pow(A[i-1][i-1]+A[i][i], 2)
          -4.*(A[i-1][i-1]*A[i][i]-A[i-1][i]
*A[i][i-1]);
        if(sum<0)
        {
          csol[i-1]=sqrt(-1.*sum)/2.;
          csol[i]=-1.*sqrt(-1.*sum)/2.;
          sum=(A[i-1][i-1]+A[i][i])/2.;
          A[i-1][i-1]=sum;
          A[i][i]=sum;
        }
        else
```

2×2 부분행렬의 고유치를 계산 $\begin{pmatrix} a_{i-1,i-1} & a_{i-1,i} \\ a_{i,i-1} & a_{ii} \end{pmatrix}$

```
                    {
                    sum = sqrt(sum);
                    A[i][i-1] = (A[i-1][i-1] + A[i][i]
                                          + sum)/2.;
                        if(fabs(A[i][i-1])>= fabs(sum))
                        {
                        A[i-1][i-1] = A[i][i-1];
                            A[i][i] = sum;
                        }
                        else
                        {
                        A[i-1][i-1] = sum;
                            A[i][i] = A[i][i-1];
                        }
                    }
                    i = i + 1;
                }
            }
        }
    }
    printf("\n\n고유치는:\n");
  printf("= = = = = = = = = = = = = = = = = = =\n");
     printf("          실수부       허수부          \n");
행렬의 고유치 출력
  printf("= = = = = = = = = = = = = = = = = = =\n");
     for(i = 0;i<n;i + +)
       printf("eigen%d : %lf\t%lf \n",i + 1, A[i][i],
             csol[i]);
     return;
}
```

그람-슈미트 직교정리 서브루틴

```
void Modified_Gram_Schmidt(int n)
{
    int i, j, k;    double sum;
    for(i = 0; i<n; i + +)
    {
```

$q_i = a_i$ (열벡터)

```
        for(j = 0; j<n; j + +)
            Q[j][i] = A[j][i];
for(j = 0; j<= i - 1; j + +)
        {
            sum = 0.;
            for(k = 0; k<n; k + +)
               sum = sum + Q[k][j]*Q[k][i];
```

$r_{ji} = q_j^T q_i$

```
            R[j][i] = sum;
            for(k = 0; k<n; k + +)
```

	`Q[k][i] = Q[k][i] - R[j][i]*Q[k][j];`
$q_i = q_i - r_{ji}\, q_j$	`}`
	`sum = 0.;`
	`for(k = 0; k<n; k++)`
	`sum = sum + Q[k][i]*Q[k][i];`
	`R[i][i] = sqrt(sum);`
$r_{ii} = \lVert q_i \rVert_2$	`if(R[i][i] == 0)`
if $r_{ii} = 0$ then quit	`return;`
	`for(k = 0; k<n; k++)`
	`Q[k][i] = Q[k][i]/R[i][i];`
$q_i = q_i / r_{ii}$	`}`
	`return;`
	`}`

프로그램예제 5.4•• 다음 주어진 행렬을 QR 방법을 사용하여 고유치를 구하라.

$$\begin{pmatrix} 4 & -3 & 2 & -3 & -1 \\ -2 & 2 & -2 & 3 & -1 \\ 2 & 3 & 2 & 5 & -3 \\ 0 & 2 & 2 & 4 & -2 \\ -3 & 3 & 4 & 0 & 1 \end{pmatrix}$$

실행

```
행렬의 크기는? 5
행렬의 성분은?
1 행 :  4  -3   2  -3  -1
2 행 : -2   2  -2   3  -1
3 행 :  2   3   2   5  -3
4 행 :  0   2   2   4  -2
5 행 : -3   3   4   0   1

이동변수 rho는? 0
최대반복회수 Max는? 30
오차한계는? 0.00001

행렬 A_k
1 행 :  5.763343  -2.502636  1.835098  -1.558597  0.726364
2 행 :  0.000129   4.285334  4.294573  -5.810140  1.156319
```

3 행 :	0.000000	0.000002	0.279271	−3.596684	2.959032
4 행 :	0.000000	0.000001	1.591980	3.907430	−4.024359
5 행 :	0.000000	0.000000	0.000000	0.000000	−1.235378

고유치는?

	실수부	허수부
eigen1 :	5.763124	0.000000
eigen2 :	4.285553	0.000000
eigen3 :	2.093350	1.560437
eigen4 :	2.093350	−1.560437
eigen5 :	−1.235378	0.000000

개념정리

5.1 절

- 고유치, 고유벡터

정사각행렬 A에서 방정식 $Ax=\lambda x$를 만족하는 상수 λ를 A의 고유치, 0이 아닌 벡터 x를 고유치 λ에 대응하는 A의 고유벡터라고 한다.

- 고유공간

고유치 λ에 대하여 $Ax=\lambda x$를 만족하는 벡터 전체의 집합 $\{x \in \mathrm{R}^n | Ax=\lambda x\}$을 λ에 대응하는 A의 고유공간이라고 한다.

- 특성다항식, 특성방정식

행렬식 $p(\lambda)=|A-\lambda I|$을 행렬 A의 λ에 관한 특성다항식이라 하며 $p(\lambda)=0$을 특성방정식이라고 한다.

5.2 절

- 거듭제곱방법

$$x_{k+1}=Ax_k,\ k=0,\ 1,\ \cdots$$

5.3 절

- 역거듭제곱방법

$$(A-\alpha I)^{-1}x_k=x_{k+1},\ k=0,\ 1,\ \cdots$$

5.5 절

- QR 방법

$A_0=A$
for $k=1$ to Max
  $Q_k R_k = A_{k-1}$
  $A_k = R_k Q_k$
end

연습문제

1. 다음 행렬의 고유치와 고유벡터를 구하라.

(1) $\begin{pmatrix} 1 & -2 \\ 1 & 4 \end{pmatrix}$ (2) $\begin{pmatrix} 2 & -2 \\ -2 & 3 \end{pmatrix}$

(3) $\begin{pmatrix} 1 & -2 \\ -2 & 4 \end{pmatrix}$ (4) $\begin{pmatrix} 1 & -1 \\ 1 & 3 \end{pmatrix}$

(5) $\begin{pmatrix} 3 & -2 \\ 4 & -3 \end{pmatrix}$ (6) $\begin{pmatrix} 1 & 2 \\ 2 & 1 \end{pmatrix}$

2. 다음 행렬의 고유치와 고유벡터를 구하라.

(1) $\begin{pmatrix} 4 & 1 & -2 \\ 1 & 4 & 1 \\ -2 & 1 & 4 \end{pmatrix}$ (2) $\begin{pmatrix} 1 & 2 & 0 \\ 2 & 0 & -2 \\ 0 & -2 & 3 \end{pmatrix}$

(3) $\begin{pmatrix} 1 & 1 & 2 \\ 2 & 2 & 4 \\ 0 & 1 & 3 \end{pmatrix}$ (4) $\begin{pmatrix} 0 & 1 & -1 \\ 1 & 3 & 1 \\ -1 & 1 & 3 \end{pmatrix}$

(5) $\begin{pmatrix} 1 & 3 & -2 \\ 4 & -3 & 1 \\ 2 & 1 & 1 \end{pmatrix}$ (6) $\begin{pmatrix} 3 & -1 & 2 \\ 4 & -2 & 9 \\ 12 & -3 & 6 \end{pmatrix}$

3. 정리 5.5를 증명하라.

4. 정리 5.6을 증명하라.

5. 정리 5.8을 증명하라.

6. 다음 행렬의 고유치를 구하라.

(1) $\begin{pmatrix} 1 & -2 & 0 & 0 & 0 \\ 1 & 4 & 0 & 0 & 0 \\ 0 & 0 & 4 & 1 & -2 \\ 0 & 0 & 1 & 4 & 1 \\ 0 & 0 & -2 & 1 & 4 \end{pmatrix}$

(2) $\begin{pmatrix} 1 & -2 & 1 & 2 & 3 \\ -2 & 4 & 3 & 2 & 1 \\ 0 & 0 & 1 & 2 & 0 \\ 0 & 0 & 2 & 0 & -2 \\ 0 & 0 & 0 & -2 & 3 \end{pmatrix}$

(3) $\begin{pmatrix} 1 & 1 & 2 & 0 & 0 \\ 2 & 2 & 4 & 0 & 0 \\ 0 & 1 & 3 & 0 & 0 \\ 1 & 2 & 2 & 3 & -2 \\ 4 & 5 & 6 & 4 & -3 \end{pmatrix}$

7. 정리 5.9를 증명하라.

8. 정리 5.10을 증명하라.

9. 정리 5.11을 증명하라.

10. 정리 5.12를 증명하라.

11. 다음 행렬의 고유치와 노름을 구하고 정리 5.7, 정리 5.8이 맞는지 확인하라.

$$\begin{pmatrix} 6 & -1 & 1 \\ -2 & 5 & -2 \\ 1 & -2 & 5 \end{pmatrix}$$

12. 문제 6의 행렬에서 고유치가 들어 있을 구간을 정리 5.11을 이용하여 구하라.

13. 행렬 A의 고유치가 $-1,\ 3,\ 5$일 때 $A-2I$의 고유치를 구하라.

14. 행렬 A의 고유치가 $-1,\ 3,\ 5$일 때 $(A+3I)^{-1}$의 고유치를 구하라.

15. 예제 5.7의 행렬에서 고유치 λ_2, λ_3와 대응하는 크기가 1인 단위 고유벡터 u_2, u_3를 구하라.

16. $\lambda=3,\ u=(2,1,-1)^T$은 행렬 $\begin{pmatrix} 4 & -1 & 1 \\ -1 & 3 & -2 \\ 1 & -2 & 3 \end{pmatrix}$의 고유치와 그에 대응하는 고유벡터 중 하나이다. 수축방법을 이용하여 나머지 고유치와 그에 대응하는 고유벡터를 구하라.

17. 다음 알고리즘은 이동 QR 방법(shifted QR method)이다. 이 알고리즘에 의하여 만들어진 행렬 A_k는 A와 비슷한 행렬임을 보여라.

Algorith : 주어진 행렬 $A \in \mathrm{R}^{n\times n}$에 대하여

$A_0 = A$

for $k=1$ to Max

$Q_k R_k = A_{k-1} - \rho I$: QR 분해

$A_k = R_k Q_k + \rho I$

end

18. 행렬 $A=\begin{pmatrix}1&3\\0&2\end{pmatrix}$의 절대값이 가장 큰 고유치는 4이고 그에 대응하는 고유벡터는 $\begin{pmatrix}1\\2\end{pmatrix}$이다. $x_0=\begin{pmatrix}3\\5\end{pmatrix}$이라 하고 다음의 반복되는 행렬과 벡터의 곱 $Ax_k=x_{k+1}$에서 x_3까지 구하되 상수와 단위벡터의 곱으로 나타내어라. 노름은 어느 것을 사용하여도 좋다.

19. 행렬 A가 대칭이라고 하자. 그러면 서로 직교인 고유벡터가 존재한다. 이를 이용하여 β_k는 λ_1에 $\left(\frac{\lambda_2}{\lambda_1}\right)^{2k}$가 0에 수렴하는 만큼 빨리 수렴함을 설명하여라.

20. 주어진 초기벡터와 거듭제곱방법을 이용하여 다음 행렬의 고유치 λ_1와 그에 대응하는 단위 고유벡터 u_1의 근사값 β_3, x_3를 구하라.

(1) $A=\begin{pmatrix}-4&14&0\\-5&13&0\\1&0&2\end{pmatrix}$, $x_0=(1,1,1)^T$

(2) $A=\begin{pmatrix}4&6&2\\5&10&0\\1&0&2\end{pmatrix}$, $x_0=(1,0,1)^T$

(3) $A=\begin{pmatrix}4&2&2\\2&4&0\\2&0&4\end{pmatrix}$, $x_0=(1,0,1)^T$

(4) $A=\begin{pmatrix}1&5&2\\5&1&2\\2&2&1\end{pmatrix}$, $x_0=(1,0,0)^T$

21. 주어진 초기벡터와 역거듭제곱방법을 이용하여 다음 행렬의 고유치 λ_1와 그에 대응하는 단위 고유벡터 u_1의 근사값 β_1, x_1를 구하라.

(1) $A=\begin{pmatrix}-4&14&0\\-5&13&0\\-1&0&2\end{pmatrix}$, $x_0=(1,1,1)^T$, $\alpha=0$

(2) $A=\begin{pmatrix}4&6&2\\5&10&0\\1&0&2\end{pmatrix}$, $x_0=(1,0,1)^T$, $\alpha=1$

(3) $A=\begin{pmatrix}4&2&2\\2&4&0\\2&0&4\end{pmatrix}$, $x_0=(1,0,1)^T$, $\alpha=-2$

(4) $A=\begin{pmatrix}1&5&2\\5&1&2\\2&2&1\end{pmatrix}$, $x_0=(1,0,0)^T$, $\alpha=\lambda_1$

22. 정칙행렬의 곱은 정칙행렬임을 보여라.

23. 양의 정부호를 갖는 행렬의 고유치는 양수이고 그 역도 성립함을 보여라.

24. $A=\begin{pmatrix}0&1\\1&0\end{pmatrix}$에는 QR 방법이 유용하지 않음을 보이고, 문제 17에 제시된 방법에 $\mu=1$을 이용하면 유용함을 보여라.

실습문제

1. 반복횟수에 따른 고유치만 출력되도록 power.cpp를 수정하라.

2. $A=\begin{pmatrix} 9 & 4 & 4 & 8 \\ 13 & 0 & 4 & 8 \\ 5 & 0 & -4 & 0 \\ 6 & 8 & 8 & 12 \end{pmatrix}$에 대하여 $A_0 = A+I$, $A_1 = A+10I$, $A_2 = A+10^2 I$ 그리고 $A_3 = A+10^3 I$라고 하자. power.cpp를 수정하여 각 행렬에 대응하는 고유치의 비 $\left|\dfrac{\lambda_2}{\lambda_1}\right|$을 각각 구하라.

3. $A=\begin{pmatrix} 74 & -24 & 16 & -81 \\ -24 & -1 & -6 & 16 \\ 16 & -6 & -1 & -24 \\ -81 & 16 & -24 & 74 \end{pmatrix}$의 고유치는 165, -15, -5, 1이고 $\lambda_2=-15$에 대응하는 고유벡터는 $u_2=(1,1,1,1)^T$이다. $x_0=u_2$로 택하면 $\alpha_1=0$이 되어 이론적으로 $\lambda_2=-15$에 수렴한다. 그러나 반복을 되풀이 하면 이 경우도 λ_2로 가는 듯 하지만 마무리오차로 인해 결국 λ_1으로 수렴한다. $(1,1,1,1)^T$와 $(1+\varepsilon,1,1,1)^T$, $\varepsilon=10^{-10}$을 x_0로 하여 β_k가 λ_2 또는 λ_1에 수렴하는지 확인하라.

4. 문제 2의 행렬 A의 고유치는 24, -4, -4, 1이다. $\alpha=50, -10, 10$을 사용하면 각각 주어진 상수 α에 가장 가까운 고유치 24, -4, 1로 수렴하는지 kmax에 점점 큰 수를 대입하여 확인하라.

5. $A=\begin{pmatrix} -2 & -2 & -9 \\ -1 & 1 & -3 \\ 1 & 1 & 4 \end{pmatrix}$의 고유치는 $\lambda_1=1+i$, $\lambda_2=1-i$, $\lambda_3=1$이다. $\alpha=1+2i$, $1-2i$, $2+0.2i$을 사용하면 그에 가까운 복소고유치로 수렴하는지 확인하라.

6. qr.cpp를 사용하여 크기 순서로 대각행렬로 수렴하는지 확인하라(max를 충분히 크게 할 필요가 있다. max=15000).

$$A=\begin{pmatrix} -5 & 7 & 0 & -3 & -1 & 6 & 7 & 1 \\ 7 & -7 & -3 & -4 & 0 & 5 & 6 & -4 \\ 0 & -3 & 1 & -2 & 5 & -7 & 3 & 7 \\ -3 & -4 & -2 & 3 & 1 & -3 & -8 & 1 \\ -1 & 0 & 5 & 1 & -10 & -7 & 0 & 3 \\ 6 & 5 & -7 & -3 & -7 & -5 & -1 & 3 \\ 7 & 6 & 3 & -8 & 0 & -1 & -4 & 7 \\ 1 & -4 & 7 & 1 & 3 & 3 & 7 & -8 \end{pmatrix}$$

제6장 방정식의 해 구하기 (1)

방정식 $f(x)=0$을 만족하는 값 x를 이 방정식의 해(또는 근)라고 한다. $f(x)$가 특정한 형태인 경우 그 해를 정확하게 구할 수 있다. 예를 들어, $f(x)=ax^2+bx+c$이고 $a\neq 0$이면 방정식 $f(x)=0$의 해는 대수적으로 $x=\frac{-b\pm\sqrt{b^2-4ac}}{2a}$이 되어 이 식에 계수를 대입하면 정확하게 근을 구할 수 있다. 그러나 오차 이상의 방정식은 일반적으로 이차방정식의 경우와 같이 해를 대수적으로 구할 수 없으며, 자연과학이나 공학에서 필요한 방정식의 대부분의 경우 문제가 매우 다양하므로 해를 정확하게 대수적으로 표현할 수 없는 경우가 많다. 이러한 경우 정확한 해는 아니더라도 사용하기에 충분한 근사해를 구하는 것은 매우 중요하다. 이 장과 제 7장에서는 방정식의 근사해를 구하는 다양한 수치적인 방법을 알아본다.

6.1 이분법

그림 6.1과 같이 $f(x)=0$의 해가 존재하는 주어진 구간에서 해가 포

함되어 있는 아주 작은 구간을 다시 구함으로써, 참값에 가까운 근사해를 구할 수 있는 방법을 알아보자. 방정식 $f(x)=0$에서 함수 $f(x)$가 닫힌 구간 $[a, b]$ 위에서 연속이면 점 $(a, f(a))$에서 점 $(b, f(b))$까지 끊어지지 않고 그래프를 그릴 수 있다. $f(a)f(b)<0$이면 $f(a)$ 또는 $f(b)$ 둘 중 하나는 음수이고 다른 하나가 양수이므로 점 $(a, f(a))$에서 점 $(b, f(b))$로 이어지는 그래프는 그림 6.1과 같이 함수 $f(x)$의 부호가 a와 b 사이의 어딘가에서 변한다. 그 변하는 지점을 α라 하면 $f(\alpha)=0$가 된다. 그러므로 다음과 같은 정리가 성립된다.

정의 6.1 **중간값의 정리**

함수 $f(x)$가 닫힌구간 $[a, b]$에서 연속이고 $f(a)f(b)<0$이면 $f(x)=0$을 만족하는 근이 (a, b)에 적어도 하나 있다.

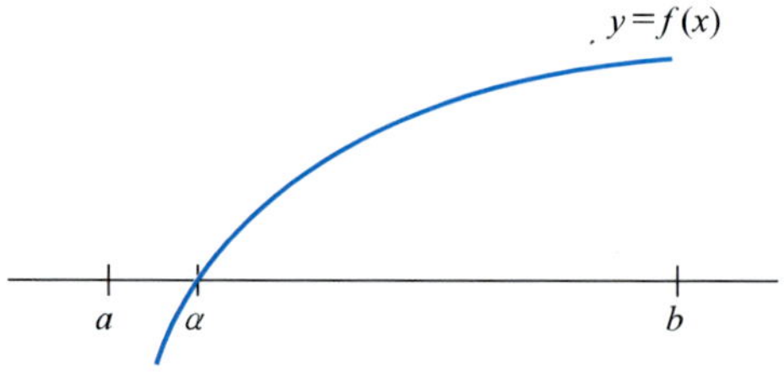

그림 6.1 방정식의 근

해가 있는 구간 $[a, b]$의 중점 c를 택하여 $f(c)=0$이면 이 c가 구하고자 하는 방정식의 해이고 그렇지 않으면 $f(a)$, $f(b)$ 둘 중 하나는 반드시 $f(c)$의 부호와 다르다. 정리 6.1에 의하여 만일 $f(a)f(c)<0$이면 해는 (a, c) 안에 있고, 그렇지 않으면 (c, b) 안에 있다. 그림 6.2와 같이 해를 갖는 새로운 구간의 양 끝을 다시 a, b라 하고 다시 중점 c를 구하는 과정을 반복하여 근사해를 구하는 방법을 **이분법**(bisection method)이라 한다.

1. $f(a)f(b)<0$인 함수에서 a와 b의 중점 c를 구한다.
2. $f(a)f(c)<0$이면 c를 b로, 아니면 c를 a로 놓는다.

이 과정을 반복하면 해가 들어 있는 아주 작은 구간을 구할 수 있고 결과적으로 그 구간의 중간값을 근사해로 구할 수 있게 된다. 이와 같은 이분법은 계속 소개할 다른 방법 중에서 가장 간단하고 잘 수렴하는 방법이다.

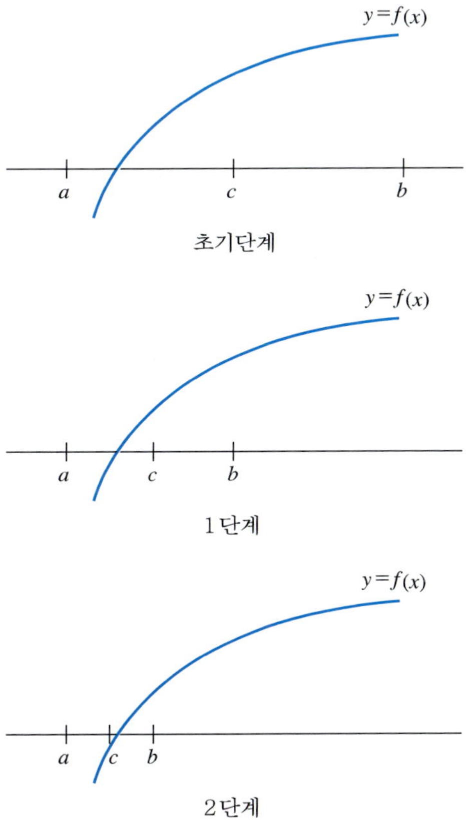

그림 6.2 이분법의 단계

예제 6.1 $x^2-4=0$의 근사해를 $[0, 5]$에서 이분법으로 구해보자.

풀이

① $f(x)=x^2-4$는 $f(0)=-4<0$, $f(5)=21>0$이므로 $f(a)f(b)<0$이다. 따라서 $[0, 5]$에 해가 존재한다.

② $c=\dfrac{5+0}{2}=2.5=x_1$이고 $f(c)=2.25>0$이므로 $a=0$, $b=2.5$가 된다. 새로운 근사해 $c=\dfrac{2.5+0}{2}=1.25=x_2$가 되고 $f(1.25)=-2.4375<0$이므로 다시 $a=1.25$, $b=2.5$가 된다. 새로운 근사해 $c=\dfrac{2.5+1.25}{2}=1.875=x_3$가 되고 $f(1.875)=-0.484375<0$이므로 다시 $a=1.875$, $b=2.5$가 된다.

이분법은 주어진 구간을 반복하여 양분해가며 해를 찾는다.

③ 여기서 반복을 중지하면 근사해는 $c = \dfrac{1.875 + 2.5}{2} = 2.1875 = x_4$가 된다. ■

알고리즘 6.1 이분법

목 적	방정식 $f(x) = 0$의 근을 구함
입 력	a, b, ε, kmax, $f(x)$
출 력	c

	for $n = 1$ to kmax
	    length$= (b - a)/2$
	    $c = a +$length
	    If ($\vert f(c) \vert < \varepsilon$ stop
	    If ($f(a)f(c) < 0$) then
	        $b = c$
	    else
	        $a = c$
	end

알고리즘에서 kmax는 무한히 많이 반복될 경우를 대비하여 최대반복횟수를 지정하는 상수이다. $f(c) = 0$를 직접 검사하는 경우 무한 반복에 빠질 수 있으므로 원하는 오차의 한계를 주어 $f(c) = 0$ 대신 $|f(c)| < \varepsilon$이면 반복을 중지하도록 한다.

$|f(c)|$이 아주 작을지라도 근을 중심으로 함수 $f(x)$의 값이 매우 늦게 변하는 경우(또는 기울기가 0에 아주 가까운 경우) 오차가 클 수 있다. 이 경우 $|b - a| < \varepsilon$을 추가로 만족하게 하여 오차를 줄일 수 있다. 한편 근을 중심으로 함수 $f(x)$의 값이 매우 급히 변하는 경우는 $|f(c)|$가 클지라도 $|b - a|$가 아주 작을 수도 있다. 따라서 두 조건을 적절하게 사용하는 것이 바람직하다. 그림 6.3에서 보듯이 $f(x) = (0.1x - 1)^5$의 근은 $x = 10$이다. 그러나 $|f(11)| = 0.00001$로 매우 작을지라도 11은 10의 근사해로 보기는 어렵다.

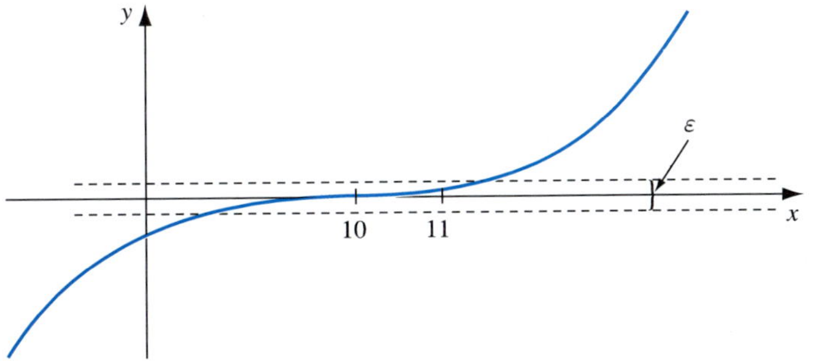

그림 6.3 $|f(c)|$가 아주 작으나 근사해가 아닌 경우

알고리즘 6.1에 의하여 $|f(c)| < \varepsilon$을 만족하면 kmax에 도달하기 전이라도 실행을 중지하여 그때의 값을 근사해로 하는 프로그램은 프로그램 6.1과 같이 작성될 수 있다.

프로그램 6.1 bisection_method.cpp

	#include <stdio.h>
	#include <math.h>
이분법을 실행하는 서브루틴 선언	void Bisection_Method(double, double, double, double, int);
	double f(double);
	void main(void)
	{
	double a, b, e1, e2; int Max;
	printf("구간 [a, b]의 a와 b는?");
	scanf("%lf %lf", &a, &b);
e1 : 근의 허용오차	printf("근의 허용오차 e1은?");
	scanf ("%lf", &e1);
함수값 f(c)와 0과의 허용 오차	printf("함수값의 허용오차 e2는?");
	scanf("%lf", &e2);
Max : 최대반복횟수	printf("최대반복횟수 Max는?");
	scanf("%d", &Max);
이분법을 실행을 위한 서브루틴 호출	Bisection_Method(a, b, e1, e2, Max);
	return;
	}
	void Bisection_Method(double a, double b, double e1, double e2, int Max)
	{
	double c; int n;
	for(n=1; n<=Max; n++)

```
                              {
                                  c=a+(b-a)/2;
c : a와 b의 중간값                  printf("\n  n=%d==>c=%lf\t  f(c)=%lf\n", n,
                                          c, f(c)); if(fabs(f(c))<e2||(b-a)/2<e1)
                                  {
                                    printf("\n해는 : %lf\n\n", c);
                                    return;
                                  }
구간 [a,c] 사이에                   if(f(a)*f(c)<0)
근이 존재                              b=c;
구간 [c,b] 사이에                   else
근이 존재                              a=c;
                              }
                              return;
                          }
함수 f(x) 선언               double f(double x)
                          {
                              double y;
                              y=cos(x)-x;
                              return (y);
                          }
```

프로그램예제 6.1 •• bisection_method.cpp를 이용하여 $[0,\ 2]$ 위에서 $f(x)=\cos x-x$의 해의 근사값을 구하라. 단, 최대 반복횟수는 20으로 한다.

실행

```
구간 [a, b]의 a와 b는? 0 2
근의 허용오차 e1은? 0.00001
함수값의 허용오차 e2는? 0.00001
최대반복회수 Max는? 20

n = 1 ==> c = 1.000000          f(c) =−0.459698
n = 2 ==> c = 0.500000          f(c) =  0.377583
n = 3 ==> c = 0.750000          f(c) =−0.018311
n = 4 ==> c = 0.625000          f(c) =  0.185963
n = 5 ==> c = 0.687500          f(c) =  0.085335
n = 6 ==> c = 0.718750          f(c) =  0.033879
n = 7 ==> c = 0.734375          f(c) =  0.007875
```

```
n = 8 ==> c = 0.742188          f(c) =- 0.005196
n = 9 ==> c = 0.738281          f(c) =  0.001345
n = 10 ==> c = 0.740234         f(c) =- 0.001924
n = 11 ==> c = 0.739258         f(c) =- 0.000289
n = 12 ==> c = 0.738770         f(c) =  0.000528
n = 13 ==> c = 0.739014         f(c) =  0.000120
n = 14 ==> c = 0.739136         f(c) =- 0.000085
n = 15 ==> c = 0.739075         f(c) =  0.000017
n = 16 ==> c = 0.739105         f(c) =- 0.000034
n = 17 ==> c = 0.739090         f(c) =- 0.000008

    해는 : 0.739090
```

구간 $[a, b]$에 방정식의 해가 있고 c를 그 중점으로 하면 참값과 근사해 c의 오차 E_1은 $\frac{b-a}{2}$보다 작게 된다. 즉, 최대 오차는 주어진 구간의 반을 넘지 못하므로 반복횟수를 증가시킬 때마다 그 오차는 $\frac{1}{2}$씩 줄어든다. 따라서 n번째 반복하여 구한 근사값의 오차 E_n은 다음 부등식을 만족한다.

$$E_n \leq \frac{b-a}{2^n}$$

이분법의 장점은 반드시 수렴하며 오차의 범위가 분명하다는 것이나, 매 단계마다 해가 있는 구간의 길이가 $\frac{1}{2}$씩만 줄어들므로 다른 방법에 비하여 수렴속도가 느린 것이 단점이 될 수 있다.

예제 6.2 이분법을 이용하여 구간 $[a, b]$에서 방정식 $f(x) = 0$의 근사해를 구하려고 한다. 오차가 ε보다 작게 하려면 적어도 몇 번 반복해야 하는가?

풀이 $\frac{b-a}{2^n} < \varepsilon$이라 하면 $\frac{b-a}{\varepsilon} < 2^n$이므로 양변에 $\log_2$를 취하면 $\log_2 \frac{b-a}{\varepsilon} < n$이다. 따라서 $\log_2 \frac{b-a}{\varepsilon}$보다 큰 횟수만큼 반복하면 오차가 ε보다 작게 된다. ■

*6.2 오차조정법

정리 6.1에 의하여 방정식 $f(x)=0$에서 $f(a)f(b)<0$이면 구간 $[a, b]$에 $f(x)=0$의 근이 있음을 알았다. 이분법과 달리 오차조정법(Regular-falsi method)은 방정식의 해를 구하기 위하여 두 점을 지나는 직선이 x축과 만나는 교점을 이용한다. 그림 6.4에서 두 점 $(a, f(a))$와 $(b, f(b))$를 지나는 직선은

$$y=f(a)+\frac{f(b)-f(a)}{b-a}(x-a)$$

이 되고 $y=0$일 때 x의 값은

$$x=a-\frac{b-a}{f(b)-f(a)}f(a)=\frac{af(b)-bf(a)}{f(b)-f(a)}$$

이다. x축과 만나는 이 값을 c라고 하자. 이분법과 같이 $f(a)f(c)<0$이면, 근은 (a, c) 안에 있고, 그렇지 않으면 근은 (c, b) 안에 있다. 근을 가지는 새로운 구간의 양 끝점을 다시 a, b라 하고 다시 c를 구하는 과정을 반복한다. 단, 이후부터는 $f(a)f(c)<0$이면 a를 고정시키고 반복하여 구하여진 새로운 c를 계속 b로 하고, $f(a)f(c)>0$이면 b를 고정시키고 반복하여 구하여진 새로운 c를 계속 a로 하여 근사해를 구하는 방법을 **오차조정법**이라 한다.

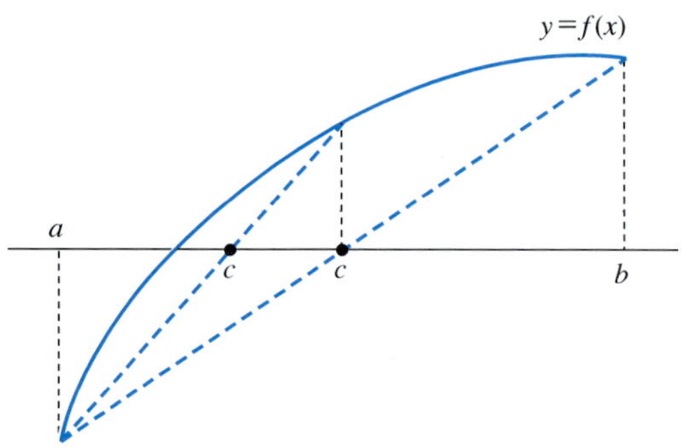

그림 6.4 오차조정법

1. $f(a)f(b)<0$인 함수에서 $(a, f(a))$와 $(b, f(b))$를 지나는 직선이 x축과 만나는 점 c을 구한다.
2. $f(a)f(c)<0$이면 c를 b로, 아니면 c를 a로 놓는다.
(단, 이후부터는 $f(a)f(c)<0$이면 a를, $f(a)f(c)>0$이면 b를 고정시키고 새로운 c만 계속 구한다.)

예제 6.3 $x^2-4=0$의 근사값을 $[0, 5]$에서 오차조정법으로 구하라.

풀이 ① $f(x)=x^2-4$에서 $f(0)=-4<0$, $f(5)=21>0$이므로 $f(0)f(5)<0$이다. 그러므로 $(0, 5)$에 근이 존재한다.

② $c=\dfrac{0f(5)-5f(0)}{f(5)-f(0)}=\dfrac{-5(-4)}{21-(-4)}=0.8=x_1$이고 $f(c)=-3.36<0$이므로

$a=0.8$, $b=5$이다. 이로부터 새로운 근사해 $c=\dfrac{0.8f(5)-5f(0.8)}{f(5)-f(0.8)}=1.38=x_2$

가 되어 다시 $a=1.38$, $b=5$가 된다. 또다시 $c=\dfrac{1.38f(5)-5f(1.38)}{f(5)-f(1.38)}=1.79$

$=x_3$이 새로운 근사해가 된다(계산은 소수점 세 자리에서 반올림함.). 각 단계별 그래프는 그림 6.5와 같다. ■

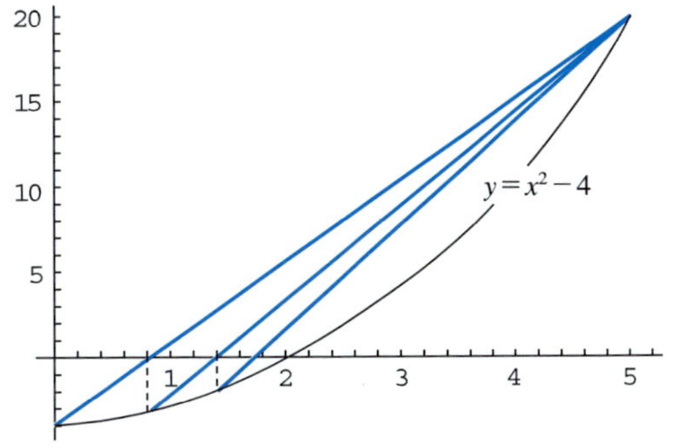

그림 6.5 오차조정법의 근사해

알고리즘 6.2 오차조정법

목 적	방정식 $f(x)=0$의 근을 구함
입 력	a, b, ε, kmax, $f(x)$
출 력	c

	$c=b-f(b)(b-a)/(f(b)-f(a))$
	if($f(a)f(c)<0$) then
	$d=a$
	else
	$d=b$
	for $i=1$ to kmax
	$c=d-f(d)((d-c)/(f(d)-f(c)))$
	if($\|f(c)\|<\varepsilon$) stop
	end

알고리즘 6.2의 프로그램은 프로그램 6.2와 같이 작성할 수 있다.

프로그램 6.2 ••

regula_falsi.cpp

오차조정법을 실행하는 서브루틴 선언

a : 구간 x의 하한값

b : 구간 x의 상한값

error :근의 허용오차

Max : 최대반복횟수

오차조정법 실행을 위한 서브루틴 호출

```
#include <stdio.h>
#include <math.h>
void Regula_falsi(double, double, double, int);
double f(double);
void main(void)
{
    double a, b, error; int Max;
    printf("구간 [a, b]의 a와 b는?");
        scanf("%lf %lf", &a, &b);
    printf("함수값의 허용오차 error는?");
        scanf("%lf", &error);
    printf("최대반복횟수 Max는?");
        scanf("%d", &Max);
    Regula_falsi(a, b, error, Max);
    return;
}
void Regula_falsi(double a, double b, double error, int
Max)
{
    double c, d; int n;
```

	```c = b - f(b)*(b - a)/(f(b) - f(a));```
	```if(f(a)*f(c)<0)```
$(a, f(a))$와	``` d = a;```
$(b, f(b))$를 지나는 일차	```else```
함수에서 f=0을 만족	``` d = b;```
하는 x의 값이 c	```for(n=1; n<=Max; n++)```

```
        c=b-f(b)*(b-a)/(f(b)-f(a));
        if(f(a)*f(c)<0)
            d=a;                                  // (a,f(a))와 (b,f(b))를 지나는 일차 함수에서 f=0을 만족하는 x의 값이 c
        else
            d=b;
        for(n=1; n<=Max; n++)
        {
            c=d-f(d)*(d-c)/(f(d)-f(c));           // 새로운 c의 값을 구한다
            printf("\n n=%d==>c=%lf \t f(c)=%lf
                \n", n, c, f(c));
            if(fabs(f(c))<error)                  // |f(c)|가 허용오차보다 작으면 실행중단
            {
                printf("\n해는 : %lf \n\n", c);
                return;
            }
        }
        return;
    }
    double f(double x)
    {
        double y;                                 // 함수 f(x) 선언
        y=cos(x)-x;
        return (y);
    }
```

프로그램예제 6.2 regula_falsi.cpp를 이용하여 방정식 $\cos x - x = 0$의 근의 근사값을 $[0, 2]$에서 구해보자. 단, 최대 반복횟수는 20으로 한다.

실행

```
구간 [a, b]의 a와 b는? 0 2
근의 허용오차 error은? 0.000001
최대반복회수 Max는? 20

n = 1 ==> c = 0.717135        f(c) = 0.036557
n = 2 ==> c = 0.736256        f(c) = 0.004732
n = 3 ==> c = 0.738726        f(c) = 0.000601
n = 4 ==> c = 0.739040        f(c) = 0.000076
n = 5 ==> c = 0.739079        f(c) = 0.000010
```

오차조정법은 두 점의 직선이 x축과 만나는 점을 그 다음 근사해로 한다.

```
n = 6 ==> c = 0.739084          f(c) = 0.000001
n = 7 ==> c = 0.739085          f(c) = 0.000000

해는 : 0.739085
```

6.3 뉴턴 방법

뉴턴(Newton) 방법은 $f(x)=0$의 근을 구하는 방법으로 초기 근사값 x_0을 알고 있을 때 점 $(x_0, f(x_0))$에서 $y=f(x)$의 접선이 x축과 만나는 점을 새로운 근사해로 구하는 방법이다.

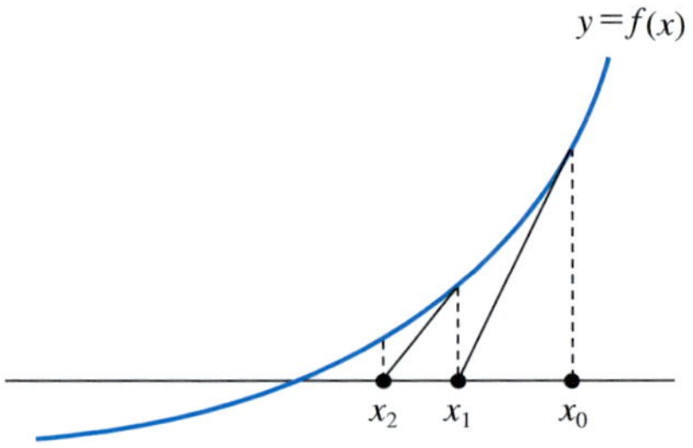

그림 6.6 뉴턴 방법

그림 6.6에서와 같이 초기값 x_0에 대응하는 점 $(x_0, f(x_0))$에서 함수 $f(x)$의 접선방정식은 $y=f'(x_0)(x-x_0)+f(x_0)$이고 이 직선이 x축과 만나는 점 x_1은 다음과 같다.

$$x_1 = x_0 - \frac{f(x_0)}{f'(x_0)},\ f'(x_0) \neq 0$$

다시 점 $(x_1, f(x_1))$에서 함수 $f(x)$의 접선방정식이 x축과 만나는 점을 x_2로 하는 이러한 과정을 반복하여 근사해를 구하는 방법을 뉴턴 방법이라 하며 다음과 같은 반복식을 되풀이한다.

$$x_{n+1} = x_n - \frac{f(x_n)}{f'(x_n)},\ f'(x_n) \neq 0$$

예제 6.4 $x^2-4=0$의 근사값을 $x_0=5$에서 뉴턴 방법으로 구하라.

풀이 $f(x)=x^2-4$이고 $f'(x)=2x$이므로

$$x_1=x_0-\frac{f(x_0)}{f'(x_0)}=5-\frac{21}{10}=2.9$$

$$x_2=x_1-\frac{f(x_1)}{f'(x_1)}=2.9-\frac{4.41}{5.8}=2.14$$

$$x_3=x_2-\frac{f(x_2)}{f'(x_2)}=2.14-\frac{0.58}{4.28}=2.00$$

이고 각 단계별 그래프는 그림 6.7과 같다.

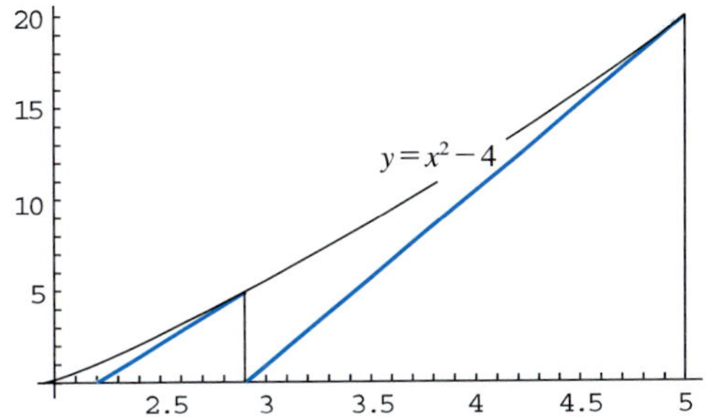

그림 6.7 뉴턴 방법의 근사해 ■

알고리즘 6.3 뉴턴 방법

목 적	방정식 $f(x)=0$의 근을 구함
입 력	x_0, ε, kmax, $f(x)$, $f'(x)$
출 력	c

	$y=f(x_0)$
	for $i=1$ to kmax
	    $c=x_0-y/f'(x_0)$
	    $y=f(c)$
	    if $\lvert y\rvert<\varepsilon$ stop
	    $x_0=c$
	end

알고리즘 6.3의 프로그램은 프로그램 6.3과 같다.

프로그램 6.3 newton.cpp

```
#include <stdio.h>
#include <math.h>
```

뉴턴 방법을 실행하는 서브루틴 선언

```
void Newton(double, double, int);
double f(double);
double Df(double);
void main(void)
{
```

x0 : $f(x)=0$ 의 근에 가까운 초기값

```
    double x0, error; int Max;
    printf("초기값 x0는?");
        scanf("%lf", &x0);
```

error : 허용오차

```
    printf("허용오차 error는?");
        scanf("%lf", &error);
```

Max : 최대반복횟수

```
    printf("최대반복횟수 Max는?");
        scanf("%d", &Max);
```

뉴턴 방법을 실행하는 서브루틴 호출

```
    Newton(x0, error, Max);
    return;
}
void Newton(double x0, double error, int Max)
{
    double c, y; int n;
    y=f(x0);
    printf("\nn=1==> c=%lf\t y=%lf
            \n", x0, y);
    for(n=2;n<=Max; n++)
    {
        c=x0-y/Df(x0); y=f(c);
        printf("\n n=%d==>c=%lf \t y=%lf
                \n", n, c, y);
```

|f(c)| 또는 (b-a)/2 가 허용 오차보다 작으면 실행중단

```
        if( fabs(y)<error || fabs(c-x0)<error )
        {
            printf("\n해는 : %lf \n\n", c );
            return;
        }
        x0=c;
    }
    return;
}
```

f(x)의 함수 선언

```
double f(double x)
{
```

```
                double y;
                y=cos(x)-x;
                return (y);
            }
            double Df(double x)
f(x)의 함수 선언  double y;
                y=-sin(x)-1;
                return (y);
            }
```

프로그램예제 6.3 •• 뉴턴 방법 프로그램 newton.cpp를 이용하여 방정식 $\cos x - x = 0$의 근의 근사값을 구하여라. 단, 초기값 $x_0 = 0$, 최대 반복횟수는 20으로 한다.

실행

```
초기값 x0는? 0
허용오차 error는? 0.000001
최대반복횟수 Max는? 20

n = 1 ==> c = 0.000000        f(c) =  1.000000
n = 2 ==> c = 1.000000        f(c) = -0.459698
n = 3 ==> c = 0.750364        f(c) = -0.018923
n = 4 ==> c = 0.739113        f(c) = -0.000046
n = 5 ==> c = 0.739085        f(c) = -0.000000

해는 : 0.739085
```

뉴턴 방법은 접선이 x 축과 만나는 점을 그 다음 근사해로 한다.

뉴턴 방법에서 근사해 x_n이 적당한 값 α에 수렴하면($x_n \to \alpha$) 함수 $f(x)$와 $f'(x)$는 연속이므로 $f(x_n)$과 $f'(x_n)$은 각각 $f(\alpha)$와 $f'(\alpha)$로 수렴한다. 따라서

$$x_{n+1} - x_n = -\frac{f(x_n)}{f'(x_n)} \to \alpha - \alpha = -\frac{f(\alpha)}{f'(\alpha)}$$

이 되어 $f(\alpha) = 0$가 성립한다.

정리 6.2 근사해 x_n이 수렴하면 그 극한값은 $f(x)=0$의 근이 된다.

정리 6.2에 의하여 근사해 x_n이 α에 수렴하면 $f(\alpha)=0$이다. 함수 f가 두 번 미분가능하고 f''이 연속이면 테일러 전개([1.3])에 의하여

$$0=f(\alpha)=f(x_n)+(\alpha-x_n)f'(x_n)+\frac{(\alpha-x_n)^2}{2}f''(\xi_n)$$

인 ξ_n이 α와 x_n 사이에 존재한다. $f'(x_n)$으로 양변을 나누고 $x_{n+1}-x_n=-\dfrac{f(x_n)}{f'(x_n)}$을 대입하면

뉴턴 방법은 수렴하게 되면 매우 빨리 수렴하나 초기값에 따라 발산하는 경우도 있으므로 초기값 선정을 잘 해야 한다.

$$\begin{aligned}0&=\frac{f(x_n)}{f'(x_n)}+(\alpha-x_n)+\frac{(\alpha-x_n)^2}{2}\frac{f''(\xi_n)}{f'(x_n)}\\&=\alpha-x_{n+1}+(\alpha-x_n)^2\frac{f''(\xi_n)}{2f'(x_n)}\end{aligned}$$

이 된다. $f'(\alpha)\neq 0$이면

$$\lim_{n\to\infty}\frac{\alpha-x_{n+1}}{(\alpha-x_n)^2}=\lim_{n\to\infty}\frac{-f''(\xi_n)}{2f'(x_n)}=\frac{-f''(\alpha)}{2f'(\alpha)}$$

이 되어 다음 정리가 성립된다.

정리 6.3 f''이 연속이고, $f(\alpha)=0$, $f'(\alpha)\neq 0$이라 하자. x_n이 α로 수렴하면

$$\lim_{n\to\infty}\frac{\alpha-x_{n+1}}{(\alpha-x_n)^2}=c$$

이 된다.

뉴턴 방법은 근사값을 구하기 위해서 매번 미분값이 필요하여 이에 대한 정보를 넣어주어야 하는 불편함이 있고, 초기값에 따라 반복해는 발산될 수 있으므로 초기값을 잘 선택해야 하는 어려움이 있다. 그러나 정리 6.3에 의하면 $|E_n|=10^{-2}$ 정도이면 $|E_{n+1}|=10^{-4}$ 정도가 되므로 일단 수렴하면 매우 빨리 수렴함을 알 수 있다. 정리 6.3의 수렴속도를 **이차적으로**(quadratically) **수렴**한다고 한다.

정리 6.3에서 $f'(\alpha)=0$이면 그 수렴속도가 매우 느리다. 일반적으로 α가 $f(x)$의 m 중근이면(즉, $f^{(m-1)}(\alpha)=0$, $f^{(m)}(\alpha)\neq 0$) 다음 반복식이 이차적으로 수렴한다.

$$x_{n+1}=x_n-m\frac{f(x_n)}{f'(x_n)}$$

이것을 수정된 뉴턴 방법이라 한다.

6.4 할선법

6.2에서 보았듯이 두 점 $(x_{n-1}, f(x_{n-1}))$, $(x_n, f(x_n))$을 지나는 직선(할선이라고도 함)

$$y=\frac{f(x_n)-f(x_{n-1})}{x_n-x_{n-1}}(x-x_n)+f(x_n)$$

이 x축과 만나는 점 x_{n+1}은

$$x_{n+1}=x_n-f(x_n)\frac{x_n-x_{n-1}}{f(x_n)-f(x_{n-1})} \tag{6.1}$$

이 된다. 주어진 구간 $[a, b]$에서 a, b를 x_0, x_1으로 하여 반복식 (6.1)을 연속적으로 이용하여 근사해를 계산하는 방법을 할선법(secant method)이라고 한다.

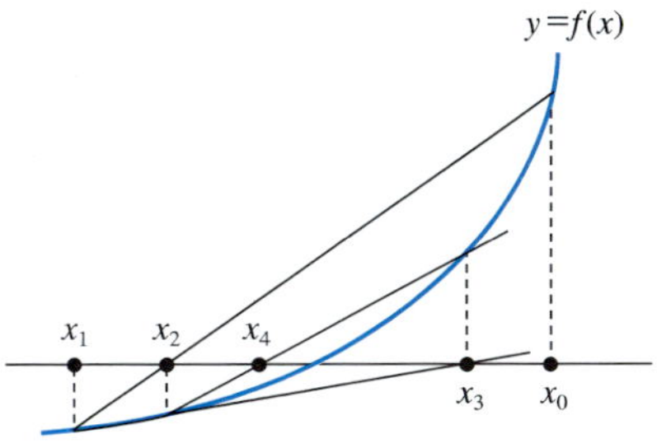

그림 6.8 할선법

예제 6.5 $x^2 - 4 = 0$의 근사값을 $x_0 = 0$, $x_1 = 5$을 이용하여 할선법으로 구하라.

풀이 $f(x) = x^2 - 4$이고 $x_0 = 0$, $x_1 = 5$이므로

$$x_2 = 5 - f(5)\frac{5-0}{f(5)-f(0)} = 0.8$$
$$x_3 = 0.8 - f(0.8)\frac{0.8-5}{f(0.8)-f(5)} = 1.38$$
$$x_4 = 1.38 - f(1.38)\frac{1.38-0.8}{f(1.38)-f(0.8)} = 2.34$$

이고 그림 6.9와 같다.

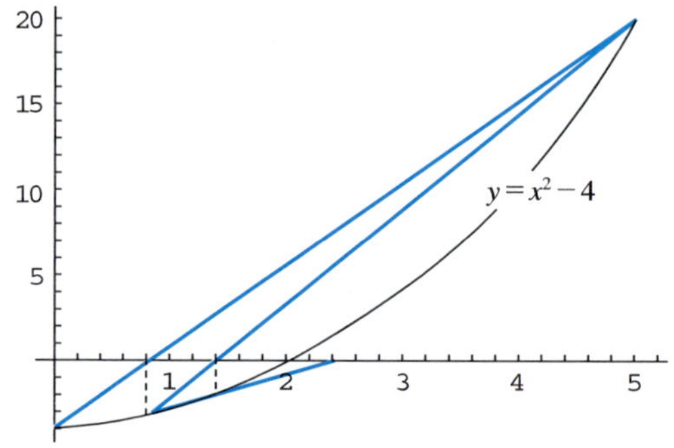

그림 6.9 할선법의 근사해 ■

알고리즘 6.4 할선법

목 적	방정식 $f(x) = 0$의 근을 구함
입 력	x_0, x_1, ε, kmax, $f(x)$
출 력	c

	$y_0 = f(x_0)$, $y_1 = f(x_1)$
	for $i = 2$ to kmax
	    $c = x_1 - y_1((x_1 - x_0)/(y_1 - y_0))$
	    If $\lvert f(c)\rvert < \varepsilon$ stop
	    $x_0 = x_1$, $y_0 = y_1$
	    $x_1 = c$, $y_1 = f(c)$
	end

할선법은 뉴턴 방법이나 오차조정법과 매우 유사하다. 뉴턴 방법과의 근본적인 차이점은 뉴턴 방법에서 필요한 도함수 $f'(x_n)$ 대신 두 점

$(x_{n-2}, f(x_{n-2}))$, $(x_{n-1}, f(x_{n-1}))$의 기울기를 이용하는 것이고, 오차조정법과는 두 점의 직선이 x축과 만나는 점을 이용하는 것은 같으나, 두 점 a, b 중 한 점을 고정시키는 것이 아니고 a, b를 x_0, x_1으로 하여 반복적으로 구한 x_{n-2}과 x_{n-1}에 대응하는 점 $(x_{n-2}, f(x_{n-2}))$, $(x_{n-1}, f(x_{n-1}))$을 지나는 직선을 사용하는 점이 다르다. 뉴턴 방법과 같이 초기값에 따라 반복해는 발산될 수 있으므로 초기값을 잘 선택해야 하는 어려움이 있다. 그러나 할선법은 일단 수렴하면 뉴턴 방법보다는 느리나 다른 방법보다는 빠르다. 이 할선법의 수렴속도는

$$\lim_{n \to \infty} \frac{|x_{n+1} - \alpha|}{|x_n - \alpha|^{(1+\sqrt{5})/2}} = c$$

이다. $1 < \frac{1+\sqrt{5}}{2} < 2$이므로 이것을 초선형(super linear)적으로 수렴한다고 한다.

프로그램 6.4 •• **Secant_Method.cpp**

	`#include <stdio.h>`
	`#include <math.h>`
할선법을 실행하는 서브루틴 선언	`void Secant_Method(double, double, double, int);`
	`double f(double);`
	`void main(void)`
	`{`
x0, x1:임의의 초기값	`double x0, x1, error;    int Max;`
error : 허용오차	`printf("초기값 x0와 x1는?");`
Max : 최대반복횟수	`scanf("%lf %lf", &x0, &x1);`
	`printf("허용오차는?");`
할선법을 실행하는	`scanf("%lf", &error);`
서브루틴 호출	`printf("최대반복횟수 Max는?");`
	`scanf("%d", &Max);`
	`Secant_Method(x0, x1, error, Max);`
	`return;`
	`}`
	`void Secant_Method(double x0, double x1,`
	`double error, int Max)`
	`{`
	`double c, y0, y1;    int n;`
	`y0 = f(x0);    y1 = f(x1);`

	printf("\nn=0==> c=%lf \t y=%lf \n", x0, y0);
	printf("\nn=1==> c=%lf \t y=%lf \n", x1, y1);
	for(n=2; n<=Max; n++)
	{
x0과 x1을 이용하여 c(=x2)값을 구함	c=x1-y1*(x1-x0)/(y1-y0); printf("\n n=%d==>c=%lf \t y=%lf \n", n, c, f(c));
|f(c)| 또는 (b-a)/2가 허용 오차보다 작으면 실행중단	if(fabs(f(c))<error || fabs(c-x1)<error) { printf("\n해는 : %lf \n\n", c); return; }
	x0=x1; x1=c; y0=y1; y1=f(c); } return; }
f(x)의 함수 선언	double f(double x) { double y; y=cos(x)-x; return (y); }

프로그램예제 6.4 •• 할선법 프로그램 secant_method.cpp를 이용하여 방정식 $\cos x - x = 0$의 근의 근사값을 구하여라. 단, 초기값 $x_0 = 0$, $x_1 = 2$, 최대 반복횟수는 20으로 한다.

실행

```
초기값 x0와 x1는? 0 2
허용오차는? 0.000001
최대반복횟수 Max는? 20

n = 0 ==> c = 0.000000        f(c) =  1.000000
n = 1 ==> c = 2.000000        f(c) = -2.416147
n = 2 ==> c = 0.585455        f(c) =  0.248006
n = 3 ==> c = 0.717135        f(c) =  0.036557
```

할선법은 뉴턴 방법에서 필요한 한 점에서 미분값 대신 두 점의 기울기를 사용한다.

```
n = 4 ==> c = 0.739901          f(c) = -0.001365
n = 5 ==> c = 0.739081          f(c) =  0.000007
n = 6 ==> c = 0.739085          f(c) =  0.000000
```

해는 : 0.739085

개념정리

6.1 절

• 중간값의 정리

함수 $f(x)$가 닫힌구간 $[a, b]$에서 연속이고 $f(a)f(b)<0$이면 $f(x)=0$을 만족하는 근이 $[a, b]$에 적어도 하나 존재한다.

• 이분법

다음 과정을 반복한다.

① a와 b의 중점 c를 구한다.

② $f(a)$와 $f(b)$ 중 $f(c)$와 부호가 다른 것을 찾아 그 x값을 다시 a, b로 한다.

6.2 절

• 오차조정법

다음 과정을 반복한다.

① $f(a)f(b)<0$인 함수에서 두 점 $(a, f(a))$와 $(b, f(b))$를 지나는 일차함수의 근 c를 구한다.

② $f(a)$와 $f(b)$ 중 $f(c)$와 부호가 다른 것을 찾아 그 x값을 다시 a, b로 한다. (단, 이후부터는 $f(a)f(c)<0$이면 a를, $f(a)f(c)>0$이면 b를 고정시키고 새로운 c만 계속 구한다.)

6.3 절

• 뉴턴 방법

초기값 x_0으로 다음 과정을 반복한다.

$$x_{n+1}=x_n-\frac{f(x_n)}{f'(x_n)}$$

단, $f'(x_n)\neq 0$이다.

• 이차적 수렴

$$\lim_{n\to\infty}\frac{\alpha-x_{n+1}}{(\alpha-x_n)^2}=c$$

을 만족하면 x_n은 α에 이차적으로 수렴한다고 한다.

6.4 절

• 할선법

초기값 x_0, x_1으로 다음 과정을 반복한다.

$$x_{n+1}=x_n-f(x_n)\frac{x_n-x_{n-1}}{f(x_n)-f(x_{n-1})}$$

• 초선형 수렴

$$\lim_{n\to\infty}\frac{|x_{n+1}-\alpha|}{|x_n-\alpha|^{\gamma}}=c,\ \text{단 } 1<\gamma<2$$

을 만족하면 x_n은 α에 초선형적으로 수렴한다고 한다.

연습문제

1. 주어진 구간에서 이분법을 사용하여 방정식 $f(x)=0$의 근사해 x_3를 구하여라. 단, 양 끝점을 x_0, x_1으로 한다.

(1) $f(x)=x-\cos x$, $[0, 1]$

(2) $f(x)=1+0.5x-2\sin x$, $\left[0, \dfrac{\pi}{2}\right]$

(3) $f(x)=x^2-4x+3$, $[2, 5]$

(4) $f(x)=x-2^{-x}$, $[0, 1]$

(5) $f(x)=e^x-\cos x$, $[-2, -0.2]$

(6) $f(x)=2x-e^{-x^2}$, $[0, 2]$

(7) $f(x)=x+\ln x$, $[0.2, 1]$

(8) $\tan\left(\dfrac{1}{2}x\right)=\dfrac{1}{x}$, $[0.2, 1.4]$

2. 연습문제 1에 주어진 함수와 구간에서 오차조정법을 사용하여 방정식 $f(x)=0$의 근사해 x_2를 구하여라.

3. 연습문제 1에 주어진 함수와 구간 $[a, b]$에서 할선법을 사용하되 $x_0=a$, $x_1=b$로 하여 방정식 $f(x)=0$의 근사해 x_3를 구하여라.

4. 연습문제 1에 주어진 함수와 구간 $[a, b]$에서 뉴턴 방법을 사용하되 $x_0=b$로 하여 방정식 $f(x)=0$의 근사해 x_2를 구하여라.

5. 이분법을 사용하여 $f(x)=0$의 근사해를 구간 $[0, 1]$에서 구하려고 한다. 오차가 10^{-3}보다 작게 근사해를 구하려면 적어도 몇 번 반복해야 하는가?

6. $\sqrt{3}$의 근사값을 이분법을 이용하여 구하려고 한다.

(1) 함수 $f(x)$는 무엇인가?

(2) 구간 $[a, b]$는 무엇으로 택하면 되나?

(3) (1)과 (2)를 이용하여 오차가 10^{-3}보다 작게 구하라.

7. 이분법에서 $|b-a|$가 작을 지라도 $|f(c)|$는 클 수 있는 예를 들어라.

8. 함수 $f(x)$가 연속이고 x_n이 α에 수렴하면 $f(x_n)$도 $f(\alpha)$에 수렴함을 설명하라.

9. α가 $f(x)$의 m 중근이면

$$x_{n+1}=x_n-m\frac{f(x_n)}{f'(x_n)}$$

은 이차적으로 수렴함을 보여라.

10. $f(x)=(x-1)^k\ln x$라 하자. $x=1$은 중복도가 $k+1$임을 보여라.

11. $f(x)=x^3+x^2-5x+3$에서 $x=1$과 $x=-3$의 중복도를 구하라.

실습문제

[1] 구간 $[-2, 1]$ 또는 초기치 $x_0 = 1$을 사용하여 다음을 실습하라.

1. 프로그램 6.1을 이용하여 $5xe^x = 1$의 근사해를 구하라.

2. 프로그램 6.2를 이용하여 $5xe^x = 1$의 근사해를 구하라.

3. 프로그램 6.3을 이용하여 $5xe^x = 1$의 근사해를 구하라.

4. 프로그램 6.4를 이용하여 $5xe^x = 1$의 근사해를 구하라.

[2] 프로그램을 수정하여 다음을 실습하라.

5. 프로그램 6.1에서 프로그램 6.4를 모두 수정하여 각각 (n, e_n)을 출력하라. 단 $e_n = |x_n - x|$.

6. 프로그램 6.3을 수정된 뉴턴 방법으로 수정하라.

7. 연습문제 10에서 $k = 1, 2$인 경우 각각 $m = 1, 2$ 또는 $m = 1, 2, 3$에 따른 수정된 뉴턴 방법의 수렴성을 살펴보라.

8. 연습문제 11에서 초기치 $x_0 = 4, -6$을 각각 이용하여 $f(x) = x^3 + x^2 - 5x + 3$의 수정된 뉴턴 방법의 수렴성을 살펴보라.

제7장 방정식의 해 구하기 (2)

제6장에서 소개한 방법 중 뉴턴 방법은 반복식 $x_{n+1} = x_n - \dfrac{f(x_n)}{f'(x_n)}$이 수렴하면 그 극한값이 방정식 $f(x) = 0$의 해가 되며 수렴하는 속도는 매우 빠르다고 하였다. 이 반복식의 오른쪽 항을 $g(x) = x - \dfrac{f(x)}{f'(x)}$로 정의하면 뉴턴 방법은 $x_{n+1} = g(x_n)$으로 표현할 수 있다. 이 장에서는 뉴턴 방법을 일반화한 고정점 반복법을 설명한다. 또한 다항식의 경우 조립제법을 이용하여 도함수를 직접 구하지 않고 뉴턴 방법을 사용할 수 있는 호너(Horner)의 방법과 할선법을 확장시킨 멀러(Muller) 방법에 대하여 알아본다.

7.1 고정점 반복법

연속함수 $g(x)$에 대하여 방정식 $g(x) = x$를 만족하는 해를 g의 고정점(fixed-point)이라 한다. 초기값 x_0와 함께 다음과 같은 반복식을 정의하자.

$$x_n = g(x_{n-1}),\ n \ge 1 \tag{7.1}$$

반복식 (7.1)을 이용하면 초기값 x_0을 이용하여 $x_1,\ x_2,\ \cdots$을 차례로 구할 수 있다.

예제 7.1 $g(x) = \frac{1}{2}(x^2 + 2x - 4)$의 고정점을 구하고 $x_0 = 1$일 때 $x_1,\ x_2,\ x_3$을 구하라.

풀이 $\frac{1}{2}(x^2 + 2x - 4) = x$이면 $x^2 - 4 = 0$이므로 고정점은 $x = 2,\ -2$이다. $x_0 = 1$이므로

$$x_1 = g(1) = \frac{1}{2}(1 + 2 - 4) = -0.5$$

$$x_2 = g(-0.5) = \frac{1}{2}(0.25 - 1 - 4) = -2.375$$

$$x_3 = g(-2.375) = \frac{1}{2}((-2.375)^2 - 4.75 - 4) = -1.5546875$$ ■

반복식 (7.1)에 의하여 구한 근사해 $x_n,\ n \ge 1$에서 $\lim_{n \to \infty} x_n = \alpha$이면 함수 g가 연속이므로

$$\lim_{n \to \infty} g(x_n) = g(\alpha)$$

이다. 따라서 반복식 (7.1)의 양변의 극한은 $\alpha = g(\alpha)$가 되어 $\{x_n\}$의 극한값 α는 g의 고정점이 된다. 이와 같이 반복식을 이용하여 수렴하는 x_n을 근사해로 하는 방법을 **고정점 반복법**(fixed-point iteration)이라 하며 함수 g를 **반복함수**(iterative function)라 한다.

방정식 $f(x) = 0$의 해 α를 구하는 문제는 함수 $g(x) = x - f(x)$로 정의할 때 $g(\alpha) = \alpha$가 되므로 $g(x)$의 고정점을 찾는 문제가 되고 $g(x)$의 고정점을 찾는 문제는 $f(x) = g(x) - x$로 정의하면 $f(x) = 0$의 해를 찾는 문제가 되어 두 문제 $f(x) = 0$와 $g(x) = x$의 해를 찾는 문제는 서로 동치가 된다. 그러므로 적당한 반복함수 $g(x)$를 정의하면 고정점 반복법을 이용하여 $f(x) = 0$의 근사해를 찾을 수 있다.

예제 7.2 $x^2 - 4 = 0$과 동치인 반복함수를 구하라.

풀이 반복함수 $g(x)$는 여러 가지이며 다음과 같이 택할 수도 있다.

$$\frac{1}{2}(x^2+2x-4),\quad x^2+x-4,$$

$$k(x^2-4)+x \ (k\text{는 0이 아닌 상수}),\ \frac{x}{2}-\frac{2}{x}$$ ■

$g(x)$의 고정점은 $g(x)=x$가 성립되는 점이므로 두 함수 $y=g(x)$와 $y=x$의 교점이 된다. $x_{n+1}=g(x_n)$의 기하학적 모형을 살펴보면 그림 7.1과 같이 거미줄 모양을 보이고 있다. 이와 같이 고정점을 추적하는 방법을 **거미줄 방법**(cobweb method)이라 한다([Kaplan 1.3]).

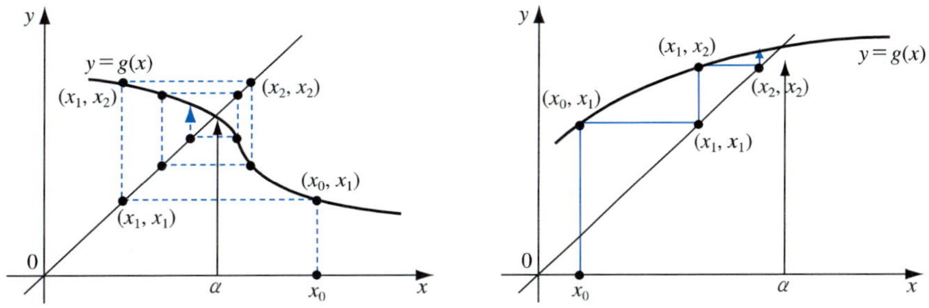

그림 7.1 거미줄 방법

그림 7.1에서 $x_1=g(x_0)$이므로 점 $(x_0,\ g(x_0))$에서 x축에 평행한 선을 그었을 때 $y=x$와 만나는 점의 x좌표가 x_1이 된다. 같은 방법으로 $x_2=g(x_1)$이므로 점 $(x_1,\ g(x_1))$에서 x축에 평행한 선을 그었을 때 $y=x$와 만나는 점의 x좌표가 x_2가 된다. 이와 같이 반복하여 $x_2,\ x_3,\ \cdots$을 구할 수 있다. 그림 7.1은 수렴하는 경우이나 그림 7.2와 같이 발산하는 경우도 있다.

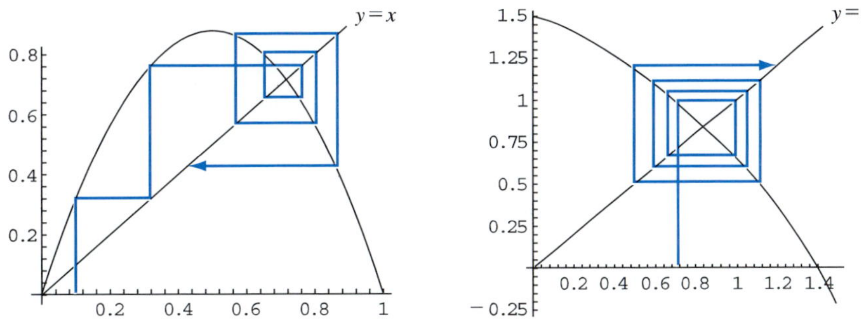

그림 7.2 거미줄 방법

예제 7.3 다음 반복함수를 주어진 초기점에서 6회 반복하여 거미줄 방법으로 그래프를 그려 보자.

(1) $g(x) = 3.5x(1-x),\ x_0 = 0.1$

(2) $g(x) = -0.5e^x + 2,\ x_0 = 0.7$

풀이 $x_n = g(x_{n-1})$, $n = 1,\ 2,\ \cdots,\ 6$을 반복하여 시행하면 다음과 같은 결과를 얻는다.

	x_0	x_1	x_2	x_3	x_4	x_5	x_6
(1)	0.1	0.315	0.755213	0.647033	0.799335	0.561396	0.861807
(2)	0.7	0.993124	0.650173	1.04206	0.582469	1.10477	0.49073

위 결과를 거미줄 방법으로 그래프를 그리면 그림 7.2와 같다. ■

알고리즘 7.1 고정점 반복법

목 적	방정식 $g(x) = x$의 근을 구함
입 력	x_0, ε, kmax, $g(x)$
출 력	x_0

	for $i=1$ to kmax
	  if($\lvert g(x_0) - x_0\rvert < \varepsilon$) stop
	  $x_0 = g(x_0)$;
	end

알고리즘 7.1에 의한 프로그램은 프로그램 7.1과 같이 작성할 수 있다.

프로그램 7.1 fixed_point.cpp

고정점 반복법을 실행하는 서브루틴 선언

g(x): 반복함수 (iterative function)

x0 : 초기값

```
#include <stdio.h>
#include <math.h>
void Fixed_point(double, double, int);
double g(double);
void main(void)
{
    double x0, error; int Max;
    printf("초기값 x0는?");
      scanf("%lf", &x0);
```

```
error : 허용오차                  printf("허용오차 error는?");
                                     scanf("%lf", &error);
Max : 최대반복횟수                printf("최대 반복횟수 Max는?");
                                     scanf("%d", &Max);
고정점 반복법을                   Fixed_point(x0, error, Max);
실행하는 서브루틴                 return;
호출                          }
                              void Fixed_point(double x0, double error, int Max)
                                  double c; int n;
                                  for(n=1; n<=Max; n++)
                                  {
                                     c=g(x0);
                                     printf("\nn=%d==> c=%lf \n", n, c);
|c-x0|가 허용오차보다                if(fabs(c-x0)<error)
작으면 실행중단                      {
                                        printf("\n고정점 : %lf \n\n", c);
                                        return;
                                     }
                                     x0=c;
                                  }
                                  return;
                              }
g(x)의 함수 선언              double g(double x)
                              {
                                  double y;
                                  y=cos(x);
                                  return (y);
                              }
```

프로그램예제 7.1 •• fixed-point.cpp를 이용하여 $g(x) = \cos x$의 고정점을 구하라.

실행

```
초기값 x0는? 0
허용오차 error는? 0.000001
최대 반복회수 Max는? 20

n = 1 ==> c = 1.000000
n = 2 ==> c = 0.540302
```

```
n = 3 ==> c = 0.857553
n = 4 ==> c = 0.654290
n = 5 ==> c = 0.793480
n = 6 ==> c = 0.701369
n = 7 ==> c = 0.763960
n = 8 ==> c = 0.722102
n = 9 ==> c = 0.750418
n = 10 ==> c = 0.731404
n = 11 ==> c = 0.744237
n = 12 ==> c = 0.735605
n = 13 ==> c = 0.741425
n = 14 ==> c = 0.737507
n = 15 ==> c = 0.740147
n = 16 ==> c = 0.738369
n = 17 ==> c = 0.739567
n = 18 ==> c = 0.738760
n = 19 ==> c = 0.739304
n = 20 ==> c = 0.738938
```

고정점 반복법은 반복함수와 초기값의 선택에 따라 반복횟수 안에서 해를 구하지 못할 수도 있다. 프로그램예제 7.1의 경우는 적어도 30번 이상 계산해야만 주어진 허용오차 내에서 근사값을 구할 수 있다.

뉴턴 방법과 같이 고정점 반복법도 반드시 수렴하는 것은 아니며 반복함수에 따라서 달라진다. 수렴하는 경우도 초기치에 따라서 발산할 수 있다. 그러나 반복함수가 연속이고 치역이 정의구역에 포함되면 그림 7.3의 첫 번째 경우처럼 반드시 고정점이 존재하고, 그림 7.3의 두 번째 경우처럼 반복함수의 미분값이 -1보다 크고 1보다 작으면 고정점은 단 하나 있다.

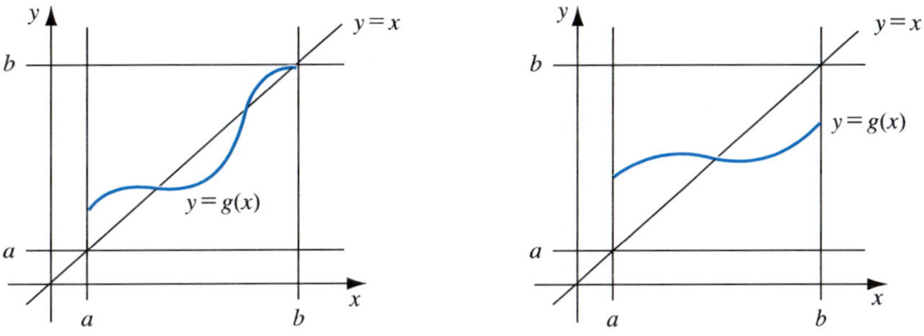

그림 7.3 고정점의 존재성과 유일성

정리 7.1 함수 $g: [a, b] \to [a, b]$가 연속이고 (a, b)에서 미분가능하며 $|g'(x)| \le k < 1$인 상수 k가 존재하면 임의의 초기값 $x_0 \in [a, b]$에 대하여

$$x_n = g(x_{n-1}),\ n \ge 1$$

은 고정점에 수렴하며 고정점은 단 하나 존재한다.

예제 7.4 $g(x) = \cos x$라 하고 정의역을 $[0, 1.5]$라고 하면 치역이 $[0, 1.5]$에 포함되므로 $g: [0, 1.5] \to [0, 1.5]$인 함수가 되고, $g'(x) = -\sin x$이므로 구간 $[0, 1.5]$에서 $-1 < g'(x) < 1$이다. 따라서 어떠한 초기치를 택하여도 그림 7.4와 같이 고정점 반복법은 항상 수렴한다.

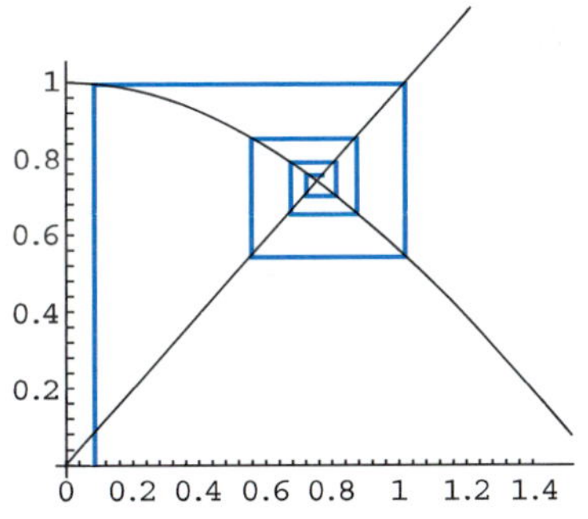

그림 7.4 고정점 반복법의 근사해

7.2 호너의 방법

뉴턴 방법은 도함수의 정보를 넣어주거나 계산해야 하는 불편함이 있다. 방정식 $f(x)=0$에서 함수 f가 다항식이면 조립제법을 이용하여 도함수의 정보 없이도 도함수의 값을 계산할 수 있다. 이와 같이 뉴턴 방법을 이용하여 다항식의 해를 구하는 데 필요한 도함수의 값을 조립제법을 이용하여 구하는 방법을 호너의 방법(Horner's method)이라 한다.

정리 7.2

호너의 방법

다항식 $p(x)=a_nx^n+a_{n-1}x^{n-1}+\cdots+a_1x+a_0$에서 $b_n=a_n$, $b_k=a_k+\alpha b_{k+1}$, $k=n-1, \cdots, 1, 0$이라 하고 $q(x)=b_nx^{n-1}+b_{n-1}x^{n-2}+\cdots+b_2x+b_1$이라 정의하면

$$p(x)=(x-\alpha)q(x)+b_0$$

이 된다. 이때 $b_0=p(\alpha)$이다.

증명 $q(x)$의 정의에 의하여

$$\begin{aligned}(x-\alpha)q(x)+b_0&=(x-\alpha)(b_nx^{n-1}+b_{n-1}x^{n-2}+\cdots+b_2x+b_1)+b_0\\&=b_nx^n+b_{n-1}x^{n-1}+\cdots+b_2x^2+b_1x\\&\quad-\alpha(b_nx^{n-1}+b_{n-1}x^{n-2}+\cdots+b_2x+b_1)+b_0\\&=b_nx^n+(b_{n-1}-\alpha b_n)x^{n-1}+\cdots+(b_1-\alpha b_2)x\\&\quad+(b_0-\alpha b_1)\end{aligned}$$

이다. 가정에 의하여 $b_n=a_n$, $b_k=a_k+\alpha b_{k+1}$, $k=n-1$, $\cdots$, 1, 0이므로 $b_k-\alpha b_{k+1}=a_k$이다. 그러므로

$$(x-\alpha)q(x)+b_0=a_nx^n+a_{n-1}x^{n-1}+\cdots+a_1x+a_0=p(x)$$

이고 $p(\alpha)=b_0$가 된다. ■

정리 7.2에 의하면 1차 이상의 다항식 $p(x)$는 $p(x)=(x-\alpha)q(x)+p(\alpha)$로 표현할 수 있고 몫 $q(x)$와 나머지 $p(\alpha)$는 조립제법에 의해 구할

수 있다. $p(x)$를 x에 관하여 미분하면 $p'(x) = q(x) + (x-\alpha)q'(x)$가 되고 $p'(\alpha) = q(\alpha)$이기 때문에 $p'(\alpha)$ 역시 $q(x)$에 관한 조립제법에 의해 구할 수 있다.

> 초기치 x_0로 $p(x_n)$, $p'(x_n)$을 조립제법으로 구한 후 다음을 반복한다.
>
> $$x_{n+1} = x_n - \frac{p(x_n)}{p'(x_n)}$$

예제 7.5 $p(x) = 2x^4 - 3x^2 + 3x - 4$에서 $p(-2)$와 $p'(-2)$를 구하라.

풀이 $\alpha = -2$, $a_4 = 2$, $a_3 = 0$, $a_2 = -3$, $a_1 = 3$, $a_0 = -4$이고

$b_k = a_k + \alpha b_{k+1}$, $k = 3, 2, 1, 0$이므로

$$\begin{aligned} b_4 &= 2 \\ b_3 &= a_3 + b_4\alpha = 0 + 2(-2) = -4 \\ b_2 &= a_2 + b_3\alpha = -3 - 4(-2) = 5 \\ b_1 &= a_1 + b_2\alpha = 3 + 5(-2) = -7 \\ b_0 &= a_0 + b_1\alpha = -4 - 7(-2) = 10 \end{aligned}$$

이다. 따라서 $p(-2) = 10$이고 $q(x) = 2x^3 - 4x^2 + 5x - 7$이다. 같은 방법으로 $q(-2) = -49$이고 이것은 $p'(-2)$와 같으므로 $p(-2) = 10$, $p'(-2) = -49$가 된다. ■

예제 7.5의 계산은 다음과 같이 하면 편리하다. 다항식 $p(x)$의 계수 a_n을 큰 차수부터 순서대로 나열하고 그 다음부터는 옆에 있는 $\alpha = -2$를 아래에 놓여 있는 b_i와 곱한 결과를 a_{i-1} 아래에 넣고 그 결과와 a_{i-1}를 더하여 그 아래에 넣는 과정을 되풀이한다. 즉

$$\begin{array}{r|rrrrl} & 2 & 0 & -3 & 3 & -4 \\ -2) & & -4 & 8 & -10 & 14 \\ \hline & 2 & -4 & 5 & -7 & 10 = p(-2) \end{array}$$

이때 맨 아래에 새로 생기는 항이 $q(x)$의 b_i에 해당하므로 $q(\alpha)$ 또는 $p'(\alpha)$를 구하려면 위 과정을 $q(x)$에 똑같이 시행한다. 즉,

$$
\begin{array}{r|rrrr}
 & 2 & -4 & 5 & -7 \\
-2) & & -4 & 16 & -42 \\
\hline
 & 2 & -8 & 21 & -49 = p'(-2)
\end{array}
$$

이 두 과정을 동시에 시행하면 다음과 같다.

$$
\begin{array}{r|rrrrr}
 & 2 & 0 & -3 & 3 & -4 \\
-2) & & -4 & 8 & -10 & 14 \\
\hline
 & 2 & -4 & 5 & -7 & 10 = p(-2) \\
) & & -4 & 16 & -42 & \\
\hline
 & 2 & -8 & 21 & -49 = p'(-2) &
\end{array}
$$

다항식 $p(x) = 0$에서 초기값 x_0로 하여 뉴턴 방법을 적용하면

$$x_{n-1} = x_n - \frac{p(x_n)}{p'(x_n)}$$

이고 $p(x_n)$과 $p'(x_n)$은 조립제법에 의해 쉽게 계산되므로 이 과정을 반복할 수 있다.

예제 7.6 다항식 $p(x) = 2x^4 - 3x^2 + 3x - 4$에서 $x_0 = -2$일 때 $p(x) = 0$의 근사해 x_1을 구하라.

풀이

호너의 방법은 뉴턴 방법에 조립제법을 응용한 방법이다.

$$
\begin{array}{r|rrrrr}
 & 2 & 0 & -3 & 3 & -4 \\
-2) & & -4 & 8 & -10 & 14 \\
\hline
 & 2 & -4 & 5 & -7 & 10 = p(-2) \\
) & & -4 & 16 & -42 & \\
\hline
 & 2 & -8 & 21 & -49 = p'(-2) &
\end{array}
$$

이므로

$$x_1 = x_0 - \frac{p(x_0)}{p'(x_0)} = -2 - \frac{10}{-49} \approx -1.796$$

■

알고리즘 7.2 호너의 방법

목 적	방정식 $p(x)=0$의 근을 구함
입 력	x_0, a_i, ε, kmax
출 력	c
	for $i=1$ to kmax 　　$a=a_n$, $b=0$ 　　for $j=n-1$ to 0 　　　　$b=x_0 \cdot b+a$ 　　　　$a=x_0 \cdot a+a_j$ 　　end 　　$c=x_0-a/b$ 　　if($\|c-x_0\|<\varepsilon$) stop 　　$x_0=c$ end

알고리즘 7.2를 이용하여 근사해와 그 함수값을 출력하는 프로그램은 프로그램 7.2와 같다.

프로그램 7.2 ••

horner.cpp

	#include <stdio.h>
	#include <math.h>
호너의 방법을 실행하는 함수 선언	void Horner(double, int, double, int); double p(double), a[50];
	void main(void)
	{
x0 : 초기값	double x0, error; int n, Max; printf("초기값 x0는?");

n : 다항식의 차수	scanf("%lf", &x0);
	printf("다항식 p(x)의 차수는?");
	scanf("%d", &n);

다항식의 계수를 입력받는다.	for(int i=0; i<=n; i++)
	{
	printf("a[%d]=", i); scanf("%lf", &a[i]);
	}

error : 허용오차	printf("허용오차 error는?");
Max : 최대반복횟수	scanf("%lf", &error);

```
        printf("최대 반복횟수 Max는?");
        scanf("%d", &Max);
```

호너의 방법을 실행하는 함수 호출

```
        Horner(x0, n, error, Max);
        return;
}
void Horner(double x0, int n, double error, int Max)
{
        int i, j; double alpha, beta, c;
        for(i=1; i<=Max; i++)
        {
            alpha=a[n]; beta=0.;
            for(j=n-1; j>=0; j--)
            {
                beta=alpha+x0*beta;
                alpha=a[j]+x0*alpha;
            }
            c=x0-alpha/beta;
```

|c−x0| 또는 alpha가 허용오차보다 작으면 실행중단

```
            if(fabs(c-x0)<error || fabs(alpha)<error)
            {
                printf("\n해는 : %lf \n\n", c);
                return;
            }
            printf("\nn=%d==>c=%lf \t p(x)=%lf\n", i,
                    c, p(c));
            x0=c;
        }
        return;
}
```

함수 p(x) 선언

```
double p(double x)
{   double y;
    y=2*pow(x, 4)-3*pow(x, 2)+3*x-4;
    return(y);
}
```

프로그램예제 7.2 •• honer.cpp로 $x_0=-2$일 때 $p(x)=2x^4-3x^2+3x-4$의 근사해 x_{10}을 구하라.

실행 초기값 x0는? −2

다항식 p(x)의 차수는? 4

```
a[0] =-4
a[1] =  3
a[2] =-3
a[3] =  0
a[4] =  2
허용오차 error는? 0.000001
최대 반복횟수 Max는? 20

n = 1 ==> c = -1.795918        f(c) = 1.741691
n = 2 ==> c = -1.742433        f(c) = 0.099956
n = 3 ==> c = -1.738970        f(c) = 0.000400
n = 4 ==> c = -1.738956        f(c) = 0.000000

해는 : -1.738956
```

*7.3 멀러 방법

할선법은 초기치 두 점을 지나는 직선이 x축과 만나는 점을 구하여 다시 또 최근 구한 두 점을 지나는 직선이 x축과 만나는 점을 근사해로 하는 반복적인 방법이다. 멀러(Muller) 방법은 이 개념을 좀더 확장하여 세 점을 지나는 이차곡선이 x축과 만나는 점을 근사해로 하는 방법이다. 이 방법은 다항식의 실근 및 복소수 근을 함께 구할 수 있을 뿐만 아니라 임의의 함수의 모든 근을 구할 수 있는 방법이다. 뉴턴 방법보다는 일반적으로 빠른 수렴을 보이지는 않지만 많은 경우에서 초기값이 충분히 좋은 선택이 아닐지라도 빠른 수렴을 하는 장점이 있기 때문에 많이 이용된다.

> 초기값 x_0, x_1, x_2을 사용하여 다음 과정을 반복한다.
> 점 $(x_{i-1}, f(x_{i-1}))$, $(x_i, f(x_i))$, $(x_{i+1}, f(x_{i+1}))$를 지나는 이차곡선이 x축과 만나는 점 x_{i+2}을 구한다.

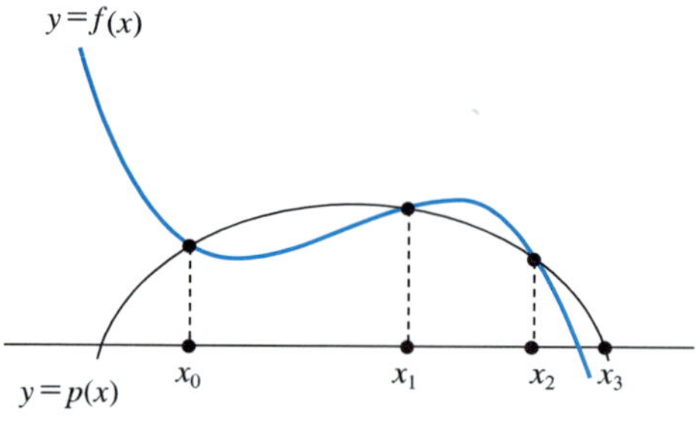

그림 7.5 멀러 방법

$f(x)=0$의 근을 구하기 위해 할선법의 경우는 두 개의 초기값 x_0, x_1에 대해 곡선 $y=f(x)$ 위의 두 점 $(x_0, f(x_0))$, $(x_1, f(x_1))$을 지나는 직선이 x축과 만나는 점을 x_2로 택하나, 멀러 방법에서는 세 개의 초기값 x_0, x_1, x_2을 사용하여 곡선 $y=f(x)$ 위의 세 개의 점 $(x_0, f(x_0))$, $(x_1, f(x_1))$, $(x_2, f(x_2))$를 지나는 이차곡선이 x축과 만나는 점 중에서 x_2와 더 가까운 점을 해에 대한 근사해 x_3로 결정한다. 다시 x_3를 포함한 세 개의 점 x_1, x_2, x_3을 가지고 위와 같은 반복을 계속함으로써 허용오차 내의 근사해를 구한다.

주어진 세 개의 점 $(x_i, f(x_i))$, $i=0, 1, 2$를 지나는 이차곡선의 식을

$$p(x)=a(x-x_2)^2+b(x-x_2)+c \tag{7.2}$$

라 놓고 계수 a와 b, c를 구하면 $c=f(x_2)$이고

$$b=\frac{(x_0-x_2)^2[f(x_1)-f(x_2)]-(x_1-x_2)^2[f(x_0)-f(x_2)]}{(x_0-x_2)(x_1-x_2)(x_0-x_1)}$$

$$a=\frac{(x_1-x_2)[f(x_0)-f(x_2)]-(x_0-x_2)[f(x_1)-f(x_2)]}{(x_0-x_2)(x_1-x_2)(x_0-x_1)}$$

이 된다. 이차곡선 (7.2)가 x축과 만나는 두 근 중 x_2와 가까운 점, 즉 $|x-x_2|$의 값이 가장 작게 되는 근을 x_3으로 택한다. 이 x_3를 구하기 위하여 식 (7.2)에서 $x-x_2=X$로 치환하고 근의 공식에 대입하면

$$X=\frac{-b\pm\sqrt{b^2-4ac}}{2a}=x-x_2$$

이고 덧셈과 뺄셈으로 인한 계산오차를 피하기 위해 유리화를 하면

$$x - x_2 = -\frac{2c}{b \pm \sqrt{b^2 - 4ac}}$$

가 된다. 이 두 값 중 절대값 $|x - x_2|$가 작은 값을 갖도록 하려면 분모의 절대값 $|b \pm \sqrt{b^2 - 4ac}|$이 크게 되는 부호를 선택하여야 한다. x_2에 더 가까운 x_3는 다음과 같이 구해진다.

$$x_3 = x_2 - \frac{2c}{b \pm \sqrt{b^2 - 4ac}} \tag{7.3}$$

단, 분모의 부호는 $|b \pm \sqrt{b^2 - 4ac}|$이 크게 되는 부호를 택한다. 식 (7.3)에서 $b^2 - 4ac$의 값에 따라 x_3는 복소수가 될 수 있기 때문에 뉴턴 방법과는 다르게 초기값 x_0, x_1, x_2가 실수라 하더라도 복소수의 근을 구할 수 있다. 이 점이 멀러 방법의 장점이라 할 수 있다.

예제 7.7 $x_0 = 0$, $x_1 = 1$, $x_2 = 2$을 이용하여 멀러 방법으로 $f(x) = x^3 + 1$의 근사해 x_3을 구하라.

풀이 $f(x_0) = 1$, $f(x_1) = 2$, $f(x_2) = 9$이므로 $c = f(x_2) = 9$이고

$$\begin{aligned} a &= -\frac{(x_0 - x_2)[f(x_1) - f(x_2)] - (x_1 - x_2)[f(x_0) - f(x_2)]}{(x_0 - x_2)(x_1 - x_2)(x_0 - x_1)} \\ &= -\frac{(0-2)(2-9) - (1-2)(1-9)}{(0-2)(1-2)(0-1)} = 3 \\ b &= \frac{(x_0 - x_2)^2[f(x_1) - f(x_2)] - (x_1 - x_2)^2[f(x_0) - f(x_2)]}{(x_0 - x_2)(x_1 - x_2)(x_0 - x_1)} \\ &= \frac{(0-2)^2(2-9) - (1-2)^2(1-9)}{(0-2)(1-2)(0-1)} = 10 \end{aligned}$$

이다. $|10 \pm \sqrt{100 - 108}| = |10 \pm \sqrt{8}\, i| = \sqrt{108}$ 로 크기가 같으므로 양수를 택하면

$$\begin{aligned} x_3 &= x_2 - \frac{2c}{b + \sqrt{b^2 - 4ac}} \\ &= 2 - \frac{18}{10 + \sqrt{100 - 108}} \\ &= 2 - \frac{9}{5 + \sqrt{2}\, i} = \frac{1 + \sqrt{2}\, i}{3} = 0.333 + 0.471i \end{aligned}$$

이 되고, 음수를 택하면 $x_3 = 0.333 - 0.471i$가 된다. ■

알고리즘 7.3 멀러 방법

목 적	방정식 $f(x)=0$의 근을 구함
입 력	x_0, x_1, x_2, ε, kmax, $f(x)$
출 력	x_k

	for $i=1$ to kmax
	$c=f(x_{i+1})$
	if($\lvert c\rvert<\varepsilon$) stop
	$b=\dfrac{(x_{i-1}-x_{i+1})^2[f(x_i)-c]-(x_i-x_{i+1})^2[f(x_{i-1})-c]}{(x_{i-1}-x_{i+1})(x_i-x_{i+1})(x_{i-1}-x_i)}$
	$a=\dfrac{(x_i-x_{i+1})[f(x_{i-1})-c]-(x_{i-1}-x_{i+1})[f(x_i)-c]}{(x_{i-1}-x_{i+1})(x_i-x_{i+1})(x_{i-1}-x_i)}$
	if $\lvert b+\sqrt{b^2-4ac}\rvert \geq \lvert b-\sqrt{b^2-4ac}\rvert$ then
	$m=b+\sqrt{b^2-4ac}$
	else
	$m=b-\sqrt{b^2-4ac}$
	end
	$x_{i+2}=x_{i+1}-\dfrac{2c}{m}$
	end

알고리즘 7.3에 의한 프로그램 7.3은 복소수의 계산이 필요하므로 복소수의 연산에 관한 서브루틴이 제공된다.

프로그램 7.3 Muller.cpp

필요한 함수 선언-
· f(x)를 선언
· 복소수의 덧셈
· 복소수의 뺄셈
· 복소수의 곱셈
· 복소수의 나눗셈
· 복소수의 제곱근
· 복소수의 절대값

```
#include <stdio.h>
#include <math.h>
void Muller(double, int);
double f(double x[ ], double y[ ]), x0[2], x1[2], x2[2];
double cadd(double x[ ], double y[ ], double z[ ]);
double csub(double x[ ], double y[ ], double z[ ]);
double cmult(double x[ ], double y[ ], double z[ ]);
double cdiv(double x[ ], double y[ ], double z[ ]);
double csqrt(double x[ ], double y[ ]);
double cabs(double x[ ]);
void main(void)
{
    double error; int Max;
```

임의의 초기 실수값 x_0, x_1, x_2를 복소수 형태로 만듦

```
    printf("초기값 x0, x1, x2는?");
    scanf("%lf %f %f", &x0[0], &x1[0], &x2[0]);
    x0[1]=x1[1]=x2[1]=0.;
    printf("허용오차 error는?");
    scanf("%lf", &error);
```

error : 허용오차

Max : 최대실행횟수

```
    printf("최대 반복횟수 Max는?");
    scanf("%d", &Max);
    Muller(error, Max);
    return;
}
void Muller(double error, int Max)
```

Muller 방법을 실행할 수 있는 서브루틴

```
{
    double a[2], b[2], c[2], y0[2], y1[2], y2[2],
           m[2], m1[2], m2[2], m3[2];
    int n;
    f(x0, y0); f(x1, y1); f(x2, y2);
    printf("\nn=0==> c=%lf+%lf i\t f(c)=
                        %lf+%lf i\n",
           x0[0], x0[1], y0[0], y0[1]);
    printf("\nn=1==> c=%lf+%lf i\t f(c)=
                      %lf+%lf i\n",
           x1[0], x1[1], y1[0], y1[1]);
  printf("\nn=2==> c=%lf+%lf i\t f(c)=
                    %lf+%lf i\n",
           x2[0], x2[1], y2[0], y2[1]);
```

세 점을 지나는 이차방정식을 구한다.

$m=(x_0-x_2)\times(x_1-x_2)\times(x_0-x_1)$

$m_1=(x_1-x_2)(y_0-y_2)$

$m_2=(x_0-x_2)(y_1-y_2)$

$m=m_1-m_2$

$a=\frac{m_1}{m}$

$m_2=(x_0-x_2)^2$

$m_1=m_2(y_1-y_2)$

$m_3=(x_1-x_2)^2$

$m_2=m_3(y_0-y_2)$

```
    for(n=3;n<=Max; n++)
    {
        csub(x0, x2, m); csub(x1, x2, m1);
        cmult(m, m1, m); csub(x0, x1, m1);
        cmult(m, m1, m);
        csub(x1, x2, m1); csub(y0, y2, m2);
        cmult(m1, m2, m1);
        csub(x0, x2, m2); csub(y1, y2, m3);
        cmult(m2, m3, m2);
        csub(m1, m2, m1); cdiv(m1, m, a);
        csub(x0, x2, m1); cmult(m1, m1, m2);
        csub(y1, y2, m1); cmult(m1, m2, m1);
        csub(x1, x2, m2); cmult(m2, m2, m3);
        csub(y0, y2, m2); cmult(m2, m3, m2);
        csub(m1, m2, m1); cdiv(m1, m, b);
        m[0]=4.; m[1]=0.;
        cmult(b, b, m1); cmult(m, a, m2);
        cmult(m2, y2, m2); csub(m1, m2, m3);
```

$b = \dfrac{m_1 - m_2}{m}$

```
        csqrt(m3, m);
        cadd(b, m, m1); csub(b, m, m2);
        if(cabs(m1) >= cabs(m2))
        {
```

$m = \sqrt{b^2 - 4ay_2}$

$m_1 = b + m$

$m_2 = b - m$

```
           m[0]=m1[0]; m[1]=m1[1];
        }
        else
        {
           m[0]=m2[0]; m[1]=m2[1];
        }
```

절대값이 더 큰 값을 m으로 한다.

```
        m1[0]=2.; m1[1]=0.;
        cmult(m1, y2, m1); cdiv(m1, m, m);
        csub(x2, m, c);
        f(c, y2);
        printf("\nn=%d= =>c=%lf+%lf i\t f(c)=
                %lf+%lf i\n", n,
                c[0], c[1], y2[0], y2[1]);
```

$c = x_2 - \dfrac{2y_2}{m}$ 구한 c 값이 x_3 가 된다.

```
        csub(c, x2, m);
        if(cabs(m)<error)
        {
     printf("\n해는 : %lf+%lf i \n\n", c[0], c[1]);
           return;
        }
```

$|c - x_2|$가 허용오차보다 작으면 실행중단

```
        x0[0]=x1[0]; x0[1]=x1[1];
        x1[0]=x2[0]; x1[1]=x2[1];
        x2[0]=c[0]; x2[1]=c[1];
        f(x0, y0); f(x1, y1); f(x2, y2);
     }
     return;
}
```

함수 f(x)를 선언

```
double f(double x[ ], double y[ ])
{
     cmult(x, x, y); cmult(x, y, y);
     y[0]=y[0]+1;
     return 0;
}
```

$f(x) = x^3 + 1$

복소수의 덧셈을 계산하는 서브루틴

```
double cadd(double x[ ], double y[ ], double z[ ])
{
     double cr, ci;
     cr=x[0]+y[0];
     ci=x[1]+y[1];
     z[0]=cr; z[1]=ci;
     return 0;
```

```
}
```

복소수의 뺄셈을 계산하는 서브루틴

```
double csub(double x[ ], double y[ ], double z[ ])
{
    double cr, ci;
    cr=x[0]-y[0];
    ci=x[1]-y[1];
    z[0]=cr; z[1]=ci;
    return 0;
}
```

복소수의 곱셈을 계산하는 서브루틴

```
double cmult(double x[ ], double y[ ], double z[ ])
{
    double cr, ci;
    cr=x[0]*y[0]-x[1]*y[1];
    ci=x[0]*y[1]+x[1]*y[0];
    z[0]=cr; z[1]=ci;
    return 0;
}
```

복소수의 나눗셈을 계산하는 서브루틴

```
double cdiv(double x[ ], double y[ ], double z[ ])
{
    double cr, ci, d=y[0]*y[0]+y[1]*y[1];
    cr=(x[0]*y[0]+x[1]*y[1])/d;
    ci=(x[1]*y[0]-x[0]*y[1])/d;
    z[0]=cr; z[1]=ci;
    return 0;
}
```

복소수의 제곱근를 계산하는 서브루틴

```
double csqrt(double x[ ], double y[ ])
{
    double cabs=sqrt(x[0]*x[0]+x[1]*x[1]);
    y[0]=sqrt(fabs((cabs+x[0])*0.5));
    y[1]=sqrt(fabs((cabs-x[0])*0.5));
    if (x[1]<0.)
      y[1]=-y[1];
    return 0;
}
```

복소수의 제곱을 계산하는 서브루틴

```
double cabs(double x[ ])
{
      double y;
    y=pow(x[0]*x[0]+x[1]*x[1], 0.5);
      return y;
}
```

프로그램예제 7.3 멀러 방법 프로그램 Muller.cpp를 이용하여 다항식 $f(x) = x^3 + 1$의 해를 구하라. 단, 오차의 범위 10^{-5} 안에서 초기값을 $x_0 = 0$, $x_1 = 1$, $x_2 = 2$로 하고, 최대 반복횟수는 10으로 한다.

실행

```
초기값 x0, x1, x2는? 0 1 2
허용오차 error는? 0.00001
최대 반복횟수 Max는? 10

n = 0 ==> c = 0.000000+0.000000 i        y =  1.000000+  0.000000 i
n = 1 ==> c = 1.000000+0.000000 i        y =  2.000000+  0.000000 i
n = 2 ==> c = 2.000000+0.000000 i        y =  9.000000+  0.000000 i
n = 3 ==> c = 0.333333+0.471405 i        y =  0.814815+  0.052378 i
n = 4 ==> c = 0.409102+0.722584 i        y =  0.427658+-0.014476 i
n = 5 ==> c = 0.460730+0.871813 i        y =  0.047254+-0.107443 i
n = 6 ==> c = 0.500987+0.865958 i        y =-0.001304+  0.002668 i
n = 7 ==> c = 0.499999+0.866028 i        y =-0.000005+-0.000005 i
n = 8 ==> c = 0.500000+0.866025 i        y =-0.000000+  0.000000 i

해는 : 0.500000+0.866025 i
```

참고로 $x^3 + 1 = (x+1)(x^2 - x + 1)$이므로 $x^3 + 1 = 0$의 근은 다음과 같다.

$$-1,\ \frac{1 \pm \sqrt{3}\,i}{2} = 0.5 \pm 0.866025i$$

개념정리

7.1 절

- **고정점**

  방정식 $g(x)=x$를 만족하는 해를 g의 **고정점**이라 한다

- **고정점 반복법**

  초기값 x_0에 대하여 $x_n = g(x_{n-1})$, $n \geq 1$을 반복하여 수렴하는 해를 구하는 방법

7.2 절

- **호너의 방법**

  초기치 x_0로 $p(x_n)$, $p'(x_n)$을 조립제법으로 구한 후 다음을 반복한다.

$$x_{n+1} = x_n - \frac{p(x_n)}{p'(x_n)}$$

7.3 절

- **멀러 방법**

  초기값 x_0, x_1, x_2을 사용하여 다음 과정을 반복한다. 점

$$(x_{i-1}, f(x_{i-1})), (x_i, f(x_i))$$
$$(x_{i+1}, f(x_{i+1}))$$

를 지나는 이차곡선이 x축과 만나는 점 x_{i+2}을 구한다.

연습문제

1. 고정점 반복법을 사용하여 주어진 초기값으로 방정식 $g(x)=x$의 근사해 x_2를 구하여라.

(1) $g(x)=\cos x,\ x_0=0$

(2) $g(x)=1+1.5x-2\sin x,\ x_0=0$

(3) $g(x)=x^2-3x+3,\ x_0=2$

(4) $g(x)=2^{-x},\ x_0=0$

(5) $g(x)=x+e^x-\cos x,\ x_0=0$

(6) $g(x)=3x-e^{-x},\ x_0=0$

(7) $g(x)=2x+\ln x,\ x_0=1$

(8) $g(x)=\tan(x),\ x_0=\dfrac{\pi}{4}$

2. 거미줄 방법을 이용하여 방정식 $g(x)=x$의 근사해 x_2까지 그래프로 나타내어라.

(1) $g(x)=\cos x,\ x_0=0$

(2) $g(x)=x^2-3x+2, x_0=1$

(3) $g(x)=2^{-x},\ x_0=0$

(4) $g(x)=3x+2,\ x_0=1$

(5) $g(x)=(x-2)^2,\ x_0=1$

3. 정리 7.1을 증명하여라.

4. 조립제법을 사용하여 $p(x_0)$와 $p'(x_0)$를 구하여라.

(1) $p(x)=3x+2,\ x_0=1$

(2) $p(x)=x^2-3x+2,\ x_0=1$

(3) $p(x)=(x-2)^2,\ x_0=1$

(4) $p(x)=x^3+2x^2-3x+2,\ x_0=0$

5. 호너의 방법을 사용하여 연습문제 4의 주어진 초기값에서 방정식 $p(x)=0$의 근사해 x_2를 구하여라.

6. 점 $(x_0, f(x_0)), (x_1, f(x_1)), (x_2, f(x_2))$을 지나는 직선 (7.2)의 계수 $a,\ b,\ c$를 구하라.

7. 멀러 방법을 이용하여 방정식 $f(x)=0$의 근사해 x_3를 구하라.

(1) $f(x)=\cos x,\ x_0=0,\ x_1=\dfrac{\pi}{6},\ x_2=\dfrac{\pi}{4}$

(2) $f(x)=x^2-3x+2,\ x_0=1,\ x_1=2,\ x_2=3$

(3) $f(x)=x^2-3x+3,\ x_0=0,\ x_1=1,\ x_2=2$

(4) $g(x)=2^{-x},\ x_0=-1,\ x_1=0,\ x_2=1$

(5) $f(x)=3x+2,\ x_0=1,\ x_1=2,\ x_2=3$

(6) $f(x)=(x-2)^2,\ x_0=1,\ x_1=2,\ x_2=3$

(7) $f(x)=2x+\ln x,\ x_0=1,\ x_1=2,\ x_2=3$

(8) $f(x)=\tan(x),\ x_0=0,\ x_1=\dfrac{\pi}{6},\ x_3=\dfrac{\pi}{4}$

8. $\sqrt{2+\sqrt{2+\sqrt{2+\cdots}}}$ 의 값을 구할 수 있는 반복함수를 나타내고 그 고정점을 구하라.

실습문제

1. 프로그램 7.1을 이용하여 연습문제 1의 근사해를 구하라.

2. 프로그램 7.2를 이용하여 연습문제 4의 근사해를 구하라.

3. 프로그램 7.3을 이용하여 연습문제 7의 근사해를 구하라.

4. 수정된 뉴턴방법의 m을 사용하도록 프로그램 7.2를 수정하라.

5. 수정된 프로그램 7.2를 이용하여 $p0(x)=x^3-1$, $x_0=2$, $\epsilon=10^{-5}$, $m=1$일 때 $x=1$로 수렴하는 것을 살펴보라.

6. 수정된 프로그램 7.2를 이용하여 $p1(x)=x^4-x^3-x+1$, $x_0=2$, $\epsilon=10^{-5}$, $m=1$과 2일 때 $x=1$로 수렴하는 것을 살펴보고 차이가 나는 이유를 설명하라.

7. 수정된 프로그램 7.2를 이용하여 $p1(x)=x^5-2x^4+x^3-x^2+2x-1$, $x_0=2$, $\epsilon=10^{-5}$, $m=1$, 2 그리고 3일 때 $x=1$로 수렴하는 것을 살펴보고 차이가 나는 이유를 설명하라.

8. $g(x)=\alpha x(1-x)$라 하자. 프로그램 7.1을 수정하여 입력 α에 대하여 $g(x)$의 고정점의 근사값을 출력하는 프로그램을 작성하라.

9. 실습문제 8에서 임의의 초기치 $x_0\in(0,1)$에 대하여 $\alpha=1, 2, 3.5, 4$일 때 각각의 경우 수렴하는지 살펴보라.

제8장 보간법

자연과학이나 공학에서는 실험을 통하여, 사회과학에서는 조사를 통하여 자료를 얻는 경우가 많다. 실험이나 조사는 일반적으로 많은 비용과 시간이 들어 원하는 모든 자료를 얻기가 힘들다. 이러한 경우 얻은 일부의 자료를 이용하여 직접 실험이나 조사를 하지 않고도 원하는 것의 실험치와 조사치를 객관적으로 알아보거나, 그 자료의 일반적인 경향을 알아보는 것은 매우 중요한 일이다. 즉, $n+1$개의 점(또는 자료) (x_i, y_i), $i=0, 1, \cdots, n$이 주어졌을 때 이 자료의 일반적인 경향을 알아보기 위하여 주어진 자료를 만족하는 다항함수 $f(x)$를 구하고, 자료에 없는 원하는 상황 또는 점 x에서 기대치 $f(x)$를 찾을 수 있는 방법을 보간법 (interpolation)이라고 한다. 주어진 자료를 만족하는 다항함수를 구하는 보간법은 다양하나 구한 다항식은 정리 8.1에 의하여 모두 같은 다항식이다.

8.1 라그랑주 보간법

서로 다른 $n+1$개의 x_i, $i=0, 1, \cdots, n$에서 점 (x_i, y_i), $i=0, 1,$

$\cdots$, n을 지나는 다항식을 생각해 보자. 예를 들어, 서로 다른 두 점 (x_0, y_0)와 (x_1, y_1)을 지나는 다항식은 수 없이 많으나 그중 1차 다항식(즉, 직선) $y = ax + b$는 단 하나 존재한다. 왜냐하면 미지수는 a, b 두 개이고 방정식도 $y_0 = ax_0 + b$, $y_1 = ax_1 + b$ 두 개이기 때문이다. 같은 이유로 세 점 (x_0, y_0), (x_1, y_1), (x_2, y_2)를 지나는 2차 다항식 $y = ax^2 + bx + c$도 단 하나 존재하며 일반적으로 $n+1$개의 점 (x_i, y_i)을 지나는 n차 다항식 $y = a_n x^n + a_{n-1}x^{n-1} + \cdots + a_1 x + a_0$은 단 하나 존재한다.

정리 8.1

서로 다른 $n+1$개의 x_i, $i=0, 1, \cdots, n$에서 점 (x_i, y_i), $i-0, 1, \cdots, n$을 지나는 n차 다항식은 단 하나 존재한다.

두 점 $(s, 1)$, $(t, 0)$을 지나는 일차다항식은 $L(x) = \dfrac{x-t}{s-t}$로 표현할 수 있다. 따라서 $L_0(x)$는 $(x_0, 1)$과 $(x_1, 0)$을, $L_1(x)$는 $(x_0, 0)$와 $(x_1, 1)$을 지나는 1차 다항식이라 하면

$$L_0(x) = \frac{x - x_1}{x_0 - x_1}, \; L_1(x) = \frac{x - x_0}{x_1 - x_0}$$

로 나타낼 수 있다. 이 두 다항식을 이용하여 (x_0, y_0)와 (x_1, y_1)을 지나는 1차 다항식은

$$P_1(x) = y_0\left(\frac{x - x_1}{x_0 - x_1}\right) + y_1\left(\frac{x - x_0}{x_1 - x_0}\right)$$

또는 $P_1(x) = y_0 L_0(x) + y_1 L_1(x)$로 나타낼 수 있다. $P_1(x_0) = y_0$, $P_1(x_1) = y_1$이므로 정리 8.1에 의하여 이 다항식은 두 점을 지나는 유일한 일차 다항식이다. 여기서 $P_1(x)$를 **1차 라그랑주(Lagrange) 보간다항식**, $L_0(x)$, $L_1(x)$를 각각 x_0, x_1에서 **1차 라그랑주 다항식**이라 한다. $x = 1$과 2에서 1차 라그랑주 다항식은 그림 8.1과 같다.

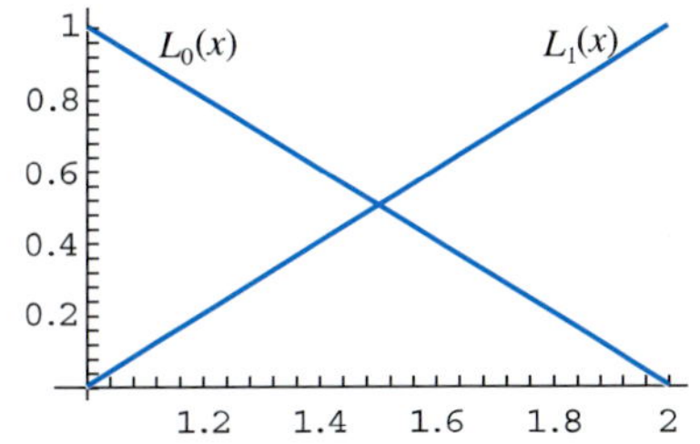

그림 8.1 $x = 1$과 2에서 1차 라그랑주 다항식

같은 방법으로 $n+1$개의 점을 지나는 n차 라그랑주 보간다항식을 구하여 보자. $n+1$개의 점 $(x_0, 0)$, $\cdots$, $(x_{i-1}, 0)$, $(x_i, 1)$, $(x_{i+1}, 0)$, $\cdots$, $(x_n, 0)$을 지나는 n차 다항식은

$$L_i(x) = \frac{(x-x_0)\cdots(x-x_{i-1})(x-x_{i+1})\cdots(x-x_n)}{(x_i-x_0)\cdots(x_i-x_{i-1})(x_i-x_{i+1})\cdots(x_i-x_n)}, \quad i = 0, \cdots, n \tag{8.1}$$

으로 나타낼 수 있다. 이 다항식은 $L_i(x_i) = 1$, $L_i(x_j) = 0 (i \neq j)$을 만족하므로

$$P_n(x) = y_0 L_0(x) + \cdots + y_n L_n(x)$$

으로 정의하면 $P_n(x_i) = y_i$이다. 따라서 $P_n(x)$는 정리 8.1에 의하여 $n+1$개의 점 (x_i, y_i)을 지나는 유일한 n차 다항식이다. 여기서 $P_n(x)$를 **n차 라그랑주 보간다항식**, $L_i(x)$를 x_0, $\cdots$, x_n에서 **n차 라그랑주 다항식**이라 한다. $x = 1, 2, 3$에서 2차 라그랑주 다항식은 그림 8.2와 같다.

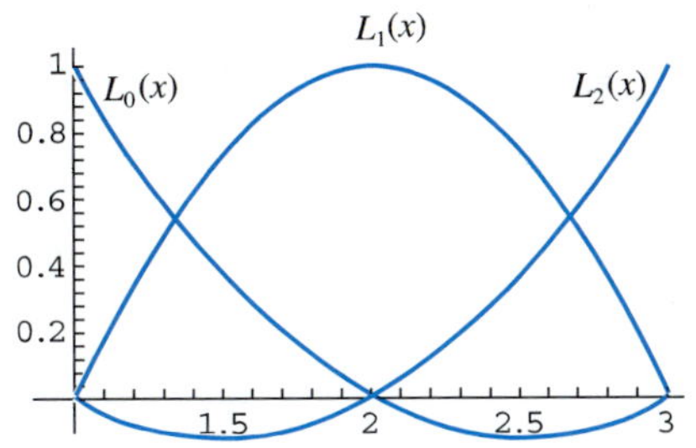

그림 8.2 $x = 1, 2, 3$에서 2차 라그랑주 다항식

정리 8.2 서로 다른 x_i, $i=0, 1, \cdots, n$에서 $n+1$개의 점 (x_i, y_i)을 지나는 n차 보간 다항식은

$$P_n(x)=\sum_{i=1}^{n} y_i L_i(x)$$

이다. 여기서 $L_i(x)$는 $x_0, \cdots, x_n$에서 n차 라그랑주 다항식이다.

함수 $f(x)$ 위의 서로 다른 $n+1$개의 점 $(x_i, f(x_i))$, $i=0, 1, \cdots, n$을 지나는 n차 다항식은 $y_k=f(x_k)$, $k=0, 1, \cdots, n$이므로

$$P_n(x)=\sum_{i=1}^{n} f(x_i) L_i(x)$$

가 된다.

예제 8.1 $x_0=-2$, $x_1=2$, $x_2=6$일 때 함수 $f(x)=x^3-16x$에 대한 2차 보간 다항식을 구하고 $f(1)$의 보간값을 구하라.

풀이 먼저 2차의 계수다항식 $L_0(x)$, $L_1(x)$, $L_2(x)$를 결정하면

$$L_0(x)=\frac{(x-2)(x-6)}{(-2-2)(-2-6)}=\frac{(x-2)(x-6)}{32}$$

$$L_1(x)=\frac{(x+2)(x-6)}{(2+2)(2-6)}=\frac{(x+2)(x-6)}{-16}$$

$$L_2(x)=\frac{(x+2)(x-2)}{(6+2)(6-2)}=\frac{x^2-4}{32}$$

$$f(x_0)=f(-2)=24$$

$$f(x_1)=f(2)=-24$$

$$f(x_2)=f(6)=120$$

이므로 2차 라그랑주 보간다항식은

$$\begin{aligned}P_2(x)&=\sum_{i=0}^{2}=f(x_i)L_i(x_i)\\&=24\frac{(x-2)(x-6)}{32}+24\frac{(x+2)(x-6)}{16}+120\frac{x^2-4}{32}\\&=6x^2-12x-24\end{aligned}$$

이다. 그래프는 그림 8.3과 같고 $x=1$일 때 $f(1)=-15$의 보간값은 $P_2(1)=$

-30이 된다.

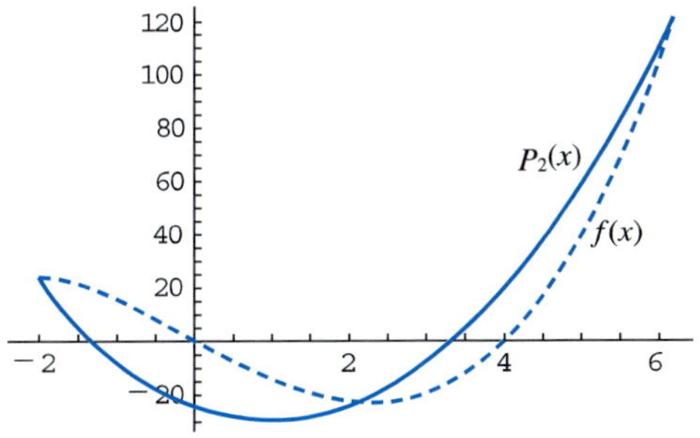

그림 8.3 $f(x)$와 $P_2(x)$의 비교

알고리즘 8.1 라그랑주 보간법

목 적	(x_i, y_i), $i=0, 1, \cdots, n$을 지나는 다항식의 $\bar{x}$에서의 값
입 력	(x_i, y_i), $i=0, 1, \cdots, n$, $\bar{x}$ (또는 y_i 대신 $f(x_i)$)
출 력	$\bar{x}$에서 보간값
	for $i=0$ to n $L_{i(x)=} \prod_{k=0, k\neq i}^{n} \frac{(x-x_k)}{(x_i-x_k)}$ end approx $= \sum_{i=0}^{n} y_i L_i(\bar{x})$

알고리즘 8.1에 의하여 주어진 점에서의 보간다항식의 값을 구하는 프로그램은 프로그램 8.1과 같이 작성될 수 있다.

프로그램 8.1 ••

Lagrange.cpp

f(x)의 함수 선언

라그랑주 다항식 서브루틴

```
#include <stdio.h>
#include <math.h>
double f(double), x[50], y[50];
double Lagrange(int, double);
void main(void)
{
    double data; int i, n, sel;
    printf("함수값를 사용하면 1, 아니면 2를 넣으시오.\t");
    scanf("%d", &sel);
    printf("\n입력 자료의 개수는?");
```

입력할 데이터 개수

```
    scanf("%d", &n);
    if(sel==1)
```

x의 값만 입력 받음

```
    {
        for(i=0; i<n; i++)
        {
            printf("x_%d=", i); scanf("%lf", &x[i]);
            y[i]=f(x[i]);
        }
```

원하는 $\bar{x}$의 값.
라그랑주 다항식 호출
(x, y)의 값을 모두
입력 받음

```
        printf("\n 보간할 점 x는?");
        scanf("%lf", &data);
        printf("\nx=%lf에서 보간값=%lf",
                data, Lagrange(n, data));
        printf("\n x=%lf 에서 참값=%lf",
                data, f(data));
    }
    else
    {
        for(i=0; i<n; i++)
        {
            printf("x%d=", i); scanf("%lf", &x[i]);
            printf("\tf[x%d]=", i); scanf("%lf", &y[i]);
        }
        printf("\n보간할 점 x는?");
        scanf("%lf", &data);
        printf("\nx=%lf에서 보간값=%lf",
                data,Lagrange(n, data));
    }
    return;
}
```

라그랑주 다항식
서브루틴

```
double Lagrange(int n, double data)
{
    double mult, sum=0.;
    for(int i=0; i<n; i++)
    {
        mult=1.;
        for(int k=0; k<n; k++)
        {
```

n차 라그랑주 다항식을
계산

```
            if(k!=i)
                mult=mult*(data-x[k])/(x[i]-x[k]);
        }
        sum=sum+y[i]*mult;
    }
    return(sum);
```

	}
함수 f(x)선언	double f(double x)
	{
	return(exp(x) − 1);
	}

프로그램예제 8.1 Lagrange.cpp를 이용하여 $x_0 = 0$, $x_1 = 1$, $x_2 = 2$일 때 함수 $f(x) = e^x - 1$에 대한 2차 보간다항식을 구하고 $x = 0.5,\ 1.5,\ 2.5$에서의 보간값을 구하라.

실행 1) $x = 0.5$

```
함수값를 사용하면 1, 아니면 2를 넣으시오.  1
입력 자료의 개수는? 3
x_0 = 0
x_1 = 1
x_2 = 2
보간할 점 x는? 0.5
x = 0.500000 에서 보간값 = 0.490079
x = 0.500000에서 참값 = 0.648721
```

2) $x = 1.5$

```
함수값를 사용하면 1, 아니면 2를 넣으시오.  1
입력 자료의 개수는? 3
x_0 = 0
x_1 = 1
x_2 = 2
보간할 점 x는? 1.5
x = 1.500000 에서 보간값 = 3.684607
x = 1.500000에서 참값 = 3.481689
```

3) $x = 2.5$

```
함수값를 사용하면 1, 아니면 2를 넣으시오.  1
입력 자료의 개수는? 3
x_0 = 0
x_1 = 1
```

```
x_2 = 2
보간할 점 x는? 2.5
x = 2.500000 에서 보간값 = 9.831628
x = 2.500000에서 참값 = 11.182494
```

라그랑주 보간법은 그 차수가 커지면 오차가 매우 커지는 단점이 있다. 다음 정리에서 오차의 한계를 살펴본다.

정리 8.3

함수 $f(x)$의 $n+1$번째 도함수 $f^{(n+1)}(x)$이 구간 $[a, b]$에서 연속이라고 하자. 점 $(x_i, f(x_i))$, $i=0, 1, \cdots, n$에서 f에 대한 보간다항식이 $P_n(x)$이면, 구간 $[a, b]$ 안의 모든 점 x에 대하여 다음 관계식을 만족하는 $\xi_x \in (a, b)$가 존재하여

$$|f(x)-P_n(x)| \le \frac{M}{(n+1)!}|(x-x_0)(x-x_1)\cdots(x-x_n)|$$

을 만족한다. 단, M은 $|f^{(n+1)}(\xi_x)| \le M$을 반복하는 상수이다.

함수 $f(x)$의 $n+1$번째 도함수 $f^{(n+1)}(x)$이 구간 $[a, b]$에서 연속이라는 것은 수학적인 기호로 $f \in C^{n+1}[a, b]$이라고 한다. 정리 8.3에서 $|f^{(n+1)}(\xi_x)| \le M$을 만족하는 상수 M이 존재하는 이유는 $f^{(n+1)}(x)$이 닫힌구간 $[a, b]$에서 연속이므로 연속함수의 최대최소정리에 의하여 존재한다.

예제 8.2 예제 8.1에서 $x_0=-2$, $x_1=2$, $x_2=6$일 때 함수 $f(x)=x^3-16x$에 대하여 보간법을 사용하여 구한 $P_2(1)$의 오차의 한계를 구하라.

풀이 $n=2$이고 $f^{(3)}(x)=6$이므로 $M=6$으로 택할 수 있다. 이론적인 오차의 한계는

$$|f(1)-P_2(1)| \le \frac{6}{3!}|(1+2)(1-2)(1-6)|=15$$

이다. 실제의 오차는 예제 8.1에서 $|f(1)-P_2(1)|=15$이므로 정리 8.3의 결과를 만족한다. ■

구간 $[-1, 1]$을 똑같이 10등분한 점에서 $f(x) = \dfrac{1}{1+25x^2}$의 10차 보간 다항식의 그래프와 $f(x)$의 그래프는 그림 8.4와 같다. 이처럼 보간법은 차수가 커지면 참값을 기대할 수 없을 정도로 오차가 커질 수 있다. 이러한 현상을 룽게(Runge)의 현상이라 한다. 따라서 라그랑주 보간법은 차수가 크면 오차가 커질 수 있으므로 낮은 차수를 이용한다([Skeel 5.4]).

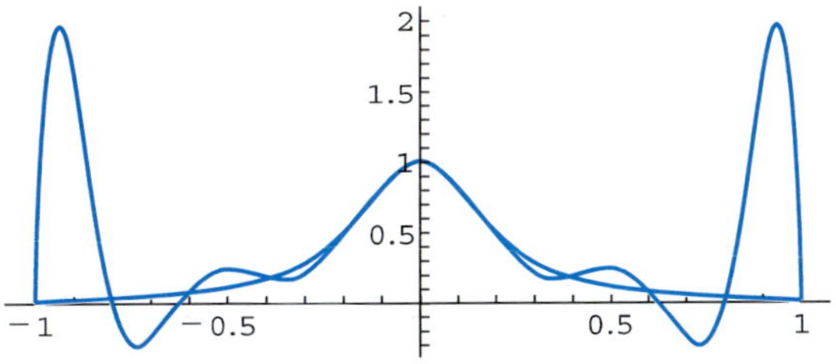

그림 8.4 룽게의 현상

8.2 뉴턴의 분할차분법

서로 다른 $n+1$개의 x_i, $i=0, 1, n$에서 점 (x_i, y_i), $i=0, 1, \cdots, n$을 지나는 다항식을 차분법을 이용하여 구해보자. 1차 다항식 $y=ax+b$는 $y=(b+ax_0)+a(x-x_0)$와 같이 $y=a_0+a_1(x-x_0)$ 형태로 나타낼 수 있다. 마찬가지로 n차 다항식은 적절하게 계수를 바꾸어

$$\begin{aligned} P_n(x) = a_0 &+ a_1(x-x_0) + a_2(x-x_0)(x-x_1) \\ &\cdots + a_n(x-x_0)(x-x_1)\cdots(x-x_{n-1}) \end{aligned} \tag{8.2}$$

와 같이 나타낼 수 있다. 예를 들어, 점 (x_0, y_0), (x_1, y_1)을 지나는 다항식은

$$P_1(x) = y_0 + \frac{y_1-y_0}{x_1-x_0}(x-x_0)$$

이다. 점 (x_0, y_0), (x_1, y_1), (x_2, y_2)을 지나는 다항식을

$$P_2(x) = a_0 + a_1(x-x_0) + a_2(x-x_0)(x-x_1)$$

라고 하면 $P_2(x_0)=y_0$이고 $P_2(x_1)=y_1$, $P_2(x_2)=y_2$이므로, 계수 a_0, a_1, a_2는

$$a_0 = y_0$$
$$a_1 = \frac{y_1 - y_0}{x_1 - x_0}$$
$$a_2 = \frac{\dfrac{y_2 - y_1}{x_2 - x_1} - \dfrac{y_1 - y_0}{x_1 - x_0}}{x_2 - x_0}$$

가 된다. 같은 방법으로 점 (x_i, y_i), $i=0, 1, \cdots, n$을 지나는 다항식 (8.2)의 계수는

$$a_0 = y_0$$
$$a_1 = \frac{y_1 - y_0}{x_1 - x_0}$$
$$a_2 = \frac{\dfrac{y_2 - y_1}{x_2 - x_1} - \dfrac{y_1 - y_0}{x_1 - x_0}}{x_2 - x_0}$$
$$\vdots$$

와 같이 구해진다. 마찬가지로 점 $(x_i, f(x_i))$, $i=0, 1, \cdots, n$을 지나는 다항식을 식 (8.2)와 같은 형태라고 하면 y_i 대신에 $f(x_i)$, $i=0, 1, \cdots, n$을 대입한 것이므로

$$a_0 = f(x_0)$$
$$a_1 = \frac{f(x_1) - f(x_0)}{x_1 - x_0}$$
$$a_2 = \frac{\dfrac{f(x_2) - f(x_1)}{x_2 - x_1} - \dfrac{f(x_1) - f(x_0)}{x_1 - x_0}}{x_2 - x_0}$$
$$\vdots$$

와 같이 된다.

계수 a_i를 효과적으로 구하기 위하여 $f[x_i]=f(x_i)$ (또는 y_i)라 하고

$$f[x_i, \cdots, x_{i+k}]$$

$$= \frac{f[x_{i+1}, x_{i+2}, \cdots, x_{i+k}] - f[x_i, x_{i+1}, \cdots, x_{i+k-1}]}{x_{i+k} - x_i} \tag{8.3}$$

라고 정의하자. 그러면

$$f[x_0] = a_0$$

$$f[x_0, x_1] = \frac{f[x_1] - f[x_0]}{x_1 - x_0} = \frac{f(x_1) - f(x_0)}{x_1 - x_0} = a_1$$

$$f[x_0, x_1, x_2] = \frac{f[x_1, x_2] - f[x_0, x_1]}{x_2 - x_0}$$

$$= \frac{\dfrac{f(x_2) - f(x_1)}{x_2 - x_1} - \dfrac{f(x_1) - f(x_0)}{x_1 - x_0}}{x_2 - x_0} = a_2$$

이다. 같은 방법으로 $f[x_0, x_1, \cdots, x_k] = a_k$, $k = 0, 1, \cdots, n$가 되어

$$P_n(x) = f[x_0] + \sum_{i=1}^{n} f[x_0, x_1, \cdots, x_i](x - x_0)(x - x_1) \cdots (x - x_{i-1})$$

이 된다. 이를 **뉴턴의 분할차분 보간다항식**(Newton's interpolatory divided difference formula)이라 한다. 뉴턴의 분할차분법은 다음 계산표를 이용하여 계수를 쉽게 계산할 수 있다.

x_0	$f(x_0)$	$f[x_0, x_1]$	$f[x_0, x_1, x_2]$	$f[x_0, x_1, x_2, x_3]$	$\cdots$
x_1	$f(x_1)$	$f[x_1, x_2]$	$f[x_1, x_2, x_3]$	$\vdots$	
x_2	$f(x_2)$	$f[x_2, x_3]$			
x_3	$f(x_3)$	$\vdots$			
$\vdots$	$\vdots$				

식 (8.3)을 이용하면 x_i, $f(x_i)$을 이용하여 $f[x_i, x_{i+1}]$을 모두 구할 수 있고, 다시 x_i, $f[x_i, x_{i+1}]$을 이용하여 $f[x_i, x_{i+1}, x_{i+2}]$를 모두 구할 수 있다. 예를 들면, $f[x_1, x_2, x_3]$은 바로 앞에서 구한 $f[x_1, x_2]$과 $f[x_2, x_3]$, 매듭 x_1, x_3을 이용하여 다음과 같이 구한다.

$$f[x_1, x_2, x_3] = \frac{f[x_2, x_3] - f[x_1, x_2]}{x_3 - x_1}$$

같은 방법으로 그 이상의 차분식도 모두 구할 수 있다. 차분식을 모두 구한 후 첫 줄에 나오는 상수가 차분식 (8.2)의 계수가 된다.

예제 8.3 $x_0 = -2$, $x_1 = 2$, $x_2 = 6$일 때 함수 $f(x) = x^3 - 16x$에 대한 2차 보간다항식을 구하고 $f(1)$의 보간값을 구하라.

풀이 주어진 함수값에 대하여 분할차분표를 만들면 다음과 같다.

x_i	$f[x_i]$	$f[\cdot,\cdot]$	$f[\cdot,\cdot,\cdot]$
-2	24	-12	6
2	-24	36	
6	120		

위 표에 의하여 뉴턴의 분할차분 보간다항식은

$$P_2(x) = 24 - 12(x+2) + 6(x+2)(x-2)$$

으로 예제 8.1의 보간다항식과 같다. $x=1$에서 보간값은 $P_2(1) = -30$이 된다. 참값 $f(1) = -15$이므로 오차는 15이다. ■

예제 8.4 예제 8.3의 자료에 $x_3 = 4$을 추가하여 보간다항식 $P_3(x)$과 보간값 $P_3(1)$을 구하고 오차를 구해보자.

풀이 주어진 함수값에 대하여 분할차분표를 만들면 예제 8.3의 자료를 그대로 사용하고 마지막 줄을 더 채우면 다음과 같다.

x_i	$f[x_i]$	$f[\cdot,\cdot]$	$f[\cdot,\cdot,\cdot]$	$f[\cdot,\cdot,\cdot,\cdot]$
-2	24	-12	6	1
2	-24	36	12	
6	120	60		
4	0			

위 표에 의하여 뉴턴의 분할차분 보간다항식은

$$P_3(x) = 24 - 12(x+2) + 6(x+2)(x-2) + (x+2)(x-2)(x-6)$$

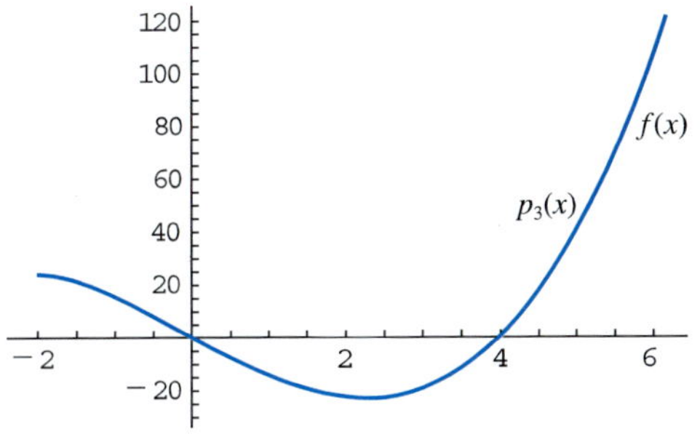

그림 8.5 $P_3(x)$와 $f(x)$의 그래프 일치

이므로 $x=1$에서 보간값은 $P_3(1)=-15$이 되어 오차가 없다. 실제로 보간다항식은 네 점을 지나는 3차 다항식이므로 정리 8.1에 의하여 $P_3(x)=f(x)$가 된다. ■

같은 점을 지나는 보간다항식은 모두 같다. 단지 형태만 다를 뿐이다.

뉴턴의 분할차분 보간다항식은 예제 8.3에서 보듯이 라그랑주 보간다항식과 그 형태만 다를 뿐 같은 다항식이다. 그러나 한 점이 추가되면 라그랑주 보간다항식은 처음부터 다시 구해야 하지만 뉴턴의 분할차분 보간다항식은 그 전의 보간다항식은 그대로 유지하고 마지막 계수만 다시 추가하여 구하면 된다. 또한 뉴턴의 분할차분법은 라그랑주 보간법보다 계산량이 적을 뿐 아니라 분할차분표를 이용하여 쉽게 계산할 수 있다.

알고리즘 8.2 뉴턴의 분할차분법

목 적	(x_i, y_i), $i=0, 1, \cdots, n$를 지나는 다항식의 $\bar{x}$에서 값
입 력	(x_i, y_i), $i=0, 1, \cdots, n$, $\bar{x}$ (또는 y_i 대신 $f(x_i)$)
출 력	$f[x_0, x_1, \cdots, x_i]$, $i=0, \cdots, n$, $\bar{x}$에서 보간값 approx

```
for i = 0 to n
    a_i = y_i
end
for k = 1 to n
    for i = n to k
        a_i = (a_i - a_{i-1}) / (x_i - x_{i-k})
    end
end
```

$$\text{approx} = \sum_{i=0}^{n} a_i \prod_{k=0}^{i-1} (\bar{x} - x_k)$$

알고리즘 8.2에 의하여 주어진 점에서의 보간다항식의 값을 구하는 프로그램은 프로그램 8.2와 같다. 프로그램 8.2에서는 차분식 (8.2)의 계수를 출력하여 보간다항식을 구할 수 있도록 하였다.

프로그램 8.2 •• **Newton.cpp**

```
                        #include <stdio.h>
                        #include <math.h>
                        double f(double), x[50], y[50];
뉴턴의 분할차분          void Newton(int, double);
서브루틴                 void main(void)
                        {
                            double data; int i, n, sel;
                            printf("함수값를 사용하면 1, 아니면 2를 넣으시오.\t");
                            scanf("%d", &sel);
입력할 데이터 개수           printf("\n입력 자료의 개수는?");
                            scanf("%d", &n);
x의 값만 입력 받음           if(sel= =1)
                            {
                                for(i=0; i<n; i+ +)
                                {
                                    printf("x[%d]=", i);
                                    scanf("%lf", &x[i]);
                                    y[i]=f(x[i]);
                                }
원하는 x의 값                    printf("\n보간할 점 x는?");
                                scanf("%lf", &data);
뉴턴의 분할차분법                 Newton(n,data);
서부루틴 호출                    printf("\n x=%lf에서 참값=%lf", data,
                                    f(data));
                            }
(x, y)의 값을 모두           else
입력 받음                    {
                                for(i=0; i<n; i+ +)
                                {
                          printf("x[%d]=", i);
                                    scanf("%lf", &x[i]);
                                    printf("\tf[x%d]=", i);
                                    scanf("%lf", &y[i]);
                                }
원하는 x의 값                    printf("\n보간할 점 x는?");
```

```
                        scanf("%lf", &data);
뉴턴의 분할차분법              Newton(n, data);
서브루틴 호출              }
                    return;
                }
                void Newton(int n, double data)
                {
                    double sum, mult;
                    printf("\n   a[0]=%lf\n", y[0]);
분할차분                for(int k=1; k<n; k++)
                    {
                        for(int i=n-1; i>=k; i--)
                            y[i]=(y[i]-y[i-1])/(x[i]-x[i-k]);
                        printf("a[%d]=%lf \n", k, y[k]);
                    }
뉴턴의 분할차분형           sum=y[0];
보간다항식               for(int I=1; i<n; i++)
                    {
                        mult=1.;
                        for(k=0; k<=i-1; k++)
                          mult=mult*(data-x[k]);
                        sum=sum+y[i]*mult;
                    }
                    printf("\n  x=%lf에서 보간값=%lf", data, sum);
                    return;
                }
함수 f(x)선언          double f(double x)
                {
                    return(sqrt(x));
                }
```

프로그램예제 8.2 •• Newton.cpp를 이용하여 $x_0 = 2.0$, $x_1 = 2.1$, $x_2 = 2.2$, $x_3 = 2.3$일 때 함수 $f(x) = \sqrt{x}$에 대해 $x = 2.15$에서 보간값을 구하라.

실행

```
함수값를 사용하면 1, 아니면 2를 넣으시오. 1
입력 자료의 개수는? 4
x[0] = 2.0
x[1] = 2.1
x[2] = 2.2
```

```
x[3] = 2.3
보간할 점 x는? 2.15

a[0] =  1.414214
a[1] =  0.349241
a[2] = -0.041104
a[3] =  0.009243

x = 2.150000에서 보간값 = 1.466288
x = 2.150000에서 참값 = 1.466288
```

라그랑주 보간법과 뉴턴 분할차분법은 방법만 다를 뿐 같은 보간다항식을 나타낸다. 그래서 프로그램 8.1과 8.2는 같은 그래프를 보여준다.

*8.3 허미트 보간법

자연과학이나 공학에서 자료는 어떤 변수 x에 대하여 측정값(또는 함수값 $f(x)$)뿐만 아니라 그 측정값의 변화율 또는 함수의 기울기도 함께 얻을 때가 많다. 허미트 보간법(Hermite interpolation)은 한 점에서 측정값뿐만 아니라 변화율도 만족하는 보간다항식을 구하고 함수의 근사값을 구하는 방법이다.

측정값만 주어졌을 때 라그랑주 다항식은 한 점에서만 1이고 나머지 점에서는 모두 0인 다항식이었다. 이러한 라그랑주 다항식에 대응하는 측정값을 곱하여 모두 합하면 그것이 바로 보간다항식이었다. 같은 방법으로 측정값과 변화율이 주어졌을 때는, 한 점에서 함수값이 1이고 그 점에서 기울기와 나머지 점에서의 함수값과 기울기 모두 0인 다항식과 한 점에서 기울기가 1이고 그 점에서 함수값과 나머지 점에서의 함수값과 기울기 모두 0인 다항식을 구하여 이 다항식에 대응하는 함수값과 변화율을 곱하여 합하면 그것이 허미트 보간다항식이 된다. 예를 들어 $(x_0, 1)$과 $(x_1, 0)$을 지나고 $x = x_0$, x_1에서 기울기가 모두 0인 다항식은

$$A_0(x) = \{1 - 2(x - x_0) L_0{}'(x_0)\} L_0^2(x) \tag{8.4}$$

이고 $(x_0, 0)$과 $(x_1, 1)$을 지나고 $x = x_0, x_1$에서 기울기가 모두 0인 다항식은

$$A_1(x) = \{1 - 2(x - x_1) L_1{}'(x_1)\} L_1^2(x) \tag{8.5}$$

이다. 여기서 $L_0(x)$, $L_1(x)$는 x_0, x_1에서 1차 라그랑주 다항식이다. $(x_0, 0)$과 $(x_1, 0)$을 지나고 $x = x_0$에서 기울기가 1, $x = x_1$에서 기울기가 0인 다항식은

$$B_0(x) = (x - x_0) L_0^2(x) \tag{8.6}$$

이고 $(x_0, 0)$과 $(x_1, 0)$을 지나고 $x = x_0$에서 기울기가 0, $x = x_1$에서 기울기가 1인 다항식은

$$B_1(x) = (x - x_1) L_1^2(x) \tag{8.7}$$

가 된다. 주어진 조건은 모두 네 개이므로 이 다항식의 차수는 모두 3차가 된다. 따라서 (x_0, y_0)과 (x_1, y_1)을 지나고 x_0에서 기울기가 $y_0{}'$, x_1에서 기울기가 $y_1{}'$인 3차 보간다항식은

$$H(x) = y_0 A_0(x) + y_1 A_1(x) + y_0{}' B_0(x) + y_1{}' B_1(x) \tag{8.8}$$

이 된다. 0과 1에서 3차 허미트 다항식은 그림 8.6과 같다.

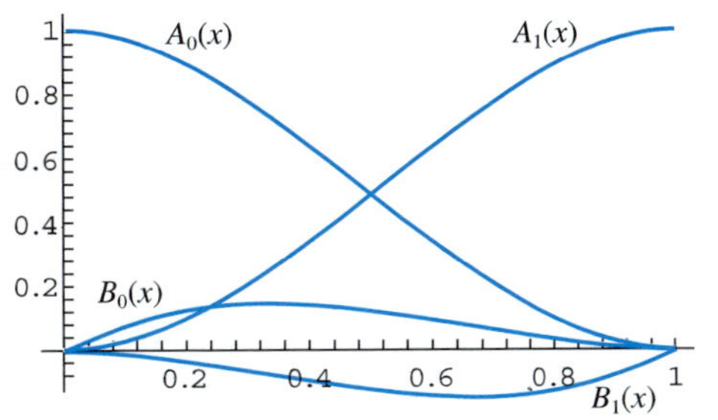

그림 8.6 0과 1에서 3차 허미트 다항식

예제 8.5 $(0, 0)$과 $(1, 0)$을 지나고 $x = 0$에서 기울기가 1, $x = 1$에서 기울기가 -1인 3차 다항식을 구하라.

풀이

$$A_0(x)=\{1-2(x-0)L_0{}'(0)\}L_0^2(x)$$
$$=(1+2x)(1-x)^2$$
$$A_1(x)=\{1-2(x-1)L_1{}'(1)\}L_1^2(x)$$
$$=\{1-2(x-1)\}x^2$$
$$B_0(x)=(x-x_0)L_0^2(x)=x(1-x)^2,$$
$$B_1(x)=(x-1)x^2$$

이므로

$$H(x)=y_0A_0(x)+y_1A_1(x)+y_0{}'B_0(x)+y_1{}'B_1(x)$$
$$=B_0(x)-B_1(x)$$
$$=x(1-x)^2-(x-1)x^2$$
$$=-x^2+x$$

■

주어진 서로 다른 $n+1$개의 점 $x_0,\ x_1,\ \cdots,\ x_n$에서

$$H(x_i)=f(x_i),\ H'(x_i)=f'(x_i),\ i=0,\ \cdots,\ n$$

을 만족하는 최소의 차수를 갖는 다항식 $H(x)$를 **허미트 보간다항식**(Hermit interpolating polynomial)이라 한다. 일반적인 허미트 보간다항식은 다음과 같이 구할 수 있다.

정리 8.4 도함수 $f(x)$가 구간 $[a, b]$에서 연속이라 하자. 구간 $[a, b]$ 위의 서로 다른 $n+1$개의 점 $x_0,\ x_1,\ \cdots,\ x_n$에서 함수값이 $f(x_i)$이고 도함수값이 $f'(x_i)$인 $2n+1$차 다항식 $H_{2n+1}(x)$은 다음과 같다.

$$H_{2n+1}(x)=\sum_{i=0}^{n}f(x_i)A_i(x)+\sum_{i=0}^{n}f'(x_i)B_i(x)$$

여기서

$$A_i(x)=[1-2(x-x_i)L_i{}'(x_i)]L_i^2(x),$$
$$B_i(x)=(x-x_i)L_i^2(x)$$
$$L_i(x)=\prod_{k=0,k_i}^{n}\frac{(x-x_k)}{(x_i-x_k)},\ i=0,\ \cdots,\ n$$

도함수 $f'(x)$가 구간 $[a, b]$에서 연속인 함수를 수학적 기호로

$f \in C^1[a, b]$이라 한다. 이론적으로는 정리 8.4의 다항식을 구하면 되지만 라그랑주 보간다항식과 마찬가지로 여기에서 필요한 다항식을 일일이 구하는 것은 매우 번거로운 일이다. 그러나 $f[s, s] = \lim_{x \to s} f[s, x]$로 정의하면

$$f[s, s] = \lim_{x \to s} f[s, x] = \lim_{x \to s} \frac{f(x) - f(s)}{x - s} = f'(s)$$

이 되어 $f'(s)$에 대응하는 s, $f(s)$를 두 번 적용하면 뉴턴의 분할차분표를 이용할 수 있어 쉽게 계산할 수 있다. 예를 들어, 조건이 $(x_0, f(x_0), f'(x_0))$, $(x_1, f(x_1), f'(x_1))$이면

$$H_3(x) = d_0 + d_1(x - x_0) + d_2(x - x_0)^2 + d_3(x - x_0)^2(x - x_1)$$

이고

$$d_0 = f(x_0),\ d_1 = f'(x_0),$$
$$d_2 = f[x_0, x_0, x_1],\ d_3 = f[x_0, x_0, x_1, x_1]$$

이며 이 상수는 다음 계산표에 의하여 쉽게 계산된다.

$x_0\ f(x_0)$	$f'(x_0)$	$f[x_0, x_0, x_1]$	$f[x_0, x_0, x_1, x_1]$
$x_0\ f(x_0)$	$f[x_0, x_1]$	$f[x_0, x_1, x_1]$	
$x_1\ f(x_1)$	$f'(x_1)$		
$x_1\ f(x_1)$			

예제 8.6 함수 $f(x) = \sqrt{x}$에 대한 다음 표에서 허미트 보간다항식 $H_3(x)$을 구하고 보간값 $H_3(2.1)$을 구하고 오차가 얼마나 되는지 살펴보라.

x_i	2.0	2.2
$f(x_i)$	1.41421	1.48324
$f'(x_i)$	0.35355	0.33710

풀이 주어진 함수값에 대하여 앞에서와 같이 분할차분표를 만들면 다음과 같다.

이 표는 일배 정도로 계산한 것이다. 이배 정도로 계산하여 소숫점 6째 자리에서 반올림하면 -0.042가 -0.00421로 0.00875가 0.00980이 된다.

x_i	$f[x_i]$	$f[\cdot,\cdot]$	$f[\cdot,\cdot,\cdot]$	$f[\cdot,\cdot,\cdot,\cdot]$
2.0	1.41421	0.35355	-0.042	0.00875
2.0	1.41421	0.34515	-0.04025	
2.2	1.48324	0.33710		
2.2	1.48324			

허미트 3차 보간다항식은

$$H_3(x) = 1.41421 + 0.35355(x-2.0) - 0.042(x-2.0)^2 + 0.00875(x-2.0)^2(x-2.2)$$

이 되고, $x=2.1$에서의 보간값은 $H(2.1) \approx 1.4491$이다. 참값은 $f(2.1) = \sqrt{2.1} \approx 1.44914$이므로 보간값은 0.00004의 오차를 갖는다. $f(x)$와 $H_3(x)$의 그래프는 그림 8.7에서 보듯이 거의 일치한다. ■

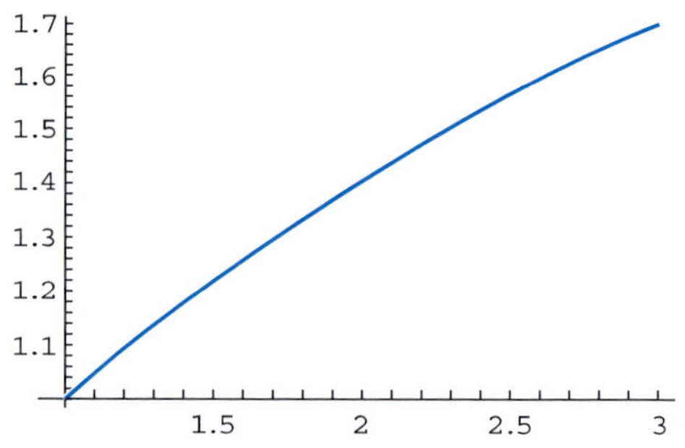

그림 8.7 $f(x)$와 $H_3(x)$의 그래프

일반적으로 (x_i, y_i), (x_i, y_i'), $i=0, 1, \cdots, n$을 만족하는 다항식 $H_{2n+1}(x)$는 다음과 같이 주어진다.

$$\begin{aligned} H_{2n+1}(x) &= d_0 + d_1(x-x_0) + d_2(x-x_0)^2 \\ &\quad + d_3(x-x_0)^2(x-x_1) + \cdots \\ &\quad + d_{2n+1}(x-x_0)^2(x-x_1)^2 \cdots (x-x_{n-1})^2(x-x_n) \end{aligned} \tag{8.9}$$

여기서 $d_0 = y_0$, $d_1 = y_0'$, $d_2 = f[x_0, x_0, x_1]$, $\cdots$, $d_{2n+1} = f[x_0, x_0, \cdots, x_n]$이다. 식 (8.9)의 다항식을 $H(x)$라고 하면 알고리즘은 다음과 같다.

알고리즘 8.3 허미트 보간법

목 적	(x_i, y_i), $(x_i, y_i{}')$, $i=0, 1, \cdots, n$을 만족하는 다항식의 $\bar{x}$에서 값
입 력	(x_i, y_i), $(x_i, y_i{}')$, $i=0, 1, \cdots, n$, $\bar{x}$ (또는 $y_i, y_i{}'$ 대신 $f(x)$, $f'(x)$)
출 력	x에서 근사값 approx, $H(\bar{x})$

	for $i=0$ to n
	    $d_{2i}=y_i$; $d_{2i+1}=y_i{}'$; $z_{2i}=z_{2i+1}=x_i$
	end
	for $i=1$ to n
	    $d_{2i}=(d_{2i}-d_{2i-2})/(x_i-x_{i-1})$
	end
	for $k=2$ to $2n+1$
	    for $i=2n+1$ to k
	        $d_i=(d_i-d_{i-1})/(z_i-z_{i-k})$
	    end
	end
	approx $= H(\bar{x})$

알고리즘 8.3에 의하여 주어진 점에서의 허미트 보간다항식을 구하는 프로그램은 프로그램 8.3과 같다. 프로그램 8.3에서는 차분식 (8.9)의 계수를 출력하여 보간다항식을 구할 수 있도록 하였다.

프로그램 8.3 Hermite.cpp

	`#include <stdio.h>`
	`#include <math.h>`
	`double g(double), dg(double), f[25], df[25], x[25];`
허미트 보간법을	`void Hermite(int, double);`
실행하는 서브루틴 선언	`void main(void)`
	`{`
	`    double data; int i, n, sel;`
	`    printf("함수값를 사용하면 1, 아니면 2를 넣으시오.\t");`
	`    scanf("%d", &sel);`
입력할 데이터 개수	`    printf("\n입력 자료의 개수는?");`
	`    scanf("%d", &n);`
x의 값만을 입력받음	`    if(sel==1)`
	`    {`

```
                            for(i=0; i<n; i++)
                            {
                               printf("x[%d]=", i); scanf("%lf", &x[i]);
                               f[i]=g(x[i]); df[i]=dg(x[i]);
                            }
                            printf("\n보간할 점 x는?");
                            scanf("%lf", &data);
                            Hermite(n, data);
허미트 보간법을 실행            printf("\n    x = %lf에서    참값 = %lf",    data,
하는 서브루틴호출          g(data));
                        }
                        else
(x, y)의 값을 모두          {
입력 받음                     for(i=0; i<n; i++)
*                           {
                               printf("x[%d]=", i);       scanf("%lf", &x[i]);
                               printf("\tf[x%d]=", i);    scanf("%lf", &f[i]);
                               printf("\tdf[x%d]=", i);   s c a n f ( " % l f " ,
                      &df[i]);
                            }
                            printf("\n보간할 점 x는?");
                            scanf("%lf", &data);
허미트 보간법을                 Hermite(n, data);
실행하는 서브루틴호출        }
                        return;
                      }
                      void Hermite(int m, double data)
                      {
                        double   d[50], y[50], her[50], sum=0.;
                        int i, k, n=m-1;
d[i] : 허미트 보간          for(i=0; i<=n; i++)
다항식의 계수               {
                            d[2*i]=f[i]; d[2*i+1]=df[i];
                            y[2*i]=y[2*i+1]=x[i];
                        }
                        for(i=1; i<=n; i++)
                            d[2*i]=(f[i]-f[i-1])/(x[i]-x[i-1]);
                        for(k=2; k<=2*n+1; k++)
                            for(i=2*n+1; i>=k; i--)
                               d[i]=(d[i]-d[i-1])/(y[i]-y[i-k]);
허미트 보간다항식의          for(i=0; i<=2*n+1; i++)
계수를 출력                   printf("d[%d]=%lf \n", i, d[i]);
                        for(i=0; i<=n; i++)
```

```
                          {
H(data) 계산                  double mult=1.;
                              for(k=0; k<i; k++)
                                mult=mult*(data-x[k])*(data-x[k]);
case -> even                  her[2*i]=mult;
case -> odd                   her[2*i+1]=mult*(data-x[i]);
                          }
                          for(i=0; i<=2*n+1; i++)
                              sum=sum+d[i]*her[i];
                          printf("\n x=%lf에서 보간값==%lf", data, sum);
                          return ;
                      }
함수 f(x) 선언           double g(double x)
                      {
                          return (sqrt(x));
                      }
f'(x)의 함수 선언        double dg(double x)
                      {
                          return (1./(2.*sqrt(x)));
                      }
```

프로그램예제 8.3 Hermite.cpp를 이용하여 $x_0 = 2.1$, $x_1 = 2.2$ 일 때 함수 $f(x) = \sqrt{x}$ 에 대해 $x = 2.15$에서 보간값을 구하라.

실행

```
함수값를 사용하면 1, 아니면 2를 넣으시오. 1
입력 자료의 개수는? 2
x[0] = 2.1
x[1] = 2.2
보간할 점 x는? 2.15

d[0] =  1.449138
d[1] =  0.345033
d[2] =-0.040126
d[3] =  0.009225
x = 2.150000에서 보간값 = 1.466288
x = 2.150000에서 참값 = 1.466288
```

프로그램예제 8.1 또는 8.2와 8.3을 비교하면 프로그램예제 8.3에 조건이 4개 주어졌을지라도 조건이 3개 주어진 것보다 반드시 좋은 근사치가 나온다는 보장이 없음을 알 수 있다.

개념정리

8.1 절

- ***n*차 라그랑주 다항식**

$n+1$개의 점 $(x_0, 0)$, $\cdots$, $(x_{i-1}, 0)$, $(x_i, 1)$, $(x_{i+1}, 0)$, $\cdots$, $(x_n, 0)$을 지나는 n차 다항식으로 $i=0$, $\cdots$, n에 대하여 다음과 같다.

$$L_i(x) = \prod_{k=0, k\neq i}^{n} \frac{(x-x_k)}{(x_i - x_k)}$$

- ***n*차 라그랑주 보간다항식**

$n+1$개의 점 (x_i, y_i)을 지나는 유일한 n차 다항식으로 다음과 같다.

$$P_n(x) = \sum_{i=0}^{n} y_i L_i(x)$$

- **룽게의 현상**

다항식을 이용한 보간법은 차수가 커지면 참값을 기대할 수 없을 정도로 오차가 커질 수 있는 현상.

8.2 절

- **뉴턴의 분할차분 보간다항식**

$n+1$개의 점 (x_i, y_i)을 지나는 유일한 n차 다항식으로 다음과 같다.

$$P_n(x)$$
$$= f(x_0) + \sum_{i=1}^{n} a_i (x-x_0)(x-x_1)\cdots(x-x_{i-1})$$

단, $a_k = f[x_0, x_1, \cdots, x_k]$

8.3 절

- **허미트 보간법**

한 점에서 측정값뿐만 아니라 변화율도 만족하는 보간다항식을 구하고 함수의 근사값을 구하는 방법이다.

- **허미트 보간다항식**

서로 다른 $n+1$개의 점 $x_0, x_1, \cdots, x_n$에서

$$H(x_i) = f(x_i),\ H'(x_i) = f'(x_i)$$
$$i = 0, \cdots, n$$

을 만족하는 최소의 차수를 갖는 다항식 $H(x)$.

연습문제

1. 다음을 만족하는 라그랑주 보간다항식을 구하고 $x=1.5$에서 보간값을 구하라.

(1) $(0, 2), (1, 3)$

(2) $(0, 2), (1, 3), (2, 1)$

(3) $(-1, 5), (0, 2), (1, 3), (2, 1)$

2. $f(x)=\sin\left(\frac{\pi}{2}x\right)$일 때 다음 점 x_i에서 $(x_i, f(x_i))$를 만족하는 라그랑주 보간다항식을 구하고 $x=\frac{1}{3}$에서 참값과 보간값을 비교하라.

(1) 0, 1　　(2) 0, 1, 2

(3) 0, 1, 3　　(4) 0, 1, 2, 3

3. 연습문제 2에서 구한 참값과 보간값의 오차가 정리 8.3의 결과를 만족하는지 보여라.

4. 뉴턴의 분할차분법을 이용하여 연습문제 1의 보간값을 구하라.

5. 뉴턴의 분할차분법을 이용하여 연습문제 2의 보간값을 구하라.

6. $f(x)=\sin\left(\frac{\pi}{2}x\right)$일 때 다음 점 0, $\frac{1}{3}$에서 $(x_i, f(x_i))$를 만족하는 라그랑주 보간다항식과 뉴턴 보간다항식을 구하라.

7. $f(x)=\sin\left(\frac{\pi}{2}x\right)$일 때 다음 점 0, $\frac{1}{3}$, $\frac{1}{2}$에서 $(x_i, f(x_i))$를 만족하는 라그랑주 보간다항식과 뉴턴 보간다항식을 구하고 문제를 알 때 어느 방법이 편리한지를 설명하라.

8. $f(x)=\sin\left(\frac{\pi}{2}x\right)$일 때 다음 점에서 허미트 보간다항식을 구하고 $x=\frac{1}{3}$에서 참값과 보간값을 비교하라.

(1) $(0.5, f(0.5), f'(0.5))$

(2) $(0, f(0), f'(0)), (1, f(1))$

(3) $(0, f(0), f'(0)), (1, f(1), f'(1))$

(4) $(0, f(0), f'(0)), (1, f(1), f'(1)), (2, f(2))$

9. 뉴턴의 분할차분법을 이용하여 다음의 값들을 만족하는 최소의 차수인 다항식을 구하라.

x	$f(x)$	$f'(x)$	$f''(x)$
$x_0=1$	2	3	
$x_1=2$	6	7	8

10. 식 (8.1)을 이용하여 점 1, 2, 3에서 2차 라그랑주 다항식을 구하고 그 그래프를 그려 그림 8.2와 같은지 확인하라.

11. 식 (8.1)을 이용하여 점 0, 1, 2, 3에서 3차 라그랑주 다항식을 구하고 그 그래프를 그려라.

12. 1차 라그랑주 다항식은 일차독립이고 1차 다항식은 1차 라그랑주 다항식의 일차결합으로 나타날 수 있음을 보여라. 편의상 $x_0=0$, $x_1=1$로 한다.

13. 2차 라그랑주 다항식은 일차독립이고 2차 다항식은 2차 라그랑주 다항식의 일차결합으로 나타날 수 있음을 보여라. 편의상 $x_0=0$, $x_1=1$, $x_2=2$로 한다.

14. 3차 라그랑주 다항식은 일차독립이고 3차 다항식은 3차 라그랑주 다항식의 일차결합으로 나타날 수 있음을 보여라. 편의상 $x_0=0$, $x_1=1$, $x_2=2$, $x_3=3$으로 한다.

15. 정리 8.1을 증명하라.

16. 정리 8.3을 증명하라.

17. 점 (x_0, y_0), (x_1, y_1), (x_2, y_2)을 지나는 다항식을

$$P_2(x) = a_0 + a_1(x - x_0) + a_2(x - x_0)(x - x_1)$$

라고 할 때 계수 a_0, a_1, a_2를 차분식으로 구하라.

18. 식 (8.4), (8.5), (8.6), (8.7)을 구하라.

19. 식 (8.8)이 성립함을 보여라.

20. 0과 1에서 3차 허미트 보간다항식의 그래프를 그려라.

21. 0과 1에서 3차 허미트 보간다항식은 일차독립임을 증명하라.

실습문제

1. 프로그램 8.1을 이용하여 연습문제 1과 2의 보간값을 구하고 비교해 보라.

2. 프로그램 8.2를 이용하여 연습문제 1과 2의 보간값을 구하고 비교해 보라.

3. 프로그램 8.3을 이용하여 연습문제 8과 2의 보간값을 구하고 비교해 보라.

4. 프로그램 8.1 또는 8.2를 응용하여 $[-1, 1]$을 균등하게 10등분한 점에서 $f(x) = \dfrac{1}{1+25x^2}$의 10차 보간다항식의 그래프를 매스매티카나 매트랩을 이용하여 그려라.

5. 프로그램 8.1 또는 8.2를 응용하여 $[-5, 5]$을 균등하게 n등분한 점에서 $f(x) = \dfrac{1}{1+x^2}$의 n차 보간다항식의 그래프를 매스매티카나 매트랩을 이용하여 그려라. n을 점차 크게 해보라.

제9장 스플라인 함수

실제적인 문제에서 얻은 자료를 만족하는 보간다항식은 다항식의 차수가 크면 부적절할 때가 많다. 예를 들어, 함수 $f(x)$를 보간다항식으로 잘 근사하기 위하여 여러 개의 점을 택하면 다항식의 차수가 점의 수에 비례하여 상당히 커진다. 룽게의 현상에서 보듯이 고차다항식은 진동의 폭이 아주 커서 진동의 폭이 거의 없는 함수를 잘 나타내지 못한다. 이러한 단점은 주어진 구간을 여러 개로 조각내어 각 소구간에서 차수가 작은 다항식을 사용하고 이어지는 점에서 끊어지지 않게 연속으로 연결한 조각다항식을 이용함으로써 보완할 수 있다. 여러 개의 다항식이 결합된 함수를 조각다항함수(piecewise polynomial function)라 하며 조각다항함수가 연속성을 가질 때 스플라인(spline) 함수라 한다. 이 함수를 이용하여 주어진 자료를 보간하는 방법을 스플라인 보간법이라 한다.

9.1 일차스플라인 함수

자료 (t_i, y_i), $i = 1, \cdots, n$에서 $a = t_1 < t_2 < \cdots < t_n = b$라고 하자.

구간 $[a, b]$의 각 소구간 $[t_i, t_{i+1}]$ 위에서 (t_i, y_i), (t_{i+1}, y_{i+1})을 지나는 일차다항식(즉, 직선)이고 각 점 t_i에서 끊어지지 않고 연속인 함수를 구하고자 한다. 여기서 점 t_1, t_2, $\cdots$, t_n을 매듭(node, knot)이라고 한다.

정의 9.1

다음을 만족하는 함수 $S(x)$를 일차스플라인 함수(linear spline function)라 한다.

(1) $a = t_1 < t_2 < \cdots < t_n = b$로 분할된 각 소구간 $[t_i, t_{i+1}]$ 위에서 $S(x)$는 일차다항식이다.

(2) 구간 $[a, b]$(또는 각 매듭 t_i, $i = 1, \cdots, n$)에서 $S(x)$는 연속이다.

예제 9.1 다음 함수는 일차스플라인 함수인지 아닌지 살펴보아라.

$$f(x) = \begin{cases} x, & 0 \le x < 1 \\ 3 - 2x, & 1 \le x < 2 \\ -1, & 2 \le x \le 3 \end{cases}$$

풀이 각 소구간 $[0, 1]$, $[1, 2]$, $[2, 3]$에서 일차식이다. $\lim_{x \to 1^-} f(x) = \lim_{x \to 1^+} f(x) = 1$이고 $\lim_{x \to 2^-} f(x) = \lim_{x \to 2^+} f(x) = -1$이므로 각 매듭 1, 2에서 연속이므로 일차스플라인 함수이다. 그래프는 그림 9.1과 같다. ■

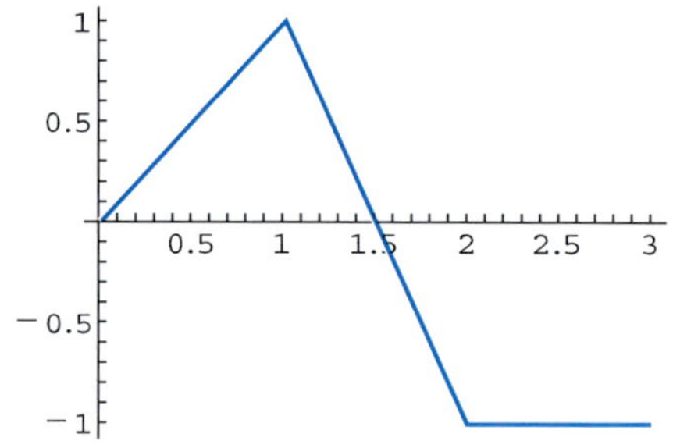

그림 9.1 함수 $f(x)$의 그래프

구간 $[a, b]$의 각 소구간 $[t_i, t_{i+1}]$ 위에서 정의되고 (t_i, y_i), $i = 1, \cdots, n$을 만족하는 일차스플라인 함수 $S(x)$는

$$S(x)=\begin{cases} S_1(x), & t_1 \le x \le t_2 \\ S_2(x), & t_2 \le x \le t_3 \\ \vdots & \vdots \\ S_{n-1}(x), & t_{n-1} \le x \le t_n \end{cases}$$

와 같이 나타낼 수 있다. 각 함수 $S_i(x)$, $i=1, \cdots, n-1$는 구간 $[t_i, t_{i+1}]$에서 정의된 일차다항식 $a_i x + b_i$ 형태이므로 미지수는 a_i, b_i 두 개이다. 따라서 전체적으로 구하여야 할 미지수는 $2(n-1)$개이다. 한편 각 매듭에서 함수의 값 $S(t_i)=y_i$, $i=1, \cdots, n$인 조건이 n개 있고 각 매듭에서 함수가 이어져 있으므로 $S_i(t_{i+1})=S_{i+1}(t_{i+1})$, $i=1, \cdots, n-2$와 같은 조건이 $n-2$개 있다. 미지수와 조건(또는 방정식)의 개수가 같으므로 모든 미지수 a_i, b_i를 구할 수 있다.

예를 들면, 점 $(t_i, \sin(\pi t_i))$, $t_i=\dfrac{i-1}{4}$, $i=1, \cdots, 5$를 지나는 일차스플라인 함수의 그래프는 그림 9.2와 같이 단 하나 뿐이다.

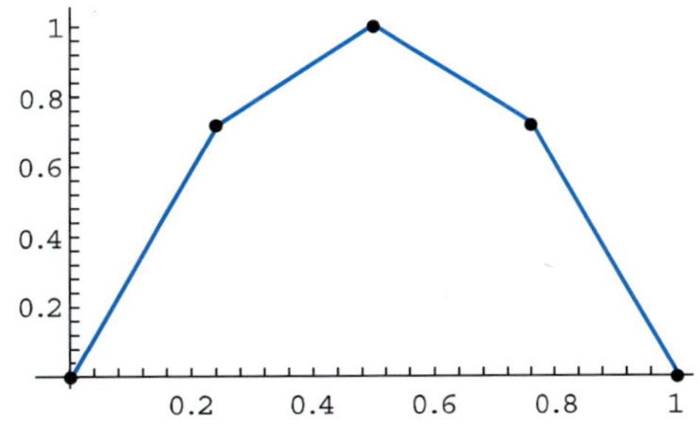

그림 9.2 일차스플라인 함수

자료 (t_i, y_i), $i=1, \cdots, n$을 보간하는 일차스플라인 함수 $S(x)$를 구성하는 각 소구간 $[t_i, t_{i+1}]$ 위의 일차함수 $S_i(x)$는 두 점 (t_i, y_i), (t_{i+1}, y_{i+1})를 지나는 직선이므로

$$S_i(x)=y_i+(x-t_i)\frac{y_{i+1}-y_i}{t_{i+1}-t_i},\ i=1, \cdots, n-1 \tag{9.1}$$

과 같다.

예제 9.2 $(0, 0)$, $(1, 1)$, $(2, -1)$, $(3, -1)$을 지나는 일차스플라인 함수를 구하라.

풀이 식 (9.1)에 의하여 $(0, 0)$, $(1, 1)$을 지나는 직선은 $S_1(x) = x$, $(1, 1)$, $(2, -1)$을 지나는 직선은 $S_2(x) = 3-2x$, $(2, -1)$, $(3, -1)$을 지나는 직선은 $S_3(x) = -1$ 이므로

$$S(x) = \begin{cases} x, & 0 \le x < 1 \\ 3-2x, & 1 \le x < 2 \\ -1, & 2 \le x \le 3 \end{cases}$$

이다. 그래프는 그림 9.3과 같다. ■

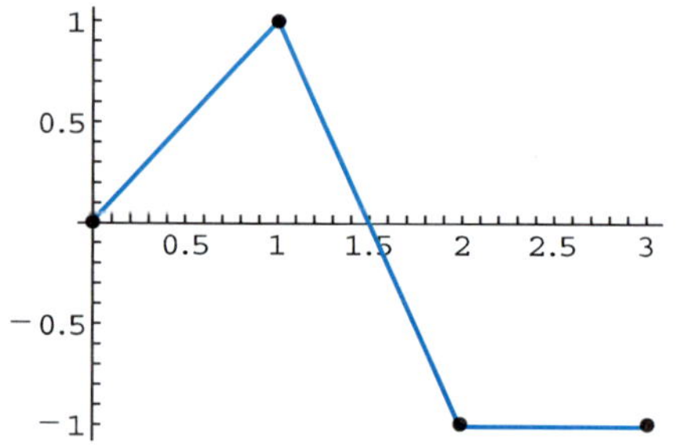

그림 9.3 $S(x)$의 그래프

알고리즘 9.1 일차스플라인 함수

목 적	(t_i, y_i), $i = 1, \cdots, n$을 지나는 일차스플라인 함수의 $\bar{x}$에서 값
입 력	(t_i, y_i), $i = 1, \cdots, n$, $\bar{x}$ (또는 y_i 대신 $f(x_i)$)
출 력	$\bar{x}$에서 근사값 $S(\bar{x})$
	$t_i \le \bar{x} < t_{i+1}$인 첨자 i를 구한다. $\text{approx} = y_i + (\bar{x} - t_i)\dfrac{y_{i+1} - y_i}{t_{i+1} - t_i}$

알고리즘 9.1에 의하여 주어진 점을 통과하는 일차스플라인 함수를 구하는 프로그램은 다음과 같다.

프로그램 9.1 ••

Linear_spline.cpp

```
#include <stdio.h>
#include <math.h>
double f(double), t[50], y[50];
void linear_spline(int); double pi=4*atan(1);
```

일차스플라인(linear

```
spline) 서브루틴선언        void main(void)
                            {
                                int i, sel, n;
                                printf("함수값을 사용하면 1, 아니면 2를 넣으시오.");
                                scanf("%d", &sel);
                                printf("\n입력자료의 개수는?");
분할 개수                       scanf("%d", &n);
                                if(sel==1)
x의 값만 입력 받음              {
                                    for(i=0; i<n; i++)
                                    {
                                        printf("t[%d]=", i+1);
                                        scanf("%lf", &t[i]);
                                        printf("\ty[%d]=%lf\n", i+1, y[i]=f(t[i]));
                                    }
                                }
                                else
(x, y)의 값을 모두              {
입력 받음                           for(i=0;i<n; i++)
                                    {
                                        printf("t[%d]=", i+1);
                                        scanf("%lf", &t[i]);
                                        printf("\ty[%d]=", i+1);
                                        scanf("%lf", &y[i]);
                                    }
                                }
                                linear_spline(n-1);
일차스플라인                    return;
서브루틴 호출               }
                            void linear_spline(int n)
                            {
fp라는 파일 포인터              FILE *fp;
변수를 선언                     fp=fopen("data.txt", "w");
                                double x1, x2, h, s, data; int k;
파일 포인터 변수에              x1=t[0]; x2=t[n];
data.txt 주소를 넘기기          printf("\n(x, y)의 출력 간격은?");
위해서 fopen( ) 함수사용        scanf("%lf", &h);
w : 접근모드로서                fprintf(fp, "{");
    읽기 쓰기가 가능            printf("\n\n일차 스플라인 함수\n\n");
    한 상태로 open              for(int i=0; i<n; i++)
                                {
                                    s=(y[i+1]-y[i])/(t[i+1]-t[i]);
                                    printf("S_%d=%lf+( x-%lf )*%lf \n\n",
```

```
                              i+1, y[i], t[i], s);
                         }
                         for( data=x1; data<=x2; data=data+h)
                         {
                            for(i=0; i<=n; i++)
                            {
data 값이 어느 구간에           if(data>=t[i] && data<=t[i+1])
속하는지를 판별                 {
                                   k=i;     break;
                                }
                            }
s : 일차함수식                s=y[k]+(data-t[k])*(y[k+1]-y[k])/(t[k+1]-t[k]);
                              printf("x=%lf\t y=%lf\n", data, s);
data,txt라는 파일에           if(data+h > x2)
순서쌍 형대로 출력               fprintf(fp,"{%lf,%lf}}", data, s);
                              else
                                 fprintf(fp,"{%lf,%lf},\n", data, s);
                         }
열었던 파일을             fclose(fp);
닫아준다.                 return;
                      }
함수 f(x)선언          double f(double x)
                      {
                         return(sin(pi*x));
                      }
```

프로그램예제 9.1 •• 매듭이 0, 0.25, 0.5,0.75, 1에서 함수 $f(x)=\sin(\pi x)$을 보간하는 일차 스플라인함수를 구하고 출력간격을 0.1로 하여 보간값을 구하라.

실행

```
함수값을 사용하면 1, 아니면 2를 넣으시오. 1
입력 자료의 개수는? 5
t[1] = 0
y[1] = 0.000000
t[2] = 0.25
y[2] = 0.707107
t[3] = 0.5
y[3] = 1.000000
t[4] = 0.75
```

```
y[4] = 0.707107
t[5] = 1
y[5] = 0.000000

(x, y)의 출력 간격은? 0.1

일차스플라인 함수
S_1 = 0.000000+(x-0.000000) * 2.828427
S_2 = 0.707107+(x-0.250000) * 1.171573
S_3 = 1.000000+(x-0.500000) * -1.171573
S_4 = 0.707107+(x-0.750000) * -2.828427

x = 0.000000        y = 0.000000
x = 0.100000        y = 0.282843
x = 0.200000        y = 0.565685
x = 0.300000        y = 0.765685
x = 0.400000        y = 0.882843
x = 0.500000        y = 1.000000
x = 0.600000        y = 0.882843
x = 0.700000        y = 0.765685
x = 0.800000        y = 0.565685
x = 0.900000        y = 0.282843
x = 1.000000        y = 0.000000
```

*9.2 이차스플라인 함수

이차스플라인 함수 $S(x)$는 각 소구간에서 이차다항식인 이차조각다항식으로 각 매듭에서 연속일 뿐만 아니라 도함수 $S'(x)$도 연속인 함수이다.

정의 9.2

다음을 만족하는 함수 $S(x)$를 이차스플라인 함수 (quadratic spline function)라 한다.

(1) $a=t_1<t_2<\cdots<t_n=b$로 분할된 각 소구간 $[t_i, t_{i+1}]$ 위에서 $S(x)$는 이차다항식이다.

(2) 구간 $[a, b]$(또는 각 매듭 $t_i, i=1, \cdots, n$)에서 $S(x)$, $S'(x)$가 연속이다.

구간 $[a, b]$의 각 소구간 $[t_i, t_{i+1}]$ 위에서 정의된 이차스플라인 함수 $S(x)$를 구성하는 함수 $S_i(x)$는 구간 $[t_i, t_{i+1}]$에서 정의된 이차다항식 $a_ix^2+b_ix+c_i$ 형태이므로 미지수는 a_i, b_i, c_i 세 개이다. 따라서 전체적으로 구하여야 할 미지수는 $3(n-1)$개이다. 일차스플라인 함수와 마찬가지로 각 매듭에서 정의된 함수값 $S(t_i)=y_i$인 조건이 n개 있고 연속성 조건 $S_i(t_{i+1})=S_{i+1}(t_{i+1})$과 추가로 $S_i'(t_{i+1})=S_{i+1}'(t_{i+1})$, $i=1$, $\cdots$, $n-2$이 있어 연속성 조건은 $2(n-2)$개 있어 조건의 개수는 모두 $3n-4$개이므로 모든 미지수 a_i, b_i, c_i를 구하려면 조건 하나를 더 추가하여야 한다.

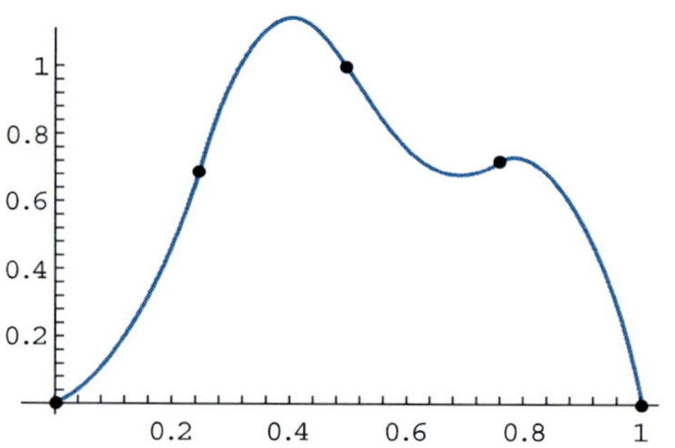

그림 9.4 이차스플라인 함수

점 $(t_i, \sin(\pi t_i))$, $t_i=\dfrac{i-1}{4}$, $i=1$, $\cdots$, 5를 지나는 이차스플라인 함수의 그래프는 매듭 0에서 기울기가 0인 조건을 추가하면 그림 9.4와 같다.

자료 (t_i, y_i), $i=1$, $\cdots$, n를 보간하는 이차스플라인 함수 $S(x)$를

$$S(x)=\begin{cases} S_1(x), & t_1 \le x \le t_2 \\ S_2(x), & t_2 \le x \le t_3 \\ \quad\vdots & \qquad\vdots \\ S_{n-1}(x), & t_{n-1} \le x \le t_n \end{cases}$$

라 하자. $S'(x)$는 연속이므로 편의상 $z_i = S'(t_i)$라 하자.

$S_i(t_i) = y_i$, $S_i'(t_i) = z_i$이므로

$$S_i(x) = a(x-t_i)^2 + z_i(x-t_i) + y_i$$

이고 $S_i'(t_{i+1}) = z_{i+1}$이므로 $a = \dfrac{z_{i+1} - z_i}{2(t_{i+1} - t_i)}$가 된다. 따라서

$$S_i(x) = \frac{z_{i+1} - z_i}{2(t_{i+1} - t_i)}(x-t_i)^2 + z_i(x-t_i) + y_i \tag{9.2}$$

이다. $S_i(t_{i+1}) = y_{i+1}$이므로 (9.2)로부터 점화식

$$z_{i+1} = -z_i + 2\frac{y_{i+1} - y_i}{t_{i+1} - t_i}, \quad 1 \le i \le n-1 \tag{9.3}$$

을 얻는다. 점화식 (9.3)에 의하여 t_1에서 이차스플라인 함수의 도함수 값 z_1이 주어지면 반복적으로 모든 z_i를 계산할 수 있고 그 결과 식 (9.2)에 의하여 모든 $S_i(x)$도 구할 수 있다.

예제 9.3 자료 $(-1, 1)$, $(0, -1)$, $(1, 2)$를 보간하는 이차스플라인 함수를 $z_1 = 0$, 1로 할 때 구해보자.

풀이 $z_1 = 0$일 때 $z_2 = -z_1 + 2(-2) = -4$, $z_3 = -z_2 + 2(3) = 10$이므로

$$S(x) = \begin{cases} -2(x+1)^2 + 1, & -1 \le x < 0 \\ 7x^2 - 4x - 1, & 0 \le x \le 1 \end{cases}$$

이고, $z_1 = 1$일 때 $z_2 = -z_1 + 2(-2) = -5$, $z_3 = -z_2 + 2(3) = 11$이므로

$$S(x) = \begin{cases} -3(x+1)^2 + (x+1) + 1, & -1 \le x < 0 \\ 8x^2 - 5x - 1, & 0 \le x \le 1 \end{cases}$$

이다. 각각의 그래프는 그림 9.5와 같다. ■

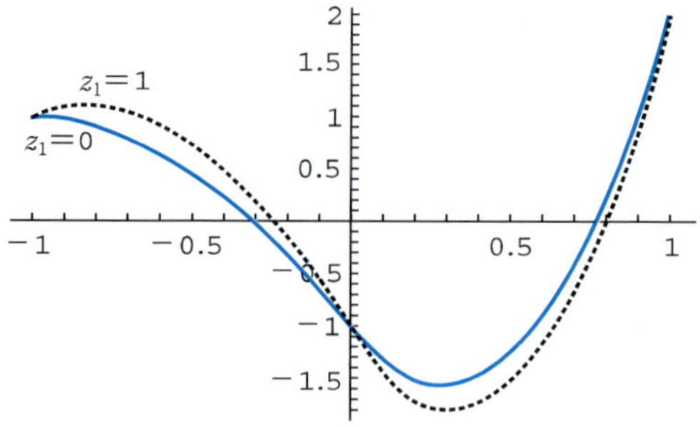

그림 9.5 함수 $S(x)$의 그래프

알고리즘 9.2 이차스플라인 함수

목 적	$(t_i, y_i),\ i=1,\ \cdots,\ n$을 지나는 이차스플라인 함수의 그래프
입 력	$(t_i, y_i),\ i=1,\ \cdots,\ n,\ \bar{x},\ z_1$ (또는 y_i 대신 $f(x_i),\ z_1$)
출 력	$\bar{x}$에서 근사값 $S(\bar{x})$
	for $i=1$ to $n-1$ $z_{i+1}=-z_i+2\dfrac{y_{i+1}-y_i}{t_{i+1}-t_i}$ end $t_i \le \bar{x} < t_{i+1}$인 첨자 i를 구한다. approx $=\dfrac{z_{i+1}-z_i}{2(t_{i+1}-t_{i)}}(\bar{x}-t_i)^2+z_i(x-t_i)+y_i$

프로그램 9.2는 알고리즘 9.2에 의하여 주어진 점을 지나는 이차스플라인 함수를 구하고 그 결과를 이용하여 x_bar 위에서 이차스플라인 함수값을 출력한 프로그램이다.

프로그램 9.2 quadratic_spline.cpp

이차스플라인 서브루틴 선언

```
#include <stdio.h>
#include <math.h>
double f(double), t[50], y[50], z[50];
void quadratic_spline(int);     double pi=4*atan(1);
void main(void)
{
     int i, sel, n;
     printf("함수값을 사용하면 1, 아니면 2를 넣으시오.");
     scanf("%d", &sel);
```

```
                              printf("\n입력 자료의 개수는?");
분할 개수                     scanf("%d", &n);
                              if(sel==1)
x의 값만 입력 받음            {
                                  for(i=0; i<n; i++)
                                  {
                                      printf("t[%d]=", i+1);
                                      scanf("%lf", &t[i]);
                                      printf("\ty[%d]=%lf\n", i+1, y[i]=
                                              f(t[i]));
                                  }
                              }
(x, y)의 값을 모두            else
입력 받음                     {
                                  for(i=0; i<n; i++)
                                  {
                                      printf("t[%d]=", i+1);
                                      scanf("%lf", &t[i]);
                                      printf("\ty[%d]=", i+1);
                                      scanf("%lf", &y[i]);
                                  }
                              }
z[1] : 임의의 입력값          printf("\nt[1]에서 이차스플라인함수의 도함수
                                      값 z[1]은?");
                              scanf("%lf", &z[0]);
이차스플라인                  quadratic_spline(n-1);
서브루틴 호출                 return;
                              return;
                          }
                          void quadratic_spline(int n)
                          {
data.txt라는 파일을           FILE *fp; fp=fopen("data.txt","w");
열어준다.                     double x1, x2, h, s, data; int k;
                              x1=t[0]; x2=t[n];
                              printf("\n(x, y)의 출력 간격은?");
데이터 간격을 입력            scanf("%lf", &h);
                              fprintf(fp,"{");
                              printf("\nz[1]=%lf\n", z[0]);
                              for(int i=0; i<n; i++)
                              {
s : 두 점의 기울기                s=(y[i+1]-y[i])/(t[i+1]-t[i]);
                                  z[i+1]=-z[i]+2*s;
                                  printf("z[%d]=%lf\n", i+2, z[i+1]);
```

```
                            }
                            printf("\n\n이차 스플라인 함수\n\n");
                            for(i=0; i<n; i++)
                            {
                               s=(z[i+1]-z[i])/(2*(t[i+1]-t[i]));
                               printf("S_%d=%lf(x-%lf)^2+%lf
                                     (x-%lf)+%lf\n\n", i+1, s, t[i], z[i], t[i],
                                     y[i]);
                            }
                            for( data=x1; data<=x2; data=data+h)
                            {
                               for(i=0; i<=n; i++)
                               {
data값이 어느 구간에              if(data>=t[i] && data<=t[i+1])
속하는지를 판별                      {
                                     k=i; break;
                                  }
                               }

s : 이차함수식                    s=((z[k+1]-z[k])/(2*(t[k+1]-t[k])))*
                                    (data-t[k])
                                   *(data-t[k])+z[k]*(data-t[k])+y[k];
                               printf("x=%lf\t y=%lf\n", data, s);
data,txt라는 파일에               if(data+h > x2)
순서쌍 형태로 출력                    fprintf(fp,"{%lf,%lf}", data, s);
                               else
                                  fprintf(fp,"{%lf,%lf},\n", data, s);
                            }
열었던 파일을                   fclose(fp);
닫아준다.                       return;
                         }
함수 f(x)선언              double f(double x)
                         {
                            return(sin(pi*x));
                         }
```

프로그램예제 9.2 •• quadratic_spline.cpp을 이용하여 매듭 0, 0.25, 0.5, 0.75, 1에서 함수 $f(x)=\sin(\pi x)$를 보간하는 이차스플라인함수를 구하고 출력간격을 0.1로 하여 보간값을 구하라.

실행 함수값을 사용하면 1, 아니면 2를 넣으시오. 1

입력자료의 개수는? 5

```
t[1] = 0
        y[1] = 0.000000
t[2] = 0.25
        y[2] = 0.707107
t[3] = 0.5
        y[3] = 1.000000
t[4] = 0.75
        y[4] = 0.707107
t[5] = 1
        y[5] = 0.000000

t[1]에서 이차스플라인 함수의 도함수 값 z[1]은? 0
(x, y)의 출력 간격은? 0.1

z[1] =  0.000000
z[2] =  5.656854
z[3] = -3.313708
z[4] =  0.970563
z[5] = -6.627417

이차스플라인 함수

S_1 =  11.313708(x-0.000000)^2 +  0.000000(x-0.000000) + 0.000000
S_2 = -17.941125(x-0.250000)^2 +  5.656854(x-0.250000) + 0.707107
S_3 =   8.568542(x-0.500000)^2 + -3.313708(x-0.500000) + 1.000000
S_4 = -15.195959(x-0.750000)^2 +  0.970563(x-0.750000) + 0.707107

x = 0.000000        y = 0.000000
x = 0.100000        y = 0.113137
x = 0.200000        y = 0.452548
x = 0.300000        y = 0.945097
x = 0.400000        y = 1.151960
x = 0.500000        y = 1.000000
```

x = 0.600000　　y = 0.754315
x = 0.700000　　y = 0.680000
x = 0.800000　　y = 0.717645
x = 0.900000　　y = 0.510782
x = 1.000000　　y = 0.000000

9.3 스플라인 함수

일차스플라인 함수와 이차스플라인 함수를 이용한 보간법이 유용하지만 이 함수는 매끈한 성질이 충분하지 못하다. 이 함수를 일반화한 스플라인 함수에 대하여 정의하자.

정의 9.3

다음을 만족하는 함수 $S(x)$를 k차 **스플라인 함수**라 부른다.

(1) $a=t_1<t_2<\cdots<t_n=b$로 분할된 각 소구간 $[t_i, t_{i+1}]$ 위에서 $S(x)$가 k차 다항식이다.

(2) 구간 $[a, b]$에서 모든 $j=0,\ 1,\ 2,\ \cdots,\ k-1$에 대하여 j차 도함수 $S^{(j)}(x)$가 연속이다.

정의 9.3에 의하면 $k=1,\ 2$일 때 이미 언급한 일차, 이차스플라인 함수가 된다. 스플라인 함수로 가장 많이 쓰이는 차수는 삼차스플라인(cubic spline)이다. 삼차스플라인 함수는 이차도함수도 연속이므로 그래프가 더욱 매끈한 곡선이 될 것이다. 많은 수치적 실험에 의하여 삼차보다 큰 차수의 스플라인을 사용하는 것은 큰 이점이 거의 없는 것으로 알려져 있다.

이차스플라인 함수는 처음 점에서 기울기에 해당하는 값이 필요하고 삼차스플라인 함수는 양 끝점에서 이계도함수의 값이 필요하다. 그 값을 0으로 하는 것이 삼차스플라인 함수이다.

자료 $(t_1, y_i),\ i=1,\ \cdots,\ n$을 보간하는 삼차스플라인 함수 $S(x)$를 구성하는 함수 $S_i(x)$는 구간 $[t_i, t_{i+1}]$에서 정의된 삼차다항식 $a_ix^3+b_ix^2+c_ix+d_i$ 형태이므로 미지수는 $a_i,\ b_i,\ c_i,\ d_i$ 네 개이다. 따라서 전체적으로 구하여야 할 미지수는 모두 $4(n-1)$개이다. 그러나 각 매듭에서 정의된 함수값 $S(t_i)=y_i$인 조건이 n개 있고 연속성 조건 $S_i(t_{i+1})=S_{i+1}(t_{i+1})$, $S_i'(t_{i+1})=S'_{i+1}(t_{i+1})$, $S''_i(t_{i+1})=S''_{i+1}(t_{i+1}),\ i=1,\ \cdots,\ n-2$가

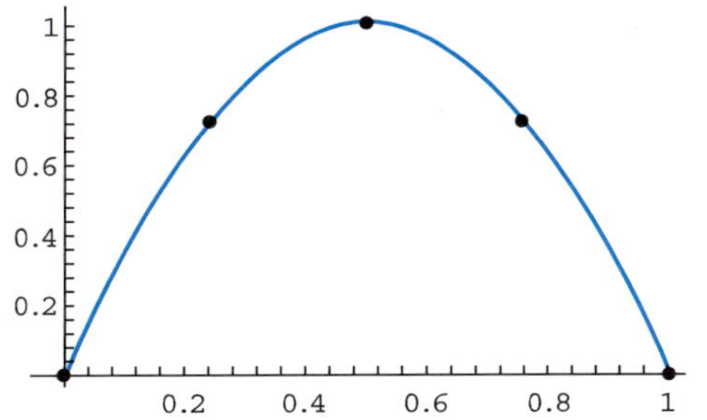

그림 9.6 자연삼차스플라인 함수

모두 $3(n-2)$개 있어 조건의 개수는 모두 $4n-6$개이므로 모든 미지수 a_i, b_i, c_i, d_i를 구하려면 조건 두 개를 더 추가하여야 한다. 조건 $S''(t_1)=S''(t_n)=0$을 추가하면 조건의 개수와 미지수의 개수가 같으므로 해결할 수 있다. 이와 같은 조건을 추가하여 구한 삼차스플라인 함수를 **자연삼차스플라인 함수**(natural cubic spline function)라 부른다.

점 $(t_i, \sin(t_i))$, $t_i = \dfrac{i-1}{4}\pi$, $i=1, \cdots, 5$를 지나는 자연삼차스플라인 함수의 그래프는 그림 9.6과 같다.

자료 (t_i, y_i), $i=1, \cdots, n$을 보간하는 삼차스플라인 함수 $S(x)$를

$$S(x)=\begin{cases} S_1(x), & t_1 \le x \le t_2 \\ S_2(x), & t_2 \le x \le t_3 \\ \quad\vdots & \quad\vdots \\ S_{n-1}(x), & t_{n-1} \le x \le t_n \end{cases}$$

라 하자. $S''(x)$는 연속이므로 편의상 $z_i = S''(t_i)$라 하고 추가조건에 의하여 $z_1 = z_n = 0$이다. 소구간 $[t_i, t_{i+1}]$에서 $S''_i(x)$는 (t_i, z_i)와 (t_{i+1}, z_{i+1})을 지나는 직선이므로 $h_i = t_{i+1} - t_i$로 놓으면

$$S''_i(x) = \frac{z_{i+1}}{h_i}(x-t_i) + \frac{z_i}{h_i}(t_{i+1}-x) \tag{9.4}$$

이고 두 번 적분하면

$$S_i(x) = \frac{z_{i+1}}{6h_i}(x-t_i)^3 + \frac{z_i}{6h_i}(t_{i+1}-x)^3 + a(x-t_i) + b(t_{i+1}-x) \tag{9.5}$$

이 된다. $S_i(t_i)=y_i$, $S_i(t_{i+1})=y_{i+1}$이므로 상수 a, b는 다음과 같이 구

해진다.

$$a = \frac{y_{i+1}}{h_i} - \frac{h_i}{6} z_{i+1} \tag{9.6}$$

$$b = \frac{y_i}{h_i} - \frac{h_i}{6} z_i$$

$z_1 = z_n = 0$이므로 z_2, $\cdots$, z_{n-1}이 구해지면 $S_i(x)$는 다음과 같다.

$$S_i(x) = \frac{z_{i+1}}{6h_i}(x - t_i)^3 + \frac{z_i}{6h_i}(t_{i+1} - x)^3$$
$$+ \left(\frac{y_{i+1}}{h_i} - \frac{h_i}{6} z_{i+1}\right)(x - t_i) + \left(\frac{y_i}{h_i} - \frac{h_i}{6} z_i\right)(t_{i+1} - x) \tag{9.7}$$

아직 구해지지 않은 z_2, $\cdots$, z_{n-1}은 $S'(x)$의 연속성을 이용하여 구할 수 있다. 식 (9.7)로부터

$$S_i'(x) = \frac{z_{i+1}}{2h_i}(x - t_i)^2 - \frac{z_i}{2h_i}(t_{i+1} - x)^2$$
$$+ \left(\frac{y_{i+1}}{h_i} - \frac{h_i}{6} z_{i+1}\right) - \left(\frac{y_i}{h_i} - \frac{h_i}{6} z_i\right)$$

이므로 $c_i = \dfrac{y_{i+1} - y_i}{h_i}$로 놓으면

$$S_i'(t_i) = -\frac{h_i}{2} z_i + \left(\frac{y_{i+1}}{h_i} - \frac{h_i}{6} z_{i+1}\right) - \left(\frac{y_i}{h_i} - \frac{h_i}{6} z_i\right)$$
$$= -\frac{h_i}{6} z_{i+1} - \frac{h_i}{3} z_i + c_i$$
$$S_{i-1}(t_i) = \frac{h_{i-1}}{3} z_i + \frac{h_{i-1}}{6} z_{i-1} + c_{i-1}$$

이고 $S_i'(t_i) = S_{i-1}(t_i)$이므로 $i = 2$, $\cdots$, $n-1$에 대하여

$$h_{i-1} z_{i-1} + 2(h_{i-1} + h_i) z_i + h_i z_{i+1} = 6(c_i - c_{i-1})$$

을 얻는다. $u_i' = 2(h_{i-1} + h_i)$, $v_i = 6(c_i - c_{i-1})$로 놓으면 다음과 같은 연립방정식을 얻는다.

$$\begin{cases} z_1 = 0 \\ h_{i-1}z_{i-1} + u_i z_i + h_i z_{i+1} = v_i, \ \ 2 \le i \le n-1 \\ z_n = 0 \end{cases} \tag{9.8}$$

자료 (t_i, y_i), $i = 1, \cdots, n$에서 자연삼차스플라인 함수를 구하는 과정을 정리하면 다음과 같다.

(1) $h_i = t_{i+1} - t_i$, $c_i = \dfrac{y_{i+1} - y_i}{h_i}$, $u_i = 2(h_{i-1} + h_i)$,

$v_i = 6(c_i - c_{i-1})$을 구한다.

(2) 연립방정식 (9.8)의 해 $z_2, \cdots, z_{n-1}$을 구한다.

(3) 소구간 위의 함수는 다음과 같다.

$$S_i(x) = \frac{z_{i+1}}{6h_i}(x - t_i)^3 + \frac{z_i}{6h_i}(t_{i+1} - x)^3 + \left(\frac{y_{i+1}}{h_i} - \frac{h_i}{6}z_{i+1}\right)(x - t_i) + \left(\frac{y_i}{h_i} - \frac{h_i}{6}z_i\right)(t_{i+1} - x)$$

예제 9.4 자료 $(-1, 1)$, $(0, -1)$, $(1, 2)$를 보간하는 자연삼차스플라인 함수를 구하라.

풀이 $h_1 = h_2 = 1$; $c_1 = -1-1 = -2$, $c_2 = 2-(-1) = 3$, $u_2 = 4$, $v_2 = 6(3+2) = 30$.

$z_1 = 0$, $h_1 z_1 + u_2 z_2 + h_2 z_3 = v_2$, $z_3 = 0$이므로 $z_2 = \dfrac{v_2}{u_2} = 7.5$이다. 즉,

i	t_i	h_i	u_i	y_i	c_i	v_i	z_i
1	-1	1		1	-2		0
2	0	1	4	-1	3	30	7.5
3	1			2			0

따라서

$$S_1(x) = 1.25(x+1)^3 - 2.25(x+1) - x$$

$$S_2(x) = 1.25(1-x)^3 + 2x - 2.25(1-x)$$

이고 자연삼차스플라인 함수는 다음과 같다.

$$S(x) = \begin{cases} 1.25(x+1)^3 - 2.25(x+1) - x, & -1 \le x < 0 \\ 1.25(1-x)^3 + 2x - 2.25(1-x), & 0 \le x < 1 \end{cases}$$

■

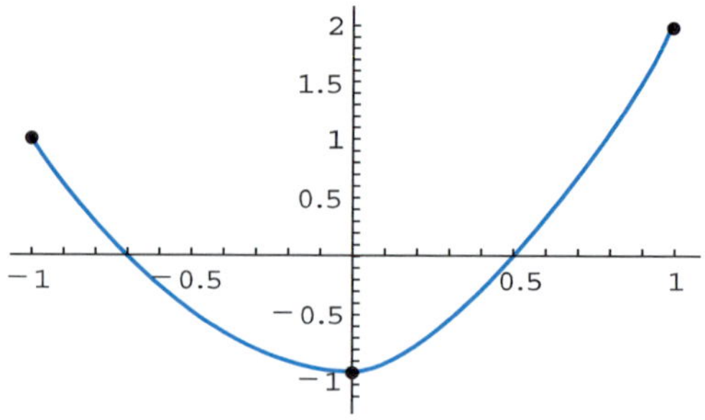

그림 9.7 $S(x)$의 그래프

식 (9.8)의 연립방정식을 행렬로 표시하면 다음과 같다.

$$\begin{pmatrix} u_2 & h_2 & 0 & \cdots & \cdots & 0 \\ h_2 & u_3 & h_3 & 0 & \cdots & 0 \\ 0 & h_3 & u_4 & \ddots & \cdots & \vdots \\ \vdots & 0 & \ddots & \ddots & \ddots & 0 \\ \vdots & \vdots & \ddots & \ddots & u_{n-2} & h_{n-2} \\ 0 & 0 & \cdots & 0 & h_{n-2} & u_{n-1} \end{pmatrix} \begin{pmatrix} z_2 \\ z_3 \\ \vdots \\ \vdots \\ z_{n-2} \\ z_{n-1} \end{pmatrix} = \begin{pmatrix} v_2 \\ v_3 \\ \vdots \\ \vdots \\ v_{n-2} \\ v_{n-1} \end{pmatrix}$$

계수행렬이 삼중대각행렬이므로 가우스 소거법 알고리즘 3.2를 적용하면 다음과 같다.

알고리즘 9.3 자연삼차스플라인 함수

목 적	$(t_i, y_i),\ i=1, \cdots, n$을 지나는 자연삼차스플라인 함수의 보간값
입 력	$(t_i, y_i),\ i=1, \cdots, n,\ \bar{x}$
출 력	$z_2, \cdots, z_{n-1}$과 $\bar{x}$에서 근사값 $S(\bar{x})$
	for $i=1$ to $n-1$ $\quad h_i = t_{i+1} - t_i,\ c_i = \frac{1}{h_i}(y_{i+1} - y_i)$ end $\quad u_2 = 2(h_1 + h_2),\ v_2 = 6(c_2 - c_1)$ for $i=3$ to $n-1$ $\quad u_i = 2(h_i + h_{i-1}) - \frac{h_{i-1}^2}{u_{i-1}},\ v_i = 6(c_i - c_{i-1}) - \frac{h_{i-1}v_{i-1}}{u_{i-1}}$ end $\quad z_1 = z_n = 0$ for $i=n-1$ to 2 $\quad z_i = \frac{1}{u_i}(v_i - h_i z_{i+1})$

end

$t_i \le \bar{x} < t_{i+1}$인 첨자 i를 구한다.

$$\text{approx} = \frac{z_{i+1}}{6h_i}(\bar{x}-t_i)^3 + \frac{z_i}{6h_i}(t_{i+1}-\bar{x})^3$$
$$+\left(\frac{y_{i+1}}{h_i} - \frac{h_i}{6}z_{i+1}\right)(\bar{x}-t_i) + \left(\frac{y_i}{h_i} - \frac{h_i}{6}z_i\right)(t_{i+1}-\bar{x})$$

프로그램 9.3 cubic_spline.cpp

```
#include <stdio.h>
#include <math.h>
double f(double), t[50], y[50];
```

자연삼차스플라인 서브루틴 선언

```
void cubic_spline(int); double pi=4*atan(1);
void main(void)
{
      int i, sel, n;
      printf("함수값을 사용하면 1, 아니면 2를 넣으시오.");
      scanf("%d", &sel);
```

분할 개수

```
      printf("\n입력 자료의 개수는?");
      scanf("%d", &n);
```

x의 값만 입력받음

```
      if(sel==1)
      {
          for(i=0; i<n; i++)
          {
             printf("t[%d]=", i+1); scanf("%lf", &t[i]);
               printf("\ty[%d]=%lf\n", i+1, y[i]=f(t[i]));
          }
      }
```

(x, y)의 값을 모두 입력 받음

```
      else
      {
          for(i=0; i<n; i++)
          {
             printf("t[%d]=", i+1); scanf("%lf", &t[i]);
             printf("\ty[%d]=", i+1); scanf("%lf", &y[i]);
          }
      }
```

자연삼차스플라인 서브루틴 호출

```
      cubic_spline(n-1);
      return;
}
void cubic_spline(int n)
```

```
{
```

fp라는 파일 포인터 변수 선언

data.txt라는 파일을 열어준다.

```
    FILE *fp;
    fp=fopen(“data.txt”,“w”);
    double x1, x2, in, s, data, h[50], b[50], u[50], v[50],
    z[50]; int k;
    x1=t[0]; x2=t[n];
```

데이터 간격을 입력

```
    printf(“\n(x, y)의 출력 간격은?”);
    scanf(“%lf”, &in);
    fprintf(fp,“{”);
    for(int i=0; i<n; i++)
    {
       h[i]=t[i+1]-t[i]; b[i]=(y[i+1]-y[i])/h[i];
    }
    u[1]=2*(h[0]+h[1]); v[1]=6*(b[1]-b[0]);
    for(i=2; i<n; i++)
    {
       u[i]=2*(h[i]+h[i-1])-pow(h[i-1], 2)/u[i-1];
       v[i]=6*(b[i]-b[i-1])-(h[i-1]*v[i-1])/u[i-1];
    }
    z[0]=z[n]=0.;
    for(i=n-1; i>0; i--)
       z[i]=(v[i]-h[i]*z[i+1])/u[i];
    double a1, a2, a3, a4;
    printf(“\n\n자연 삼차 스플라인 함수\n\n”);
    for(i=0; i<n; i++)
    {
       a1=z[i+1]/(6*h[i]); a2=z[i]/(6*h[i]);
       a3=y[i+1]/h[i]-h[i]*z[i+1]/6;
       a4=y[i]/h[i]-h[i]*z[i]/6;
       printf(“S_%d=%lf(x-%lf)^3 + %lf
          (%lf-x)^3+%lf(x-%lf) + %lf
          (%lf-x) \n\n”,
          i+1, a1, t[i], a2, t[i+1], a3, t[i], a4, t[i+
          1]);
    }
    for(data=x1; data<=x2; data=data+in)
    {
```

data값이 어느 구간에 속하는지를 판별

```
      for(i=0; i<=n; i++)
      {
         if(data>=t[i] && data<=t[i+1])
         {
            k=i; break;
         }
```

```
                                    }

                                    a1 = z[k + 1]/(6*h[k]);  a2 = z[k]/(6*h[k]);
                                    a3 = y[k + 1]/h[k] - h[k]*z[k + 1]/6;
                                    a4 = y[k]/h[k] - h[k]*z[k]/6;
                                    s = a1*pow((data - t[k]),3) + a2*pow((t[k + 1] -
s : 삼차 다항식                     data), 3) + a3*(data - t[k]) + a4*(t[k + 1] - data);
                                    printf("x = %lf\t  y = %lf\n", data, s);
data,txt라는 파일에                 if(data + in > x2)
순서쌍 형태로 출력                      fprintf(fp,"{%lf,%lf}}", data, s);
                                    else
                                        fprintf(fp, "{%lf, %lf}, \n", data, s);
                                }
열었던 파일을                       fclose(fp);  return;
닫아준다.                       }
                                double  f(double  x)
함수 f(x)선언                   {
                                    return(sin(pi*x));
                                }
```

프로그램예제 9.3 •• cubic_spline.cpp을 이용하여 매듭 0, 0.25, 0.5, 0.75, 1에서 함수 $f(x) = \sin(\pi x)$을 보간하는 삼차스플라인 함수를 구하고 출력간격을 0.1로 하여 보간값을 구하라.

실행

```
함수값을 사용하면 1, 아니면 2를 넣으시오. 1
입력 자료의 개수는? 5
t[1]  =  0
        y[1]  =  0.000000
t[2]  =  0.25
        y[2]  =  0.707107
t[3]  =  0.5
        y[3]  =  1.000000
t[4]  =  0.75
        y[4]  =  0.707107
t[5]  =  1
        y[5]  =  0.000000
```

```
(x, y)의 출력 간격은? 0.1

자연삼차스플라인 함수
S_1 =-4.896310(x-0.000000)^3 + 0.000000(0.250000-x)^3
      + 3.134446(x-0.000000) + 0.000000(0.250000-x)
S_2 =-6.924428(x-0.250000)^3 +-4.896310(0.500000-x)^3
      + 4.432777(x-0.250000) + 3.134446(0.500000-x)
S_3 =-4.896310(x-0.500000)^3 +-6.924428(0.750000-x)^3
      + 3.134446(x-0.500000-) + 4.432777(0.750000-x)
S_4 = 0.000000(x-0.750000)^3 +-4.896310(1.000000-x)^3
      + 0.000000(x-0.750000) + 3.134446(1.000000-x)
x = 0.000000        y = 0.000000
x = 0.100000        y = 0.308548
x = 0.200000        y = 0.587719
x = 0.300000        y = 0.808492
x = 0.400000        y = 0.950095
x = 0.500000        y = 1.000000
x = 0.600000        y = 0.950095
x = 0.700000        y = 0.808492
x = 0.800000        y = 0.587719
x = 0.900000        y = 0.308548
x = 1.000000        y = 0.000000
```

프로그램예제 9.1과 9.2에서 사용한 일차, 이차스플라인 함수와 달리 삼차스플라인 함수는 $\sin(\pi x)$에 매우 가까움을 알 수 있다.

개념정리

9.1 절

- 조각다항함수

$a=t_1<t_2<\cdots<t_n=b$로 분할된 각 소구간 $[t_1, t_{i+1}]$ 위에서 다항식인 함수

- 일차스플라인 함수

구간 $[a, b]$에서 정의된 함수로 다음 조건을 만족하는 함수 $S(x)$

① $a=t_1<t_2<\cdots<t_n=b$로 분할된 각 소구간 $[t_i, t_{i+1}]$ 위에서 $S(x)$는 일차다항식.

② 구간 $[a, b]$에서 $S(x)$는 연속.

- 매듭

$a=t_1<t_2<\cdots<t_n=b$에서 사이 점 $t_1, t_2, \cdots, t_n$

9.2 절

- 이차스플라인 함수

구간 $[a, b]$에서 정의된 함수로 다음 조건을 만족하는 함수 $S(x)$

① $a=t_1<t_2<\cdots<t_n=b$로 분할된 각 소구간 $[t_i, t_{i+1}]$ 위에서 $S(x)$는 이차다항식.

② 구간 $[a, b]$에서 $S(x)$, $S'(x)$가 연속.

9.3 절

- k차스플라인 함수

구간 $[a, b]$에서 정의된 함수로 다음 조건을 만족하는 함수 $S(x)$

① $j=0, 1, 2, \cdots, k-1$에 대하여 모든 j차 도함수 $S^{(j)}(x)$가 $[a, b]$에서 연속.

② 각 소구간 $[t_i, t_{i+1}]$에서 $S(x)$가 k차 이하의 다항식이 되는 구간 $[a, b]$의 분할

$a=t_1<t_2<\cdots<t_n=b$가 존재.

- 자연삼차스플라인 함수

조건 $S''(t_1)=S''(t_n)=0$을 추가하여 구한 삼차스플라인 함수

연습문제

1. 다음 점을 지나는 일차스플라인 함수를 구하라.

(1) $(0, 0)$, $(1, 1)$, $(3, 3)$

(2) $(0, 0)$, $(1, 1)$, $(3, 9)$

(3) $(0, 0)$, $(0.5, 1)$, $(1, 0)$

(4) $(1, 0)$, $(10, 1)$, $(100, 2)$

(5) $(0, 0)$, $(1, 1)$, $(2, 0)$, $(3, 1)$, $(4, 0)$

2. 식 (9.1)은 두 점 (t_i, y_i), (t_{i+1}, y_{i+1})을 지나는 일차다항식임을 설명하라.

3. 다음 일차 조각다항함수가 스플라인 함수가 되도록 계수를 구하라.

(1) $f(x) = \begin{cases} ax, & 0 \le x < 1 \\ 1-2x, & 1 \le x < 2 \end{cases}$

(2) $f(x) = \begin{cases} x, & 0 \le x < 1 \\ ax+b, & 1 \le x < 2 \\ -1, & 2 \le x \le 3 \end{cases}$

(3) $f(x) = \begin{cases} x+b, & 0 \le x < 1 \\ a-2x, & 1 \le x < 2 \\ ax+b, & 2 \le x \le 3 \end{cases}$

(4) $f(x) = \begin{cases} ax, & 0 \le x < 1 \\ b+1-bx, & 1 \le x < 2 \\ 0, & 2 \le x \le 3 \end{cases}$

4. $x=0$에서 기울기가 0이고 다음 점을 지나는 이차스플라인 함수를 구하라.

(1) $(0, 0)$, $(1, 1)$, $(3, 3)$

(2) $(0, 0)$, $(1, 1)$, $(3, 9)$

(3) $(0, 0)$, $(0.5, 1)$, $(1, 0)$

(4) $(0, 0)$, $(1, 1)$, $(2, 0)$, $(3, 1)$

5. 식 (9.2)은 점 (t_i, y_i)을 지나고 $x=t_i$에서 기울기가 z_i이고 $x=t_{i+1}$에서 기울기가 z_{i+1}인 이차다항식임을 설명하라.

6. 식 (9.3)이 성립함을 보여라.

7. 다음 이차 조각다항함수가 스플라인 함수가 되도록 계수를 구하라.

(1) $f(x) = \begin{cases} ax, & 0 \le x < 1 \\ bx^2-2x+1, & 1 \le x < 2 \end{cases}$

(2) $f(x) = \begin{cases} x, & 0 \le x < 1 \\ ax^2+bx+c, & 1 \le x < 2 \\ dx-1, & 2 \le x \le 3 \end{cases}$

(3) $f(x) = \begin{cases} ax+b, & 0 \le x < 1 \\ x^2-2x+1, & 1 \le x < 2 \\ cx+d, & 2 \le x \le 3 \end{cases}$

(4) $f(x) = \begin{cases} x^2-ax, & 0 \le x < 1 \\ bx^2+x+c, & 1 \le x < 2 \\ dx-1, & 2 \le x \le 3 \end{cases}$

8. 다음 삼차 조각다항함수가 자연삼차스플라인 함수가 되도록 계수를 구하라.

(1) $f(x) = \begin{cases} ax^3+bx^2+cx+d, & 0 \le x < 1 \\ ex^3+fx^2+gx+h & 1 \le x < 2 \end{cases}$

(2) $f(x) = \begin{cases} x+a, & 0 \le x < 1 \\ bx^3+cx^2+dx+e, & 1 \le x < 2 \\ fx+1, & 2 \le x \le 3 \end{cases}$

9. 식 (9.4)를 유도하라.

10. 식 (9.5)를 유도하라.

11. 식 (9.6)을 유도하라.

12. 식 (9.7)을 유도하라.

13. 다음 점을 지나는 자연삼차스플라인 함수를 구하라.

(1) $(0, 0)$, $(1, 1)$, $(3, 9)$

(2) $(0, 0)$, $(0.5, 1)$, $(1, 0)$

(3) $(0, 0)$, $(1, 1)$, $(2, 4)$, $(3, 1)$, $(4, 0)$

(4) $(0, 0)$, $(1, 0)$, $(2, 1)$, $(3, 0)$, $(4, 0)$

14. $a=t_1<t_2<\cdots<t_n=b$라고 하자. 각 매듭에서 $f(t_i)=y_i$이고 이차 도함수 $f''(t)$가 연속인 함수 중에서 $\int_a^b f''(t)^2 dt$를 최소화하는 함수는 자연삼차스플라인 함수임을 증명하라.

실습문제

1. 프로그램 9.1을 이용하여 연습문제 1의 일차스플라인 함수의 그래프를 그려라.

2. 프로그램 9.2를 이용하여 연습문제 4의 이차스플라인 함수의 그래프를 그려라.

3. 프로그램 9.3을 이용하여 연습문제 13의 삼차스플라인 함수의 그래프를 그려라.

4. 프로그램 9.2를 이용하여 프로그램예제 9.2에서 $z1=1, -1$일 때 이차스플라인 함수의 그래프를 그려라.

5. 프로그램 9.2를 이용하여 $y=x^2+2x+2$의 $x=-1, 0, 1, 2$를 지나는 이차스플라인 함수는 $z1=0$을 사용하면 $y=x^2+2x+2$와 일치함을 보여라.

6. 프로그램 9.3을 이용하여 $y=x^3-3x+1$의 $x=-1, -0.5, 0, 0.5, 1$를 지나는 삼차스플라인 함수는 $z1=0$을 사용하면 $y=x^3-3x+1$와 일치함을 보여라.

제 10 장 최적근사함수

보간법은 주어진 자료 $\{(x_i,\ y_i)\,|\, i=1,\ \cdots,\ n\}$에서 x_i들이 모두 다를 때 이 자료를 전부 만족하는 다항식을 구하는 방법으로, 효과적인 방법은 소구간에서 차수가 낮은 다항식을 구하여 연속으로 연결하는 스플라인 방법이다. 자료에서 한 x_i에 대하여 대응하는 y의 값이 서로 다른 것이 있다면 이를 만족하는 함수는 구할 수는 없다. 그러나 그 자료를 만족하는 함수를 구하는 대신 자료의 경향을 잘 나타내주는 함수 $f(x)$를 구하는 것은 의미가 있다. 잘 나타낸다는 의미는 x_i에서 대응하는 원래의 값 y_i와 함수값 $f(x_i)$의 오차가 가능한 한 작음을 뜻한다. 이와 같이 주어진 자료를 어떠한 기준에서 가장 잘 나타내는 함수를 주어진 자료의 최적근사함수 (the best approximation function)라 하며 어떤 기준을 택하는 것에 따라 최적근사함수는 달라질 수 있다. 또한 바이어슈트라스(Weierstrass) 정리에 의하면 $[a,\ b]$ 위의 연속함수는 다항함수로 충분히 잘 근사할 수 있다. 이 장에서는 직교다항식의 개념을 도입하여 n차 다항식 중에서 주어진 연속함수를 가장 잘 나타내는 근사다항함수를 구한다.

10.1 직교다항식

벡터 $u=(u_1, u_2, \cdots, u_n)^T$, $v=(v_1, v_2, \cdots, v_n)^T$가 있을 때 두 벡터의 내적

$$u^Tv = u_1v_1 + u_2v_2 + \cdots + u_nv_n = 0$$

이면, 두 벡터는 직교하며 $u \perp v$라고 나타내었다. 마찬가지로 서로 직교하는 다항식을 정의할 수 있다. $C[a, b]$를 구간 $[a, b]$ 위에서 연속인 함수의 집합이라고 하자. 그러면 다항식은 항상 연속이므로 모든 다항식은 $C[a, b]$에 속해 있다.

정의 10.1

이변수 함수 $< \cdot, \cdot > : C[a, b] \times C[a, b] \rightarrow \mathrm{R}$이 다음 조건을 만족하면 $< \cdot, \cdot >$을 $C[a, b]$ 위에서 **내적**(inner product)이라고 한다.

(1) 모든 $f \in C[a, b]$에 대하여, $< f, f > \geq 0$이다.

(2) 모든 $f \in C[a, b]$에 대하여, $f=0$이면 $< f, f >=0$이고 역도 성립한다.

(3) 모든 $f,\ g \in C[a, b]$에 대하여, $< f, g >=< g, f >$이다.

(4) 모든 $f,\ g,\ h \in C[a, b]$에 대하여, $< f, g+h >=< f, g >+< f, h >$이다.

(5) 모든 $f,\ g \in C[a, b]$와 상수 α에 대하여, $< \alpha f, g >= \alpha < f, g >$이다.

예제 10.1 $\omega(x)$은 구간 $[a, b]$ 위에서 연속이고 $\omega(x) > 0$인 함수이다. $[a, b]$ 위에서 연속인 함수 $f(x)$와 $g(x)$에 대하여

$$< f, g >= \int_a^b f(x)g(x)\omega(x)dx$$

라고 정의하면 $< f, g >$은 $C[a, b]$ 위에서 내적이 됨을 보이자.

풀이 (1) $a < b$이고 $(f(x))^2\omega(x) \geq 0$이므로 정적분의 정의에 의하여 다음이 성립한다.

$$< f, f >= \int_a^b (f(x))^2\omega(x)dx \geq 0$$

(2) $f=0$이면 $< f, f >= \int_a^b 0\omega(x)dx = 0$이다. 역으로 $< f, f >= \int_a^b (f(x))^2$

$\omega(x)dx = 0$이라고 하자. $a \neq b$이고 $(f(x))^2\omega(x) \geq 0$이므로 연속함수 $(f(x))^2\omega(x)$은 $[a, b]$ 위에서 0이다. $[a, b]$ 위에서 $\omega(x) > 0$이므로 $f(x) = 0$이 된다.

(3) 모든 $f,\ g \in C[a, b]$에 대하여 다음이 성립한다.

$$\begin{aligned} < f, g > &= \int_a^b f(x)g(x)\omega(x)dx \\ &= \int_a^b g(x)f(x)\omega(x)dx = < g, f > \end{aligned}$$

(4) 적분은 결합법칙이 성립하므로 모든 $f,\ g,\ h \in C[a, b]$에 대하여 다음이 성립한다.

$$\begin{aligned} < f, g+h > &= \int_a^b f(x)(g(x)+h(x))\omega(x)dx \\ &= \int_a^b f(x)g(x)\omega(x)dx + \int_a^b f(x)h(x)\omega(x)dx \\ &= < f, g > + < f, h > \end{aligned}$$

(5) 모든 $f,\ g \in C[a, b]$와 상수 α에 대하여 다음이 성립한다.

$$\begin{aligned} < \alpha f, g > &= \int_a^b (\alpha f(x))g(x)\omega(x)dx \\ &= \alpha \int_a^b f(x)g(x)\omega(x)dx = \alpha < f, g > \end{aligned}$$

정의 10.1의 조건을 모두 만족하므로 $< f, g >$는 $C[a, b]$ 위에서 내적이다. ■

직교라고 해서 수직으로 만나는 것은 아니다. 평면벡터의 경우 $< u, v > = v^Tu$로 정의하면 기하학적으로 수직이 된다.

R^n 위에서 $< u, v > = v^Tu$로 정의하면 $< \cdot, \cdot > : \mathrm{R}^n \times \mathrm{R}^n \to \mathrm{R}$은 함수가 되고 2.2절의 내적과 일치한다. 또한 $< u, v > = v^Tu$는 정의 10.1의 내적이 되는 조건 모두를 만족한다. $v^Tu = 0$이면 벡터 $u,\ v$는 직교한다고 하는 것과 마찬가지로 $[a, b]$ 위에서 연속인 함수 $f,\ g$가 $< f, g > = 0$이면 $f,\ g$는 **직교**한다고 하고 $f \perp g$로 나타낸다. $< f, g >$가 내적이면 $< f, f > \geq 0$이므로 $\|f\| = \sqrt{< f, f >}$로 정의할 수 있다. 이 $\|f\|$을 f의 **노름**(norm)이라 하며 4.1절의 노름의 모든 조건을 만족한다. 노름 $\|f\|$는 함수 f의 크기를 재는 척도가 된다.

예제 10.2

내적 $< f, g > = \int_{-1}^1 f(x)g(x)dx$에 대하여 다항식 $p_0(x) = 1,\ p_1(x) = x$

의 노름을 구하고 서로 직교임을 보이자.

풀이

$$\|p_0\| = \sqrt{\int_{-1}^{1} dx} = \sqrt{2}, \quad \|p_1\| = \sqrt{\int_{-1}^{1} x^2 dx} = \sqrt{\frac{2}{3}}$$

$$< p_0, p_1 > = \int_{-1}^{1} p_0(x) p_1(x) dx = \int_{-1}^{1} x\, dx = 0$$

■

예제 10.2에서 보듯이 두 함수의 내적의 크기는 두 함수의 노름의 곱보다는 크지 않음을 다음 정리에서 보여준다.

정리 10.2 **코시-슈바르츠 부등식**

임의의 연속함수 $f,\ g \in C[a, b]$에 대하여

$$|< f, g >| \le \|f\| \cdot \|g\|$$

이 성립한다.

평면벡터의 경우 $< u, v > = v^T u$로 정의하면 정리 10.2는 다음과 같다.
$|u_1 v_1 + u_2 v_2|$
$\le \sqrt{u_1^2 + u_2^2}\sqrt{v_1^2 + v_2^2}$

삼각형에서 두 변의 길이의 합은 다른 한 변의 길이보다 항상 크듯이 코시-슈바르츠(Cauchy-Schwarz) 부등식을 이용하면 두 함수의 합의 노름은 각 함수의 노름의 합보다 항상 작음을 다음과 같이 보일 수 있다.

$$\begin{aligned} \|f+g\|^2 &= < f+g, f+g > = < f, f > + 2 < f, g > + < g, g > \\ &\le \|f\|^2 + 2\|f\|\|g\| + \|g\|^2 \\ &= (\|f\| + \|g\|)^2 \end{aligned}$$

정리 10.3 **삼각부등식**

임의의 연속함수 $f,\ g \in C[a, b]$에 대하여 다음이 성립한다.

$$\|f+g\| \le \|f\| + \|g\|$$

예제 10.3 내적 $< f, g > = \int_{-1}^{1} f(x) g(x) dx$에 대하여 다항식 $p_0(x) = 1,\ p_1(x) = x$이 정리 10.3을 만족하는지 살펴보자.

풀이 예제 10.2에 의하여 $\|p_0\| = \sqrt{2},\ \|p_1\| = \sqrt{\frac{2}{3}}$ 이므로

평면벡터의 경우 $< u, v > = v^T u$로 정의하면 정리 10.3은 "삼각형에서 두 변의 길이는 다른 한 변의 길이보다 크다"와 동치이다.

$$\|p_0\| + \|p_1\| = \sqrt{2} + \sqrt{\frac{2}{3}} = \frac{(\sqrt{3}+1)\sqrt{6}}{3}$$

이고 $\|p_0 + p_1\| = \sqrt{\int_{-1}^{1} (p_0(x) + p_1(x))^2 dx} = \frac{2\sqrt{6}}{3}$ 이므로 부등식을 만족한다. ■

정의 10.4 임의의 $i \neq j$에 대하여 $< p_i, p_j > = 0$이면 $\{p_k(x) \mid k = 1, 2, \cdots, n\}$을 직교집합(orthogonal set)이라고 하며, 특히 모든 $k = 1, \cdots, n$에 대하여 $\|p_k\| = 1$이면 정규직교집합(orthonormal set)이라 한다.

$\{q_k(x) \mid k = 1, 2, \cdots, n\}$이 직교집합이고 $q_k(x) \neq 0$일 때 모든 $k = 1, \cdots, n$에 대하여 $p_k(x) = \frac{q_k(x)}{\|q_k\|}$로 정의하면 $< p_k, p_k > = \frac{< q_k, q_k >}{\|q_k\|^2} = 1$이므로 $\{p_k(x) \mid k = 1, 2, \cdots, n\}$은 정규직교집합이 된다.

예제 10.4 내적 $< f, g > = \int_{-1}^{1} f(x) g(x) dx$에 대하여 다음 함수는 정규직교임을 보여라.

$$p_0(x) = \frac{1}{\sqrt{2}}, \ p_1(x) = \sqrt{\frac{3}{2}}\, x, \ p_2(x) = \sqrt{\frac{45}{8}} \left(x^2 - \frac{1}{3}\right)$$

풀이 예제 10.2에 의하여 $\|p_0\| = \|p_1\| = 1$이고 $\|p_2\|^2 = \frac{45}{8} \int_{-1}^{1} \left(x^2 - \frac{1}{3}\right)^2 dx = 1$이다.
한편, 예제 10.2에 의하여 $< p_0, p_1 > = 0$이고

$$< p_0, p_2 > = \sqrt{\frac{45}{16}} \int_{-1}^{1} \left(x^2 - \frac{1}{3}\right) dx = 0$$

$$< p_1, p_2 > = \sqrt{\frac{136}{16}} \int_{-1}^{1} \left(x^2 - \frac{1}{3}\right) x\, dx = 0$$

이므로 정규직교이다. ■

함수 $\{1, x, x^2, \cdots, x^n\}$은 일차독립이며 n차 다항식 $p(x) = a_0 x^n + \cdots + a_{n-1} x + a_n$은 이 함수들의 일차결합으로 이루어진다. 그러나 이 함수들은 서로 직교하지는 않는다. 그람-슈미트 직교정리를 이용하여 서로

직교하는 n차 다항식을 구할 수 있으며, 임의의 n차 다항식은 이 직교하는 다항식의 일차결합으로 이루어질 수 있다.

정리 10.5 **그람-슈미트 직교정리**

내적 $< \cdot, \cdot >$을 이용하여 다음과 같이 k차 다항식 $q_k(x)$와 $p_k(x)$를 정의하면 $q_k \neq 0$이고 $\{q_k(x) | k=0, 1, \cdots, n\}$은 내적 $< \cdot, \cdot >$에 관하여 직교집합이며 $\{p_k(x) | k=0, 1, \cdots, n\}$은 정규직교집합이 된다.

$$q_0(x) = 1, \quad p_0(x) = \frac{q_0(x)}{\|q_0\|}$$

$$q_k(x) = x^k - \sum_{j=0}^{k-1} < x^k, p_j > p_j(x), \ (1 \leq k \leq n)$$

$$p_k(x) = \frac{q_k(x)}{\|q_k(x)\|}$$

정리 10.5는 수학적 귀납법에 의하여 증명할 수 있다. 정리 10.5에서

$$x^k = \|q_k\| p_k(x) + \sum_{j=0}^{k-1} < x^k, p_j > p_j(x)$$

이므로, x^k는 $\{p_j(x)\}_{j=0}^{k}$의 일차결합으로 나타낼 수 있다. 그러므로 임의의 n차다항식은 직교다항식 $\{p_j(x)\}_{j=0}^{k}$의 일차결합으로 나타낼 수 있다. 따라서 다음 정리가 성립한다.

정리 10.6

$\{p_i(x) | i=0, 1, \cdots, n\}$을 정리 10.5에서 정의한 직교다항식이라고 하고, $p(x)$를 k보다 작은 차수의 다항식이라 하자. 그러면

$$< p, p_j > = 0, \ j \geq k$$

이 성립한다.

정리 10.6에 의하여 $p_k(x)$는 k보다 작은 차수의 모든 다항식과 수직이다.

예제 10.5

내적 $< f, g > = \int_{-1}^{1} f(x)g(x)dx$에 관한 정규직교다항식 $p_0(x)$, $p_1(x)$, $p_2(x)$를 구해 보자.

풀이 $q_0(x)=1,\ \|q_0\|^2=\int_{-1}^{1}dx\int_{-1}^{1}dx=2 \qquad \therefore\ p_0(x)=\frac{1}{\sqrt{2}}$

$$q_1(x)=x-<x,\,p_0>p_0(x)=x-\frac{1}{2}\int_{-1}^{1}x\,dx=x$$

$$\|q_1\|^2=\int_{-1}^{1}x^2dx=\frac{2}{3} \qquad \therefore\ p_1(x)=\sqrt{\frac{3}{2}}\,x$$

$$\begin{aligned}q_2(x)&=x^2-<x^2,\,p_0>p_0(x)-<x^2,\,p_1>p_1(x)\\&=x^2-\frac{1}{2}\int_{-1}^{1}x^2dx-\left(\frac{3}{2}\int_{-1}^{1}x^3dx\right)x=x^2-\frac{1}{3}\end{aligned}$$

$$\|q_2\|^2=\int_{-1}^{1}\left(x^2-\frac{1}{3}\right)^2dx=\sqrt{\frac{8}{45}} \qquad \therefore\ p_2(x)=\sqrt{\frac{45}{8}}\left(x^2-\frac{1}{3}\right)$$ ■

내적 $<f,\,g>=\int_{-1}^{1}f(x)g(x)dx$에 관한 직교다항식은 르장드르 다항식이며 이 다항식은 다음 성질을 만족한다([Scheid 8.5]).

(1) $k=0,\ 1,\ \cdots,\ n-1$에 대하여 $\int_{-1}^{1}x^kq_n(x)dx=0$이다.

(2) $i\neq j$이면 $\int_{-1}^{1}q_i(x)q_j(x)dx=0$이다.

(3) $q_n(x)=0$의 근은 모두 $(-1,\ 1)$에 있다.

르장드르(Legendre) 다항식은 다음과 같이 정의한다.

$$q_n(x)=\frac{1}{2^n n!}\frac{d^n}{dx^n}[(x^2-1)^n] \tag{10.1}$$

식 (10.1)은 $q_0(x)=1$이고 $q(x)=x$로 정의하면 점화식

$$(n+1)q_{n+1}(x)=(2n+1)xq_n(x)-nq_{n-1}(x) \tag{10.2}$$

에 의하여 구할 수도 있다. 또한 정리 10.5에 의하여 구한 다항식과 상수배 정도 차이가 나지만 직교 성질에는 변함이 없다. 르장드르의 그래프는 그림 10.1과 같다.

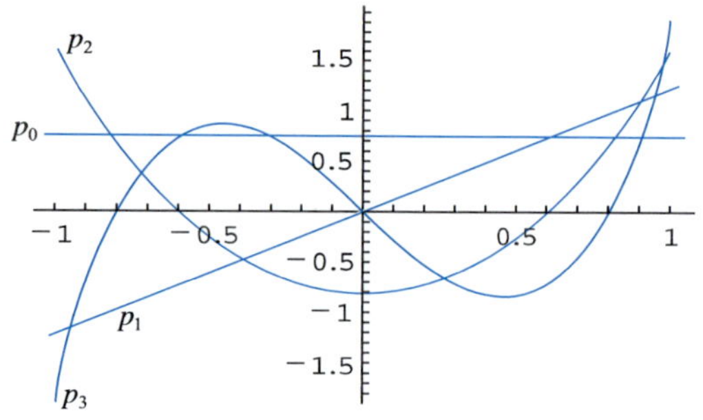

그림 10.1 르장드르 다항식

예제 10.6 내적 $< f, g > = \int_0^\infty f(x)g(x)e^{-x}dx$에 관한 정규직교다항식 $p_0(x)$, $p_1(x)$, $p_2(x)$를 구해 보자.

풀이

$$q_0(x) = 1,\ \|q_0\|^2 = \int_0^\infty e^{-x}dx = 1,\ p_0(x) = 1$$

$$q_1(x) = x - < x, p_0 > p_0(x) = x - \int_0^\infty xe^{-x}dx = x - 1$$

$$\|q_1\|^2 = \int_0^\infty (x-1)^2 e^{-x}dx = 1,\ p_1(x) = x - 1$$

$$\begin{aligned} q_2(x) &= x^2 - < x^2,\ p_0 > p_0(x) - < x^2, p_1 > p_1(x) \\ &= x^2 - \int_0^\infty x^2 e^{-x}dx - \int_0^\infty x^2(x-1)e^{-x}dx(x-1) \\ &= x^2 - 4x + 2 \end{aligned}$$

$$\|q_2\| = \int_0^\infty (x^2 - 4x + 2)^2 e^{-x}dx = 4,\quad p_2(x) = \frac{1}{2}(x^2 - 4x + 2)$$ ■

내적 $< f, g > = \int_0^\infty f(x)g(x)e^{-x}dx$에 관한 직교다항식은 라게르(Laguere) 다항식이며 이 다항식은 다음 성질을 만족한다.

(1) $k = 0,\ 1,\ \cdots,\ n-1$에 대하여 $\int_0^\infty x^k q_n(x)e^{-x}dx = 0$이다.

(2) $i \neq j$이면 $\int_0^\infty q_i(x)q_j(x)e^{-x}dx = 0$이다.

라게르 다항식은 다음과 같이 정의한다.

$$q_n(x) = e^x \frac{d^n}{dx^n}(e^{-x}x^n) \tag{10.3}$$

식 (10.3)은 $q_0(x) = 1$이고 $q_1(x) = 1 - x$로 정의하면 점화식

$$q_{n+1}(x) = (-x + 2n + 1)q_n(x) - n^2 q_{n-1}(x) \tag{10.4}$$

에 의하여 구할 수 있으며 적당한 상수를 곱하면 예제 10.6과 같은 다항식을 구할 수 있다.

직교다항식은 사용한 내적에 따라 이름이 달리 붙여진다.

주어진 함수 $T_0(x) = 1$, $T_1(x) = x$에서 $k = 2, 3, \cdots$에 대하여 점화식

$$T_k(x) = 2x\,T_{k-1}(x) - T_{k-2}(x) \tag{10.5}$$

을 이용하면

$$\begin{aligned} T_2(x) &= 2x^2 - 1 \\ T_3(x) &= 4x^3 - 3x \\ T_4(x) &= 8x^4 - 8x^2 + 1 \\ &\vdots \end{aligned}$$

이 된다. 이 함수를 체비쇼프(Chebyshev) 다항식이라 하며 구간 $[-1, 1]$에서

$$T_k(x) = \cos(k\cos^{-1}x)$$

로 나타낼 수 있으며 내적 $< f, g >= \int_{-1}^{1} f(x)g(x)(1-x^2)^{\frac{1}{2}}dx$에 관하여 직교다항식이다.

예제 10.7 내적 $< f, g >= \int_{-1}^{1} f(x)g(x)(1-x^2)^{\frac{1}{2}}dx$에 관하여 $< T_0, T_1 >= 0$임을 보이자.

풀이

$$\begin{aligned} < T_0, T_1 > &= \int_{-1}^{1} x(1-x^2)^{\frac{1}{2}}dx \\ &= -\frac{1}{2}\int_{-1}^{1}(1-x^2)^{\frac{1}{2}}d(1-x^2) \end{aligned}$$

$$=-\frac{1}{3}(1-x^2)^{\frac{3}{2}}\Big|_{-1}^{1}=0$$ ■

*10.2 최적최소근사다항함수

이 절에서는 연속함수와 가장 가까운 n차 다항식을 직교다항식을 이용하여 구하고자 한다. 함수와 함수가 가깝다는 것은 두 함수의 차의 노름이 작음을 뜻한다. 정리 10.7은 연속함수에 가장 가까운 n차 다항식은 단 하나 있고 어떻게 구할 수 있는지 알려준다.

정리 10.7 **최적최소근사다항함수**

함수 $f(x)$가 $[a, b]$ 위에서 연속이면 n차 이하의 모든 다항식 $p(x)$에 대하여 $\|f-p_n^*\| \le \|f-p\|$을 만족하는 n차 다항식 $p_n^*(x)$는 다음과 같다.

$$p_n^*(x)=\sum_{j=0}^{n}<f, p_j>p_j(x)$$

단, $\{p_j(x) \mid j=0, 1, \cdots, n\}$은 정규직교다항식이다.

$\|f-p_n^*\|=\min_{p\in P_n}\|f-p\|$

정리 10.7에서 n차 이하의 모든 다항식 $p(x)$에 대하여 $\|f-p_n^*\| \le \|f-p\|$란 의미는 노름 $\|\cdot\|$을 기준으로 n차 이하의 모든 다항식 중에서 $p_n^*(x)$가 $f(x)$에 가장 가깝다는 뜻이다.

정리 10.8 $\{p_j(x) \mid j=0, 1, \cdots, n\}$은 정규직교다항식이라 하자. 함수 $f(x)$가 $[a, b]$ 위에서 연속이고 $p_n^*(x)=\sum_{j=0}^{n}<f, p_j>p_j(x)$이면

$$\|p_n^*\|^2=\sum_{j=0}^{n}<f, p_j>^2 \text{이고 } \|f-p_n^*\|^2=\|f\|^2-\|p_n^*\|^2$$

이며 n차 이하의 모든 다항식 $p(x)$에 대하여 $<f-p_n^*, p>=0$이다.

정리 10.7과 정리 10.8의 기하학적인 이해를 돕기 위하여 함수 $f(x)$를 평면 위의 한 벡터 f라 하고 n차 이하의 모든 다항식의 집합(또는 공간)을 원점을 지나는 직선 p라고 하자. 그러면 p_n^*는 f를 이 직선에 수직으로 투영시킬 때 직선 p 위에 생기는 벡터가 된다.

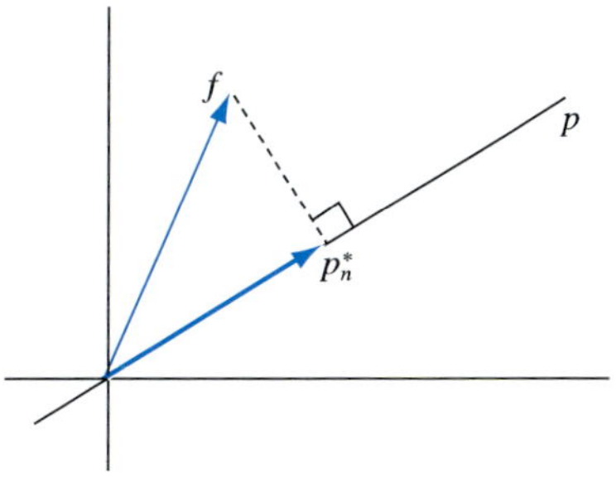

그림 10.2 최적벡터의 기하학적 의미

두 벡터 f, p_n^*로 이루어진 직각삼각형에서 $\|f\|$는 빗변의 길이를, $\|f-p_n^*\|$, $\|p_n^*\|$은 다른 두 변의 길이를 나타내며 관계식 $\|f-p_n^*\|^2 = \|f\|^2 - \|p_n^*\|^2$은 바로 피타고라스 정리를 뜻한다. n차 이하의 모든 다항식 $p(x)$에 대하여 $< f-p_n^*, p >= 0$은 한 변 $f-p_n^*$와 직선 p에 놓여 있는 벡터와는 항상 수직임을 뜻한다.

정리 10.7에 의하여 $[a, b]$ 위에서 연속함수인 $f(x)$를 가장 잘 나타내는 n차 다항식 p_n^*를 구하기 위해서

첫째, 정규직교집합 $\{p_j(x) | j=0, 1, \cdots, n\}$을 구하고

둘째, $0 \le j \le n$에 대하여 내적 $< f, p_j >$를 구한 후

셋째, $p_n^*(x) = \sum_{j=0}^{n} < f, p_j > p_j(x)$

를 이용하면 된다. 그러나 이 과정은 매우 복잡하고 많은 계산을 요구할 뿐만 아니라 큰 오차를 유발할 수 있다. 따라서 다음과 같이 효율적으로 개선된 그람-슈미트 방법을 사용한다.

알고리즘 10.1 개선된 그람-슈미트 방법

목 적	최적최소다항함수를 구함
입 력	$n,\ f(x)$
출 력	$p_n^*(x)$
	$q_0(x)=1$ $q_1(x)=x-\dfrac{< x, q_0 >}{< q_0, q_0 >}$ for $k=2$ to n $a_k=\dfrac{< xq_{k-1}, q_{k-1} >}{< q_{k-1}, q_{k-1} >},\ b_k=\dfrac{< q_{k-1}, q_{k-1} >}{< q_{k-2}, q_{k-2} >}$ $q_k(x)=(x-a_k)q_{k-1}(x)-b_k q_{k-2}(x)$ end $p_n^*(x)=\sum_{j=0}^{n}\dfrac{< f, q_j >}{< q_j, q_j >}q_j(x)$

예제 10.8 내적 $< f, g >= \int_0^1 f(x)g(x)dx$에 관하여 $f(x)=e^x$에 대한 2차 최적최소근사다항함수를 구해보자.

풀이 $q_0(x)=1,\ < q_0, q_0 >=1,\ < x, q_0 >=0.5$이므로

$$q_1(x)=x-0.5$$

이다. $< q_1, q_1 >=0.0833,\ < xq_1, q_1 >=0.0417$이므로 $a_2=0.5,\ b_2=0.0833$이고

$$\begin{aligned} q_2(x) &= (x-0.5)^2-0.0833 \\ &= x^2-x-0.3333 \end{aligned}$$

이다. $< q_2, q_2 >=0.2555,\ < f, q_0 >=1.7183,\ < f, q_1 >=0.1409,\ < f, q_2 >=-0.8544$이므로 $f(x)=e^x$에 대한 이차 최적최소다항함수는

$$\begin{aligned} p_2^*(x) &= \frac{< f, q_0 >}{< q_0, q_0 >}q_0(x)+\frac{< f, q_1 >}{< q_1, q_1 >}q_1(x)+\frac{< f, q_2 >}{< q_2, q_2 >}q_2(x) \\ &= 0.1718+1.6915(x-0.5)-3.3440(x^2-x-0.3333) \\ &= -3.344x^2+5.0355x+0.4406 \end{aligned}$$

이고 $f(x)=e^x$와 이차 최적최소다항함수 $p_2^*(x)$의 그래프는 그림 10.3과 같다. p_n^*의 n을 크게 함으로써 오차를 더 작게 만들 수 있다. ■

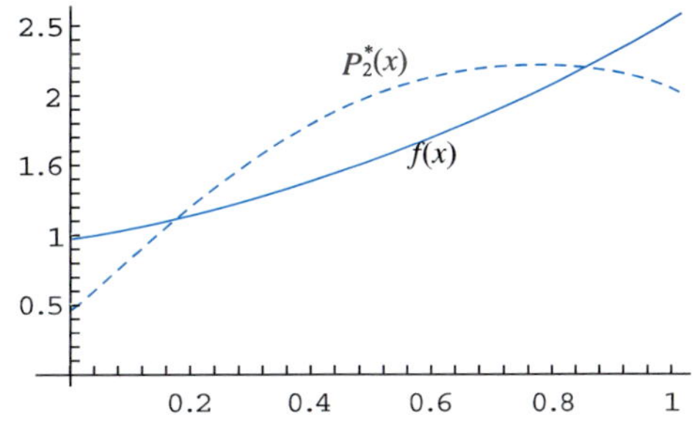

그림 10.3 $f(x)=e^x$의 최적최소다항함수

10.3 최소제곱방법

보간법에서는 자료 (x_i, y_i), $i=1, \cdots, n$의 x_i가 모두 다르다고 가정하고 이 점을 지나는 함수를 구하였다. 이러한 가정이 없는 자료를 생각해보자. 예를 들어, 신입생의 키를 x 좌표로 하고 몸무게를 y 좌표로 하는 자료를 모으면 키가 같더라도 체중이 다를 수 있으므로 x 좌표를 모두 다르다고 가정할 수 없다. 이러한 경우 이 자료를 만족하는 함수를 구할 수 없고 단지 x와 y 사이의 관계를 나타낼 수 있다. 키와 체중과의 관계를 직선으로 나타내면 일반적으로 키가 큰 사람이 체중이 많이 나가므로 양의 기울기를 가진 직선이 될 것이다. 이 절에서 구하고자 하는 것은 이러한 직선 중 주어진 자료를 가장 잘 나타내는 또는 자료와의 오차가 가장 작은 직선을 구하고, 나아가 일반적으로 주어진 자료를 가장 잘 나타내는 함수를 찾는 것이다.

그림 10.4와 같은 자료 (x_i, y_i), $i=1, \cdots, n$를 가장 잘 나타내는 직선 $f(x)=ax+b$를 구해보자.

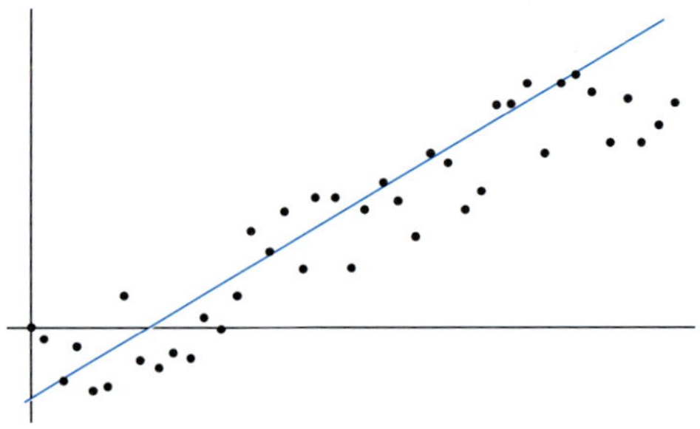

그림 10.4 최소제곱직선

직선 $f(x)=ax+b$가 자료를 가장 잘 나타낸다는 것은 $f(x)$와 자료의 오차 $f(x_k)-y_k$, $k=1, \cdots, n$를 최소화하는 것을 말한다. 오차는 음수 또는 양수일 수 있으므로 오차를 최소화하는 것은 오차의 제곱의 합

$$\sum_{k=1}^{n}(f(x_k)-y_k)^2 \tag{10.6}$$

의 값을 최소화하는 것과 같다. **최소제곱방법** (least square method)은 오차 (10.6)을 최소화하는 상수를 구하여 근사함수를 구하는 방법이다. 오차 (10.6)의 제곱의 합은 a, b에 따라 달라지므로 오차의 제곱의 합은 a, b에 관한 이변수함수

$$\phi(a, b)=\sum_{k=1}^{n}(ax_k+b-y_k)^2$$

로 나타낼 수 있다. 오차의 제곱의 합이 최소가 된다는 것은 함수 $\phi(a, b)$가 최소가 되는 것으로 $\phi(a, b)$의 최소점 (a, b)를 구하면 그때 $f(x)=ax+b$가 오차를 최소화하는 최적의 직선이 된다. 함수 $\phi(a, b)$가 최소가 되는 점에서 a와 b에 관한 ϕ의 편미분은 0이므로

$z=f(x, y)$가 (a, b)에서 극값을 가지면 다음이 성립한다.

$$\frac{\partial f}{\partial x}(a, b)=0$$
$$\frac{\partial f}{\partial y}(a, b)=0$$

$$\begin{aligned}\frac{\partial \phi}{\partial a}&=\sum_{k=1}^{n}2(ax_k+b-y_k)x_k=0\\ \frac{\partial \phi}{\partial b}&=\sum_{k=1}^{n}2(ax_k+b-y_k)=0\end{aligned} \tag{10.7}$$

이고, 위의 식을 간단히 정리하면

$$\begin{cases} \left(\sum_{k=1}^{n} x_k^2\right)a + \left(\sum_{k=1}^{n} x_k\right)b = \sum_{k=1}^{n} x_k y_k \\ \left(\sum_{k=1}^{n} x_k\right)a + nb = \sum_{k=1}^{n} y_k \end{cases} \tag{10.8}$$

으로 이 연립방정식의 해는 다음과 같다([2.3]).

$$a = \frac{1}{d}\left(n\sum_{i=1}^{n} x_k y_k - \sum_{k=1}^{n} x_k \sum_{k=1}^{n} y_k\right)$$

$$b = \frac{1}{d}\left(\sum_{k=1}^{n} x_k^2 \cdot \sum_{k=1}^{n} y_k - \sum_{k=1}^{n} x_k \cdot \sum_{k=1}^{n} x_k y_k\right)$$

단, $d = n\sum_{k=1}^{n} x_k^2 - \left(\sum_{k=1}^{n} x_k\right)^2$ 이다.

예제 10.9 다음 자료의 최적최소제곱직선을 구하라.

$$\{(0, -1), (1, 2), (1, 1), (2, 4), (2, 3), (3, 5), (4, 4)\}$$

풀이 구하고자 하는 최소제곱 직선을 $y = ax + b$라 하자. 그러면 $\sum_{k=1}^{7} x_k^2 = 35$, $\sum_{k=1}^{7} x_k = 13$, $\sum_{k=1}^{7} x_k y_k = 48$, $\sum_{k=1}^{7} y_k = 18$이므로

$$35a + 13b = 48$$
$$13a + 7b = 18$$

이고 해는 $a = \frac{51}{38}$, $b = \frac{3}{38}$을 얻는다. 따라서 최소제곱직선은 $y = \frac{51}{38}x + \frac{3}{38}$이고 그림 10.5와 같다. ■

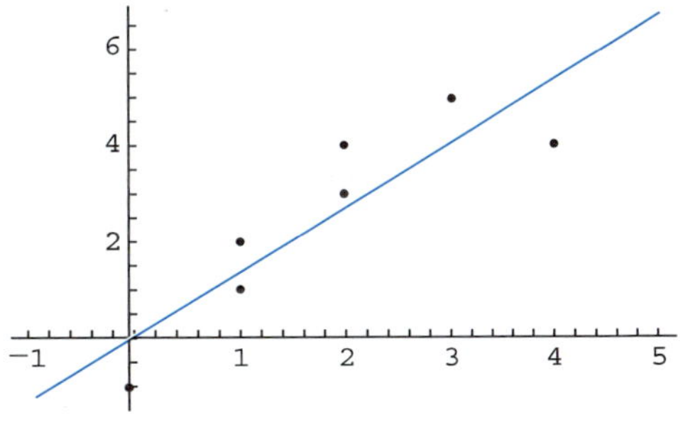

그림 10.5 최소제곱직선

알고리즘 10.2 최소제곱직선

목 적	최적최소제곱직선을 구함
입 력	$(x_i, y_i),\ i=1,\ \cdots,\ n,\ \bar{x}$
출 력	$y=ax+b$, $\bar{x}$에서 근사값 $\bar{y}$
	$d=n\sum_{k=1}^{n}x_k^2-\left(\sum_{k=1}^{n}x_k\right)^2$ $a=\dfrac{1}{d}\left(n\sum_{i=1}^{n}x_ky_k-\sum_{k=1}^{n}x_k\sum_{k=1}^{n}y_k\right)$ $b=\dfrac{1}{d}\left(\sum_{k=1}^{n}x_k^2\cdot\sum_{k=1}^{n}y_k-\sum_{k=1}^{n}x_k\cdot\sum_{k=1}^{n}x_ky_k\right)$ $\bar{y}=a\bar{x}+b$

알고리즘 10.2는 프로그램 10.1과 같이 프로그램할 수 있다. 최적제곱 근사함수를 일반화하면 근사함수로 일차다항식 대신 m차 다항식 $p(x)=a_mx^m+\cdots+a_1x+a_0$을 사용할 수 있다. 이 경우

$$\phi(a_0,\ \cdots,\ a_m)=\sum_{k=1}^{n}(a_mx_k^m+\cdots+a_1x_k+a_0-y_k)^2$$

을 최소화하는 문제이므로 $m+1$차 연립방정식 $\dfrac{\partial p}{\partial a_i}=0,\ i=0,\ 1,\ \cdots,\ m$를 만족하는 해가 m차 다항식의 계수가 되어 구할 수 있다.

프로그램 10.1 least_square.cpp

	`#include <stdio.h>`
	`#include <math.h>`
최소제곱 근사다항식	`void least_square(int, double);`
서브루틴 선언	`double x[50], y[50];`
	`void main(void)`
	`{`
	`    double data; int i, n;`
	`    printf("\n입력 자료의 개수는?");`
입력할 데이터 개수	`    scanf("%d", &n);`
(x, y)를 입력받음	`    for(i=0; i<n; i++)`
	`    {`
	`        printf("x[%d]=", i+1); scanf("%lf", &x[i]);`

	`printf("\ty[%d] = ", i+1); scanf("%lf", &y[i]);`
	`}`
	`printf("\n구하려고 하는 x의 값은?");`
	`scanf("%lf", &data);`
서브루틴 호출	`least_square(n, data);`
	`return;`
	`}`
	`void least_square(int n, double data)`
	`{`
배열 A[ ][ ]는 계수를 구하기 위해 사용	`double A[2][3], sum = 0., a, b; int I;`
	`for(i = 0; i<n; i++)`
	`sum = sum + x[i]*x[i];`
$A_{00} = \sum_{i=1}^{n} x_i^2$	`A[0][0] = sum; sum = 0.;`
	`for(i = 0; i<n; i++)`
	`sum = sum + x[i];`
$A_{01} = A_{10} = \sum_{i=1}^{n} x_i$	`A[0][1] = sum; A[1][0] = sum; A[1][1] = n; sum = 0.;`
$A_{11} = n$	`for(i = 0; i<n; i++)`
	`sum = sum + x[i]*y[i];`
$A_{02} = \sum_{i=1}^{n} x_i y_i$	`A[0][2] = sum; sum = 0.;`
	`for(i = 0; i<n; i++)`
	`sum = sum + y[i];`
$A_{12} = \sum_{i=1}^{n} y_i$	`A[1][2] = sum;`
	`a = (A[0][2] - A[0][1]*A[1][2]/A[1][1])/`
	`(A[0][0] - A[0][1]*A[1][0]/A[1][1]);`
	`b = (A[1][2] - A[1][0]*a)/A[1][1];`
	`sum = a*data + b;`
	`printf("\n\ny = %lf*x + %lf", a, b);`
	`printf("\n%lf의 기대값 = %lf\n\n", data, sum);`
	`}`

프로그램예제 10.1 •• least_square.cpp를 이용하여 다음 자료의 최적최소제곱직선을 구하라.

(1.0, 1.5), (1.5, 0.4), (1.7, 2.3), (2.5, 2.1), (3.0, 3.0), (3.0, 5.5), (3.5, 7.8)

실행

```
입력 자료의 개수는? 7
x[1] = 1.0      y[1] = 1.5
x[2] = 1.5      y[2] = 0.4
x[3] = 1.7      y[3] = 2.3
```

x[4] = 2.5   y[4] = 2.1

x[5] = 3.0   y[5] = 3.0

x[6] = 3.0   y[6] = 5.5

x[7] = 3.5   y[7] = 7.8

구하려고 하는 x의 값은? 2

y = 2.283574 * x + -2.056271

2.000000의 기대치값 = 2.510877

자료와 최적최소제곱함수와의 관계는 그림 10.6과 같다.

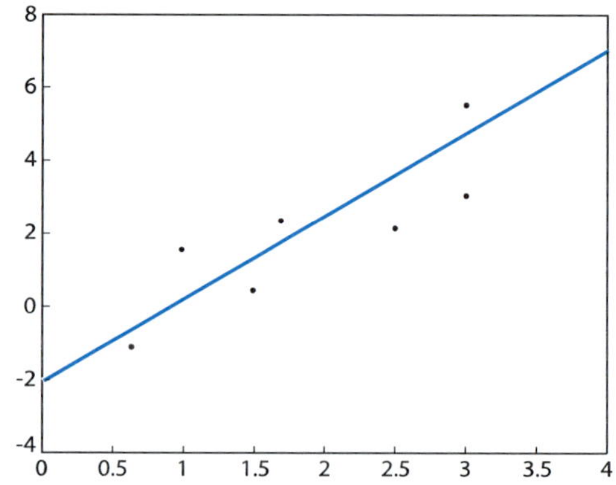

그림 10.6 최적제곱직선

최적최소제곱직선은 자료가 대체적으로 증가 또는 감소하는 경우 그 경향을 잘 나타내 준다. 그러나 증가와 감소가 혼합된 경우 적절하지 못하다. 이러한 경우 직선보다 더 일반적인 함수로 자료를 나타낼 수 있다. 함수 $g_1(x)$, $\cdots$, $g_m(x)$은 일차독립이라고 하자. 즉, 임의의 x에 대하여 $c_1 g_1(x) + \cdots + c_m g_m(x) = 0$이면 $c_1 = \cdots = c_m = 0$이 된다. 최적최소제곱함수를 $y = \sum_{j=1}^{m} c_j g_j(x)$라 하면 오차의 제곱의 합은 다변수함수

$$\phi(c_1, \cdots, c_m) = \sum_{k=1}^{n} (c_1 g_1(x_k) + \cdots + c_m g_m(x_k) - y_k)^2$$

$$= \sum_{k=1}^{n} (\sum_{j=1}^{n} c_j \, g_j(x_k) - y_k)^2$$

으로 나타낼 수 있다. 각 변수 c_i에 관하여 미분하면 $i=1, \cdots, m$에 대하여

$$\frac{\partial \phi}{\partial c_i}=2\sum_{k=1}^{n}\left(\sum_{j=1}^{m}c_j g_j(x_k)-y_k\right)g_i(x_k)$$

이고 이 함수 ϕ의 최소점에서 $\frac{\partial \phi}{\partial c_i}=0,\ 1\le i\le m$이므로 $i=1, \cdots, m$에 대하여

$$\sum_{j=1}^{m}\left(\sum_{k=1}^{n}g_j(x_k)g_i(x_k)\right)c_j=\sum_{k=1}^{n}y_k g_i(x_k)$$

이다. $c=(c_1, \cdots, c_m)^T,\ y=(y_1, \cdots, y_n)^T$라 하면 이 식은 다음과 같은 연립방정식으로 나타낼 수 있다.

$$G^T G_c = G^T y \tag{10.9}$$

단,

$$G=\begin{pmatrix} g_1(x_1) & \cdots & g_m(x_1) \\ g_1(x_2) & \cdots & g_m(x_2) \\ \vdots & \vdots & \vdots \\ g_1(x_n) & \cdots & g_m(x_n) \end{pmatrix}$$

식 (10.9)를 정규방정식(normal equation)이라 한다. 아래에 주어진 점을 $\{1, x\}$, $\{1, x, x^2\}$ 또는 $\{1, \cos x, \sin x\}$를 이용한 최적제곱근사함수의 그래프는 각각 그림 10.7과 같이 나타난다.

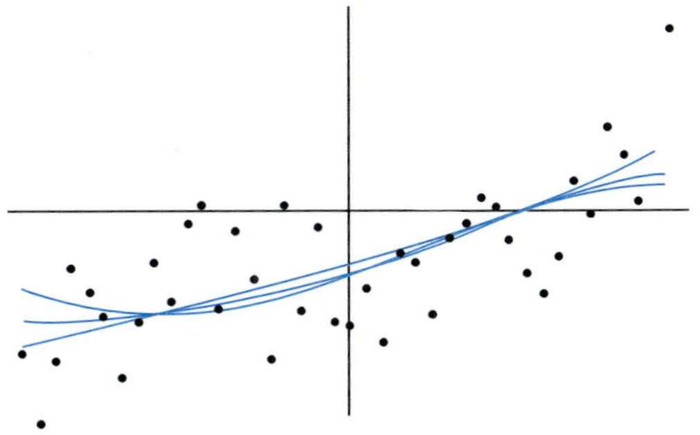

그림 10.7 최소제곱근사함수

알고리즘 10.3 최소제곱함수

목 적	최소제곱함수를 구함
입 력	(x_i, y_i), $i=1, \cdots, n$, $g_1(x), \cdots, g_m(x)$
출 력	$y = c_1 g_1(x) + \cdots + c_n g_m(x)$
	solve $G^T G_c = G^T y$, 단 $G = \begin{pmatrix} g_1(x_1) & \cdots & g_m(x_1) \\ g_1(x_2) & \cdots & g_m(x_2) \\ \vdots & \vdots & \vdots \\ g_1(x_n) & \cdots & g_m(x_n) \end{pmatrix}$

알고리즘 10.3의 함수 $g_1(x), \cdots, g_m(x)$ 대신에 다항식이나 1, $\sin x$, $\cos x$, $\sin 2x$, $\cos 2x$, $\cdots$을 사용하는 프로그램을 프로그램 10.2에 작성할 수 있다. 다른 일차독립인 함수가 필요하면 프로그램을 일부 수정하여 만들 수 있다.

프로그램 10.2 least.cpp

```
                         #include <stdio.h>
                         #include <math.h>
최소이산제곱              void least(int, int, int, double);
서브루틴 선언             void gauss(int);
                         double f_x(double, int), f_sin(double, int),
                              f_cos(double, int);
                         double x[50], y[50], A[50][50];
                         void main(void)
                         {
                            double data; int i, n, sel, dim;
입력할 데이터 개수           printf("\n입력 자료의 개수는?");
                            scanf("%d", &n);
(x, y)를 입력받음           for(i=0; i<n; i++)
                            {
                               printf("x[%d]=", i+1); scanf("%lf", &x[i]);
                               printf("\ty[%d]=", i+1); scanf("%lf", &y[i]);
                            }
원하는 x0의 값              printf("\n구하려고 하는 x의 값은?");
                            scanf("%lf", &data);
구하고자 하는 방정식의       printf("\nx에 관한 다항식->'1', Sin과
형태를 선택                       Cos 함수->'2': ");
sel : 선택된 방정식         scanf("%d", &sel);
```

```
dim : 최고 차수              printf("\n다항식의 차수는?");
최소이산제곱                 scanf("%d", &dim);
서브루틴 호출                least(sel, dim, n, data);
                             return;
                         }
                         void least(int h, int dim, int n, double data)
                         {
h : 방정식의 종류를 결정     double g[50][50], sum; int i, j, k;
n : 데이터의 개수            if(h==1){
dim : 방정식의 차수              for(i=0; i<n; i++)
                                     for(j=0; j<=dim; j++)
g_ij : 행렬 G의 원소                     g[i][j]=f_x(x[i],j);
Sin함수와 Cos함수를          }
이용                         else{
                                 dim=2*dim;
짝수 번째인 경우                 for(i=0; i<n; i++){
                                     k=0;
홀수 번째인 경우                     for(j=0; j<=dim; j++){
                                         if(fmod(j, 2)==0)
                                             g[i][j]=f_cos(x[i], j-k);
                                         else
                                             g[i][j]=f_sin(x[i], j-k);
                                         k=j-k;
                                     }
                                 }
                             }
                             for(i=0; i<=dim; i++)
                             {
                                 for(j=0; j<=dim; j++)
g[j][i]*g[i][j]                  {   sum=0.;
=A[j][j]를 계산                      for(k=0; k<n; k++)
                                         sum=sum+g[k][i]*g[k][j];
                                     A[i][j]=sum;
                                 }
                             }
                             for(i=0; i<=dim; i++)
                             {   sum=0.;
                                 for(j=0; j<n; j++)
                                     sum=sum+g[j][i]*y[j];
                                 A[i][dim+1]=sum;
                             }
가우스 소거법으로            gauss(dim+1);
계수 c값을 구한다.           sum=A[0][dim+1];
                             if(h==1)
```

```
        {
            printf("\n\ny=%lf", sum );
            for(i=1; i<=dim; i++)
            {
                sum=sum+A[i][dim+1]*f_x(data,i);
                printf(" + %lf*x^%d", A[i][dim+1], i);
            }
            printf("\n%lf의 기대치값=%lf\n\n", data, sum);
    }
        else
        {
            printf("\n\ny=%lf", sum);
            k=0;
            for(i=1; i<=dim; i++)
            {
짝수 번째인 경우
                if(fmod(i, 2)==0)
                {
                    sum=sum+A[i][dim+1]*f_cos(data, i-k);
                      printf("+%lf*cos(%dx)",
                                    A[i][dim+1], i-k);
                }
홀수 번째인 경우
                else
                {
                    sum=sum+A[i][dim+1]*f_sin(data,i-k);
                     printf("+%lf*sin(%dx)",
                                    A[i][dim+1], i-k);
                }
                k=i-k;
            }
            printf("\n%lf의 기대치값=%lf\n\n", data, sum);
        }
        return;
    }
x에 관한 다항식
    double f_x(double x, int n)
    {
        return (pow(x,n));
    }
Sin 함수
    double f_sin(double x, int n)
    {
        return (sin(n*x));
    }
Cos 함수
    double f_cos(double x, int n)
    {
        return (cos(n*x));
```

```
                          }
가우스소거법 서브루틴     void gauss(int n)
                          {   int i, j, k; double m;
                              for(j=0; j<n; j++)
                              {
행렬의 대각 성분의 원         if(A[j][j]==0)
소가 0이 아니도록 만          {
듦.                               for(i=j+1; i<n; i++)
                                  {   if(A[i][j]!=0)
                                      {
                                          {
                                          for(k=j; k<n+1; k++)
                                          {
i행과 j행을 바꾸어 준                         m=A[j][k]; A[j][k]=A[i][k];
다.                                           A[i][k]=m;
                                          }   break;
                                      }
                                  }
                              }
대각성분의 원소 중 0          if(A[j][j]==0)
이 있으면 실행 중단           {
                                  printf("\n-------------------\n");
                                  printf("Matrix is singular!");
                                  printf("\n-----------------\n\n");
                                  return;
                              }
                              for(i=j+1; i<n; i++)
                                  for(k=j+1; k<n+1; k++)
소거하는 부분                         A[i][k]=A[i][k]-(A[i][j]/A[j][j])*A[j][k];
                              }
역대입법 실행                 for(i=n-1; i>=0; i--)
                              {
                                  for(k=i+1; k<n; k++)
                                      A[i][n]=A[i][n]-A[i][k]*A[k][n];
                                  A[i][n]=A[i][n]/A[i][i];
                              }
                              printf("\n\n");
                              for(i=0; i<n; i++)
계산된 c값을 출력                 printf("c[%d]=%lf \n", i+1, A[i][n]);
                              return;
                          }
```

프로그램예제 10.2 1, $\cos x$, $\sin x$을 이용한 least.cpp를 이용하여주어진 데이터의 최적최소제곱함수를 구하고 매스매티카를 이용하여 데이터와 구한 함수를 비교해 보라.

(1.0, 1.5), (1.5, 0.4), (1.7, 2.3), (2.5, 2.1), (3.0, 3.0), (3.0, 5.5), (3.5, 7.8)

실행

```
입력 자료의 개수는? 7
x[1] = 1.0      y[1] = 1.5
x[2] = 1.5      y[2] = 0.4
x[3] = 1.7      y[3] = 2.3
x[4] = 2.5      y[4] = 2.1
x[5] = 3.0      y[5] = 3.0
x[6] = 3.0      y[6] = 5.5
x[7] = 3.5      y[7] = 7.8

구하려고 하는 x의 값은? 2.5
x에 관한 다항식 -> '1', Sin과 Cos함수 -> '2': 2
다항식의 차수는? 1

c[1] = 5.871823
c[2] = -5.004879
c[3] = 0.520359
y = 5.871823 + -5.004879*sin(1x) + 0.520359*cos(1x)
2.500000의 기대치값 = 2.459660
```

자료와 최적최소제곱함수와의 관계는 그림 10.8과 같다.

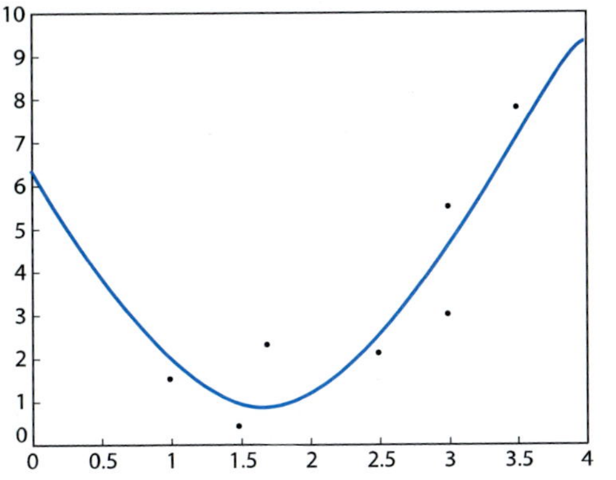

그림 10.8

개념정리

10.1 절

• 내적

함수 $<\cdot, \cdot> : C[a, b] \times C[a, b] \rightarrow \mathrm{R}$이 다음 조건을 만족하면 $<\cdot, \cdot>$을 $C[a, b]$ 위에서 내적이라고 한다.

(1) 모든 $f \in C[a, b]$에 대하여, $<f, f> \geq 0$.

(2) 모든 $f \in C[a, b]$에 대하여, $f=0$이면 $<f, f>=0$이고 역도 성립한다.

(3) 모든 f, $g \in C[a, b]$에 대하여, $<f, g>=<g, f>$

(4) 모든 f, g, $h \in C[a, b]$에 대하여, $<f, g+h>=<f, g>+<f, h>$

(5) 모든 f, $g \in C[a, b]$와 상수 α에 대하여, $<\alpha f, g>=\alpha<f, g>$

• 코시-슈바르츠 부등식

임의의 연속함수 f, $g \in C[a, b]$에 대하여

$$|<f, g>| \leq \|f\| \cdot \|g\|$$

• 삼각부등식

임의의 연속함수 f, $g \in C[a, b]$에 대하여 다음이 성립한다.

$$\|f+g\| \leq \|f\|+\|g\|$$

• 직교집합, 정규직교집합

임의의 $i \neq j$에 대하여 $<p_i, p_j>=0$이면 $\{p_k(x) | k=1, 2, \cdots, n\}$을 직교집합이라고 하며, 특히 모든 $k=1, \cdots, n$에 대하여 $\|p_k\|=1$이면 정규직교집합이라 한다.

• 르장드르 다항식

내적 $<f, g>=\int_{-1}^{1} f(x)g(x)dx$에 관한 직교다항식을 르장드르 다항식이라 한다.

• 라게르 다항식

내적 $<f, g>=\int_{0}^{\infty} f(x)g(x)e^{-x}dx$에 관한 직교다항식을 라게르 다항식이라 한다.

• 체비쇼프 다항식

내적 $<f, g>=\int_{-1}^{1} f(x)g(x)(1-x^2)^{\frac{1}{2}}dx$에 관한 직교다항식을 체비쇼프 다항식이라 하며 구간 $[-1, 1]$에서

$$T_k(x)=\cos(k\cos^{-1}x)$$

이다.

10.2 절

• 최적최소근사다항함수

함수 $f(x)$가 $[a, b]$ 위에서 연속이면 n차 이하의 모든 다항식 $p(x)$에 대하여 $\|f-p_n^*\| \leq \|f-p\|$를 만족하는 n차 다항식 $p_n^*(x)$는 다음과 같다.

$$p_n^*(x)=\sum_{j=0}^{n}<f, p_j>p_j(x)$$

연습문제

1. 다음 함수의 내적 $<f, g>=\int_a^b f(x)g(x)\omega(x)dx$를 구하라.

(1) $a=-1, b=1,$
$f(x)=x, g(x)=x^2, \omega(x)=1$

(2) $a=-1, b=1,$
$f(x)=\sin(\pi x), g(x)=\cos(\pi x),$
$\omega(x)=1$

(3) $a=0, b=1,$
$f(x)=x, g(x)=x^2, \omega(x)=1$

(4) $a=0, b=\infty,$
$f(x)=x, g(x)=x^2, \omega(x)=e^{-x}$

(5) $a=-1, b=1,$
$f(x)=x, g(x)=x^2, \omega(x)=\sqrt{1-x^2}$

2. 연습문제 1에 주어진 함수를 이용하여 코시-슈바르츠 부등식이 성립함을 보여라.

3. 연습문제 1에 주어진 함수를 이용하여 삼각부등식이 성립함을 보여라.

4. 벡터 u, $v\in R^n$에 대하여 $<u, v>=v^T u$로 정의하면 $<u, v>$는 R^n 위에서 내적이 됨을 보여라.

5. $<f, g>=\int_a^b f(x)g(x)\omega(x)dx$은 $C[a, b]$ 위에서 내적이다. $\|f\|=\sqrt{<f, f>}$로 정의하면 $\|f\|$는 $C[a, b]$ 위에서 노름이 됨을 보여라([4.1]).

6. $q_0(x)=1$일 때 점화식

$$(n+1)q_{n+1}(x)=(2n+1)xq_n(x)-nq_{n-1}(x)$$

을 이용하여 르장드르 다항식 $q_1(x)$, $q_2(x)$, $q_3(x)$, $q_4(x)$, $q_5(x)$를 구하라.

7. $q_n(x)=\frac{1}{2^n n!}\frac{d^n}{dx^n}((x^2-1)^n)$, $n=0$, 1, $\cdots$을 이용하여 르장드르 다항식 $q_0(x)$, $q_1(x)$, $q_2(x)$, $q_3(x)$, $q_4(x)$를 구하라.

8. 연습문제 6 또는 연습문제 7에서 구한 르장드르 다항식 $q_0(x)$, $q_1(x)$, $q_2(x)$, $q_3(x)$이 내적 $<f, g>=\int_{-1}^1 f(x)g(x)dx$에 관하여 서로 수직임을 보여라.

9. 연습문제 6 또는 연습문제 7에서 구한 르장드르 다항식 $q_4(x)$는 모든 3차 다항식과 수직임을 보여라. 즉, $<q_4, p_3>=\int_{-1}^1 q_4(x)p_3(x)dx=0$, 여기서 $p_3(x)=ax^3+bx^2+cx+d$

10. 연습문제 6 또는 연습문제 7에서 구한 르장드르 다항식 $q_5(x)$의 그래프를 이용하여 그리고 $q_5(x)=0$의 근이 모두 $[-1, 1]$에 있는지 확인해 보라.

11. $L_0(x)=1$일 때 점화식

$$L_{n+1}(x)=(-x+2n+1)L_n(x)-n^2L_{n-1}(x)$$

을 이용하여 라게르 다항식 $L_1(x)$, $L_2(x)$, $L_3(x)$, $L_4(x)$, $L_5(x)$를 구하라.

12. $L_n(x)=e^x\frac{d^n}{dx^n}(e^{-x}x^n)$, $n=0$, 1, $\cdots$을 이용하여 라게르 다항식 $L_0(x)$, $L_1(x)$, $L_2(x)$, $L_3(x)$, $L_4(x)$를 구하라.

13. 연습문제 11 또는 연습문제 12에서 구한 라게르 다항식 $L_3(x)$은 모든 2차 다항식과 내적

$$<f, g>=\int_0^\infty f(x)g(x)e^{-x}dx$$

에 관하여 서로 수직임을 보여라. 즉,

$$< L_3, p_2 >= \int_0^\infty L_3(x)p_2(x)e^{-x}dx = 0,$$

여기서 $p_2(x) = ax^2 + bx + c$

14. 체비쇼프 다항식 $T_k(x)$은 $[-1, 1]$ 위에서 $T_k(x) = \cos(k\cos^{-1}x)$임을 보여라.

15. $T_0(x) = 1$, $T_1(x) = x$일 때 점화식 $T_k(x) = 2x\,T_{k-1}(x) - T_{k-2}(x)$을 이용하여 체비쇼프 다항식 $T_2(x)$, $T_3(x)$, $T_4(x)$, $T_5(x)$를 구하라.

16. 연습문제 14에서 구한 체비쇼프 다항식 $T_0(x)$, $T_1(x)$, $T_2(x)$, $T_3(x)$이 내적 $< f, g > = \int_{-1}^1 f(x)g(x)\sqrt{1-x^2}\,dx$에 관하여 서로 수직임을 보여라.

17. 체비쇼프 다항식 $T_k(x)$은 내적 $< f, g >= \int_{-1}^1 f(x)g(x)\sqrt{1-x^2}\,dx$에 관하여 서로 수직임을 보여라. [참고. $T_k(x) = \cos(k\cos^{-1}x)$임을 이용하고 $x = \cos\theta$로 치환하라.]

18. 연습문제 17을 이용하여 정규 체비쇼프 다항식을 구하라.

19. 연습문제 14에서 구한 체비쇼프 다항식 $T_3(x)$는 모든 2차다항식과 수직임을 보여라. 즉,

$$< T_3, p_2 >= \int_{-1}^1 T_3(x)p_2(x)\sqrt{1-x^2}\,dx = 0,$$

여기서 $p_2(x) = ax^2 + bx + c$

20. 내적 $< f, g >= \int_0^1 f(x)g(x)dx$에 관한 $f(x) = \sin(\pi x)$의 이차 최소제곱다항함수를 구하라.

21. 내적 $< f, g >= \int_{-1}^1 f(x)g(x)dx$에 관한 $f(x) = \sin(\pi x)$의 이차 최소제곱다항함수를 구하라.

22. 다음 자료의 최소제곱직선을 구하라.

(1) $\{(-2, -1), (0, 3), (1, 5), (2, 7)\}$

(2) $\{(-1, 2), (0, 3), (0, 2), (1, 5), (2, 4), (2, 7)\}$

(3) $\{(-1, 2), (0, 3), (0, 2), (1, 5), (2, 4), (2, 7), (3, 7), (3, 6)\}$

(4) $\{(-2, -1), (-1, 2), (0, 2), (0, 3), (1, 5), (2, 7), (1, 5), (2, 4), (2, 7), (3, 7)\}$

23. 다음 함수의 주어진 점에서 최소제곱직선을 구하라.

(1) $f(x) = x\sin(\pi x)$, $x = 0, \frac{1}{6}, \frac{1}{4}, \frac{1}{3}, \frac{1}{2}$

(2) $f(x) = 12x + \sin(\pi x)$, $x = 0, \frac{1}{6}, \frac{1}{4}, \frac{1}{3}, \frac{1}{2}$

24. $\{1, \sin x, \cos x\}$을 이용하여 연습문제 23의 함수와 주어진 점에서 최소제곱함수를 구하라.

25. 자료 $\{(x_i, y_i) | i = 1, 2, \cdots, n\}$과 오차의 제곱의 합이 최소가 되는 $f(x) = ax^2 + bx + c$을 구하고자 한다. 계수 a, b, c가 해가 되는 연립방정식을 구하라.

26. 연습문제 23을 이용하여 연습문제 21의 이차 최소제곱다항함수를 구하라.

27. 자료 (x_i, y_i), $i = 1, \cdots, n$를 $y = ae^{bx}$와 같은 형태의 곡선을 구하기 위하여 $Y = \ln y$, $A = \ln a$라 하면 $\ln y = \ln a + bx$이므로 $Y = A + bx$가 된다. 편차제곱의 합 $\phi(A, b) = \sum_{k=1}^n (bx_k + A - Y_k)^2$의 값을 최소화하는 A, b는 다음 방정식을 만족함을 보여라.

$$\begin{cases} \left(\sum_{k=1}^n x_k^2\right)b + \left(\sum_{k=1}^n x_k\right)A = \sum_{k=1}^n x_k Y_k \\ \left(\sum_{k=1}^n x_k\right)b + nA = \sum_{k=1}^n Y_k \end{cases}$$

단, $Y_k = \ln y_k$, $k = 1, 2, \cdots, n$. 따라서

$$y = e^A e^{bx} = e^{A+bx}$$

28. 연습문제 27을 이용하여 다음 자료의 최소제곱함수 $y = ae^{bx}$를 구하라.

$$\{(-1,\ 0.3),\ (0,\ 1),\ (0,\ 1.3),\ (1,\ 2.5),\ (2,\ 4),\ (3,\ 9)\}$$

29. 다음 자료를 가장 잘 만족하는 최소제곱함수 $y = \dfrac{a}{x}$를 구하라.

$$\{(0.5,\ 4),\ (1,\ 3),\ (1,\ 1),\ (2,\ 0.3),\ (3,\ 0.1)\}$$

30. 예제 10.8에서 내적

$$< f,\ g >= \int_{-1}^{1} f(x)g(x)dx$$

를 이용하여 최적근사함수를 구하라.

실습문제

1. 프로그램 10.1을 이용하여 연습문제 22의 최적 최소제곱직선를 구하라.

2. 프로그램 10.2를 이용하여 연습문제 23에 주어진 자료를 가장 잘 나타내는 최소제곱함수 $y = a + b\cos x + c\sin x$의 계수를 구하라.

3. 프로그램 10.1을 수정하여 주어진 점과 최소제곱 직선을 함께 그래프로 나타내라.

4. 프로그램 10.1을 수정하여 오차의 제곱의 합을 구하는 프로그램을 작성하라.

   즉 $\sum_{i=1}^{n}(y_i - y(x_i))^2$

5. 프로그램 10.2를 수정하여 최소제곱함수 $y = ax^3 + bx^2 + cx + d$를 구하는 프로그램을 작성하라.

6. 연습문제 27을 이용하여 $y = ae^{bx}$와 같은 형태의 최소제곱함수를 구하는 프로그램을 작성하라.

제11장 수치미적법

수치미분과 수치적분은 미분방정식의 해를 구하는 데 매우 필요한 분야이다. 함수 $f(x)$의 $x=x_0$에서 미분값은 $x=x_0$에서 순간 변화율을 나타내는 것으로 그 점을 중심으로 함수의 변화율의 극한으로 정의된다.

$$f'(x_0)=\lim_{h\to 0}\frac{f(x_0+h)-f(x_0)}{h} \tag{11.1}$$

따라서 $|h|$가 0에 가까우면 변화율 $\dfrac{f(x_0+h)-f(x_0)}{h}$을 $f'(x_0)$의 근사값으로 볼 수 있다. 한편 함수 $f(x)$의 $x=a$에서 $x=b$까지의 적분값은 구간 $[a, b]$ 위에서 곡선 $f(x)$로 둘러싸인 면적을 의미한다. 그러나 함수의 부정적분이 명확한 함수의 형태로 나타나지 않는 경우 정확한 정적분 값을 구하기가 어렵다. 이러한 경우 구간 $[a, b]$를 여러 소구간으로 나누어 소구간 위에서 한 함수값을 한 변으로 하는 사각형의 면적을 구하고 소구간 위의 사각형의 면적 전체를 합하거나 적당한 점들에서의 함수값에 가중치를 곱한 후 모두 합하여 정적분 값의 근사값을 구할 수 있다.

11.1 테일러 수치미분법

식 (11.1)에 의하여 $|h|$가 아주 작으면 변화율 $\frac{f(x+h)-f(x)}{h}$을 $f'(x)$의 근사값으로 볼 수 있다. $h>0$인 경우 두 점 $(x, f(x))$, $(x+h, f(x+h))$을 지나는 직선의 기울기(또는 변화율)

$$\frac{f(x+h)-f(x)}{h}$$

을 $f'(x)$의 **전향수치미분식**(forward difference formula)이라 하고 $h<0$인 경우 **후향수치미분식**(backward difference formula)이라 한다. 후향수치미분식은 $h>0$이면

$$\frac{f(x)-f(x-h)}{h}$$

로 나타낼 수 있다. 전향수치미분식과 후향수치미분식의 평균값을 **중앙수치미분식**(central difference formula)이라 하며 다음과 같이 표현한다.

$$\frac{f(x+h)-f(x-h)}{2h}$$

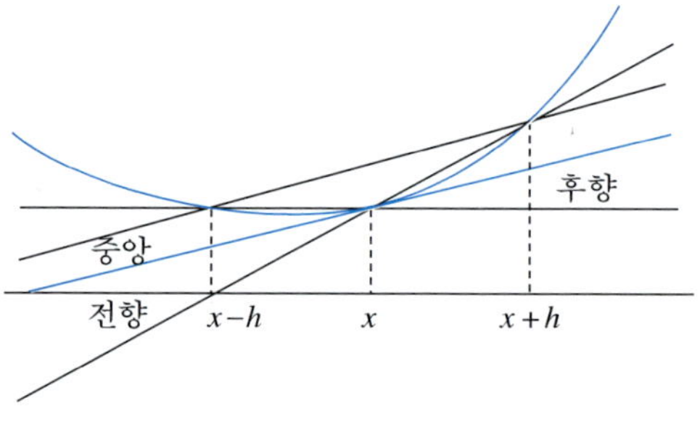

그림 11.1 각 수치미분의 변화율

그림 11.1에서 보듯이 h가 0에 가까워지면 각 변화율은 점 $(x, f(x))$에서의 기울기(또는 미분)에 가까워짐을 볼 수 있다.

예제 11.1 함수 $f(x)=\sin x$의 $x=\frac{\pi}{3}$에서 미분값의 근사값을 각 수치미분식을 이

용하여 $h=0.5$일 때 구해보자.

풀이 함수 $f(x)=\sin x$의 $x=\frac{\pi}{3}$에서 미분값은 $\cos\frac{\pi}{3}=0.5$이다. 수치미분식으로 구하면 다음과 같고 그래프는 그림 11.2와 같다.

$$\frac{f(x+h)-f(x)}{h}=\frac{\sin(\pi/3+0.5)-\sin\pi/3}{0.5}=0.26739$$
$$\frac{f(x)-f(x-h)}{h}=\frac{\sin(\pi/3)-\sin(\pi/3-0.5)}{0.5}=0.69146$$
$$\frac{f(x+h)-f(x-h)}{2h}=\frac{\sin(\pi/3+0.5)-\sin(\pi/3-0.5)}{2(0.5)}=0.47943$$ ■

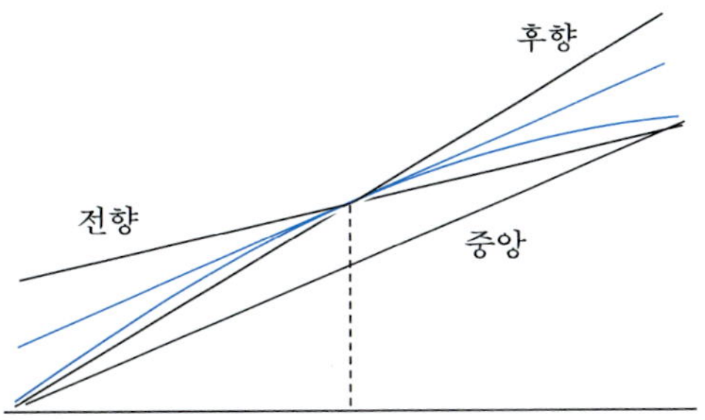

그림 11.2 $\frac{\pi}{3}$에서 각 변화율

알고리즘 11.1 테일러 수치미분법 1

목 적	$f'(x)$의 수치해
입 력	x, h, $f(x)$
출 력	F, B, C
	$F=[f(x+h)-f(x)]/h$ $B=[f(x)-f(x-h)]/h$ $C=[f(x+h)-f(x-h)]/(2h)$

알고리즘 11.1에서 F는 전향수치미분식, B는 후향수치미분식, C는 중앙수치미분식이며 함수 $f(x)$의 $x=x_0$에서 $h=\frac{1}{2^k}$, $k=1, 2, \cdots, n$일 때까지 각각의 미분값을 계산하는 프로그램은 프로그램 11.1과 같이 할 수 있다.

프로그램 11.1 ●● **diff.cpp**

	`#include <stdio.h>`
	`#include <math.h>`
서브루틴 선언	`void Taylor(int, double, double);`

```
#include <stdio.h>
#include <math.h>
void Taylor(int, double, double);          // 서브루틴 선언
double f(double);
void main( )
{
    int n; double h, x0;
    h=0.5;
    printf("n은?");
    scanf("%d", &n);
    printf("x0는?");
    scanf("%lf", &x0);                      // 입력한 데이터에서의
    printf("\n\n----------------------\n");  // 미분값을 계산한다.
    printf("h \t\t 전향수치미분 후향수치미분
                    중앙수치미분\n");
    printf("-------------------------\n");
    Taylor(n, h, x0);                       // 테일러전개
    return;                                 // 서브루틴 호출
}
void Taylor(int n, double h, double x)
{
    int i;
    double forward_d, backward_d, central_d;
    for(i=1; i<=n; i++)
    {
        forward_d=(f(x+h)-f(x))/h;
        backward_d=(f(x)-f(x-h))/h;
        central_d=(f(x+h)-f(x-h))/(2*h);
        printf("%lf \t %lf \t %lf \t %lf \n",       // h의 값을 1/2씩 줄여가
                h, forward_d, backward_d, central_d); // 면서 미분값을 구한다.
        h=h/2.;                                      // 미분값을 출력
    }
    return;
}                                           // f(x)= sinx
double f(double x)
{
    return(sin(x));
}
```

프로그램예제 11.1 diff.cpp를 이용하여 $h = \frac{1}{2^k}$, $k = 1, 2, \cdots, 10$일 때 함수 $f(x) = \sin x$의 $x = \frac{\pi}{3}$에서 미분값을 각각 구하라.
$\left(\text{참고 : } \frac{\pi}{3} \approx 1.0472\right)$

실행

n은? 10
x0는? 1.0472

h	전향수치미분	후향수치미분	중앙수치미분
0.500000	0.267390	0.691457	0.479424
0.250000	0.387115	0.602497	0.494806
0.125000	0.444641	0.552753	0.498697
0.062500	0.472618	0.526727	0.499672
0.031250	0.486386	0.513447	0.499917
0.015625	0.493212	0.506743	0.499978
0.007813	0.496610	0.503376	0.499993
0.003906	0.498305	0.501688	0.499997
0.001953	0.499152	0.500843	0.499998
0.000977	0.499575	0.500421	0.499998

프로그램예제 11.1에서 참값은 0.5이고 전향미분법과 후향미분법을 사용했을 때 오차와 중앙미분법을 사용했을 때의 오차가 매우 다름을 알 수 있다. h가 0으로 수렴함에 따라 각 방법의 근사값의 오차가 얼마나 생기는지 살펴보자.

$f(x)$가 계속 미분가능하면 테일러 정리에 의하여

$$f(x+h) = f(x) + f'(x)h + \frac{f''(x)}{2!}h^2 + \frac{f^{(3)}(x)}{3!}h^3 + \cdots \tag{11.2}$$

$$f(x-h) = f(x) - f'(x)h + \frac{f''(x)}{2!}h^2 - \frac{f^{(3)}(x)}{3!}h^3 + \cdots \tag{11.3}$$

이 된다. 따라서

$$f'(x) - \frac{f(x+h) - f(x)}{h} = -\frac{f''(x)}{2!}h - \frac{f^{(3)}(x)}{3!}h^2 - \cdots$$

$$f'(x) - \frac{f(x) - f(x-h)}{h} = \frac{f''(x)}{2!}h - \frac{f^{(3)}(x)}{3!}h^2 + \cdots$$

이고 두 식을 합하여 정리하면

$$f'(x) - \frac{f(x+h) - f(x-h)}{2h} = -\frac{f^{(3)}(x)}{3!}h^2 - \frac{f^{(5)}(x)}{5!}h^4 - \cdots$$

이 된다. $g(h) = O(h)$란 $\lim_{h \to 0} \frac{g(h)}{h} =$상수를 뜻하므로 $h > 0$가 충분히 작으면 오차는 다음과 같다.

$$\left| f'(x) - \frac{f(x+h) - f(x)}{h} \right| = O(h)$$

$$\left| f'(x) - \frac{f(x) - f(x-h)}{h} \right| = O(h)$$

$$\left| f'(x) - \frac{f(x+h) - f(x-h)}{2h} \right| = O(h^2)$$

이 뜻은 h가 0으로 가까이 갈 때 전향과 후향수치미분식으로 구한 근사값이 참값에 가까이 가는(수렴하는) 속도와 h가 0으로 가까이 가는 속도가 같으나, 중앙수치미분식으로 구한 근사값이 참값으로 가까이 가는 속도는 h^2이 0으로 가까이 가는 속도와 같다는 것이다. 따라서 중앙수치미분식으로 구한 근사값이 전향과 후향수치미분식으로 구한 근사값보다 훨씬 빨리 참값에 가까이 간다.

예제 11.2 프로그램예제 11.1에서 구한 결과에서 각각 k에 대응하는 함수 $-\log$(오차)와 $-\log h$의 그래프를 함께 그려 그 기울기를 비교하라.

풀이 전향수치미분식과 중앙수치미분식에 관한 $-\log$(오차)와 $-\log h$를 함께 그래프로 나타내면 그림 11.3과 같다. 그림 11.3에서 위에 있는 그래프가 중앙수치미분식의 오차에 관한 것이고 아래는 전향수치미분식의 오차에 관한 것으로 $-\log h$의 그래프와 겹쳐있다. 전향수치미분식에 대응하는 기울기는 $-\log h$의 기울기와 같으므로 $O(h)$임을 보여주고 중앙수치미분식에 대응하는 기울기는 $-\log h$의 기울기의 두 배 정도인 것으로 보아 $O(h^2)$임을 알 수 있다. ■

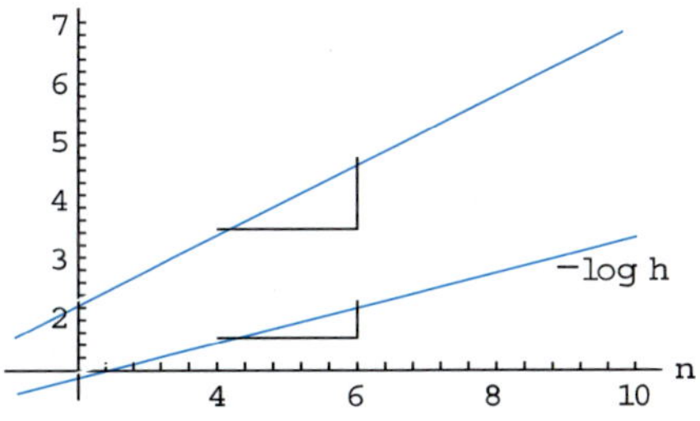

그림 11.3 $-\log$(오차)와 $-\log h$의 비교

2계 도함수 값을 구하기 위하여 식 (11.2)에 식 (11.3)을 더하고 정리하면

$$f''(x)-\frac{f(x+h)-2f(x)+f(x-h)}{h^2}=\frac{f^{(4)}(x)}{4!}h^2+\frac{f^{(6)}(x)}{6!}h^4+\cdots$$

이 되어 오차는

$$\left|f''(x)-\frac{f(x+h)-2f(x)+f(x-h)}{h^2}\right|=O(h^2)$$

이 된다. 2계 도함수의 중앙수치미분식은 다음과 같다.

$$\frac{f(x+h)-2f(x)+f(x-h)}{h^2}$$

예제 11.3 $f(x)=\sin x$의 $x=\frac{\pi}{3}$에서 2계 도함수의 근사값을 $h=0.1$일 때 구하라.

풀이 함수 $f(x)=\sin x$의 $x=\frac{\pi}{3}$에서 2계 도함수의 값은 $-\sin\frac{\pi}{3}=-\frac{\sqrt{3}}{2}=-0.86603$이다. 수치미분식으로 구하면 다음과 같다.

$$\begin{aligned}&\frac{f(x+h)-2f(x)+f(x-h)}{h^2}\\&=\frac{\sin(\pi/3+0.1)-2\sin(\pi/3)+\sin(\pi/3-0.1)}{0.1^2}\\&=-0.8653\end{aligned}$$

■

알고리즘 11.2 테일러 수치미분법 2

목 적	$f''(x)$의 수치해
입 력	x, h, $f(x)$
출 력	C2
	C2$=[f(x+h)-2f(x)+f(x-h)]/h^2$

알고리즘 11.2에서 C2는 2계 중앙수치미분식이며 함수 $f(x)$의 $x=x_0$에서 $h=\frac{1}{2^k}$, $k=1, 2, \cdots, n$일 때까지 각각의 2계 미분값을 계산하는 프로그램은 프로그램 11.2와 같이 할 수 있다.

프로그램 11.2

second_diff.cpp

서브루틴 선언

입력한 데이터에서의 미분값을 계산한다.

서브루틴 호출

h의 값을 1/2씩 줄여가

```
#include <stdio.h>
#include <math.h>
void second_derivative(int, double, double);
double f(double);
void main( )
{
    int n; double h, x0;
    h=0.5;
    printf("n은?");
    scanf("%d", &n);
    printf("x0는?");
    scanf("%lf", &x0);
    printf("\n------------------------\n");
    printf("2계 중앙수치미분법으로 구한 f(x0)의
         근사값 \n");
    printf("------------------------\n");
    second_derivative(n, h, x0);
    return;
}
void second_derivative(int n, double h, double x)
{
    int i; double second_d;
    for(i=1; i<=n; i++)
    {
        second_d=(f(x+h)-2*f(x)+f(x-h))/(h*h);
        printf("\t%lf \t %lf \n", h, second_d);
```

면서 미분값을 계산한 다.

```
            h=h/2.;
        }
        return;
    }
    double f(double x)
    {
        return(sin(x));
    }
```

프로그램예제 11.2 second_diff.cpp를 이용하여 $h=\frac{1}{2^k}$, $k=1,\ 2,\ \cdots,\ 10$일 때 함수 $f(x)=\sin x$의 $x=\frac{\pi}{3}$에서 2계미분값을 각각 구하라. $\left(\frac{\pi}{3}\approx 1.0472\right)$

실행

```
n은? 10
x0는? 1.0472
 2계 중앙수치미분법으로 구한 f(x0)의 근사값
      0.500000          -0.848134
      0.250000          -0.861525
      0.125000          -0.864900
      0.062500          -0.865745
      0.031250          -0.865956
      0.015625          -0.866009
      0.007813          -0.866022
      0.003906          -0.866026
      0.001953          -0.866026
      0.000977          -0.866027
```

전향, 후향수치 미분의 수렴속도는 $O(h)$, 중앙수치미분은 $O(h^2)$이다.

예제 11.4 프로그램예제 11.2에서 구한 결과에서 k에 대응하는 함수 $-\log$(오차)와 $-\log h^2$의 그래프를 그려 그 기울기를 비교하라.

풀이 2계 중앙수치미분식에 관한 $-\log$(오차)와 $-\log h^2$의 그래프는 그림 11.4와 같다. 두 기울기가 비슷한 것으로 보아 2계 중앙수치미분식의 오차와 h^2이 수렴하는 정도가 비슷함을 알 수 있다. 즉, 2계 중앙수치미분식의 수렴속도가 $O(h^2)$과 같음을 보여준다. ■

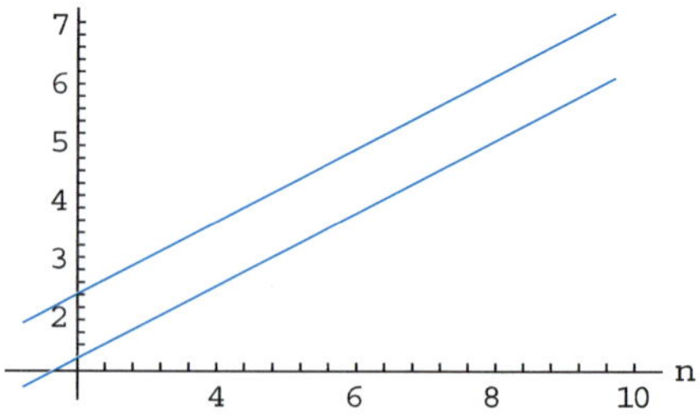

그림 11.4 $-\log$(오차)와 $-\log h^2$의 비교

*11.2 리차드슨 외삽법

테일러 전개에 의하여 중앙수치미분법의 오차는 $O(h^2)$임을 보았다. 즉,

$$f'(x) = \frac{f(x+h)-f(x-h)}{2h} - a_2h^2 - a_4h^4 + \cdots \tag{11.4}$$

단, a_2, a_4, $\cdots$는 상수. $\phi(h) = \dfrac{f(x+h)-f(x-h)}{2h}$이라 하고 식 (11.4)에 대입하면

$$\phi(h) = f'(x) + a_2h^2 + a_4h^4 + a_6h^6 - \cdots$$

이다.

$$\phi(h) - 4\phi\left(\frac{h}{2}\right) = -3f'(x) + \frac{3a_4}{4}h^4 + \frac{15a_6}{16}h^6 - \cdots$$

이므로 양변을 -3으로 나누면

$$\phi\left(\frac{h}{2}\right) + \frac{1}{3}\left(\phi\left(\frac{h}{2}\right) - \phi(h)\right) = f'(x) - \frac{a_4}{4}h^4 - \frac{5a_6}{16}h^6 + \cdots$$

이 된다. 즉 $\phi\left(\dfrac{h}{2}\right)$에 $\dfrac{1}{3}\left(\phi\left(\dfrac{h}{2}\right) - \phi(h)\right)$를 더하면 $f'(x)$와의 오차를 $O(h^2)$에서 $O(h^4)$으로 향상시킬 수 있다.

이와 같은 개념을 확장하기 위하여

$$D(n,\ 1)=\phi\left(\frac{h}{2^n}\right)$$

라 하자. 그러면

$$\begin{aligned} D(n,\ 1) &= f'(x)+a_2\left(\frac{h}{2^n}\right)^2+a_4\left(\frac{h}{2^n}\right)^4+a_6\left(\frac{h}{2^n}\right)^6-\cdots \\ &= f'(x)+\sum_{k=1}^{\infty}A(k,\ 1)\left(\frac{h}{2^n}\right)^{2k} \end{aligned}$$

단, $A(k,\ 1)=a_{2k}$이다. 리차드슨(Richardson) 외삽법은 $n\geq 2$와 $2\leq m \leq n$에 대하여 $f'(x)$의 근사값을 다음과 같은 점화식으로 정의한다.

$$D(n,\ m)=\frac{4^{m-1}}{4^{m-1}-1}D(n,\ m-1)-\frac{1}{4^{m-1}-1}D(n-1,\ m-1) \quad (11.5)$$

정리 11.1

함수 $f(x)$에 대하여 $\phi(h)=\dfrac{f(x+h)-f(x-h)}{2h}$, $D(n,1)=\phi\left(\dfrac{h}{2^n}\right)$, $n\geq 1$이고 $A(k,1)=a_{2k}$라고 하자. 단, a_{2k}는 식 (11.4)에 있는 것과 같다. 리차드슨 외삽법의 점화식 (11.5)의 $D(n,m)$은 다음과 같다.

$$D(n,m)=f'(x)+\sum_{k=m}^{\infty}A(k,m)\left(\frac{h}{2^n}\right)^{2k},\ n\geq 1,\ 1\leq m\leq n$$

단, $A(k,m)=\dfrac{4^{m-1}-4^k}{4^{m-1}-1}A(k,m-1)$, $m\geq 2$이다.

정리 11.1에서 $D(n,\ 1)$은 중앙수치미분법을 나타내며 오차는 $O\left(\left(\frac{h}{2^n}\right)^2\right)$이고 m이 증가할수록 $D(n,\ m)$의 오차는 $O\left(\left(\frac{h}{2^n}\right)^{2m}\right)$으로 감소하여 근사값이 빨리 수렴함을 알 수 있다. 도함수 값의 근사해 $D(n,\ m)$은 다음과 같은 리차드슨 표로 알아볼 수 있다.

$$\begin{array}{llll} D(1,1) & & & \\ D(2,1) & D(3,1) & & \\ D(2,2) & D(3,2) & D(3,3) & \\ \vdots & \vdots & \vdots & \ddots \end{array}$$

예제 11.5 함수 $f(x)=\sin x$의 $x=\frac{\pi}{3}$에서 미분값의 근사값 $D(2,2)$를 $h=0.5$일 때 구해보자.

풀이

$$D(1,1)=\phi\left(\frac{0.5}{2}\right)=\phi(0.25)$$
$$=\frac{\sin(\pi/3+0.25)-\sin(\pi/3-0.25)}{0.5}=0.49481$$
$$D(2,1)=\phi\left(\frac{0.5}{2^2}\right)=\phi(0.125)$$
$$=\frac{\sin(\pi/3+0.125)-\sin(\pi/3-0.125)}{0.25}=0.4987$$
$$D(2,2)=\frac{4}{4-1}D(2,1)-\frac{1}{4-1}D(1,1)$$
$$=\frac{4}{3}(0.4987)-\frac{1}{3}(0.49481)=0.5$$

■

알고리즘 11.3 리차드슨 외삽법

목 적	$f'(x)$의 수치해
입 력	$x,\ f(x),\ h,\ N$
출 력	$D(N, N)$

	$\phi(h)=[f(x+h)-f(x-h)]/(2h)$
	for $i=1$ to N
	    $D(i,1)=\phi(h/2^i)$
	    for $j=1$ to $i-1$
	        $D(i,j+1)=D(i,j)+(D(i,j)-D(i-1,j))/(4^j-1)$
	    end for
	end for

알고리즘 11.3을 이용하여 리차드슨 표를 보여주는 Richardson.cpp는 다음과 같이 구성될 수 있다.

프로그램 11.3 •• Richardson.cpp

```
#include <stdio.h>
#include <math.h>
```

서브루틴 선언

```
void Richardson(int, double, double);
double f(double);
void main( )
{
    int n; double h, x0;
    printf("N은?");
    scanf("%d", &n);
    printf("초기값 h는? (h는 0이 아님)");
    scanf("%lf", &h);
```

입력한 데이터에서 미분값을 계산한다.

```
    printf("x0는?");
    scanf("%lf", &x0);
    printf("\n-------------------------\n");
    printf("Richardson 외사법으로 구한 f(x0)의
        근사값\n");
```

리차드슨의 외삽법 서브루틴 호출

```
    printf("-----------------------------");
    Richardson(n, h, x0);
    return;
}
void Richardson(int n, double h, double x)
{
    int i, j; double D[5][5];
    for(i=0; i<n; i++)
    {
        D[i][0]=(f(x+h/pow(2, i+1))-f(x-h/pow(2,
                i+1)))/(2*h/pow(2, i+1));
```

$f'(x)$의 근사값인 $D(n, n)$을 계산

```
        printf("\n%lf", D[i][0]);
        for(j=0; j<i; j++)
        {
            D[i][j+1]=D[i][j]+(D[i][j]-D[i-1][j])/
                (pow(4, j+1)-1);
            printf("%lf", D[i][j+1]);
        }
    }
    printf("\n\n");
    return;
}
```

$f(x)=\sin x$

```
double f(double x)
{
    return(sin(x));
}
```

프로그램예제 11.3 Richardson.cpp을 이용하여 함수 $f(x)=\sin x$의 $x=\frac{\pi}{3}$에서 미분값의 근사값 $D(3, 3)$을 $h=1$일 때 구하라. $\left(\text{참고}: \frac{\pi}{3}\approx 1.0472\right)$

실행

```
N은? 3
초기값 h는 (h는 0이 아님) 1
x0는? 1.0472

          리차드슨 외사법으로 구한 f(x0)의 근사값
 0.479424
 0.494806     0.499933
 0.498697     0.499994     0.499998
```

11.3 수치적분

실제적인 문제에서 나온 함수 $f(x)$가 $[a, b]$에서 적분가능할지라도 정적분 $\int_a^b f(x)dx$의 값을 정확하게 대수적으로 구하는 것은 대체로 용이하지 않다. 이러한 경우 수치적으로 적분값에 가까운 근사값을 구하는 방법을 알아보자. 함수 $\omega(x)$는 구간 $[a, b]$ 위에서 $\omega(x)\neq 0$이고 $\omega(x)\geq 0$이라 하자. 이 함수를 가중치함수(weighting function)라 한다. 가중치함수 $\omega(x)$에 관한 $f(x)$의 $[a, b]$ 위에서 정적분을

$$I[f]\equiv\int_a^b f(x)\omega(x)dx \tag{11.6}$$

라 정의하자. 가중치함수 $\omega(x)=1$이면 $I[f]=\int_a^b f(x)dx$가 된다. 정적분 (11.6)의 값을 구하기 위하여 수치적인 방법을 알아본다.

정의 11.2 구간 $[a, b]$를 $a = x_0 < x_1 < \cdots < x_n = b$로 분할하자. 적분 $I[f]$의 근사값

$$Q[f] = \sum_{i=0}^{n} \omega_i f(x_i)$$

을 수치적분법 (구적법, quadrature rule)이라고 한다. 여기서 x_i를 마디점 (node), ω_i를 가중치 (weight)라 하고 $E[f] \equiv I[f] - Q[f]$를 오차라 한다.

수치적분법은 마디점을 선택하는 방법에 따라 여러 가지 이름으로 부른다. 즉, 마디점의 간격이 일정한 경우 뉴턴-코트(Newton-Cotes) 수치적분법, 마디점이 르장드르 다항식의 근이면 가우스-르장드르 수치적분법, 마디점이 라게르 다항식의 근이면 가우스-라게르 수치적분법 등으로 부른다. 수치적분법의 오차는 정밀도로 나타낸다.

정의 11.3 다음을 만족하는 n을 수치적분법 $Q[f]$의 정밀도 (degree of precision)라 한다.
(1) n차 이하의 모든 다항식 $p_n(x)$에 대하여 $E[p_n] = 0$.
(2) $E[p_{n+1}] \neq 0$인 $n+1$차 다항식 $p_{n+1}(x)$가 존재한다.

정밀도가 n이면 n차 다항식 $p_n(x)$에 대한 수치적분법은 정확하므로 정밀도가 클수록 수치적분법은 참값에 가까워진다.

마디점의 간격이 같은 뉴턴-코트 수치적분법에 관하여 살펴보자. 함수 $f(x)$의 $[a, b]$ 위에서 적분값을 구하기 위하여 구간 $[a, b]$를 균등하게 다음과 같이 분할한다.

$$a = x_0 < x_1 < \cdots < x_n = b, \quad x_i = a + ih, \quad h = \frac{b-a}{n}$$

점 $(x_i, f(x_i))$, $i = 0, 1, \cdots, n$을 모두 지나는 다항식 $p_n(x)$은 라그랑주 보간법([8.1])에 의하여 $p_n(x) = \sum_{i=0}^{n} f(x_i) L_i(x)$와 같이 구할 수 있다 ($L_i(x)$는 라그랑주 다항식). 적분 $I[f]$의 수치적분법 $Q[f]$를 $I[p_n]$으로 정의한 것을 뉴턴-코트 방법이라고 한다. 즉,

$$Q[f] \equiv I[p_n] = \int_a^b \left(\sum_{i=0}^{n} f(x_i) L_i(x) \right) \omega(x)\, dx$$

$$= \sum_{i=0}^{n} f(x_i)\left(\int_a^b L_i(x)\,\omega(x)dx\right)$$

$$= \sum_{i=0}^{n} \omega_i f(x_i),$$

$$\omega_i = \int_a^b L_i(x)\,\omega(x)dx$$

가중치함수 $\omega(x) = 1$이라 하면 수치적분법

$$Q[f] = \sum_{i=0}^{n} \omega_i f(x_i),\ \omega_i = \int_a^b L_i(x)dx$$

에서 $n = 1$이면 사다리꼴 공식(trapezoidal rule, $T(f)$, 그림 11.5), $n = 2$ 이면 심프슨(Simpson)의 공식($S(f)$), $n = 3$이면 심프슨의 $\frac{3}{8}$ 공식($S3(f)$), $n = 4$이면 불(Boole)의 공식($B(f)$)이라 한다. $f_i = f(x_i)$라 하면 사다리꼴 공식의 경우 $n = 1$이므로 $b - a = h$이고

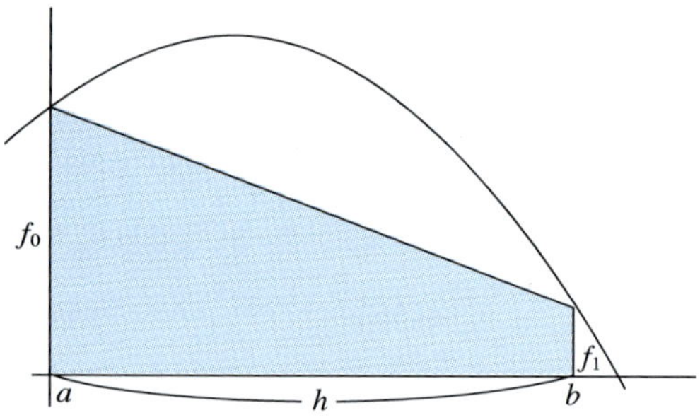

그림 11.5 사다리꼴 공식에 의한 적분

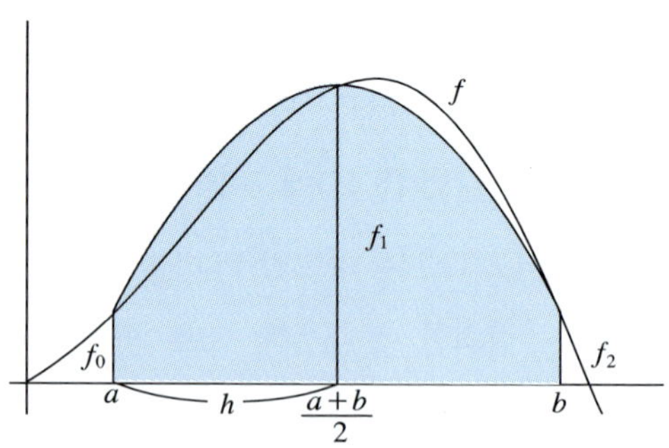

그림 11.6 심프슨 공식에 의한 적분

$$
\begin{aligned}
T(f) = I[p_1] &= \int_a^b L_0(x) f(x_0)\, dx + \int_a^b L_1(x) f(x_1)\, dx \\
&= f(a)\left(\int_a^b L_0(x)\, dx\right) + f(b)\left(\int_a^b L_1(x)\, dx\right) \\
&= f(a)\left(\frac{b-a}{2}\right) + f(b)\left(\frac{b-a}{2}\right) = \frac{h}{2}(f_0 + f_1)
\end{aligned}
$$

이다. 같은 방법으로 $n = 2, 3, 4$일 때 다음 공식을 얻는다.

$$
\begin{aligned}
S(f) &= \frac{h}{3}(f_0 + 4f_1 + f_2) \\
S3(f) &= \frac{3h}{8}(f_0 + 3f_1 + 3f_2 + f_3) \qquad (11.7) \\
B(f) &= \frac{2h}{45}(7f_0 + 32f_1 + 12f_2 + 32f_3 + 7f_4)
\end{aligned}
$$

식 (11.7)에서 같은 첨자라도 그 값은 마디 개수 n에 따라 서로 다르다. 심프슨 공식에서는 $n = 2$이므로 $f_0 = f(a)$, $f_1 = f\left(\frac{a+b}{2}\right)$, $f_2 = f(b)$이나 심프슨의 $\frac{3}{8}$ 공식에서는 $n = 3$이므로 $f_0 = f(a)$, $f_1 = f\left(\frac{2a+b}{3}\right)$, $f_2 = f\left(\frac{a+2b}{3}\right)$, $f_3 = f(b)$가 된다.

예제 11.6 $\int_0^1 e^x dx$의 근사값을 각 공식에서 구하여 그 결과를 비교하라.

풀이 각 수치적분은

$$
\begin{aligned}
T(f) &= \frac{h}{2}(f_0 + f_1) = \frac{1}{2}(1 + e) = 1.85914 \\
S(f) &= \frac{h}{3}(f_0 + 4f_1 + f_2) = \frac{0.5}{3}(1 + 4e^{0.5} + e) = 1.71886 \\
S3(f) &= \frac{3h}{8}(f_0 + 3f_1 + 3f_2 + f_3) = \frac{1}{8}(1 + 3e^{(1/3)} + 3e^{(2/3)} + e) = 1.71854 \\
B(f) &= \frac{2h}{45}(7f_0 + 32f_1 + 12f_2 + 32f_3 + 7f_4) \\
&= \frac{0.5}{45}(7 + 32e^{0.25} + 12e^{0.5} + 32e^{0.75} + 7e) = 1.71828
\end{aligned}
$$

이다. 참값은 $e - 1 = 1.71828$이므로 불의 공식이 오차가 가장 작음을 알 수 있다. ■

사다리꼴 공식의 경우 함수 $f(x)$가 일차다항식(직선)이면 두 점 (x_0, f_0), (x_1, f_1)을 지나는 직선과 $f(x)$는 같으므로 $E[f]=0$이 된다. 그러나 $f(x)$가 이차다항식이면 두 점 (x_0, f_0), (x_1, f_1)을 지나는 직선과 $f(x)$는 다를 수 있으므로 $E[f] \neq 0$일 수 있다. 그러므로 정밀도는 1이 된다. 다른 공식도 마찬가지 이유로 정밀도는 심프슨 공식이 2, 심프슨의 $\frac{3}{8}$ 공식은 3, 불의 공식은 4가 된다.

예제 11.7 이차함수의 정적분을 구할 때 어느 방법이 가장 좋은 방법이며 그 방법으로 $f(x)=3x^2+2x+1$의 $[0, 10]$에서 적분값을 구하라.

풀이 심프슨 공식의 정밀도는 2이고 정밀도가 2 이상인 방법 중에서 계산량이 가장 적으므로 가장 좋은 방법이다. 적분값은

$$S(f)=\frac{h}{3}(f(0)+4f(5)+f(10))=\frac{5}{3}(1+4(86)+321)=1110$$

이다. 참값은 $\int_0^{10} f(x)dx=[x^3+x^2+x]_0^{10}=1110$과 같다. ■

사다리꼴 공식에서 양 끝점의 함수값뿐만 아니라 기울기도 알면 더욱 정확한 공식을 구할 수 있다. 이 방법을 수정된 사다리꼴 공식(corrected trapezoidal rule, $CT(f)$)이라 하며 다음과 같다.

$$CT(f)=T(f)+\frac{(b-a)^2}{12}(f'(a)-f'(b))$$

예제 11.8 $\int_0^1 e^x dx$의 근사값을 수정된 사다리꼴 공식으로 구하여 그 결과를 예제 11.6과 비교해 보자.

풀이

$$\begin{aligned} CT(f) &= T(f)+\frac{(b-a)^2}{12}(f'(a)-f'(b)) \\ &= 1.85914+\frac{1}{12}(1-e)=1.71595 \end{aligned}$$

로 예제 11.6의 사다리꼴 공식보다 더 정확함을 알 수 있다. ■

뉴턴-코트 방법에서 마디점이 $n+1$개이면 정밀도는 적어도 n이다. 왜냐하면 적당한 $\xi_x \in [a, b]$가 있어서 오차는

$$E[f] = \frac{1}{(n+1)!}\int_a^b f^{(n+1)}(\xi_x)\prod_{i=0}^{n}(x-x_i)\omega(x)dx$$

$n+1$개의 마디점을 사용하는 수치적분은 정밀도가 n이다.

와 같이 나타낼 수 있고, $f(x)$가 n차 다항식이면 $n+1$계 도함수 $f^{(n+1)}(x)=0$이 되어 $E[f]=0$이 되기 때문이다.

마디점 x_0, x_1, $\cdots$, x_n이 임의로 주어지는 경우, x_0, x_1, $\cdots$, x_n에서 $f(x)$의 보간다항식 $p_n(x)$를 구하고 $Q[f]=I[p_n]$로 정의하는 방법을 **보간구적법** (interpolatory quadrature rule)이라 하며 뉴턴-코트 수치적분법도 보간구적법에 속한다. 또한 정밀도를 이용하는 방법으로 정밀도가 n이면 $Q[x^k]=I[x^k]$, $k=0$, 1, $\cdots$, n이므로 이 연립방정식을 풀어 가중치 ω_0, ω_1, $\cdots$, ω_n을 구할 수 있다. 이와 같은 방법을 **미정계수법** (method of undetermined rule)이라 한다.

예제 11.9 구간 $[-1, 2]$의 마디점 -1, 0, 2에서 정밀도가 2인 수치적분법을 구하라.

풀이1 마디점 -1, 0, 2에서 함수 $f(x)$의 보간다항식은 $(-1, f(-1))$, $(0, f(0))$, $(2, f(2))$를 지나는 2차 다항식이므로 라그랑주 보간법에 의하여

$$\begin{aligned} p_2(x) &= \frac{1}{6}[2f(-1)-3f(0)+f(2)]x^2 \\ &\quad + \frac{1}{6}[-4f(-1)+3f(0)+f(2)]x+f(0) \end{aligned}$$

이다. 따라서

$$\begin{aligned} Q[f]=I[p_2] &= \int_{-1}^{2}\frac{1}{6}[2f(-1)-3f(0)+f(2)]x^2 \\ &\quad + \frac{1}{6}[-4f(-1)+3f(0)+f(2)]x+f(0)dx \\ &= \frac{1}{2}[2f(-1)-3f(0)+f(2)] \\ &\quad + \frac{1}{4}[-4f(-1)+3f(0)+f(2)]+3f(0) \\ &= \frac{9}{4}f(0)+\frac{3}{4}f(2) \end{aligned}$$

풀이 2 $Q[f]=\omega_0 f(-1)+\omega_1 f(0)+\omega_2 f(2)$에서 $Q[x^k]=I[x^k]$, $k=0,\ 1,\ 2$이므로

$$\begin{aligned} \omega_0+\omega_1+\omega_2 &= 3 \\ -\omega_0 \qquad +2\omega_2 &= \frac{3}{2} \\ \omega_0 \qquad +4\omega_2 &= 3 \end{aligned}$$

이 되고 해는 $\omega_0=0$, $\omega_1=\dfrac{9}{4}$, $\omega_2=\dfrac{3}{4}$이다. 따라서

$$Q[f]=\frac{9}{4}f(0)+\frac{3}{4}f(2)$$

■

알고리즘 11.4 수치적분

목 적	$\int_a^b f(x)dx$의 수치해
입 력	$a,\ b,\ f(x)$
출 력	$T,\ S,\ S3,\ B$
	$h=b-a$ $T=h(f(a)+f(b))/2$ $h=(b-a)/2$ $S=h[f(a)+4f(a+h)+f(b)]/3$ $h=(b-a)/3$ $S3=3h[f(a)+3f(a+h)+3f(a+2h)+f(b)]/8$ $h=(b-a)/4$ $B=2h[7f(a)+32f(a+h)+12f(a+2h)$ $\quad +32f(a+3h)+7f(b)]/45$

각 수치적분을 출력하는 알고리즘 11.4에 의한 프로그램은 프로그램 11.4와 같이 작성할 수 있다.

프로그램 11.4 •• **integrate.cpp**

```
                    #include <stdio.h>
                    #include <math.h>
서브루틴 선언        void integrate(double, double);
함수선언             double f(double);
                    void main( )
```

```
                      {
                          double a, b;
적분구간 입력              printf("\n구간 [a, b]는?");
                          scanf("%lf %lf", &a, &b);
                          integrate(a, b);
                          return;
                      }
적분 서브루틴 호출     void integrate(double a, double b)
                      {
                          double h, approx;
사다리꼴 공식              printf("\n사다리꼴 공식 : ");
                          h=b-a;
                          approx=h*(f(a)+f(b))/2.;
                          printf("%lf\n", approx);
심프슨의 공식              printf("\nSimpson의 공식 : ");
                          h=(b-a)/2;
                          approx=h*(f(a)+4.*f(a+h)+f(b))/3.;
                          printf("%lf\n", approx);
심프슨 3/8 공식            printf("\nSimpson 3/8 공식 : ");
                          h=(b-a)/3;
                          approx=3.*h*(f(a)+3*f(a+h)+3*f(a+2.*h)+
                      f(b))/8.;
불 공식                   printf("%lf\n", approx);
                          printf("\nBoole 공식 : ");
                          h=(b-a)/4;
                          approx=2*h*(7*f(a)+32*f(a+h)+12*f(a+2*h)
                                +32*f(a+3*h)
                                +7*f(b))/45.;
                          printf("%lf\n\n", approx);
                          return;
                      }
f(x)=sin4x             double f(double x)
                      {
                          return(sin(4*x));
                      }
```

프로그램예제 11.4 integrate.cpp를 사용하여 사다리꼴공식, 심프슨의 공식, 심프슨의 $\frac{3}{8}$공식, 불의 공식으로 $\int_0^1 \sin 4x\, dx$의 근사값을 각각 구하라 $\left(\int_0^1 \sin 4x\, dx = 0.413411\right)$.

실행

```
구간 [a, b]는? 0 1
사다리꼴 공식 : -0.378401
Simpson의 공식 : 0.480065
Simpson 3/8 공식 : 0.441354
Boole 공식 : 0.411743
```

개념정리

11.1 절

- 전향수치미분식

$$\frac{f(x+h)-f(x)}{h}$$

- 후향수치미분식

$$\frac{f(x)-f(x-h)}{h}$$

- 중앙수치미분식

$$\frac{f(x+h)-f(x-h)}{2h}$$

- 2계중앙수치미분식

$$\frac{f(x+h)-2f(x)+f(x-h)}{h^2}$$

11.2 절

- 리차드슨 외삽법

$$\phi(h)=\frac{f(x+h)-f(x-h)}{2h}$$

$$D(n,1)=\phi\left(\frac{h}{2^n}\right)$$

$$D(n,n)=\frac{4^{m-1}}{4^{m-1}-1}D(n,m-1)-\frac{1}{4^{m-1}-1}D(n-1,m-1)$$

11.3 절

- 수치적분법

마디점 $a=x_0<x_1<\cdots<x_n=b$에서 적분 $I[f]$의 근사값

$$Q[f]=\sum_{i=0}^{n}\omega_i f(x_i)$$

을 **수치적분법**이라고 하며 x_i를 구적마디점, ω_i를 **가중치**라 하고 $E[f]\equiv I[f]-Q[f]$를 오차라 한다.

- 정밀도

다음을 만족하는 n을 수치적분법 $Q[f]$의 정밀도라 한다.

(1) n차 이하의 모든 다항식 $p_n(x)$에 대하여 $E[p_n]=0$

(2) $E[p_{n+1}]\neq 0$인 $n+1$차 다항식 $p_{n+1}(x)$가 존재한다.

- 사다리꼴 공식

$$T(f)=\frac{h}{2}(f_0+f_1)$$

- 심프슨의 공식

$$S(f)=\frac{h}{3}(f_0+4f_1+f_2)$$

- 심프슨의 $\frac{3}{8}$ 공식

$$S3(f)=\frac{3h}{8}(f_0+3f_1+3f_2+f_3)$$

- 불의 공식

$$B(f)=\frac{2h}{45}(7f_0+32f_1+12f_2+32f_3+7f_4)$$

- 수정된 사다리꼴 공식

$$CT(f)=T(f)+\frac{(b-a)^2}{12}(f'(a)-f'(b))$$

연습문제

1. 다음 함수 $f(x)$의 $x=x_0$에서 도함수의 근사값을 $h=0.1$일 때 전향, 후향, 중앙수치미분식을 이용하여 구하고 참값과 비교하라.

(1) $f(x)=x^2-2x+2,\ x_0=1,3$

(2) $f(x)=\ln x,\ x_0=1,2$

(3) $f(x)=\sin x,\ x_0=0,\dfrac{\pi}{3}$

(4) $f(x)=e^x,\ x_0=0,1$

(5) $f(x)=\cos(\pi x),\ x_0=0,\dfrac{1}{4}$

(6) $f(x)=x^3,\ x_0=0,1$

2. 구간 $[-1,2]$의 마디점 $-1,\ 0,\ 1,\ 2$에서 정밀도가 3인 수치적분법을 구하라.

3. 연습문제 1의 함수의 주어진 점에서 2계 도함수의 근사값을 $h=0.1$일 때 중앙수치미분식을 이용하여 구하고 참값과 비교하라.

4. 연습문제 1의 함수의 주어진 점에서 도함수의 근사값을 $h=0.1$일 때 리차드슨 외삽법을 이용하여 $D(2,2)$를 구하고 참값과 비교하라.

5. 정리 11.1을 증명하라.

6. 심프슨의 공식을 유도하라.

7. 수정된 사다리꼴 공식의 정밀도는 3임을 보여라.

8. 다음 적분값을 사다리꼴 공식, 심프슨의 공식, 심프슨의 $\dfrac{3}{8}$ 공식, 불의 공식을 이용하여 구하고 참값과 비교하라.

(1) $\displaystyle\int_0^3 (2x-1)dx$

(2) $\displaystyle\int_1^e \ln x\,dx$

(3) $\displaystyle\int_0^2 (x^2+2x-1)dx$

(4) $\displaystyle\int_1^e \frac{1}{x}dx$

(5) $\displaystyle\int_{-1}^2 (3x^3-2x^2+x-1)dx$

(6) $\displaystyle\int_0^\pi \cos x\, e^{\sin x}dx$

(7) $\displaystyle\int_{-1}^2 (5x^4-2x^2+x-1)dx$

(8) $\displaystyle\int_{-1}^1 (x^5-2x^3+2x-5)dx$

(9) $\displaystyle\int_0^\pi \sin x\, dx$

(10) $\displaystyle\int_0^2 e^x\, dx$

9. 연습문제 8의 적분값을 수정된 사다리꼴 공식을 이용하여 구하고 참값과 비교하라.

10. $f(x)=\dfrac{1}{2\sqrt{x}}\cos x-\sqrt{x}\sin x$에서 $\displaystyle\int_0^a f(x)dx$를 근사하는 구적법을 구하라.

실습문제

1. 연습문제 1에 주어진 함수의 주어진 점에서 미분값을 $h = \frac{1}{2^k}$, $k = 1, 2, \cdots, 10$일 때 프로그램 11.1을 이용하여 구하여 수렴하는지 살펴보라.

2. 프로그램 11.1을 수정하여 수정된 사다리꼴 공식을 프로그램하고 $\int_0^1 \sin 4x \, dx$의 근사값을 구하라.

3. 연습문제 1에 주어진 함수의 주어진 점에서 2계 도함수의 미분값을 프로그램 11.1을 이용하여 구하고 $h = \frac{1}{2^k}$, $k = 1, 2, \cdots, 10$일 때 수렴하는지 살펴보라.

4. 연습문제 1에 주어진 함수의 주어진 점에서 미분값을 $h = 0.1$일 때 프로그램 11.3을 이용하여 $D(3, 3)$를 구하고 참값과 비교하여라.

제 12 장 복합수치적분과 가우스 구적법

제11장에서는 주어진 구간 위에서 수치적분법 중 뉴턴-코트 방법에 관하여 알아보았다. 이 장에서는 오차를 더욱 줄이기 위해 주어진 구간을 소구간으로 나눈 후, 각 소구간 위에서 뉴턴-코트 방법으로 계산한 결과를 모두 더하는 복합수치적분에 대하여 알아본다. 뉴턴-코트 방법은 마디점의 간격이 일정하고 마디점이 $n+1$개이면 정밀도가 n이 된다. 그러나 마디점과 가중치를 적절하게 잘 택하면 정밀도가 $2n+1$이 될 수 있다. 이러한 가우스 구적법에 대하여 알아보고 사다리꼴 공식과 심프슨의 공식을 되풀이 사용하여 오차를 줄이는 롬버그(Romberg) 방법에 대하여 알아본다.

12.1 복합수치적분

구간 $[a, b]$를 균등하게 n개의 소구간으로 분할한다.

$$a = x_0 < x_1 < \cdots < x_n = b,$$

여기서 $h=\dfrac{b-a}{n}$라 하면 마디점 $x_i=a+ih$가 된다. 각 소구간 $[x_{i-1},\ x_i]$에서 정밀도가 낮은 수치적분법을 시행하여 그 결과값을 모두 합하는 방법을 복합수치적분이라 한다.

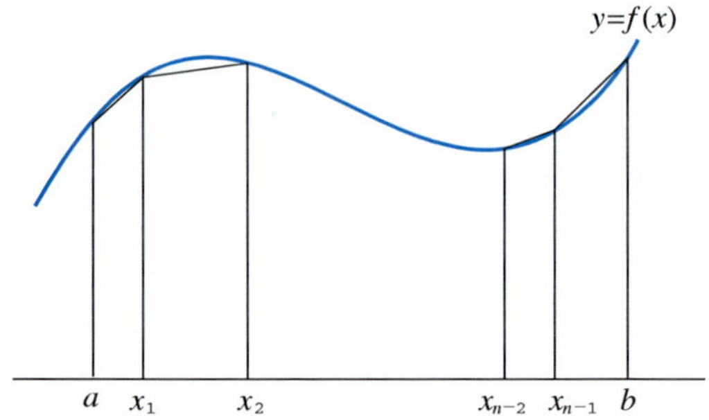

그림 12.1 복합수치적분

복합수치적분 중 복합사다리꼴 공식은 각각의 소구간 $[x_{i-1},\ x_i]$에서 사다리꼴 공식으로 구한 수치적분값

$$\frac{h}{2}(f(x_{i-1})+f(x_i))$$

을 모두 합하는 방법으로 $T(f,\ h)$로 나타내며

$$\begin{aligned}T(f,\ h) &= \frac{h}{2}\sum_{i=1}^{n}(f(x_{i-1})+f(x_i)) \\ &= \frac{h}{2}[f(a)+2\sum_{i=1}^{n-1}f(x_i)+f(b)]\end{aligned}$$

이 된다. 같은 방법으로 n이 짝수$(n=2m)$이면 복합 심프슨 공식은 각각의 소구간 $[x_{i-1},\ x_{i+1}]$에서 심프슨 공식으로 구한 수치적분값

$$\frac{2}{3}(f(x_{i-1})+4f(x_i)+f(x_{i+1}))$$

을 모두 합하는 방법으로 $S(f,\ h)$로 나타내며

$$S(f,\ h)=\frac{h}{3}[f(a)+2\sum_{i=1}^{m-1}f(x_{2i})+4\sum_{i=1}^{m}f(x_{2i-1})+f(b)]$$

이 된다.

예제 12.1 $\int_0^4 xe^{-x}dx$의 근사값을 $n=4$일 때 복합수치적분을 이용하여 구하라.

풀이 $f(x)=xe^{-x}$라 하자. $n=4$이므로 $h=1$이고 $x_1=1$, $x_2=2$, $x_3=3$이다. 따라서

$$
\begin{aligned}
T(f,h) &= \frac{h}{2}[f(a)+2(f(x_1)+f(x_2)+f(x_3))+f(b)] \\
&= 0.5[f(0)+2(f(1)+f(2)+f(3))+f(4)] \\
&= 0.8245 \\
S(f,h) &= \frac{h}{3}[f(a)+2\sum_{i=1}^{m-1} f(x_{2i})+4\sum_{i=1}^{m} f(x_{2i-1})+f(b)] \\
&= \frac{1}{3}[f(0)+2f(2)+4(f(1)+f(3))+f(4)] \\
&= 0.8945
\end{aligned}
$$

이 된다. 참값은 $\int_0^4 xe^{-x}dx = -(x+1)e^{-x}|_0^4 \approx 0.9084$이다. 복합사다리꼴적분 $T(f,h)$의 영역은 그림 12.2와 같다. ■

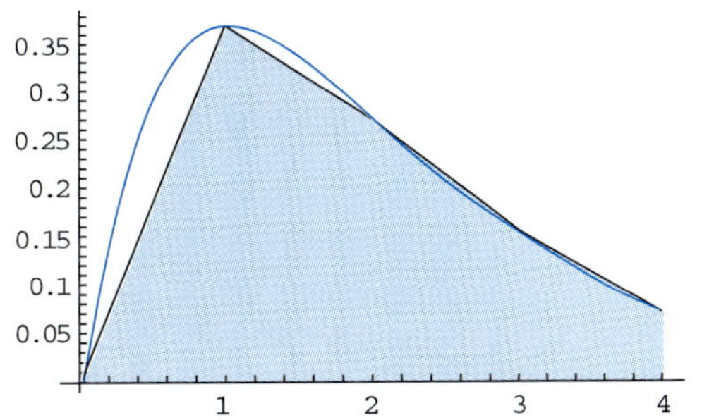

그림 12.2 복합사다리꼴적분

복합수치적분은 소구간에서의 수치적분을 모두 합한 것이다.

알고리즘 12.1 복합사다리꼴 공식과 심프슨 공식

목 적	$\int_a^b f(x)dx$의 수치해
입 력	a, b, n(짝수), $f(x)$
출 력	T, S
	$h=(b-a)/n$ $m=n/2$ for $i=1$ to $n-1$ $x_i=a+ih$

end

$$T = \frac{h}{2}[f(a) + 2\sum_{i=1}^{n-1} f(x_i) + f(b)]$$

$$S = h[f(a) + 2\sum_{i=1}^{m-1} f(x_{2i}) + 4\sum_{i=1}^{m} f(x_{2i-1}) + f(b)]/3$$

알고리즘 12.1의 프로그램은 프로그램 12.1과 같다.

프로그램 12.1 composite_int.cpp

```
                          #include <stdio.h>
                          #include <math.h>
서브루틴 선언             void composite_int(int, double, double);
함수 선언                 double f(double);
                          void main( )
                          {
                              double a, b; int n;
적분구간 입력                 printf("\n구간 [a, b]는?");
                              scanf("%lf %lf", &a, &b);
                              printf("소구간의 개수 n(짝수)은?");
적분 서브루틴 호출            scanf("%d", &n);
                              composite_int(n, a, b);
                              return;
                          }
                          void composite_int(int n, double a, double b)
복합 사다리꼴 공식        {
                              double h, approx, sum, sum2; int m, i;
                              h=(b-a)/n;
복합심프슨의 공식             printf("\n복합 사다리꼴 공식 : ");
(n=2m)                        sum=0.;
n의 값이 홀수일 경우          for(i=1; i<n; i++)
n=2n으로 계산                     sum=sum+f(a+i*h);
                              approx=h*(f(a)+2*sum+f(b))/2.;
                              printf("%lf\n", approx);
                              if(fmod(n,2)!=0)
                              {
                                  m=n; h=(b-a)/(2*n);
                              }
                              else
                                  m=n/2;
                              printf("\n복합 Simpson의 공식 : ");
```

```
            sum = 0.;
            for(i = 1;  i<m;  i + + )
                sum = sum + f(a + 2*i*h);
            sum2 = 0.;
            for(i = 1;  i< = m;  i + + )
                sum2 = sum2 + f(a + (2*i − 1)*h);
            approx = h*(f(a) + 2*sum + 4*sum2 + f(b))/3.;
            printf("%lf\n\n", approx);
            return;
        }
f(x) = xe^{-x}      double  f(double  x)
        {
            return(x*exp( − x));
        }
```

프로그램예제 12.1 composite_int.cpp를 이용하여 $\int_0^2 xe^{-x}dx$의 근사값을 $n=2,\ 4,\ 6,\ 8,\ 10$일 때 복합사다리꼴공식과 복합 심프슨의 공식으로 구하라 $\left(\int_0^2 xe^{-x}dx = 0.593994\right)$

실행

```
n = 2
구간 [a, b]는? 0 2
소구간의 개수 n(짝수)은? 2
복합사다리꼴 공식 : 0.503215
복합 심프슨의 공식 : 0.580729

n = 4
구간 [a, b]는? 0 2
소구간의 개수 n(짝수)은? 4
복합사다리꼴 공식 : 0.570588
복합 심프슨의 공식 : 0.593045

n = 6
구간 [a, b]는? 0 2
소구간의 개수 n(짝수)은? 6
복합사다리꼴 공식 : 0.583531
```

```
복합 심프슨의 공식 : 0.593802

n = 8
구간 [a, b]는? 0 2
소구간의 개수 n(짝수)은? 8
복합사다리꼴 공식 : 0.588096
복합 심프슨의 공식 : 0.593933

n = 10
구간 [a, b]는? 0 2
소구간의 개수 n(짝수)은? 10
복합사다리꼴 공식 : 0.590216
복합 심프슨의 공식 : 0.593969
```

복합수치적분의 오차는 소구간의 간격 h가 작을수록 작아지며 함수 $f(x)$의 2계 도함수 $f''(x)$이 연속이면 복합사다리꼴 공식의 오차 $E_T(f, h)$는

$$E_T(f, h) = \int_a^b f(x)dx - T(f, h) = O(h^2)$$

이고, $f(x)$의 4계 도함수 $f^{(4)}(x)$이 연속이면 복합 심프슨 공식의 오차 $E_S(f, h)$는

$$E_S(f, h) = \int_a^b f(x)dx - T(f, h) = O(h^4)$$

이 된다.

12.2 가우스 구적법

뉴턴-코트 구적법 $Q[f] = \sum_{i=0}^{n} \omega_i f(x_i)$은 마디점 x_0, x_1, $\cdots$, x_n은 균등하게 주어지고 가중치 ω_0, ω_1, $\cdots$, ω_n만 구하는 것으로 마디점이

$n+1$개이면 정밀도가 n이다. 즉, $n+1$개의 미지수 ω_0, ω_1, $\cdots$, ω_n를 구하기 위해서 $n+1$개의 방정식 $Q[x^k]=I[x^k]$, $k=0$, 1, $\cdots$, n이 필요하다. 그러나 구간 $[a, b]$ 안에서 마디점 x_0, x_1, $\cdots$, x_n을 잘 선택하면 정밀도가 훨씬 높은 $2n+1$이 되는 수치적분법을 만들 수 있다. 이러한 수치적분법을 **가우스 구적법**이라 한다. 수치적분 $Q[f]=\sum_{i=0}^{n}\omega_i f(x_i)$에서 구하고자 하는 미지수는 가중치 ω_0, ω_1, $\cdots$, ω_n를 포함한 마디점 x_0, x_1, $\cdots$, x_n으로 모두 $2n+2$개이다. 따라서 정밀도가 $2n+1$이 되면 미지수가 만족해야 하는 방정식은 $Q[x^k]=I[x^k]$, $k=0$, 1, $\cdots$, $2n+1$으로 모두 $2n+2$개가 된다.

예제 12.2 구간 $[-1, 1]$에서 정밀도가 3인 가우스 구적법 $Q[f]=\omega_0 f(x_0)+\omega_1 f(x_1)$의 마디점 x_0, x_1과 가중치 ω_0, ω_1을 구하는 연립방정식을 구하라.

풀이 $Q[x^k]=I[x^k]$, $k=0$, 1, 2, 3이고 $I[x^k]=\int_{-1}^{1}x^k dx$이므로 x_0, x_1과 ω_0, ω_1은 다음 연립방정식을 만족해야 한다.

$$\begin{aligned} \omega_0+\omega_1 &= 2 \\ \omega_0 x_0+\omega_1 x_1 &= 0 \\ \omega_0 x_0^2+\omega_1 x_1^2 &= \frac{2}{3} \\ \omega_0 x_0^3+\omega_1 x_1^3 &= 0 \end{aligned}$$

따라서 $\omega_0=\omega_1=1$, $x_0=-\frac{\sqrt{3}}{3}$, $x_1=\frac{\sqrt{3}}{3}$이다. ■

예제 12.2에서 보듯이 위 연립방정식의 해를 구하는 것은 쉬운 일이 아니다. 이러한 방정식의 해를 구하는 대신 이 방정식을 만족하는 가중치와 마디점을 구하는 방법을 알아보자.

$\omega(x)$가 구간 $[a, b]$에서 연속인 가중치함수이고 0이 아닌 $n+1$차 다항식 $q(x)$가 모든 n차 다항식 $p(x)$에 대하여

$$\int_a^b p(x)q(x)\omega(x)dx=0$$

을 만족하면 $q(x)$는 구간 (a, b)에 포함되는 서로 다른 $n+1$개의 실근을 갖는다는 것이 알려져 있으며 그 실근을 마디점으로 하면 정밀도가 $2n+1$인 가우스 구적법을 구할 수 있다.

정리 12.1 0이 아닌 $n+1$차 다항식 $q(x)$가 모든 n차 다항식 $p(x)$에 대하여

$$\int_a^b p(x)q(x)\omega(x)dx = 0$$

라 하자. $q(x)$의 근을 $x_0, x_1, \cdots, x_n$이라 하고 가중치를 $\omega_i = \int_a^b l_i(x)\omega(x)dx$라 하면 구적법

$$Q[f] = \sum_{i=0}^{n} \omega_i f(x_i)$$

의 정밀도는 $2n+1$이다. 단, $l_i(x)$는 $x_0, x_1, \cdots, x_n$의 i번째 라그랑주 다항식이다. 가중치 ω_i는 모두 양수이고 $\sum_{i=0}^{n}\omega_i = \int_a^b \omega(x)dx$을 만족한다.

정리 12.1에 의하여 가우스 구적법의 마디점과 가중치를 구하는 문제는 모든 n차 다항식 $p(x)$에 대하여

$$\int_a^b p(x)q(x)\omega(x)dx = 0$$

또는 $< p, q >= 0$이 되는 0이 아닌 $n+1$차 다항식 $q(x)$을 구하는 문제와 동치가 된다. 따라서 가우스 구적법의 마디점과 가중치는 가중치 함수 $\omega(x)$와 구간 $[a, b]$에 따라서 달라진다.

예제 12.3 구간 $[-1, 1]$에서 정밀도가 3인 가우스 구적법 $Q[f] = \omega_0 f(x_0) + \omega_1 f(x_1)$의 마디점 x_0, x_1과 가중치 ω_0, ω_1을 구하라.

풀이 정리 12.1에 의하여 일차다항식과 직교가 되는 이차다항식을 찾아야 한다. 그람-슈미트 정리에 의하여 $\omega(x) = 1$로 하면 $q(x) = x^2 - \frac{1}{3}$은 일차다항식과 직교한다. 즉,

$$\int_{-1}^{1}(ax+b)q(x)dx = a\int_{-1}^{1} x\left(x^2 - \frac{1}{3}\right)dx + b\int_{-1}^{1} x^2 - \frac{1}{3}dx$$

$$= 2b\int_0^1 x^2 - \frac{1}{3}dx = 0$$

정리 12.1에 의하여 $q(x) = x^2 - \frac{1}{3} = 0$의 근 $x = \pm\frac{1}{\sqrt{3}}$이 마디점이 되고 가중치는

$$\omega_0 = \int_{-1}^1 l_0(x)dx = 1,\ \ \omega_1 = \int_{-1}^1 l_1(x)dx = 1$$

이 되어 구간 $[-1, 1]$에서 정밀도가 3인 가우스 구적법은 다음과 같이 표현된다.

$$Q[f] = f\left(-\frac{1}{\sqrt{3}}\right) + f\left(\frac{1}{\sqrt{3}}\right)$$

■

예제 12.3에서 마디점을 구한 후에 가중치는 예제 12.3의 방법 대신 미정계수법을 이용하여 다음 연립방정식의 해를 구하여 얻을 수도 있다.

$$\omega_0 + \omega_1 = 2,\ \ \omega_0\left(-\frac{1}{\sqrt{3}}\right) + \omega_1\left(\frac{1}{\sqrt{3}}\right) = 0$$

가우스 구적법은 마디점으로 사용된 다항식의 이름에 따라 다양하게 불린다. 예제 12.3에서 사용된 다항식은 르장드르 다항식이므로 이 구적법은 **가우스-르장드르 구적법**이라 한다. $[-1, 1]$에서 가우스-르장드르 구적법의 마디점과 가중치는 다음 표와 같다. 마디점은 르장드르 다항식 $p_{n+1}(x) = 0$의 해이다.

르장드르 다항식
$p_2(x) = \frac{1}{2}(3x^2 - 1)$
$p_3(x) = \frac{1}{2}(5x^3 - 3x)$
$p_4(x)$
$= \frac{1}{8}(35x^4 - 30x^2 + 3)$

n	마 디 점	가 중 치
1	$x_0 = -0.577350269$ $x_1 = -x_0$	$\omega_0 = 1$ $\omega_1 = \omega_0$
2	$x_0 = -0.774596669$ $x_1 = 0$ $x_2 = -x_0$	$\omega_0 = 0.555555556$ $\omega_1 = 0.888888889$ $\omega_2 = \omega_0$
3	$x_0 = -0.861136311$ $x_1 = -0.339981043$ $x_2 = -x_1,\ x_3 = -x_0$	$\omega_0 = 0.347854845$ $\omega_1 = 0.652145154$ $\omega_2 = \omega_1,\ \omega_3 = \omega_0$
4	$x_0 = -0.906179845$ $x_1 = -0.538469310$ $x_2 = 0$ $x_3 = -x_1,\ x_4 = -x_0$	$\omega_0 = 0.236926885$ $\omega_1 = 0.478628670$ $\omega_2 = 0.568888889$ $\omega_3 = \omega_1,\ \omega_4 = \omega_0$

구간 $[a, b]$ 위에서 마디점을 구하기 위하여 $y=\frac{1}{2}(b-a)x+\frac{1}{2}(a+b)$ 라 하면 이 함수는 $[-1, 1]$을 $[a, b]$로 보내주는 함수가 된다. 이 함수로 다음 적분을 치환하면

$$\begin{aligned}\int_a^b f(y)dy &= \frac{1}{2}(b-a)\int_{-1}^1 f\left(\frac{1}{2}(b-a)x+\frac{1}{2}(a+b)\right)dx \\ &= \frac{1}{2}(b-a)\int_{-1}^1 g(x)dx\end{aligned}$$

이 되어 $g(x)=f\left(\frac{1}{2}(b-a)x+\frac{1}{2}(a+b)\right)$이 된다. $g(x)$에 위 표에 있는 마디점과 가중치를 대입하면

$$\begin{aligned}\int_a^b f(y)dy &= \frac{1}{2}(b-a)\int_{-1}^1 g(x)dx \\ &\approx \frac{1}{2}(b-a)\sum_{i=0}^{n}\omega_i g(x_i)dx \\ &= \frac{1}{2}(b-a)\sum_{i=0}^{n}\omega_i f\left(\frac{1}{2}(b-a)x_i+\frac{1}{2}(a+b)\right)\end{aligned}$$

이 되어 구간 $[a, b]$ 위에서 가우스 구적법은 다음과 같다.

$$Q[f]=\frac{b-a}{2}\sum_{i=0}^{n}\omega_i f\left(\frac{b+a}{2}+\frac{b-a}{2}x_i\right)$$

예제 12.4 $\int_0^4 xe^{-x}dx$의 근사값을 $n=1$일 때 가우스-르장드르 구적법을 이용하여 구하라.

풀이 $f(x)=xe^{-x}$이고 $a=0,\ b=4$이므로

$$\begin{aligned}\int_a^b f(x)dx &= \frac{1}{2}(b-a)\sum_{i=0}^{1}\omega_i f\left(\frac{1}{2}(b-a)x_i+\frac{1}{2}(a+b)\right)dx \\ &= 2\left(f\left(-2\frac{1}{\sqrt{3}}+2\right)+f\left(2\frac{1}{\sqrt{3}}+2\right)\right) \\ &= 0.913689\end{aligned}$$

■

가우스 구적법의 복합수치적분도 뉴턴-코트 방법처럼 구할 수 있다. 구

간 $[a, b]$를 균등하게 m등분 $a = t_0 < t_1 < \cdots < t_m = b$하면 각 소구간의 길이 $h = \dfrac{b-a}{m}$이고 $t_j = a + jh$이다. 각 소구간 $[t_j, t_{j+1}]$에서 $n+1$개의 마디점을 이용한 구적법은

$$\frac{h}{2}\sum_{i=0}^{n}\omega_i f\left(\frac{t_j + t_{j+1}}{2} + \frac{t_{j+1} - t_j}{2}x_i\right)$$

이다. 이것을 모두 합하면 $t_j + t_{j+1} = 2a + (2j+1)h$, $t_{j+1} - t_j = h$이므로

$$G(f, h) = \frac{h}{2}\sum_{j=0}^{m-1}\left(\sum_{i=0}^{n}\omega_i f\left(\frac{2a+(2j+1)h}{2} + \frac{h}{2}x_i\right)\right)$$

가 된다.

$[0, \infty)$에서 가우스-라게르 구적법의 공식은

$$\int_0^{\infty} f(x)e^{-x}\,dx = \sum_{i=0}^{n}\omega_i f(x_i)$$

와 같고 마디점과 가중치는 다음 표와 같다. 마디점은 라게르 다항식 $p_{n+1}(x) = 0$의 해이다.

n	마 디 점	가 중 치
1	$x_0 = 0.58578643$	$\omega_0 = 0.85355339$
	$x_1 = 3.41421356$	$\omega_1 = 0.14644660$
2	$x_0 = 0.41577455$	$\omega_0 = 0.71109300$
	$x_1 = 2.29428036$	$\omega_1 = 0.27851773$
	$x_2 = 6.28994508$	$\omega_2 = 0.01038926$
3	$x_0 = 0.32254768$	$\omega_0 = 0.60315410$
	$x_1 = 1.74576110$	$\omega_1 = 0.35741869$
	$x_2 = 4.53662029$	$\omega_2 = 0.03888791$
	$x_3 = 9.39507091$	$\omega_3 = 0.00053929$

$n = 1$일 때
$x_0 = 2 - \sqrt{2}$
$x_1 = 2 + \sqrt{2}$

예제 12.5 $\displaystyle\int_0^{\infty} \sin x e^{-x}\,dx$을 가우스-라게르 구적법을 이용하여 $n = 1, 2$일 때 구해보자.

풀이

$$\int_0^\infty f(x)e^{-x}\,dx = \omega_0 f(x_0) + \omega_1 f(x_1)$$

$$= 0.85355339\sin(0.58578643) + 0.14644660\sin(3.41421356)$$

$$= 0.432459451$$

$$\int_0^\infty f(x)e^{-x}\,dx = \omega_0 f(x_0) + \omega_1 f(x_1) + \omega_2 f(x_2)$$

$$= 0.496029816$$

참고로 $\int_0^\infty \sin x e^{-x}\,dx = 0.5$이다. ■

예제 12.6 $n=1$이면 정밀도가 3임을 이용하여 3차 다항식 $p_3(x)$에 대하여 정적분 $\int_0^\infty p_3(x)e^{-x}\,dx$의 두 점 공식을 유도하고 $\int_0^\infty x^3 e^{-x}\,dx = 3!$이 됨을 확인해보자.

풀이

$$\int_0^\infty p_3(x)e^{-x}\,dx = \omega_0 p_3(x_0) + \omega_1 p_3(x_1)$$

$$= 0.85355339 p_3(0.58578643) + 0.14644660 p_3(3.41421356)$$

$$\int_0^\infty x^3 e^{-x}dx = 0.85355339(0.58578643)^3 + 0.14644660(3.41421356)^3$$

$$= 5.999999606$$ ■

가우스 구적법은 마디점이 $n+1$개이면 정밀도는 $2n+1$이다.

알고리즘 12.2 복합 가우스-르장드르 구적법

목 적	$\int_a^b f(x)dx$의 수치해
입 력	$a,\ b,\ n,\ m,\ f(x)$
출 력	G

	for $i=0$ to n
	   read $x_i,\ \omega_i$
	end
	   $h=(b-a)/m$
	   $G=0.5h\sum_{j=0}^{m-1}\left(\sum_{i=0}^{n}\omega_i f([2a+(2j+1)h+hx_i]/2)\right)$

프로그램 12.2 •• Gauss_le.cpp

```
                            #include <stdio.h>
                            #include <math.h>
서브루틴 선언                void Gauss_Legendre(int, int, double, double);
                            void Node(int);
함수 선언                    double f(double);
                            double x[5], w[5];
                            void main( )
                            {
                                double a, b; int n, m;
m : 적분간격                     printf("소구간의 개수 m은?");
                                scanf("%d", &m);
n : 정밀도                       printf("마디점의 개수 n은?");
                                scanf("%d", &n);
[a,b] : 적분구간                 printf("\n구간 [a , b]는?");
                                scanf("%lf %lf", &a, &b);
                                Gauss_Legendre(m, n, a, b);
                                return;
                            }
가우스-르장드르               void Gauss_Legendre(int m, int n, double a, double b)
구적법 서브루틴               {
                                double h=(b-a)/m, sum, sum2; int i, j;
                                Node(n);.
정밀도 n에 따른 마디              sum=0.;
점 x[i]와 가중치 w[i]            for(i=0; i<m; i++)
를 구함                          {
                                    sum2=0.;
                                    for(j=0; j<=n; j++)
                                        sum2=sum2+w[j]*f(a+i*h+h/2+
                            h*x[j]/2.);
                                    sum=sum+h*sum2/2.;
                                }
                                printf("\n구간[%lf, %lf]에서의 함수 f[x]의
                                        적분값 : %lf\n",
                                    a, b, sum);
                                return;
                            }
정밀도에 따른                 void Node(int n)
마디점과 가중치               {
정밀도=1                         if(n==1)
                                {
```

```
                              x[0] = -(pow(3, 0.5))/3;      x[1] = -x[0];
                              w[0] = 1.;  w[1] = w[0];
                          }
정밀도=2                   else if(n == 2)
                          {
                              x[0] = -sqrt(3./5.);  x[1] = 0.;  x[2] = -x[0];
                              w[0] = 5./9.;  w[1] = 8./9.;  w[2] = w[0];
                          }
정밀도=3                   else if(n == 3)
                          {
                              x[0] = -sqrt((3.+4.*sqrt(0.3))/7.);
                              x[1] = -sqrt((3.-4.*sqrt(0.3))/7.);
                              x[2] = -x[1];  x[3] = -x[0];
.                             w[0] = (1.-sqrt(10./3.)/6.)/2.;
                              w[1] = (1.+sqrt(10./3.)/6.)/2.;
                              w[2] = w[1];  w[3] = w[0];
                          }
정밀도=4                   else
                          {
                              x[0] = -sqrt((5.+2.*sqrt(10./7.))/9.);
                              x[1] = -sqrt((5-2.*sqrt(10./7.))/9.);
                              x[2] = 0.;  x[3] = -x[1];  x[4] = -x[0];
                              w[0] = (3.*(0.7+5.*sqrt(0.7)))/(10.*(2.+5.
                                    *sqrt(0.7)));
                              w[1] = (3.*(-0.7+5.*sqrt(0.7)))/(10.*(-2.+5.
                                    *sqrt(0.7)));
                              w[2] = 128./225.;  w[3] = w[1];  w[4] = w[0];
                          }
                          return;
                      }
                      double f(double x)
                      {
f(x)=xe^-x                return(x*exp(-x));
                      }
```

프로그램예제 12.2 •• Gauss_le.cpp를 이용하여 $\int_0^4 xe^{-x}dx$의 근사값을 $m=3$, $n=2$일 때 구하라. $\left(\int_0^4 xe^{-x}dx = 0.908422\right)$

실행 소구간의 개수 m은? 3

```
마디점 n은? 2
구간 [a, b]는? 0 4

구간 [0.000000, 4.000000]에서의 함수 f[x]의 적분값 : 0.908435
```

*12.3 롬버그 방법

사다리꼴 공식과 심프슨 공식을 되풀이 이용하는 방법을 알아보자. 복합사다리꼴 공식은 다음과 같다.

$$T(f,\ h)=\frac{h}{2}[f(a)+f(b)]+h\sum_{i=1}^{n-1}f(a+ih),\ h=\frac{b-a}{n}$$

$T(k)\equiv T\left(f,\ \dfrac{b-a}{2^k}\right)$라 하면 다음과 같은 반복식을 얻는다.

$$T(0)=\frac{h}{2}(f(a)+f(b)),\ h=b-a$$

$$T(1)=\frac{1}{2}T(0)+hf(a+h),\ h=\frac{b-a}{2}$$

$$T(2)=\frac{1}{2}T(1)+h\sum_{i=1}^{2}f(a+(2i-1)h),\ h=\frac{b-a}{2^2}$$

$$\vdots$$

$$T(k+1)=\frac{1}{2}T(k)+h\sum_{i=1}^{2^k}f(a+(2i-1)h),\ h=\frac{b-a}{2^{k+1}}$$

예제 12.7 $\int_0^4 x^3dx$의 근사값을 되풀이 사다리꼴 공식을 이용하여 $T(0)$, $T(1)$, $T(2)$, $T(3)$을 순차적으로 구하라.

풀이 $h=4-0=4$이므로 $T(0)=\frac{4}{2}(0+4^3)=128$

$h=\frac{4-0}{2}=2$이므로 $T(1)=\frac{T(0)}{2}+2\cdot 2^3=80$

$h=\dfrac{4-0}{2^2}=1$이므로 $T(2)=\dfrac{T(1)}{2}+1\cdot(1^3+3^3)=68$

$h=\dfrac{4-0}{2^3}=\dfrac{1}{2}$이므로

$$T(3)=\frac{T(2)}{2}+\frac{1}{2}\left(\left(\frac{1}{2}\right)^3+\left(\frac{3}{2}\right)^3+\left(\frac{5}{2}\right)^3+\left(\frac{7}{2}\right)^3\right)=65$$

참값은 $\displaystyle\int_0^4 x^3dx=64$이다. ■

심프슨의 공식과 사다리꼴 공식과의 관계는 다음과 같다.

정리 12.2

모든 자연수 n에 대하여 $S(n)\equiv S\left(f,\ \dfrac{b-a}{2^n}\right)$라고 하면

$$S(n)=\frac{4T(n)-T(n-1)}{3}$$

이 정리를 이용하여 순차적으로 $S(n)$을 구하는 방법을 되풀이 심프슨의 공식이라 한다.

예제 12.8 $\displaystyle\int_0^4 x^3dx$의 근사값을 되풀이 심프슨 공식을 이용하여 $S(1)$, $S(2)$, $S(3)$을 순차적으로 구하라.

풀이 예제 12.7의 결과를 이용하면 다음과 같다.

$$S(1)=\frac{4T(1)-T(0)}{3}=64$$

$$S(2)=\frac{4T(2)-T(1)}{3}=64$$

$$S(3)=\frac{4T(3)-T(2)}{3}=64$$

■

12.1절에서 보듯이 복합사다리꼴 공식은 다음 오차식을 만족한다.

$$\int_a^b f(x)dx=T(f,\ h)+a_1h^2+a_2h^4+a_3h^6+\cdots \tag{12.1}$$

식 (12.1)의 h 대신 $\dfrac{h}{2}$를 대입하면 다음을 얻는다.

$$\int_a^b f(x)dx = T\left(f,\ \frac{h}{2}\right) + \frac{a_1}{2^2}h^2 + \frac{a_2}{2^4}h^4 + \frac{a_3}{2^6}h^6 + \cdots \tag{12.2}$$

식 (12.2)의 4배에서 식 (12.1)을 뺀 후 정리하면

$$\begin{aligned}\int_a^b f(x)dx &= \frac{1}{3}\left[4T\left(f,\ \frac{h}{2}\right) - T(f,\ h)\right] + b_1h^4 + b_2h^6 + \cdots \\ &= S\left(f,\ \frac{h}{2}\right) + b_1h^4 + b_2h^6 + \cdots \end{aligned} \tag{12.3}$$

이 된다. 이 식에 h 대신 $\frac{h}{2}$를 대입하면

$$\int_a^b f(x)dx = S\left(f,\ \frac{h}{4}\right) + \frac{b_1}{2^4}h^4 + \frac{b_2}{2^6}h^6 + \cdots \tag{12.4}$$

이 되므로 식 (12.4)의 16배에서 식 (12.3)을 뺀 후 정리하면

$$\int_a^b f(x)dx = \frac{1}{4^2-1}\left[4^2S\left(f,\ \frac{h}{2^2}\right) - S\left(f,\ \frac{h}{2}\right)\right] + c_1h^6 + \cdots$$

을 얻는다. 즉, $\frac{1}{4^2-1}\left[4^2S\left(f,\ \frac{h}{2^2}\right) - S\left(f,\ \frac{h}{2}\right)\right]$을 근사식으로 택하면 오차는 $O(h^6)$이 됨을 알려준다. 위의 과정을 일반화하기 위하여 $R(i,\ 0) = T(i)$, $R(i,\ 1) = S(i)$로 정의하면

$$R(i,\ 1) = S(i) = \frac{1}{4-1}(4R(i,\ 0) - R(i-1,\ 0)),\ i \ge 1$$

이 된다. $R(i,\ 2) = \frac{1}{15}[16S(i) - S(i-1)]$로 정의하면

$$R(i,\ 2) = \frac{1}{4^2-1}[4^2R(i,\ 1) - R(i-1,\ 1)],\ i \ge 2$$

이 되어 이 과정을 반복하면 다음과 같은 반복식을 얻는다.

$$R(i,\ j) = \frac{1}{4^j-1}[4^jR(i,\ j-1) - R(i-1,\ j-1)],\ i \ge j \ge 1$$

이 방법을 **롬버그 방법**이라 하며 다음과 같은 표를 얻는다.

	$j=0$	$j=1$	$j=2$	$j=3$	$\cdots$
$i=0$	$R(0, 0)$				
$i=1$	$R(1, 0)$	$R(1, 1)$			
$i=2$	$R(2, 0)$	$R(2, 1)$	$R(2, 2)$		
$i=3$	$R(3, 0)$	$R(3, 1)$	$R(3, 2)$	$R(3, 3)$	
$\vdots$	$\vdots$	$\vdots$	$\vdots$	$\vdots$	$\vdots$

예제 12.9 롬버그 적분법을 이용하여 $\int_0^4 6x^5\,dx$에서 $R(2, 2)$를 구하라.

풀이 먼저 $R(i, 0)=T(i)\,(0 \le i \le 3)$를 계산한 다음 공식을 이용하여 $R(i, j)$를 구하면 다음의 표와 같다. $f(x)=6x^5$이므로

$$R(0, 0)=\frac{h}{2}(f(a)+f(b))=\frac{4}{2}(f(0)+f(4))$$

$$=2(0+6144)=12288$$

$$R(1, 0)=\frac{1}{2}R(0, 0)+hf(a+h)=\frac{1}{2}R(0, 0)+2f(2)$$

$$=6144+2(192)=6528$$

$$R(2, 0)=\frac{1}{2}R(1, 0)+h(f(a+h)+f(a+3h))=\frac{1}{2}R(1, 0)+(f(1)+f(3))$$

$$=3264+1464=4728$$

$$R(1, 1)=\frac{1}{3}(4R(1, 0)-R(0, 0))=4608$$

$$R(2, 1)=\frac{1}{3}(4R(2, 0)-R(1, 0))=4128$$

$$R(2, 2)=\frac{1}{15}(16R(2, 1)-R(1, 1))=4096$$

	$j=0$	$j=1$	$j=2$
$i=0$	12288		
$i=1$	6528	4608	
$i=2$	4728	4128	4096

한편 이 적분의 참값은 4096이다. ■

예제 12.9의 다항식은 5차이고 $R(2, 2)=4096$으로 참값이다.

$R(n, n)$의 정밀도는 $2n+1$이고 오차는

$$\int_a^b f(x)dx = R(i, j) + O(h^{2j+2})$$

이 된다.

알고리즘 12.3 롬버그 방법

목 적	$\int_a^b f(x)dx$의 수치해
입 력	$a,\ b,\ N,\ f(x)$
출 력	$R(N, N)$

	$T(k) = \begin{cases} \frac{b-a}{2}(f(a)+f(b)) & \text{if } k=0 \\ 0.5T(k-1) + h\sum_{i=1}^{2^{k-1}} f(a+(2i-1)h), \text{ 단 } h = \frac{b-a}{2^k}, & \text{if } k \ge 1 \end{cases}$
	for $k=0$ to N
	    $R(k, 0) = T(k)$
	end
	for $j=1$ to N
	    for $i=j$ to N
	        $R(i, j) = [4^j R(i, j-1) - R(i-1, j-1)]/(4^j - 1)$
	    end
	end

알고리즘 12.3은 프로그램 12.3과 같이 작성할 수 있다.

프로그램 12.3 Romberg.cpp

```
                    #include <stdio.h>
                    #include <math.h>
서브루틴 선언       void Romberg(int, double, double);
함수선언            double f(double);
                    void main( )
                    {
                        double a, b; int Imax;
                        printf(" Imax는?");
                        scanf("%d", &Imax);
적분구간 입력           printf("\n구간 [a , b]는?");
```

	`scanf("%lf %lf", &a, &b);`
서브루틴 호출	`Romberg(Imax, a, b);`
	`return;`
롬버그의 방법 서브루틴	`void Romberg(int Imax, double a, double b)` `{`
	`double T[50], R[50][50], h, sum; int i, j;`
R[Imax, Imax]까지 구한다	`for(i=0; i<=Imax; i++)` `{`
구한 R[i][j]를 출력	`for(i=0; i<=Imax; i++)`
Imax가 클수록 참값에 가깝다	`for(j=0; j<=i; j++)`
$f(x)=(x^2+x+1)\cos x$	`double f(double x)` `{ return((x*x+x+1)*cos(x)); }`

```
        scanf("%lf %lf", &a, &b);
        Romberg(Imax, a, b);
        return;
void Romberg(int Imax, double a, double b)
{
        double T[50], R[50][50], h, sum; int i, j;
        for(i=0; i<=Imax; i++)
        {
            if(i==0)
                T[i]=(b-a)*(f(a)+f(b))/2;
            else
            {
                h=(b-a)/pow(2,i); sum=0.;
                for(j=1; j<=pow(2, i-1); j++)
                    sum=sum+f(a+(2*j-1)*h);
                T[i]=0.5*T[i-1]+h*sum;
            }
            R[i][0]=T[i];
        }
        for(i=1; i<=Imax; i++)
            for(j=i; j<=Imax; j++)
                R[j][i]=(pow(4, i)*R[j][i-1]
                        -R[j-1][i-1])/(pow(4, i)-1);
        for(i=0; i<=Imax; i++)
        {
            printf("\ni=%d\t", i);
            for(j=0; j<=i; j++)
                printf("%lf \t", R[i][j]);
        }
        printf("\n\n");
        return;
}
double f(double x)
{
        return((x*x+x+1)*cos(x));
}
```

프로그램예제 12.3 •• Romberg.cpp를 이용하여 적분 $\int_0^{\pi/2}(x^2+x+1)\cos x\,dx$의 $R(4,\ 4)$를 구해보자. 이 적분의 참값은 $\frac{\pi^2}{4}+\frac{\pi}{2}-2=2.038197427\cdots$이다.

실행 Imax 는? 4

구간 [a, b]는? 0 1.5708

```
i = 0   0.785385
i = 1   1.726810   2.040618
i = 2   1.960533   2.038441   2.038296
i = 3   2.018794   2.038214   2.038199   2.038197
i = 4   2.033347   2.038198   2.038197   2.038197   2.038197
```

개념정리

12.1 절

- **복합수치적분**

각 소구간에서 정밀도가 낮은 수치적분법을 시행하여 그 결과값을 모두 합하는 방법

- **복합사다리꼴 공식**

$$T(f, h) = \frac{h}{2}\sum_{i=1}^{n}(f(x_{i-1}) + f(x_i)) = \frac{h}{2}[f(a) + 2\sum_{i=1}^{n-1} f(x_i) + f(b)]$$

- **복합 심프슨 공식**

$$S(f, h) = \frac{h}{3}[f(a) + 2\sum_{i=1}^{m-1} f(x_{2i}) + 4\sum_{i=1}^{m} f(x_{2i-1}) + f(b)]$$

12.2 절

- **가우스 구적법**

$Q[f] = \sum_{i=0}^{n} \omega_i f(x)$에서 마디점과 가중치가 정밀도 $2n+1$이 되도록 선택된 구적법

- **가우스-르장드르 구적법**

마디점이 르장드르 다항식의 근인 구적법

- **가우스-라게르 구적법**

마디점이 라게르 다항식의 근인 구적법

12.3 절

- **되풀이 심프슨의 공식**

$$S(n) = \frac{4T(n) - T(n-1)}{3}$$

- **롬버그 방법**

$$R(i, 0) = T(i)$$

$$R(i, j) = \frac{1}{4^j - 1}[4^j R(i, j-1) - R(i-1, j-1)], \quad i \geq j$$

연습문제

1. 다음 적분값을 $n=2$일 때 복합사다리꼴 공식, 복합 심프슨의 공식을 이용하여 구하고 참값과 비교하라.

(1) $\int_0^3 (2x-1)dx$

(2) $\int_1^e \ln x\, dx$

(3) $\int_0^2 (x^2+2x-1)dx$

(4) $\int_1^e \frac{1}{x}dx$

(5) $\int_{-1}^2 (3x^3-2x^2+x-1)dx$

(6) $\int_0^\pi \cos x\, e^{\sin x}\, dx$

(7) $\int_{-1}^2 (5x^4-2x^2+x-1)dx$

(8) $\int_{-1}^1 (x^5-2x^3+2x-5)dx$

(9) $\int_0^\pi \sin x\, dx$

(10) $\int_0^2 e^x dx$

2. 함수 $f(x)$의 2계 도함수 $f''(x)$이 연속이면 복합사다리꼴 공식의 오차 $E_T(f, h)$는

$$E_T(f, h) = \int_a^b f(x)dx - T(f, h) = O(h^2)$$

임을 증명하라.

3. $f(x)$의 4계 도함수 $f^{(4)}(x)$이 연속이면 복합 심프슨 공식의 오차 $E_S(f, h)$는

$$E_S(f, h) = \int_a^b f(x)dx - T(f, h) = O(h^4)$$

이 됨을 증명하라.

4. 미정계수법을 이용하여 구간 $[-1, 2]$의 정밀도가 3인 가우스 구적법의 마디점과 가중치가 만족하는 연립방정식을 구하라.

5. 구간 $[-1, 1]$에서 정밀도가 5인 가우스 구적법 $Q[f]=\omega_0 f(x_0)+\omega_1 f(x_1)+\omega_2 f(x_2)$의 마디점 x_0, x_1, x_2과 가중치 ω_0, ω_1, ω_2을 구하라.

6. 다음 적분을 $n=2$일 때의 가우스-르장드르 구적법으로 계산하고 참값과 비교해보라.

(1) $\int_{-1}^2 4x^3dx$ (2) $\int_{-1}^2 5x^4dx$

(3) $\int_0^1 x^5dx$ (4) $\int_0^\pi \sin x\, dx$

(5) $\int_1^e \ln x\; dx$ (6) $\int_0^4 x^7dx$

(7) $\int_0^2 e^x dx$ (8) $\int_1^e \frac{1}{x}dx$

7. 연습문제 6의 적분을 $m=2$이고 $n=1$일 때 가우스 구적법으로 계산하고 연습문제 6의 답과 비교해보라.

8. 연습문제 6의 적분을 $m=2$이고 $n=2$일 때 가우스 구적법으로 계산하고 연습문제 6, 7의 답과 비교해보라.

9. 다음 적분을 $n=2$일 때의 가우스-라게르 구적법으로 계산하고 참값과 비교해보라.

(1) $\int_0^\infty e^{-x}dx$ (2) $\int_0^\infty x^2e^{-x}dx$

(3) $\int_0^\infty x^5e^{-x}dx$ (4) $\int_0^\infty x^6e^{-x}dx$

(5) $\int_0^\infty \cos xe^{-x}dx$ (6) $\int_0^\infty \sin xe^{-2x}dx$

10. 가우스-허미트 구적법의 공식과 마디점, 가중치는 다음과 같다.

$$\int_{-\infty}^{\infty} f(x)e^{-x^2}dx \approx \sum_{i=0}^{n}\omega_i f(x_i)$$

n	마 디 점	가 중 치
1	$x_0=-0.70710678$, $x_1=-x_0$	$\omega_0=0.88622692$, $\omega_1=\omega_0$
2	$x_0=-1.22474487$ $x_1=0,\ x_2=-x_0$	$\omega_0=0.29540897$ $\omega_1=1.18163590$, $\omega_2=\omega_0$
3	$x_0=-1.65068012$ $x_1=-0.52464762$ $x_2=-x_1,\ x_3=-x_0$	$\omega_0=0.08131283$ $\omega_1=0.80491409$ $\omega_2=\omega_1,\ \omega_3=\omega_0$

이 표를 이용하여

$\int_{-\infty}^{\infty}\sin^2 x e^{-x^2}dx=\frac{\sqrt{\pi}}{2}\left(1-\frac{1}{e}\right)$의 수치적분을 $n=1,\ 2,\ 3$일 때 구하고 참값과 비교해보라.

11. 가우스-허미트 구적법의 $n=1$일 때 $\int_{-\infty}^{\infty} f(x)e^{-x^2}dx$의 두 점 공식을 구하라.

12. 가우스-허미트 구적법을 이용하여 $n=1,\ 2,\ 3$일 때 $\int_{0}^{\infty} e^{-x^2}dx$의 값을 구하라.

13. 가우스-체비쇼프 구적법의 공식과 마디점, 가중치는 다음과 같다.

$$\int_{-1}^{1} f(x)\frac{1}{\sqrt{1-x^2}}dx \approx \sum_{i=1}^{n}\omega_i f(x_i)$$

$$x_i=\cos\left(\frac{2i-1}{2n}\pi\right),\ \omega_i=\frac{\pi}{n}$$

(1) $n=1$일 때 $\int_{-1}^{1} f(x)\frac{1}{\sqrt{1-x^2}}dx$의 한 점 공식을 구하라.

(2) $n=2$일 때 $\int_{-1}^{1} f(x)\frac{1}{\sqrt{1-x^2}}dx$의 두 점 공식을 구하라.

(3) $n=3$일 때 $\int_{-1}^{1} f(x)\frac{1}{\sqrt{1-x^2}}dx$의 세 점 공식을 구하라.

14. 연습문제 13을 이용하여 $\int_{-1}^{1}\frac{\cos x}{\sqrt{1-x^2}}dx$의 값을 각각 구하고 참값과 비교해보라.

15. $\int_{0}^{2} x^5\,dx$의 근사값 $T(0)$, $T(1)$, $T(2)$, $T(3)$을 순차적으로 구하라.

16. $\int_{0}^{2} x^5dx$의 근사값 $S(1)$, $S(2)$, $S(3)$을 순차적으로 구하라.

17. 롬버그 적분법을 이용하여 다음 적분에서 $R(2,\ 2)$를 구하라.

(1) $\int_{-1}^{2} 3x^3dx$ (2) $\int_{-1}^{2} 5x^4dx$

(3) $\int_{0}^{1} 6x^5dx$ (4) $\int_{0}^{\pi} x\sin x\,dx$

(5) $\int_{1}^{e} x\ln x\,dx$ (6) $\int_{0}^{2} e^{-x^2}dx$

(7) $\int_{0}^{2} e^x dx$ (8) $\int_{1}^{e}\frac{1}{x}dx$

18. n이 짝수$(n=2m)$일 때 복합 심프슨 공식

$$S(f,\ h)=\frac{h}{3}[f(a)+2\sum_{i=1}^{m-1}f(x_{2i}) +4\sum_{i=1}^{m}f(x_{2i-1})+f(b)]$$

을 유도하라.

19. 가우스-라게르 구적법은 다음과 같음을 설명하라.

$$\int_{a}^{\infty} f(x)e^{-x}dx=e^{-a}\sum_{i=0}^{n}\omega_i f(x_i+a)$$

20. 연습문제 19를 이용하여 다음을 계산하라.

(1) $\int_{-\pi}^{\infty}\cos x e^{-x}dx$ (2) $\int_{10}^{\infty} x^5e^{-2x}dx$

실습문제

1. 프로그램 12.1을 수정하여 프로그램예제 12.1에서 다음과 같은 표가 나오도록 하라.

n	사다리꼴	심프슨
2		
4		
6		
8		
10		

2. 연습문제 19와 프로그램 12.2를 이용하여 가우스-라게르 구적법 프로그램을 작성하라.

3. 프로그램 12.3을 이용하여 연습문제 17를 구하라.

제 13 장 미분방정식의 수치해법

자연과학이나 공학의 많은 문제들은 그 현상이 수학적 모델인 미분방정식으로 표현된다. 미분방정식은 변수와 함수 그리고 도함수로 이루어진 방정식이며, 미분방정식의 해는 자연현상이나 공학문제를 설명할 수 있으므로 미분방정식은 자연과학이나 공학의 많은 문제를 해결하는 매우 중요한 도구이다. 그러나 미분방정식의 해가 존재한다 하더라도 해를 명확하게 수식으로 나타내기는 쉽지 않다. 이 장에서는 여러 형태의 미분방정식 중에서 초기치가 주어진 다음과 같은 형태의 초기치 미분방정식

$$y'(t) = f(t,\ y),\ a \le t \le b,\ y(a) = y_0 \tag{13.1}$$

의 수치적인 해를 구하는 방법을 알아본다.

13.1 오일러 방법

미분방정식 (13.1)의 해를 구하기 전에 해가 존재하는지 알아보는 것은 매우 중요하다. 따라서 해가 존재하는 경우 어떤 조건에서 해가 단 하나

존재하는지 알아보자.

함수 $f(t, y)$가 정의된 R^2의 부분영역 D의 모든 점 (t, y_1), (t, y_2)에 대하여

$$|f(t, y_1) - f(t, y_2)| \le L|y_1 - y_2|$$

을 만족하는 상수 L이 존재하면 함수 $f(t, y)$는 D에서 y에 관하여 립쉬츠(Lipschitz) 조건을 만족한다고 하고 L을 함수 f의 립쉬츠 상수라고 한다.

예제 13.1 $f(t, y) = \sin(t)y$의 립쉬츠 상수를 구해보자.

풀이 임의의 점 (t, y_1), (t, y_2)에 대하여

$$|f(t, y_1) - f(t, y_2)| \le |\sin t||y_1 - y_2| \le |y_1 - y_2|$$

이므로 립쉬츠 조건을 만족하고 1은 립쉬츠 상수이다. ■

정리 13.1 함수 $f(t, y)$가 R^2의 부분영역 $D = \{(t, y) | a \le t \le b, -\infty < y < \infty\}$에서 연속이고 y에 관하여 립쉬츠 조건을 만족하면 임의의 초기치 y_0에 대하여 초기치 방정식 $y'(t) = f(t, y)$, $a \le t \le b$, $y(a) = y_0$는 단 하나의 해를 갖는다.

예제 13.1에서 $f(t, y) = (\sin t)y$는 립쉬츠 조건을 만족하므로 임의의 초기치 y_0에 대하여 초기치 문제 $y' = (\sin t)y$, $y(a) = y_0$의 해는 단 하나 존재함을 알 수 있다.

정리 13.1의 조건을 만족하면 해가 단 하나 존재한다는 것이 이론적으로 성립되나 그 해를 구체적으로 구하는 것은 또 다른 문제이다. 방정식의 해가 명확하게 수식으로 구해지는 것은 매우 인위적이고, 실질적으로는 대부분 명확하게 수식으로 표현되지 않는다. 이런 경우 수치적으로 그 해의 근사값을 구할 수 있다.

초기치 방정식 $y'(t) = f(t, y)$, $a \le t \le b$, $y(a) = y_0$의 수치적 해를 구하기 위하여 구간을 다음과 같이 N 등분하자.

$$a = t_0 < t_1 < \cdots < t_n < \cdots < t_N = b$$

여기서 $h = \dfrac{b-a}{N}$, $t_n = a + nh$이다. 테일러 전개에 의하여 모든 $n = 0$,

1, ⋯, $N-1$에 대하여 적당한 $\xi_n \in [t_n, t_{n+1}]$이 존재하여

$$y(t_{n+1}) = y(t_n + h) = y(t_n) + hy'(t_n) + \frac{1}{2}h^2 y''(\xi_n)$$

이고 $h > 0$가 매우 작으면 $\frac{1}{2}h^2 y''(\xi_n)$은 더욱 작아지므로 $y(t_n) + hy'(t_n)$은 $y(t_{n+1})$에 매우 가깝게 된다. 즉, $y(t_{n+1}) \approx y(t_n) + hy'(t_n)$. 따라서 일차근사식

$$y(t_{n+1}) = y(t_n) + hy'(t_n)$$

에서 $y(t_n)$ 대신 y_n을 대입하면 $y(t_0) = y_0$이므로 반복식

$$y_{n+1} = y_n + hf(t_n, y_n)$$

을 이용하여 y_n, $n = 1, \cdots, N$을 구할 수 있고 y_n은 $y(t_n)$의 근사해가 된다. 이 방법을 오일러 방법(Euler method)이라고 한다.

예제 13.2 $N=3$일 때 오일러 방법을 이용하여 다음 방정식의 해의 근사값을 구하라.

$$y'(t) = y,\ 0 \le t \le 3,\ y(0) = 1$$

풀이 $N=3$이면 $h=1$이므로 반복식

$$y_{n+1} = y_n + hy_n = (1+h)y_n,\ y_0 = 1$$

을 이용하여

$$y_1 = (1+h)y_0 = 2$$
$$y_2 = (1+h)y_1 = 4$$
$$y_3 = (1+h)y_2 = 8$$

을 구할 수 있다. 이 방정식의 해 $y = e^t$와 근사해를 직선으로 연결한 그래프는 그림 13.1과 같다. ■

그림 13.2에서 $N = 5,\ 10,\ 20$의 경우 근사해는 점점 정확한 해에 가까워짐을 알 수 있다.

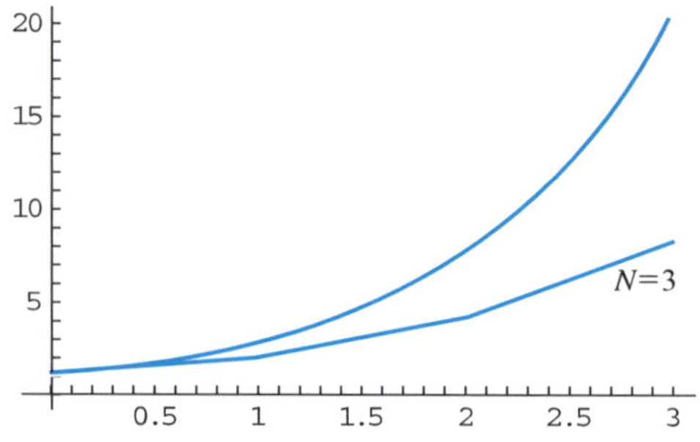

그림 13.1 오일러 근사해

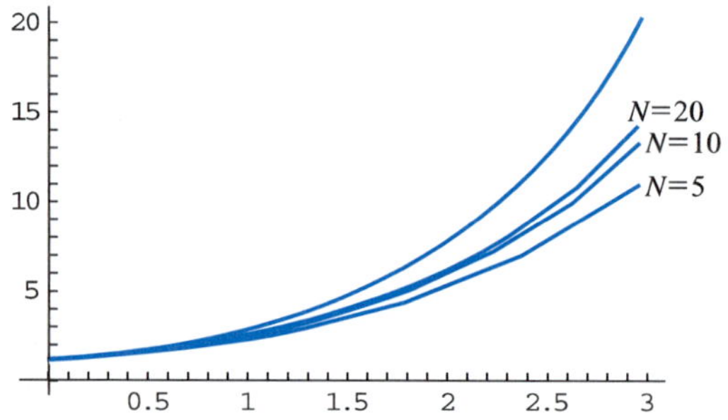

그림 13.2 $N=5$, 10, 20의 오일러 근사해

알고리즘 13.1 오일러 방법

목 적	$y'(t)=f(t, y)$, $a \le t \le b$, $y(a)=y_0$의 수치해
입 력	y_0, a, b, N, $f(t, y)$
출 력	(t_n, y_n), $n=0, 1, \cdots, N$

	$h=(b-a)/N$
	for $n=0$ to $N-1$
	    $t_n=a+nh$
	    $y_{n+1}=y_n+hf(t_n, y_n)$
	end

출력되는 (t_n, y_n), $n=0$, 1, $\cdots$, N이 미분방정식의 근사해가 되며 알고리즘 13.1은 프로그램 13.1과 같이 작성될 수 있다.

프로그램 13.1 •• **Euler.cpp**

	#include <stdio.h>
	#include <math.h>
서브루틴 선언	void Euler(int);
함수 선언	double f(double, double);
	double a, b, y;
	void main( )
	{
	int n;
구간 입력	printf("구간 [a,b]는?");
	scanf("%lf %lf", &a, &b);
y(0)의 값을 입력	printf("\n초기값 y(%lf) 는?", a);
	scanf("%lf", &y);
마디점의 개수 입력	printf("\n마디점의 개수 N은?");
	scanf("%d", &n);
	Euler(n);
오일러 방법 서브루틴	return;
호출	}
	void Euler(int N)
오일러 방법 서브루틴	{
	double x, h=(b-a)/N;
	printf("\n x(n) \t y`(n)
	\n=================\n");
	printf("%lf %lf\n", a, y);
	for(int i=0; i<N; i++)
	{
	x=a+i*h;
	y=y+h*f(x, y);
$y_{n+1}=y_n+hf[x_n, y_n]$	printf("%lf %lf\n", x+h, y);
	}
	return;
	}
	double f(double x, double y)
$f(x, y)=2xy$	{
	return(2*x*y);
	}

프로그램예제 13.1 •• Euler.cpp을 이용하여 $N=10$일 때 각 마디점에서 다음 방정식의 해의 근사값을 구하라.

$$y'(x)=2xy,\ 0\le x<1,\ y(0)=1$$

실행 구간 [a, b]는? 0 1

초기값 y(0.000000)는? 1

구간의 개수 N은? 10

x(n)	y(n)
0.000000	1.000000
0.100000	1.000000
0.200000	1.020000
0.300000	1.060800
0.400000	1.124448
0.500000	1.214404
0.600000	1.335844
0.700000	1.496146
0.800000	1.705606
0.900000	1.978503
1.000000	2.334633

이 방정식의 해 $y=e^{x^2}$와 근사치 $(x_n,\ y_n)$의 관계는 그림 13.3과 같다.

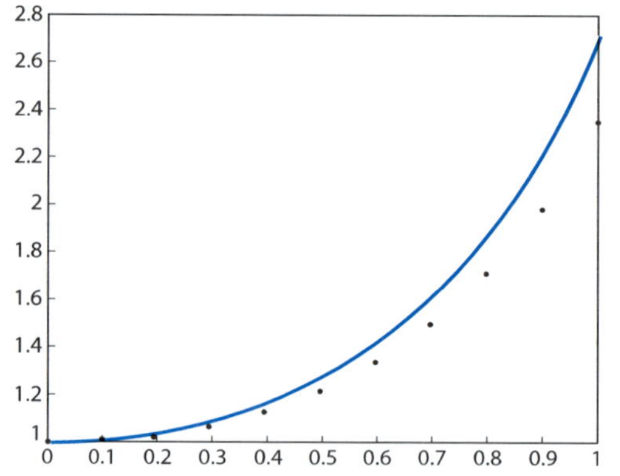

그림 13.3 오일러 근사해

13.2 테일러 방법

미분방정식 (13.1)을 만족하는 해의 $k+1$계 도함수 $y^{(k+1)}$이 $[a, b]$에서 연속이라고 하면 테일러 전개에 의하여 적당한 $\xi \in [t, t+h]$가 존재하여

$$y(t+h) = y(t) + hy'(t) + \cdots + \frac{h^k}{k!}y^{(k)}(t) + \frac{h^{k+1}}{(k+1)!}y^{(k+1)}(\xi)$$
$$= y(t) + hf(t, y(t)) + \cdots + \frac{h^k}{k!}f^{(k-1)}(t, y(t))$$
$$+ \frac{h^{k+1}}{(k+1)!}f^{(k)}(\xi, y(\xi))$$

이므로 $y(t_{n+1})$의 k차 근사식은

$$y(t_{n+1}) \approx y_n + hf(t_n, y_n) + \cdots + \frac{h^k}{k!}f^{(k-1)}(t_n, y_n)$$

이다. $T_k(t, y; h) = f(t, y) + \cdots + \frac{h^{k-1}}{k!}f^{(k-1)}(t, y)$라 하면 다음 반복식에 의하여 해를 구하는 방법을 **k차 테일러 방법**이라 한다.

$$y_{n+1} = y_n + hT_k(t_n, y_n; h),\ n = 0, 1, \cdots, N-1$$

$T_1(t, y; h) = f(t, y)$이므로 1차 테일러 방법은 오일러 방법이 된다. y는 t에 관한 함수이므로 함수 $f(t, y)$ 역시 t에 관한 함수이다. k가 1보다 크면 이 방법은 고계도함수를 사용해야 하는 어려움이 있다. 참고로 $f'(t, y)$와 $f''(t, y)$는 다음과 같다.

$$\frac{df}{dt} = f'(t, y) = f_t(t, y) + f_y(t, y)f(t, y)$$
$$f''(t, y) = f_{tt}(t, y) + 2f_{ty}(t, y)f(t, y) + f^2(t, y)f_{yy}(t, y)$$
$$+ f_t(t, y)f_y(t, y) + f(t, y)f_y^2(t, y)$$

예제 13.3 2차 테일러 방법을 이용하여 다음 방정식의 해의 근사값을 $h=0.2$일 때 구해보자.

$$y'(x)=2xy,\ 0\le x\le 1,\ y(0)=1$$

풀이 $f(x,\,y)=2xy$이므로 $f'(x,\,y)=2y+2xy'=2y+2x(2xy)=2y+4x^2y$이다. 따라서

$$\begin{aligned} y_{n+1} &= y_n+h[2x_ny_n+\frac{h}{2}(2y_n+4x_n^2y_n)] \\ &= y_n+0.2[2x_ny_n+0.1(2y_n+4x_n^2y_n)],\ y_0=1 \end{aligned}$$

이므로

$$\begin{aligned} y_1 &= y_0+0.2[2x_0y_0+0.1(2y_0+4x_0^2y_0)]=1.04 \\ y_2 &= y_1+0.2[2x_1y_1+0.1(2y_1+4x_1^2y_1)]=1.168128 \\ y_3 &= y_2+0.2[2x_2y_2+0.1(2y_2+4x_2^2y_2)]=1.416706 \\ y_4 &= y_3+0.2[2x_3y_3+0.1(2y_3+4x_3^2y_3)]=1.854184 \\ y_5 &= y_4+0.2[2x_4y_4+0.1(2y_4+4x_4^2y_4)]=2.616625 \end{aligned}$$

이다. 이 방정식의 해는 $y=e^{x^2}$이므로 다음과 같은 표를 얻는다.

x_n	0.0	0.2	0.4	0.6	0.8	1.0
y_n	1.0	1.04	1.16812	1.41670	1.85418	2.61662
참값	1.0	1.04081	1.17351	1.43332	1.89648	2.71828

이것을 그래프로 나타내면 그림 13.4와 같다. ■

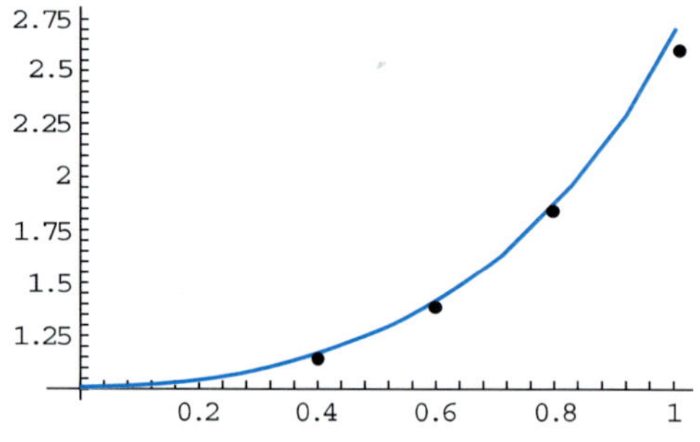

그림 13.4 2차 테일러 방법의 근사해

알고리즘 13.2 k차 테일러 방법

목 적	$y'(t)=f(t, y),\ a \le t \le b,\ y(a)=y_0$의 수치해
입 력	$y_0,\ a,\ b,\ N,\ k,\ f(t, y),\ \cdots,\ f^{(k-1)}(t, y)$
출 력	$(t_n, y_n),\ n=0,\ 1,\ \cdots,\ N$

	$T(t, y)=f(t, y)+\cdots+(h^{k-1}/k!)f^{(k-1)}(t, y)$
	$h=(b-a)/N$
	for $n=0$ to $N-1$
	    $t_n=a+nh$
	    $y_{n+1}=y_n+hT(t_n, y_n)$
	end

출력되는 (t_n, y_n), $n=0,\ 1,\ \cdots,\ N$이 미분방정식의 근사해가 되며 알고리즘 13.2에서 2차 테일러 방법은 프로그램 13.2와 같이 작성될 수 있다.

프로그램 13.2

Taylor.cpp

```
                                #include <stdio.h>
                                #include <math.h>
서브루틴 선언                    void Taylor(int);
                                double f(double, double);
                                double Df(double, double);
                                double a, b, y;
                                void main( )
                                {
구간 입력                            int n;
                                printf("구간 [a, b]는?");
y`(0)의 값을 입력                    scanf("%lf %lf", &a, &b);
                                    printf("\n초기값 y(%lf)는?", a);
마디점의 개수 입력                   scanf("%lf", &y);
                                    printf("\n마디점의 개수 N은?");
                                    scanf("%d", &n);
서브루틴 호출                        Taylor(n);
                                    return;
                                }
테일러 방법 서브루틴              void Taylor(int N)
                                {
                                    double x, h=(b-a)/N;
                                    printf("\n N=%d\n\n x(n) \t y(n)
                                        \n=================\n", N);
```

```
        printf("%lf %lf\n", a, y);
        for(int i=0; i<N; i++)
        {
```

$y_{n+1} = y_n + hy'_n + \frac{h^2}{2} y''_n$

```
            x=a+i*h;
            y=y+h*f(x, y)+Df(x, y)*h*h/2;
            printf("%lf %lf\n", x+h, y);
        }
        return;
}
```

$f(x, y) = 2xy$

```
double f(double x, double y)
{
        return(2*x*y);
}
```

$f'(x, y) = 2y + 2xf(x, y)$

```
double Df(double x, double y)
{
        return(2*y+2*x*f(x, y));
}
```

프로그램예제 13.2 •• Taylor.cpp를 이용하여 $N = 10$일 때 각 마디점에서 다음 방정식의 해의 근사값을 구하라.

$$y'(x) = 2xy,\ 0 \le x \le 1,\ y(0) = 1$$

실행

```
구간 [a, b]는? 0 1
초기값 y(0.000000)는? 1
마디점의 개수 N은? 10

N = 10
  x(n)        y(n)
0.000000    1.000000
0.100000    1.010000
0.200000    1.040502
0.300000    1.093360
0.400000    1.171863
0.500000    1.281080
0.600000    1.428405
0.700000    1.624382
0.800000    1.883958
0.900000    2.229345
1.000000    2.687830
```

이 방정식의 해 $y=e^{x^2}$와 근사치 (x_n, y_n)의 관계는 그림 13.5와 같다.

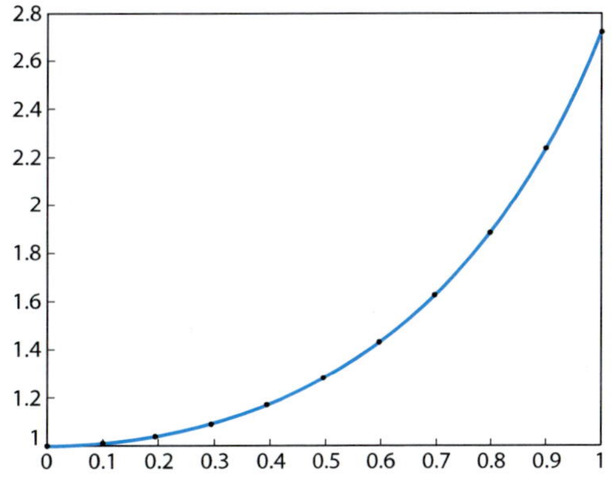

그림 13.5 2차 테일러 근사해

13.3 룽게-쿠타 방법

테일러 방법은 차수가 높으면 오차가 작아지나 고계 편도함수를 구해야 하는 단점이 있다. 룽게-쿠타(Runge-Kutta) 방법은 반복식 $y_{n+1}=y_n+h\phi(t_n, y_n; h)$에서 증분함수 $\phi(t_n, y_n; h)$를 적당하게 선택하여 고계편도함수를 사용하지 않고도 테일러 방법의 오차를 갖도록 하는 방법이다. 2차 룽게-쿠타 방법은 반복식

$$y_{n+1}=y_n+h[af(t_n, y_n)+bf(t_n+\alpha h, y_n+\beta hf(t_n, y_n))]$$

이 2차 테일러 방법의 오차를 갖도록 a, b, α, β를 구하여 사용하는 방법이다.

테일러 정리에 의하면

$$\begin{aligned} &f(t+\alpha h, y+\beta hf(t, y)) \\ &\quad = f(t, y)+h[\alpha f_t(t, y)+\beta f_y(t, y)f(t, y)]+O(h^2) \end{aligned} \tag{13.2}$$

이므로 증분함수는

$$\begin{aligned}\phi(t, y; h) &= af(t, y) + bf(t+\alpha h, y+\beta hf(t, y))\\ &= (a+b)f(t, y) + hb[\alpha f_t(t, y) + \beta f_y(t, y)f(t, y)] + O(h^2)\end{aligned}$$

이고, 2차 테일러 방법의 증분함수

$$T_2(t, y; h) = f(t, y) + \frac{h}{2}[f_t(t, y) + f_y(t, y)f(t, y)]$$

와 비교하여

$$a+b=1,\ b\alpha = \frac{1}{2},\ b\beta = \frac{1}{2} \tag{13.3}$$

라고 정의하면

$$\begin{aligned}y(t+h) &= y(t) + h\phi(t, y; h)\\ &= y(t) + hT_2(t, y; h) + O(h^3)\end{aligned}$$

가 성립한다.

위 식을 만족하는 다양한 a, b, α, β에서 $a=b=\frac{1}{2}$, $\alpha=\beta=1$로 택한 반복식

$$y_{n+1} = y_n + \frac{h}{2}[f(t_n, y_n) + f(t_{n+1}, y_n + hf(t_n, y_n))]$$

을 은(Heun)의 방법이라 하며 $a=0$, $b=1$로 택하면 개량된 오일러 방법이라 한다.

$$y_{n+1} = y_n + hf\left(t_n + \frac{1}{2}h,\ y_n + \frac{1}{2}hf(t_n, y_n)\right)$$

예제 13.4 은의 방법과 개량된 오일러 방법을 이용하여 다음 방정식의 해의 근사값을 $h=0.2$일 때 구하라.

$$y'(x) = 2xy,\ 0 \le x \le 1,\ y(0) = 1$$

풀이 은의 방법은

$$\begin{aligned}y_{n+1} &= y_n + \frac{h}{2}[2t_n y_n + 2t_{n+1}(y_n + 2ht_n y_n)]\\ &= y_n + h[t_n y_n + t_{n+1}(y_n + 2ht_n y_n)]\end{aligned}$$

이므로

$$y_1 = y_0 + h[t_0 y_0 + t_1(y_0 + 2ht_0 y_0)] = 1.04$$
$$y_2 = y_1 + h[t_1 y_1 + t_2(y_1 + 2ht_1 y_1)] = 1.171456$$
$$y_3 = y_2 + h[t_2 y_2 + t_3(y_2 + 2ht_2 y_2)] = 1.428239$$
$$y_4 = y_3 + h[t_3 y_3 + t_4(y_3 + 2ht_3 y_3)] = 1.882991$$
$$y_5 = y_4 + h[t_4 y_4 + t_5(y_4 + 2ht_4 y_4)] = 2.681378$$

이다. 개량된 오일러 방법은

$$y_{n+1} = y_n + h(2t_n + h)(y_n + ht_n y_n)$$

이므로

$$y_1 = y_0 + h(2t_0 + h)(y_0 + ht_0 y_0) = 1.04$$
$$y_2 = y_1 + h(2t_1 + h)(y_1 + ht_1 y_1) = 1.169792$$
$$y_3 = y_2 + h(2t_2 + h)(y_2 + ht_2 y_2) = 1.422467$$
$$y_4 = y_3 + h(2t_3 + h)(y_3 + ht_3 y_3) = 1.868553$$
$$y_5 = y_4 + h(2t_4 + h)(y_4 + ht_4 y_4) = 2.648860$$

참값과 함께 다음과 같은 표를 얻는다. 이것을 모두 함께 그래프로 나타내면 그림 13.6과 같다. 그림 13.4와 비교해보라. ■

x_n	0.0	0.2	0.4	0.6	0.8	1.0
y_n(개량 오일러)	1.0	1.04	1.169792	1.422467	1.868553	2.648860
y_n(은)	1.0	1.04	1.171456	1.428239	1.882991	2.681378
참값	1.0	1.040811	1.173511	1.433329	1.896481	2.718282

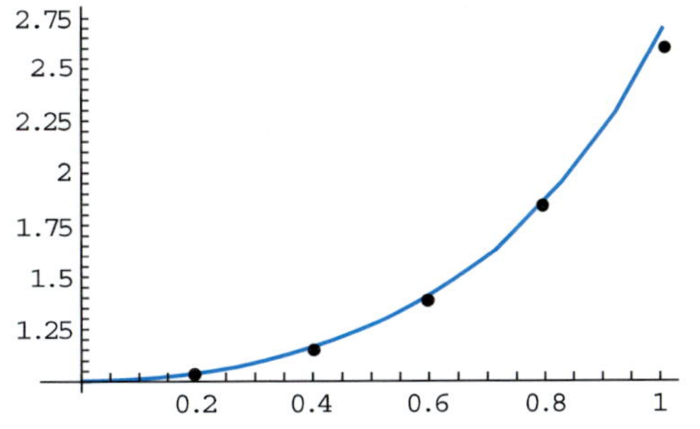

그림 13.6 은과 개량된 오일러 방법의 근사해

알고리즘 13.3 휸의 방법

목 적	$y'(t)=f(t, y),\ a \le t \le b,\ y(a)=y_0$의 수치해
입 력	$y_0,\ a,\ b,\ N,\ f(t, y)$
출 력	$(t_n, y_n),\ n=0,\ 1,\ \cdots,\ N$
	$h=(b-a)/N$ for $n=0$ to $N-1$ $\quad t_n=a+nh$ $\quad y_{n+1}=y_n+0.5h[f(t_n, y_n)+f(t_n+h, y_n+hf(t_n, y_n))]$ end

알고리즘 13.4 개량된 오일러 방법

목 적	$y'(t)=f(t, y),\ a \le t \le b,\ y(a)=y_0$의 수치해
입 력	$y_0,\ a,\ b,\ N,\ f(t, y)$
출 력	$(t_n, y_n),\ n=0,\ 1,\ \cdots,\ N$
	$h=(b-a)/N$ for $n=0$ to $N-1$ $\quad t_n=a+nh$ $\quad y_{n+1}=y_n+hf(t_n+0.5h,\ y_n+0.5hf(t_n, y_n))$ end

알고리즘 13.3을 프로그램하면 프로그램 13.3과 같다.

프로그램 13.3 ●● **Heun_Euler.cpp**

```
                     #include <stdio.h>
                     #include <math.h>
서브루틴 선언        void Heun_Euler(int);
함수 선언            double f(double, double);
                     double a, b, y;
                     void main( )
                     {
                         int n;
구간 입력                printf("구간 [a, b]는?");
                         scanf("%lf %lf", &a, &b);
y'(0)의 값을 입력        printf("\n초기값 y(%lf)는?", a);
```

```
                         scanf("%lf", &y);
마디점의 개수 입력          printf("\n마디점의 개수 N은?");
                         scanf("%d", &n);
서브루틴 호출              Heun_Euler(n);
                         return;
                     }
은의 방법 & 개량          void Heun_Euler(int N)
오일러 방법 서브루틴       {
                         double x, h=(b-a)/N, y1=y;
                         printf("\n N=%d\n\nx(n)\tHeun의 방법
                                                 \t개량Euler 방법
                              \n================\n", N);
                         printf("%lf \t %lf \t %lf \n", a, y, y1);
                         for(int i=0; i<N; i++)
                         {
                            x=a+i*h;
은의 방법                    y=y+h*(f(x,y)+f(x+h, y+h*f(x,y)))/2;
개량된 오일러 방법            y1=y1+h*f(x+h/2, y1+h*f(x,y1)/2);
                            printf("  %lf \t %lf \t %lf \n", x+h, y, y1);
                         }
                         return;
                     }
f(x, y)=2xy          double f(double x, double y)
                     {
                         return(2*x*y);
                     }
```

프로그램예제 13.3 •• Heun_Euler.cpp를 이용하여 다음 미분방정식의 해의 근사값을 $h=0.1$일 때 구하라.

$$y'(x) = 2xy,\ 0 \le x \le 1,\ y(0) = 1$$

실행

```
구간 [a, b]는? 0 1
초기값 y(0.000000)는? 1
마디점의 개수 N은? 10

N = 10

  x(n)        Heun의 방법      개량 Euler 방법
0.000000       1.000000          1.000000
```

0.100000	1.010000	1.010000
0.200000	1.040704	1.040603
0.300000	1.093988	1.093674
0.400000	1.173193	1.172528
0.500000	1.283473	1.282276
0.600000	1.432356	1.430379
0.700000	1.630594	1.627485
0.800000	1.893446	1.888697
0.900000	2.242597	2.235461
1.000000	2.709057	2.698426

이 방정식의 해 $y = e^{x^2}$와 근사치 (x_n, y_n)의 관계는 그림 13.7과 같다.

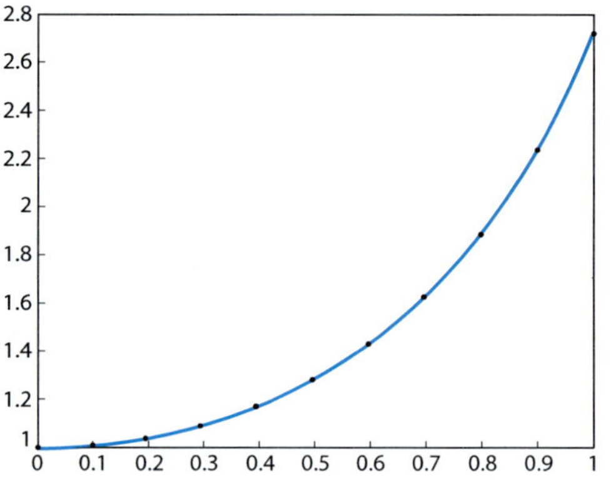

그림 13.7 은의 근사해

더 큰 차수의 룽게-쿠타 방법도 같은 방법으로 유도할 수 있다. 차수가 높을수록 오차는 작아지나 계산량은 그만큼 많아진다. 일반적으로 많이 사용되는 4차 룽게-쿠타 방법의 반복식은 다음과 같이 나타낸다.

$$\begin{aligned} y_{n+1} &= y_n + \frac{1}{6}[F_1 + 2F_2 + 2F_3 + F_4] \\ F_1 &= hf(t_n,\ y_n) \\ F_2 &= hf(t_n + \frac{1}{2}h,\ y_n + \frac{1}{2}F_1) \\ F_3 &= hf(t_n + \frac{1}{2}h,\ y_n + \frac{1}{2}F_2) \\ F_4 &= hf(t_n + h,\ y_n + F_3) \end{aligned} \tag{13.4}$$

예제 13.5 4차 룽게-쿠타 방법을 이용하여 다음 방정식의 해의 근사값을 $h=0.2$일 때 구하라.

$$y'(x)=2xy,\ 0\le x\le 1,\ y(0)=1$$

풀이

$$F_1=2ht_ny_n$$
$$F_2=2h\left(t_n+\frac{1}{2}h\right)\left(y_n+\frac{1}{2}F_1\right)$$
$$F_3=2h\left(t_n+\frac{1}{2}h\right)\left(y_n+\frac{1}{2}F_2\right)$$
$$F_4=2h(t_n+h)(y_n+F_3)$$
$$y_{n+1}=y_n+\frac{1}{6}[F_1+2F_2+2F_3+F_4]$$

이므로

$$F_1=2ht_0y_0=0$$
$$F_2=2h\left(t_0+\frac{1}{2}h\right)\left(y_0+\frac{1}{2}F_1\right)=0.04$$
$$F_3=2h\left(t_0+\frac{1}{2}h\right)\left(y_0+\frac{1}{2}F_2\right)=0.0408$$
$$F_4=2h(t_0+h)(y_0+F_3)=0.08326$$
$$y_1=y_0+\frac{1}{6}[F_1+2F_2+2F_3+F_4]=1.04081$$

이다. 같은 방법으로 다음과 같은 결과를 얻는다.

x_n	0.0	0.2	0.4	0.6	0.8	1.0
y_n	1.0	1.04081	1.173510	1.433321	1.896441	2.718107
참값	1.0	1.040811	1.173511	1.433329	1.896481	2.718282

이것을 그래프로 나타나면 그림 13.8과 같다. 그림 13.6과 비교해 보라. ■

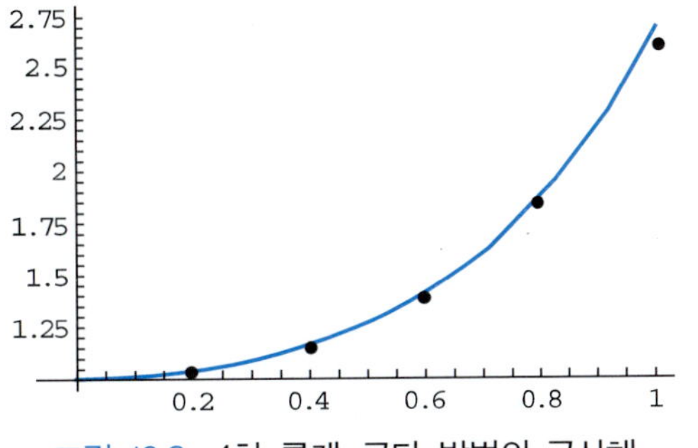

그림 13.8 4차 룽게–쿠타 방법의 근사해

초기치 미분방정식 $y' = \sin(t)y,\ y(0) = 1,\ [0, 5]$의 근사해를 $n = 4$, 8일 때 은의 방법과 4차 룽게-쿠타 방법으로 구하여 그 결과를 그래프로 나타내 보면 각각 그림 13.9와 그림 13.10과 같다.

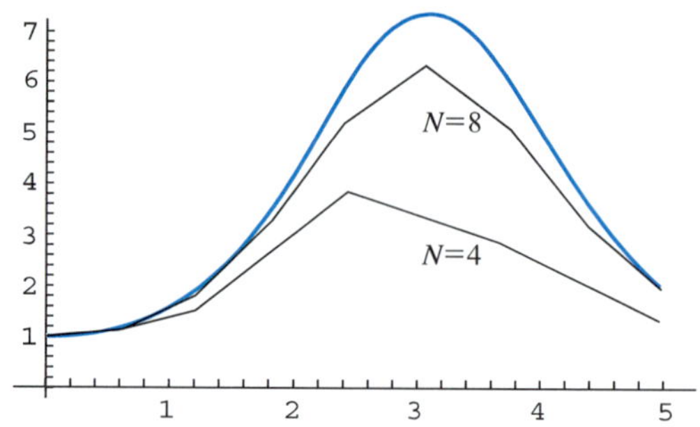

그림 13.9 은 방법의 근사해

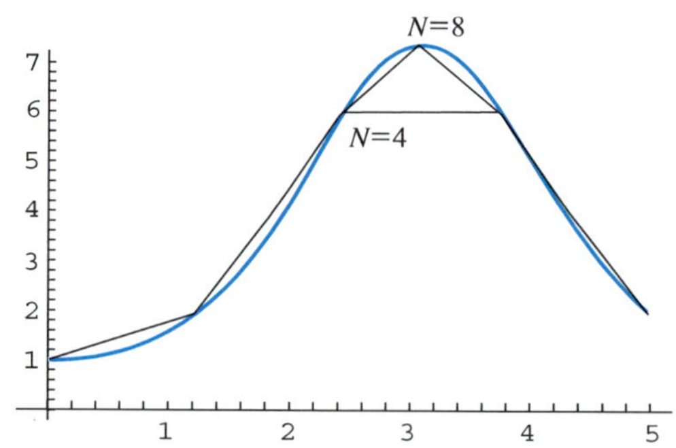

그림 13.10 4차 룽게–쿠타 방법의 근사해

알고리즘 13.5 4차 룽게–쿠타 방법

목 적	$y'(t) = f(t, y),\ a \le t \le b,\ y(a) = y_0$의 수치해
입 력	$y_0,\ a,\ b,\ N,\ f(x, y)$
출 력	$(t_n, y_n),\ n = 0,\ 1,\ \cdots,\ N$
	$h = (b-a)/N$ for $n = 0$ to $N-1$ $t_n = a + nh$ $F_1 = hf(t_n, y_n)$ $F_2 = hf(t_n + 0.5h, y_n + 0.5F_1)$ $F_3 = hf(t_n + 0.5h, y_n + 0.5F_2)$ $F_4 = hf(t_{n+h}, y_n + F_3)$ $y_{n+1} = y_n + [F_1 + 2F_2 + 2F_3 + F_4]/6$ end

알고리즘 13.5의 프로그램은 프로그램 13.4와 같다.

프로그램 13.4 •• **Runge_Kutta4.cpp**

주석 (왼쪽 여백):
- 4차 룽게-쿠타 방법 서브루틴 선언
- 구간 입력
- y(0)의 값을 입력
- 마디점의 개수 입력
- 4차 RK 방법 서브루틴 호출
- 4차 RK 방법
- $f(x, y) = 2xy$

```
#include <stdio.h>
#include <math.h>
void Runge_Kutta4(int);
double f(double, double);
double a, b, y;
void main( )
{
    int n;
    printf("구간 [a, b]는?");
    scanf("%lf %lf", &a, &b);
    printf("\n초기값 y(%lf)는?", a);
    scanf("%lf", &y);
    printf("\n마디점의 개수 N은?");
    scanf("%d", &n);
    Runge_Kutta4(n);
    return;
}
void Runge_Kutta4(int N)
{
    double x, h, F1, F2, F3, F4;
    h=(b-a)/N;
    printf("\n N=%d \n\n x(n)\t y(n)
          \n=================\n", N);
    printf("%lf %lf\n", a, y);
    for(int i=0; i<N; i++)
    {
        x=a+i*h;
        F1=h*f(x, y) ;
        F2=h*f(x+h/2, y+F1/2);
        F3=h*f(x+h/2, y+F2/2);
        F4=h*f(x+h, y+F3);
        y=y+(F1+2*F2+2*F3+F4)/6;
        printf("%lf %lf\n", x+h, y);
    }
    return;
}
double f(double x, double y)
{
    return(2*x*y);
}
```

프로그램예제 13.4 4차 Runge-Kutta.cpp를 이용하여 $N=10$일 때 각 마디점에서 다음 방정식의 해의 근사값을 구하라.

$$y'(x)=2xy,\ 0\le x\le 1,\ y(0)=1$$

실행

```
구간 [a, b]는? 0 1
초기값 y(0.000000)는? 1
마디점의 개수 N은? 10

N = 10

  x(n)        y(n)
0.000000    1.000000
0.100000    1.010000
0.200000    1.040811
0.300000    1.094174
0.400000    1.173511
0.500000    1.284025
0.600000    1.433329
0.700000    1.632315
0.800000    1.896478
0.900000    2.247903
1.000000    2.718270
```

이 방정식의 해 $y=e^{x^2}$와 근사치 (x_n, y_n)의 관계는 그림 13.11과 같다.

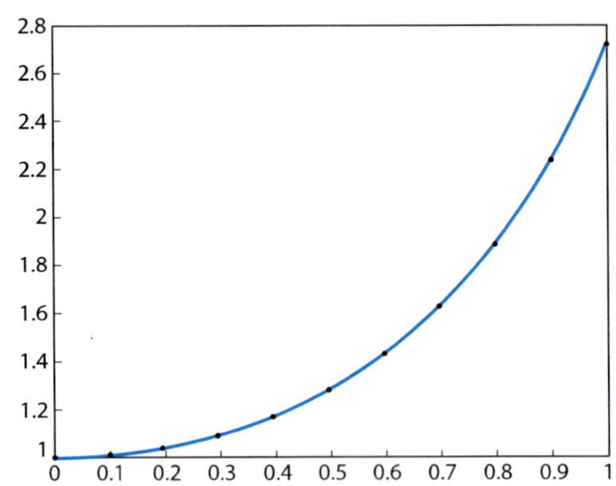

그림 13.11 4차 룽게-쿠타의 근사해

개념정리

13.1 절

- 립쉬츠 조건(상수)

함수 $f(t, y)$가 정의된 R^2의 부분영역 D의 모든 점 (t, y_1), (t, y_2)에 대하여

$$|f(t, y_1)-f(t, y_2)| \le L|y_1-y_2|$$

을 만족하는 상수 L이 존재하면 함수 $f(t, y)$는 D에서 y에 관하여 **립쉬츠 조건**을 만족한다고 하고 L을 함수 f의 **립쉬츠 상수**라고 한다.

- 오일러 방법

$$y_{n+1}=y_n+hf(t_n, y_n)$$

13.2 절

- k차 테일러 방법

$$y_{n+1}=y_n+hT_k(t_n, y_n; h)$$

13.3 절

- 은의 방법

$$y_{n+1}=y_n+\frac{h}{2}[f(t_n, y_n)+f(t_{n+1}, y_n+hf(t_n, y_n))]$$

- 개량된 오일러 방법

$$y_{n+1}=y_n+hf(t_n+\frac{1}{2}h,\ y_n+\frac{1}{2}hf(t_n, y_n))$$

- 4차 룽게-쿠타 방법

$$y_{n+1}=y_n+\frac{1}{6}[F_1+2F_2+2F_3+F_4]$$

$$F_1=hf(t_n, y_n)$$

$$F_2=hf\left(t_n+\frac{1}{2}h,\ y_n+\frac{1}{2}F_1\right)$$

$$F_3=hf\left(t_n+\frac{1}{2}h,\ y_n+\frac{1}{2}F_2\right)$$

$$F_4=hf(t_n+h,\ y_n+F_3)$$

연습문제

1. 주어진 구간에서 다음 함수의 립쉬츠 상수를 구하라.

(1) $f(t, y) = 2ty$, $[0, 1]$

(2) $f(t, y) = (\sin t)y$, $[0, \pi]$

(3) $f(t, y) = e^{-t^2}y$, $(-\infty, \infty)$

(4) $f(t, y) = t^3 - 2ty$, $[-1, 1]$

2. 예제 13.2의 해는 $y = e^t$ 임을 보여라.

3. 프로그램예제 13.1의 해는 $y = e^{x^2}$ 임을 보여라.

4. 주어진 점에서 다음 함수의 일차근사식을 구하라.

(1) $f(t) = 2t^2$, $t = 0$

(2) $f(t) = \sin t$, $t = \dfrac{\pi}{2}$

(3) $f(t) = e^{-t}$, $t = 0$

(4) $f(t) = \ln t$, $t = 1$

5. $h = 0.1$일 때 오일러 방법으로 다음 초기치 방정식의 해 y의 근사해를 구하라.

(1) $y' = 0.2ty$, $y(1) = 1 \Rightarrow y(1.3) = ?$

(2) $y' = 2ty$, $y(1) = 1 \Rightarrow y(1.3) = ?$

(3) $y' = (t + y - 1)^2$, $y(0) = 2 \Rightarrow y(0.3) = ?$

(4) $y' = ty + \sqrt{y}$, $y(0) = 1 \Rightarrow y(0.3) = ?$

(5) $y' = y - y^2$, $y(0) = 1 \Rightarrow y(0.3) = ?$

(6) $y' = ty^2 - \dfrac{y}{t}$, $y(1) = 2 \Rightarrow y(1.3) = ?$

(7) $y' = e^{-y}$, $y(0) = 0 \Rightarrow y(0.3) = ?$

(8) $y' = t^2 + y^2$, $y(0) = 0 \Rightarrow y(0.3) = ?$

(9) $y' = (t - y)^2$, $y(0) = 1 \Rightarrow y(0.3) = ?$

(10) $y' = t^2 + y^3$, $y(1) = 1 \Rightarrow y(1.3)$, $y(0.7) = ?$

6. 다음 함수의 t에 관한 도함수 $f'(t, y)$, $f''(t, y)$를 구하라.

(1) $f(t, y) = 2ty$ (2) $f(t, y) = (\sin t)y$

(3) $f(t, y) = e^{-t^2}y$ (4) $f(t, y) = t^3 - 2ty$

7. $h = 0.1$일 때 2차 테일러 방법으로 연습문제 3에 주어진 방정식의 해 y의 근사해를 구하라.

8. 식 (13.2)가 성립함을 설명하라.

9. 식 (13.3)이 성립함을 설명하라.

10. $h = 0.1$일 때 은의 방법으로 연습문제 3에 주어진 방정식의 해 y의 근사해를 구하라.

11. $h = 0.1$일 때 개량된 오일러의 방법으로 연습문제 3에 주어진 방정식의 해 y의 근사해를 구하라.

12. 식 (13.4)가 성립함을 설명하라.

13. $h = 0.1$일 때 4차 룽게-쿠타 방법으로 연습문제 3에 주어진 방정식의 해 y의 근사해를 구하라.

14. 4차 룽게-쿠타 방법으로 다음 함수에서 식 (13.4)의 y_{n+1}를 유도하라.

(1) $f(t) = 2t^2$ (2) $f(t) = \sin t$, $t = \pi$

(3) $f(t) = e^{-t}$ (4) $f(t) = \ln t$

15. 함수 $f(t, y)$가 t만의 함수이면 4차 룽게-쿠타 방법은 심프슨의 수치적분공식과 같음을 보여라.

실습문제

1. 프로그램 13.1을 이용하여 연습문제 5의 근사해를 구하라.
2. 프로그램 13.2를 이용하여 연습문제 5의 근사해를 구하라.
3. 프로그램 13.3을 이용하여 연습문제 5의 근사해를 구하라.
4. 프로그램 13.4를 이용하여 연습문제 5의 근사해를 구하라.
5. 알고리즘 13.4를 프로그램하라.
6. 프로그램 13.3에서 출력된 자료를 매스매티카나 매트랩을 이용해 그림 13.7과 같은 그래프가 출력되도록 하라.
7. 프로그램 13.4에서 출력된 자료를 매스매티카나 매트랩을 이용해 그림 13.11과 같은 그래프가 출력되도록 하라.

제 14 장 유한차분법과 유한요소법

이 장에서는 경계치 미분방정식의 해를 미분의 수치해법을 이용하는 **유한차분법** (finite difference method)과 부분적분의 개념을 도입하여 유도되는 **유한요소법** (finite element method)에 대하여 간단하게 그 개념을 동질의 균일한 막대의 열 전도에 관한 모델을 이용하여 설명한다.

그림 14.1과 같이 막대의 양 끝이 항상 0℃로 유지되고 외부의 열이 막대 전체에 $f(x)$와 같은 분포로 가해지고 있다고 하자.

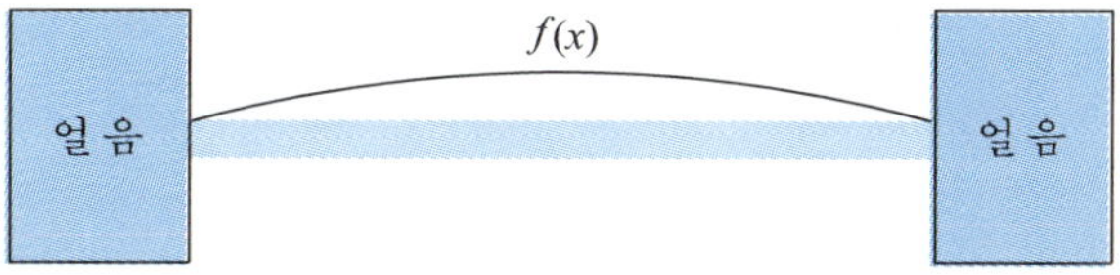

그림 14.1 막대의 열 전도

편의상 막대의 길이를 1이라 하고 위치에 따른 열의 분포함수를 $u(x)$라고 하자. 이 현상을 나타내는 수학적 모델은 다음과 같은 경계치 미분방정식으로 나타난다.

$$\begin{aligned} -u''(x)+\sigma u(x) &= f(x),\ 0<x<1,\ \sigma\geq 0 \\ u(0)=u(1) &= 0 \end{aligned} \tag{14.1}$$

방정식 (14.1)의 근사해를 유한차분법과 유한요소법을 이용하여 구해보자.

*14.1 유한차분법

구간 [0, 1]을 균등하게 $N+1$ 등분하고 마디점을 x_j, 두 점 사이의 간격을 h라 하자. 그러면 $h=\dfrac{1}{N+1}$, $x_j=jh$이고

$$0=x_0<x_1<\cdots<x_N<x_{N+1}=1$$

와 같이 된다. 제11장 수치미적분에서 $u(x)$의 $x=x_j$에서 2계 도함수 $u''(x_j)$의 근사값은

$$u''(x_j)\approx\frac{u(x_{j-1})-2u(x_j)+u(x_{j+1})}{h^2} \tag{14.2}$$

이 됨을 보였다. 방정식 (14.1)에서 모든 $j=1,\ \cdots,\ N$에 대하여

$$-u''(x_j)+\sigma u(x_j)=f(x_j) \tag{14.3}$$

이고 $u(x_0)=u(x_{N+1})=0$이므로 방정식 (14.3)에 $u''(x_j)$ 대신 근사식 (14.2)를 대입하고 $u_j=u(x_j)$, $f_j=f(x_j)$라 하면 다음과 같은 연립방정식을 얻는다.

$$-\frac{u_{j-1}-2u_j+u_{j+1}}{h^2}+\sigma u_j=f_j,\ 1\le j\le N$$

$$u_0=u_{N+1}=0$$

이 방정식을 행렬로 표현하면

$$\frac{1}{h^2}\begin{pmatrix}2+\sigma h^2 & -1 & & & \\ -1 & 2+\sigma h^2 & -1 & & \\ & & \ddots & & \\ & & -1 & 2+\sigma h^2 & -1 \\ & & & -1 & 2+\sigma h^2\end{pmatrix}\begin{pmatrix}u_1\\ u_2\\ \vdots\\ u_{N-1}\\ u_N\end{pmatrix}=\begin{pmatrix}f_1\\ f_2\\ \vdots\\ f_{N-1}\\ f_N\end{pmatrix} \tag{14.4}$$

이 된다. 연립방정식 (14.4)의 해 u_j가 유한차분법을 이용한 $u(x)$의

$x = x_j$에서 근사해가 된다. 일반적으로 $h \to 0$(또는 $N \to \infty$)이면 u_j는 $u(x_j)$에 수렴하므로 충분히 큰 N을 이용하면 충분히 참값에 가까운 근사해를 구할 수 있다. 그러나 연립방정식 (14.4)의 크기가 커지므로 계산량이 많아진다.

예제 14.1 $N = 3$일 때 다음 미분방정식의 근사해를 유한차분법을 이용하여 각 마디점에서 구하라.

$$-u''(x) + u(x) = x^2,\ 0 < x < 1$$
$$u(0) = u(1) = 0$$

풀이 $N = 3$이므로 $h = 0.25$이고 $\sigma = 1$이므로 식 (14.4)에 대입하면

$$\frac{1}{0.0625}\begin{bmatrix} 2.0625 & -1 & 0 \\ -1 & 2.0625 & -1 \\ 0 & -1 & 2.0625 \end{bmatrix}\begin{bmatrix} u_1 \\ u_2 \\ u_3 \end{bmatrix} = \begin{bmatrix} 0.0625 \\ 0.25 \\ 0.5625 \end{bmatrix}$$

이고 해는 $u_1 = 0.0172293$, $u_2 = 0.0316291$, $u_3 = 0.0323808$이다. 미분방정식의 정확한 해

$$u(x) = \frac{2e^2 - 3e}{1 - e^2} e^{-x} + \frac{3e - 2}{1 - e^2} e^x + x^2 + 2$$

와 함께 점 (x_i, u_i), $i = 0, \cdots, 4$을 직선으로 연결하면 그래프는 그림 14.2와 같다. ■

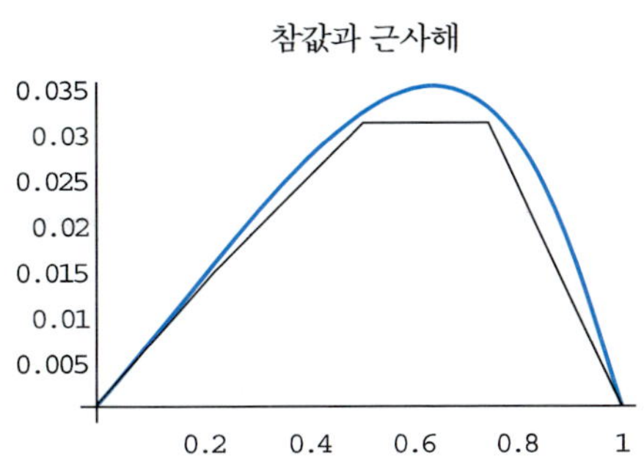

그림 14.2 유한차분법의 근사해

유한차분법은 수치미분을 이용한 방법이다.

유한차분법을 이용하여 (14.1)과 같은 형태의 미분방정식의 해를 구하는 것은 필요한 변수를 연립방정식 (14.4)에 입력하여 이 연립방정식의 해를 구하는 것이다. (14.4)의 계수행렬은 양의 정부호이므로 삼중대각행렬

의 특성을 이용한 가우스 소거법이나 촐레스키 방법을 사용할 수 있다.

알고리즘 14.1 유한차분법

목 적	$-u''(x)+\sigma u(x)=f(x),\ a<x<b$ $u(a)=u(b)=0$ 의 수치해
입 력	$a,\ b,\ \sigma,\ N,\ f(x)$
출 력	$(x_n, y_n),\ n=1,\ \cdots,\ N$
	$h=(b-a)/(N+1)$ for $n=1$ to N $x_n=a+nh,\ f_n=f(x_n)$ end solve(14.4)

연립방정식 (14.4)의 해는 삼중대각행렬을 이용한 가우스 소거법([알고리즘 3.2])을 이용하여 구할 수 있으며 알고리즘 14.1은 프로그램 14.1과 같이 작성될 수 있다.

프로그램 14.1 fdm.cpp

```
                        #include <stdio.h>
                        #include <math.h>
FDM 서브루틴 선언        void finite_difference_method(int);
                        void tri_diagonal(int);
                        double f(double);
전역변수를 선언          double a, b, p=1.;
                        double v[60], d[20];
                        void main( )
                        {
구간 입력                   int n;
                            printf("구간 [a, b]는?");
                            scanf("%lf %lf", &a, &b);
마디점의 개수 입력           printf("\n마디점의 수 N은?");
                            scanf("%d", &n);
유한차분법 서브루틴          finite_difference_method(n);
호출                        return;
                        }
                        void finite_difference_method(int N)
                        {
```

h : 마디점의 간격
삼중대각행렬의 원소 입력

```
    double h=(b-a)/(N+1);
    for(int I=0; i<N-1; i++)
    {
        v[i]=(2+p*pow(h, 2))/pow(h, 2);
        v[N+i]=-1./pow(h, 2);
        v[2*N-1+i]=-1./pow(h, 2);
    }
    v[N-1]=(2+p*pow(h, 2))/pow(h,2);
    for(i=0; i<N; i++)
        d[i]=f(a+(i+1)*h);
    printf("\n N=%d \n\n      x(n) \t   y(n)
            \n===============\n", N);
    printf("%lf %lf \n", a, 0.);
    tri_diagonal(N);
```

연립 방정식의 해를 구하기 위해 삼중대각행렬의 가우스 소거법 이용

```
    for(i=0; i<N; i++)
    printf("%lf %lf   \n", a+(i+1)*h, d[i]);
    printf("%lf %lf \n", b, 0.);
    return;
}
void tri_diagonal(int n)
{
```

삼중대각행렬의 가우스 소거법

```
    for(int j=0; j<n-1; j++)
    {
        if(v[j]==0)
        {
            printf("\n--------------------\n");
            printf("행렬을 다시 입력해 주십시요!");
```

정칙행렬이 아닐 경우 실행 중단

```
            printf("\n------------------\n\n");
            return;
        }
```

소거법칙 적용

```
        v[j+1]=v[j+1]-(v[2*n-1+j]/v[j])*v[n+j];
        d[j+1]=d[j+1]-(v[2*n-1+j]/v[j])*d[j];
    }
    d[n-1]=d[n-1]/v[n-1];
```

역대입법 실행

```
    for(j=n-2; j>=0; j--)
        d[j]=(d[j]-v[n+j]*d[j+1])/v[j];
    return;
}
double f(double x)
```

$f(x)=x^2$

```
{
    return(x*x);
}
```

프로그램예제 14.1 fdm.cpp을 이용하여 다음 미분방정식의 근사해를 $N = 10$일 때 각 마디점에서 구하라.

$$-u''(x) + u(x) = x^2,\ 0 < x < 1$$
$$u(0) = u(1) = 0$$

실행
```
구간 [a, b]는? 0 1
마디점의 수 N은? 10

N = 10
   x(n)        y(n)
 0.000000    0.000000
 0.090909    0.006612
 0.181818    0.013211
 0.272727    0.019646
 0.363636    0.025628
 0.454545    0.030729
 0.545455    0.034377
 0.636364    0.035850
 0.727273    0.034273
 0.818182    0.028607
 0.909091    0.017646
 1.000000    0.000000
```

이 근사해의 그래프는 그림 14.3과 같다. 그림 14.2와 비교해 보자.

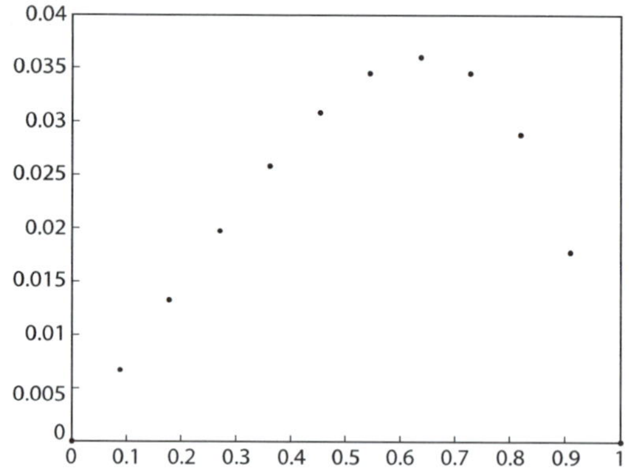

그림 14.3 유한차분법의 근사해

경계조건이 $u(0)=0$ 대신 $u'(0)=0$인 경우 h가 아주 작으면 해의 대칭성에 의하여 $u(-h)=u(h)$ 또는 $u_{-1}=u_1$로 생각할 수 있다. 이 경우 연립방정식

$$-\frac{u_{j-1}-2u_j+u_{j+1}}{h^2}+\sigma u_j=f_j,\ 0\le j\le N$$

$$u_{N+1}=0$$

에서 $j=0$일 때 방정식은

$$-\frac{u_{-1}-2u_0+u_1}{h^2}+\sigma u_0=\frac{1}{h^2}[(2+h^2\sigma)u_0-2u_1]=f_0$$

이므로 연립방정식은 다음과 같이 된다.

$$\frac{1}{h^2}\begin{pmatrix} 2+\sigma h^2 & -2 & & & & \\ -1 & 2+\sigma h^2 & -1 & & & \\ & -1 & 2+\sigma h^2 & -1 & & \\ & & \ddots & & & \\ & & & -1 & 2+\sigma h^2 & -1 \\ & & & & -1 & 2+\sigma h^2 \end{pmatrix}\begin{pmatrix} u_0 \\ u_1 \\ u_2 \\ \vdots \\ u_{N-1} \\ u_N \end{pmatrix}=\begin{pmatrix} f_0 \\ f_1 \\ f_2 \\ \vdots \\ f_{N-1} \\ f_N \end{pmatrix} \quad (14.5)$$

방정식 (14.5)의 해 u_j가 경계조건이 $u'(0)=u(1)=0$일 때 방정식 (14.1)의 $x=x_j$에서 근사해가 된다.

예제 14.2 $N=3$일 때 다음 미분방정식의 근사해를 유한차분법을 이용하여 각 마디점에서 구해보자.

$$-u''(x)+u(x)=x^2,\ 0<x<1$$

$$u'(0)=u(1)=0$$

풀이 이 방정식의 해는

$$u(x)=-\frac{3e}{e^2+1}(e^x+e^{-x})+x^2+2$$

이다. 유한차분법에 의하면 $\sigma=1$이고 $N=3$일 때 $h=0.25$이므로

$$\frac{1}{0.0625}\begin{pmatrix} 2.0625 & -2 & 0 & 0 \\ -1 & 2.0625 & -1 & 0 \\ 0 & -1 & 2.0625 & -1 \\ 0 & 0 & -1 & 2.0625 \end{pmatrix}\begin{pmatrix} u_0 \\ u_1 \\ u_2 \\ u_3 \end{pmatrix} = \begin{pmatrix} 0 \\ 0.0625 \\ 0.25 \\ 0.5625 \end{pmatrix}$$

이고 $u_0 = 0.0520071$, $u_1 = 0.0536323$, $u_2 = 0.0547033$, $u_3 = 0.0435683$이다. 해와 근사해 u_i를 직선으로 연결하여 함께 그래프로 그리면 그림 14.4와 같다. ■

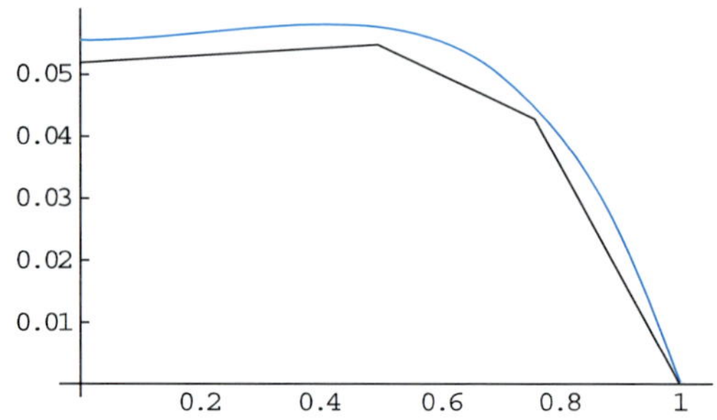

그림 14.4 유한차분법의 근사해 ■

*14.2 유한요소법

미분방정식 (14.1)의 해는 경계치를 만족해야 하므로 반드시 양 끝점에서 그 값이 0이 되어야 하며 두 번 미분가능하여야 한다.

$$\begin{aligned} -u''(x) + \sigma u(x) = f(x),\ 0 < x < 1 \\ u(0) = u(1) = 0 \end{aligned} \tag{14.1}$$

즉, $x = 0, 1$에서 함수값이 0인 함수만이 (14.1)의 해가 될 수 있다. 미분방정식 (14.1)과 같은 형태의 문제에서 유한요소법을 이용하면 $x = 0, 1$에서 함수값이 0인 함수들로 이루어진 집합(또는 공간, space)을 생성하는 기본(기저, bases)이 되는 기본함수(trial function)의 일차결합으로 근사해를 구하게 된다.

정의 14.1 구간 $[a, b]$ 안에 적당한 소구간 $a = x_1 < \cdots < x_n = b$이 존재하여 각 소구간 $[x_{i-1}, x_i]$에서 연속인 함수를 구간 $[a, b]$ 위에서 조각적 연속함수(piecewise continuous function)라고 한다.

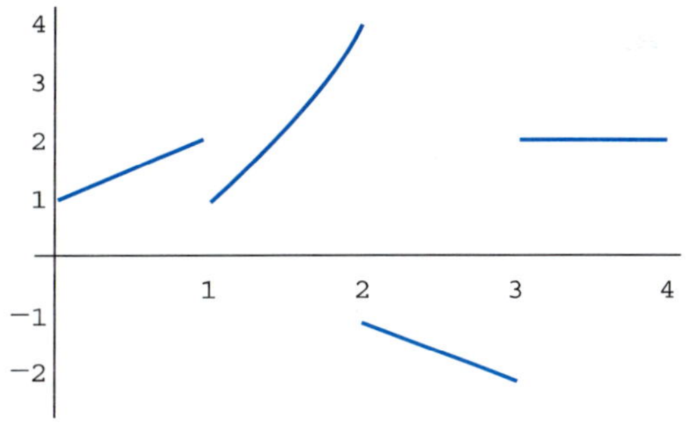

그림 14.5 [0, 4] 위에서 조각적 연속함수

$x=0,\ 1$에서 함수값이 0이고 주어진 구간 위에서 도함수가 조각적 연속함수인 함수의 집합을 V라고 정의하자.

$$V=\{v\,|\,v(0)=v(1)=0,\ v'\text{이 } [0,\,1]\text{에서 조각적 연속함수}\}$$

임의의 $v\in V$에 대하여 v는 미분가능하고 $v(0)=v(1)=0$이므로 부분적분에 의하여

$$\begin{aligned}\int_0^1 f(x)v(x)\,dx &= \int_0^1 (-u''(x)+\sigma u(x))v(x)dx\\ &= \int_0^1 u'(x)v'(x)+\sigma u(x)v(x)dx - u'(1)v(1)+u'(0)v(0)\\ &= \int_0^1 u'(x)v'(x)+\sigma u(x)v(x)dx\end{aligned}$$

이 성립한다. 따라서 미분방정식 (14.1)을 만족하는 해 $u(x)$는 다음과 같은 성질이 있다.

> 미분방정식 (14.1)을 만족하는 해 $u(x)$는 V에 속하는 모든 함수 v에 대하여 다음 방정식을 만족한다.
>
> $$\int_0^1 u'(x)v'(x)+\sigma u(x)v(x)dx = \int_0^1 f(x)v(x)dx \qquad (14.6)$$

이 방정식을 **변분방정식**(variational form)이라 한다. 같은 방법으로 V에 속하는 모든 함수 v에 대하여, u가 변분방정식 (14.6)을 만족하고 두 번 미분가능하면 u는 미분방정식 (14.1)의 해가 된다.

정리 14.2 u가 미분방정식 (14.1)의 해이면 그것은 변분방정식 (14.6)의 해이고, u가 변분방정식 (14.6)의 해이고 두 번 미분가능하면 미분방정식 (14.1)의 해가 된다.

정리 14.2에 의하여 미분방정식 (14.1)의 해를 구하는 것은 적분방정식 (14.6)의 해를 구하는 것과 같다. 근사해를 구하기 위해 유한차분법과 같이 구간 $[0, 1]$을 균등하게 $N+1$ 등분하고 마디점을 x_j, 두 점 사이의 간격을 h라 하자. 그러면 $h=\dfrac{1}{N+1}$, $x_j = jh$이고

$$0 = x_0 < x_1 < \cdots < x_N < x_{N+1} = 1$$

이다. 각 마디점에서 다음과 같이 **모자함수**(hat function) $\phi_i(x)$를 정의한다.

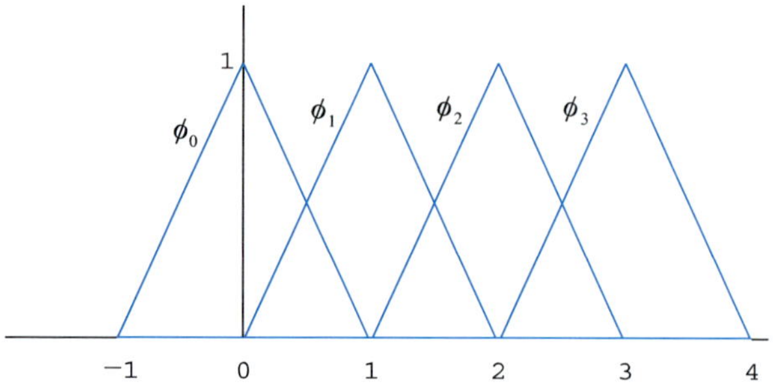

그림 14.6 이웃한 모자함수($N=2$)

$$\phi_i(x) = \begin{cases} \dfrac{x - x_{i-1}}{h}, & x_{i-1} \le x < x_i \\ \dfrac{x_{i+1} - x}{h}, & x_i \le x \le x_{i+1} \\ 0, & \text{그 외에} \end{cases}$$

모자함수는 각 마디점에서 $\phi_j(x_i) = \delta_{ij}$(즉, $i=j$이면 1이고 아니면 0)이고 일차독립이다. V^h를 모자함수 ϕ_j, $j=1, \cdots, N$의 일차결합으로 생성된 공간이라고 하면 V^h는 차원이 N인 V의 부분공간이 된다. 변분방정식의 u, $v \in V$ 대신 u^h, $v^h \in V^h$을 대입하면 변분방정식의 **이산문제**(discrete problem)는 다음과 같다.

모든 $v^h \in V^h$에 대하여 $u^h \in V^h$는 다음 방정식을 만족한다.

$$\int_0^1 (u^h)'(x)(v^h)'(x) + \sigma u^h(x) v^h(x) dx = \int_0^1 f(x) v^h(x) dx \qquad (14.7)$$

u^h는 V^h에 속하므로 적당한 상수 u_j에 대하여 $u^h = \sum_{j=1}^{N} u_j \phi_j$로 표현된다. 모자함수 ϕ_j, $j=1, \cdots, N$는 V^h를 생성하는 함수(기저, bases)이므로 이산문제는, 모든 ϕ_i, $i=1, \cdots, N$에 대하여

$$\sum_{j=1}^{N} \left(\int_0^1 \phi_j'(x)\phi_i'(x) + \sigma \phi_j(x)\phi_i(x) dx \right) u_j = \int_0^1 f(x)\phi_i(x) dx \qquad (14.8)$$

이 된다.

$$\int_0^1 \phi_j'(x)\phi_i'(x) dx = \begin{cases} \dfrac{2}{h}, & j = i \\ -\dfrac{1}{h}, & j = i \pm 1 \\ 0, & \text{그 외} \end{cases}$$

이고

$$\int_0^1 \phi_j(x)\phi_i(x) dx = \begin{cases} \dfrac{2}{3}h, & j = I \\ \dfrac{1}{6}h, & j = i \pm 1 \\ 0, & \text{그 외} \end{cases}$$

이므로 방정식 (14.8)은 연립방정식

$$\frac{1}{h}\begin{pmatrix} 2+\frac{2\sigma}{3}h^2 & -1+\frac{\sigma}{6}h^2 & & & \\ -1+\frac{\sigma}{6}h^2 & 2+\frac{2\sigma}{3}h^2 & -1+\frac{\sigma}{6}h^2 & & \\ & & \ddots & & \\ & & -1+\frac{\sigma}{6}h^2 & 2+\frac{2\sigma}{3}h^2 & -1+\frac{\sigma}{6}h^2 \\ & & & -1+\frac{\sigma}{6}h^2 & 2+\frac{2\sigma}{3}h^2 \end{pmatrix} \begin{pmatrix} u_1 \\ u_2 \\ \vdots \\ \vdots \\ u_{N-1} \\ u_N \end{pmatrix} = \begin{pmatrix} f_1 \\ f_2 \\ \vdots \\ \vdots \\ f_{N-1} \\ f_N \end{pmatrix} \qquad (14.9)$$

와 동치이다. 여기서 모든 $k=1, \cdots, N$에 대하여 $u^h(x_k)=\sum_{j=1}^{N} u_j\phi_j(x_k)$이고 $\phi_j(x_k)=\delta_{jk}$이므로 $u^h(x_k)=u_k$가 되어 u_k는 참값 $u(x_k)$의 근사값이 된다. 오른쪽 항 f_i는 다음과 같이 표현된다.

$$\begin{aligned} f_i &= \int_0^1 f(x)\phi_i(x)dx \\ &= \int_{x_{i-1}}^{x_{i+1}} f(x)\phi_i(x)dx \\ &= \int_{x_{i-1}}^{x_i} f(x)\frac{x-x_{i-1}}{h}dx + \int_{x_i}^{x_{i+1}} f(x)\frac{x_{i+1}-x}{h}dx \end{aligned} \tag{14.10}$$

예제 14.3 $N=3$일 때 다음 미분방정식의 근사해를 유한요소법을 이용하여 각 마디점에서 구해보자.

$$-u''(x)+u(x)=x^2, \ 0<x<1$$
$$u(0)=u(1)=0$$

풀이 $N=3$이므로 $h=0.25$이고 $\sigma=1$이므로

$$f_1=\int_0^{0.25} x^2\frac{x}{0.25}dx+\int_{0.25}^{0.5} x^2\frac{0.5-x}{0.25}dx=0.018$$
$$f_2=\int_{0.25}^{0.5} x^2\frac{x-0.25}{0.25}dx+\int_{0.5}^{0.75} x^2\frac{0.75-x}{0.25}dx=0.065$$
$$f_3=\int_{0.5}^{0.75} x^2\frac{x-0.5}{0.25}dx+\int_{0.75}^{1} x^2\frac{1-x}{0.25}dx=0.143$$

이다. 따라서 연립방정식은

$$\frac{1}{0.25}\begin{pmatrix} 2.042 & -0.979 & 0 \\ -0.979 & 2.042 & -0.979 \\ 0 & -0.979 & 2.042 \end{pmatrix}\begin{pmatrix} u_1 \\ u_2 \\ u_3 \end{pmatrix}=\begin{pmatrix} 0.018 \\ 0.065 \\ 0.143 \end{pmatrix}$$

이고 해는 $u_1=0.0177$, $u_2=0.0322$, $u_3=0.0330$이다. 이 근사해와 미분방정식의 해

$$u(x)=\frac{2e^2-3e}{1-e^2}e^{-x}+\frac{3e-2}{1-e^2}e^x+x^2+2$$

와 함께 이 그래프는 그림 14.7과 같다. ■

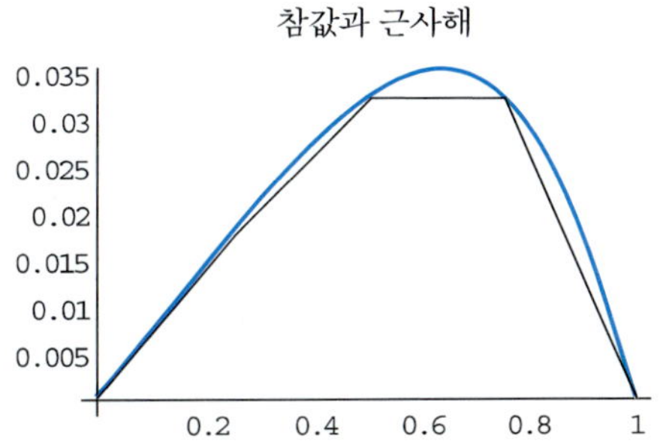

그림 14.7 유한요소법의 근사해

유한요소법을 이용하여 (14.1)과 같은 형태의 경계치 미분방정식의 해를 구하는 것은 필요한 변수를 연립방정식 (14.9)에 입력하여 이 연립방정식의 해를 구하는 것이다. 유한차분법과 마찬가지로 삼중대각행렬의 특성을 이용한 가우스 소거법이나 숄레스키 방법을 사용할 수 있다. 식 (14.9)에서 오른쪽 항의 적분

$$f_i = \int_{x_{i-1}}^{x_i} f(x)\frac{x - x_{i-1}}{h}\,dx + \int_{x_i}^{x_{i+1}} f(x)\frac{x_{i+1} - x}{h}\,dx$$

을 구하기 위해서는 가우스 구적법과 같은 적당한 수치적분법을 사용해야 한다. 예를 들어 $f(x)$가 3차 다항식이면 적분할 함수의 차수가 4이므로 두 점 공식을 사용하면 충분하다. $f(x)$가 다항식이 아니면 함수 형태에 따라 가우스 구적법의 마디점의 개수를 늘리면 그 만큼 오차를 줄일 수 있다. 유한요소법을 요약하면 미분방정식의 해는 다음과 같은 순서로 구한다.

유한요소법은 부분적분을 이용한 방법이다.

(1) 변분방정식을 구한다.
(2) 이산문제로 변형한다.
(3) 연립방정식을 구성한다.
(4) 연립방정식의 해를 구한다.

알고리즘 14.2 유한요소법

목 적	$-u''(x)+\sigma u(x)=f(x),\ a<x<b,\ \sigma\geq 0$ $u(a)=u(b)=0$ 의 수치해
입 력	$a,\ b,\ \sigma,\ N,\ f(x)$
출 력	$(x_n, y_n),\ n=1,\ \cdots,\ N$

	$h=(b-a)/(N+1)$
	for $i=1$ to N
	    $x_i=a+ih$
	end
	for $i=1$ to N
	    (14.10)을 계산
	end
	    (14.9)의 해를 구함

연립방정식 (14.9)의 계수행렬은 삼중대각행렬이므로 유한차분법과 마찬가지로 가우스 소거법([알고리즘 3.2])을 이용하여 구할 수 있으며 알고리즘 14.2는 프로그램 14.2와 같이 작성될 수 있다.

프로그램 14.2 fem.cpp

```
                              #include <stdio.h>
                              #include <math.h>
FEM 서브루틴 선언             void finite_element_method(int, int);
적분 서브루틴                 void node(int);
                              void tri_diagonal(int);
                              double f(double);
전역변수 선언                 double a, b, u=1.;
                              double v[60], d[20], t[20], x[5], w[5];
                              void main( )
                              {
                                  int n, m;
구간 입력                         printf("구간 [a, b]는?");
                                  scanf("%lf %lf", &a, &b);
마디점의 개수 입력                printf("\n마디점의 개수 N은?");
                                  scanf("%d", &n);
가우스 구적법을 이용              printf("\nGauss 마디점의 개수는?");
하기 위해 정밀도 입력             scanf("%d", &m);
```

```
                        finite_element_method(n, m);
                        return;
                    }
FEM 서브루틴         void finite_element_method(int N, int m)
                    {
h : 마디점의 간격          double h=(b-a)/(N+1), sum;
가우스 구적법 실행          node(m);
                        for(int I=0; i<N-1; i++)
                        {
삼중대각행렬의 원소를          v[i]=(2+2*u*pow(h, 2)/3)/h;
입력                        v[N+i]=(-1.+pow(h, 2)/6)/h;
                            v[2*N-1+i]=(-1.+pow(h, 2)/6)/h;
                        }
                        v[N-1]=(2+2*u*pow(h, 2)/3)/h;
                        for(i=0; i<=N+1; i++)
                            t[i]=a+i*h;
                        for(i=0; i<N; i++)
                        {
                            sum=0.;
                            for(int j=0; j<=m; j++)
                                sum=sum+w[j]*f((t[i+1]+t[i])/2+(t[i+1]
                                       -t[i])*x[j]/2)*(((t[i+1]+t[i])/2
                                       +(t[i+1]-t[i])*x[j]/2)-t[i])/h;
                            d[i]=sum*(t[i+1]-t[i])/2;
                            sum=0.;
                            for(j=0; j<=m; j++)
                               sum=sum+w[j]*f((t[i+2]+t[i+1])/2
                                      +(t[i+2]-t[i+1])*x[j]/2)*(t[i+2]-((t[i+2]
                                      +t[i+1])/2+(t[i+2]-t[i+1])*x[j]/2))/h;
                            d[i]=d[i]+sum*(t[i+2]-t[i+1])/2;
                        }
                        printf("\n N=%d \n\n x(n) \t y(n)
                               \n=================\n", N);
                        printf("%lf %lf \n", a, 0.);
                        Tri_diagonal(N);
                        for(i=0; i<N; I++)
u[i]=d[i]               printf("%lf %lf   \n", a+(i+1)*h, d[i]);
                        printf("%lf %lf \n", b, 0.);
                        return;
                    }
가우스 구적법         void node(int n)
                    {
                        if(n==1)
```

```
            {
                x[0]=-(pow(3, 0.5))/3; x[1]=-x[0];
                w[0]=1.; w[1]=w[0];
            }
            else if(n==2)
            {
                x[0]=-sqrt(3./5.);  x[1]=0.; x[2]=-x[0];
                w[0]=5./9.;  w[1]=8./9.; w[2]=w[0];
            }
            else if(n==3)
            {
                x[0]=-sqrt((3.+4.*sqrt(0.3))/7.);
                x[1]=-sqrt((3.-4.*sqrt(0.3))/7.);
                x[2]=-x[1]; x[3]=-x[0];
                w[0]=(1.-sqrt(10./3.)/6.)/2.;
                w[1]=(1.+sqrt(10./3.)/6.)/2.;
                w[2]=w[1]; w[3]=w[0];
            }
            else
            {
                x[0]=-sqrt((5.+2.*sqrt(10./7.))/9.);
                x[1]=-sqrt((5-2.*sqrt(10./7.))/9.);
                x[2]=0.; x[3]=-x[1]; x[4]=-x[0];
                w[0]=(3.*(0.7+5.*sqrt(0.7)))/
                        (10.*(2.+5.*sqrt(0.7)));
                w[1]=(3.*(-0.7+5.*sqrt(0.7)))/
                        (10.*(-2.+5.*sqrt(0.7)));
                w[2]=128./225.;  w[3]=w[1];  w[4]=w[0];
            }
            return;
삼중대각행렬의 가우스      void tri_diagonal(int n)
소거법                    {
            for(int j=0; j<n-1; j++)
            {
                if(v[j]==0)
                {
정칙행렬이 아닐 경우             printf("\n--------------------\n");
실행중단                         printf("행렬을 다시 입력해 주십시요!");
                                 printf("\n-----------------\n\n");
                                 return;
                }
소거법칙 적용       v[j+1]=v[j+1]-(v[2*n-1+j]/v[j])*v[n+j];
역대입법 실행       d[j+1]=d[j+1]-(v[2*n-1+j]/v[j])*d[j];
```

```
            }
            d[n-1]=d[n-1]/v[n-1];
            for(j=n-2; j>=0; j--)
                d[j]=(d[j]-v[n+j]*d[j+1])/v[j];
            return;
        }
f(x)=x^2    double f(double x)
        {
            return(x*x);
        }
```

프로그램예제 14.2 •• fem.cpp을 이용하여 $N=10$일 때 각 마디점에서 다음 미분방정식의 근사해를 구하라. 단, 적분은 3점 가우스 구적법을 사용하라.

$$-u''(x)+u(x)=x^2,\ 0<x<1$$
$$u(0)=u(1)=0$$

실행

```
구간 [a, b]는? 0 1
마디점의 개수 N은? 10
Gauss 마디점의 개수는? 3

N = 10

  x(n)        y(n)
0.000000    0.000000
0.090909    0.006673
0.181818    0.013321
0.272727    0.019794
0.363636    0.025804
0.454545    0.030922
0.545454    0.034575
0.636363    0.036040
0.727273    0.034441
0.818182    0.028738
0.909091    0.017721
1.000000    0.000000
```

이 근사해의 그래프는 그림 14.8과 같다. 그림 14.7과 비교해 보자.

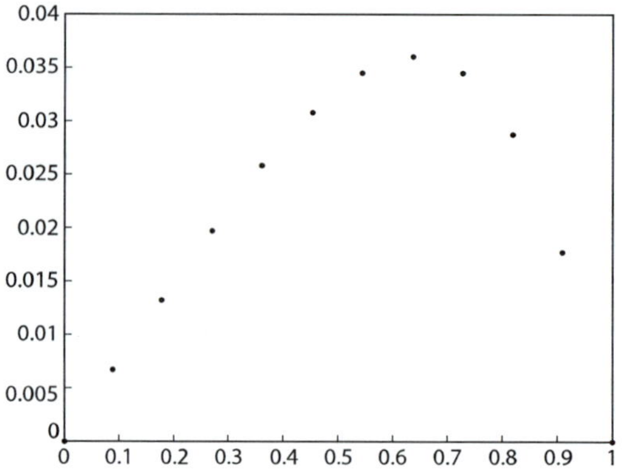

그림 14.8 유한요소법의 근사해

개념정리

14.1 절

• 조각적 연속함수

구간 $[a, b]$ 안에 적당한 소구간 $a=x_1<\cdots<x_n=b$이 존재하여 각 소구간 $[x_{i-1}, x_i]$에서 연속인 함수를 구간 $[a, b]$ 위에서 조각적 연속함수이라고 한다.

• 모자함수

$$\phi_i(x)=\begin{cases}\dfrac{x-x_{i-1}}{h}, & x_{i-1}\le x\le x_i\\ \dfrac{x_{i+1}-x}{h}, & x_i\le x\le x_{i+1}\\ 0, & \text{그외에}\end{cases}$$

• 기저

$\{f_1(x), \cdots, f_n(x)\}$가 일차독립이고 V의 모든 원소를 일차결합으로 생성하면 함수열 $\{f_1(x), \cdots, f_n(x)\}$을 V의 기저라 한다.

• 변분방정식

V에 속하는 모든 함수 v에 대하여, u는 다음 방정식을 만족한다.

$$\int_0^1 u'(x)v'(x)+\sigma u(x)v(x)dx$$
$$=\int_0^1 f(x)v(x)dx$$

• 이산문제

모든 $v^h\in V^h$에 대하여 $u^h\in V^h$는 다음 방정식을 만족한다.

$$\int_0^1 (u^h)'(x)(v^h)'(x)+\sigma u^h(x)v^h(x)dx$$
$$=\int_0^1 f(x)v^h(x)dx$$

연습문제

1. 예제 14.1의 미분방정식의 해가

$$u=\frac{2e^2-3e}{1-e^2}e^{-x}+\frac{3e-2}{1-e^2}e^x+x^2+2$$

임을 보여라.

2. 예제 14.2의 미분방정식의 해가

$$u=-\frac{3e}{e^2+1}(e^x+e^{-x})+x^2+2$$

임을 보여라.

3. 다음 미분방정식에 유한차분법을 적용하여 나오는 연립방정식을 구하라.

$$-u''(x)+\sigma u(x)=f(x),\ 0<x<1$$
$$u(0)=\alpha,\ u(1)=\beta$$

4. 연습문제 3을 이용하여 $N=3$일 때 경계치 문제 $y''(x)-y(x)=0, y(0)=1, y(1)=e^{-1}$의 연립방정식을 구하고 각 마디점에서 해 $y=e^{-x}$의 참값과 비교하라.

5. 다음 미분방정식에 유한차분법을 적용하여 나오는 연립방정식을 구하라.

$$-u''(x)+\sigma u(x)=f(x),\ 0<x<1$$
$$u(0)=\alpha,\ u'(1)=0$$

6. 다음 미분방정식에 유한차분법을 적용하여 나오는 연립방정식을 구하라.

$$y''+p(x)y'+q(x)y=f(x),\ a<x<b$$
$$y(a)=\alpha,\ y(b)=\beta$$

7. 다음 미분방정식에 유한요소법을 적용하려고 한다.

$$-u''(x)+\sigma u(x)=f(x),\ 0<x<1$$
$$u(0)=\alpha,\ u(1)=\beta$$

(1) 가능한 함수의 집합 V를 정의하라.
(2) 변분방정식을 유도하라.
(3) 이산문제를 유도하라.
(4) 연립방정식을 유도하라.

8. 연습문제 7을 이용하여 $N=3$일 때 경계치 문제 $y''(x)-y(x)=0,\ y(0)=1,\ y(1)=e^{-1}$의 연립방정식을 구하고 각 마디점에서 해 $y=e^{-x}$의 참값과 비교하라.

9. 다음 미분방정식에 유한요소법을 적용하려고 한다.

$$-u''(x)+\sigma u(x)=f(x),\ 0<x<1$$
$$u(0)=0,\ u'(1)=0$$

(1) 가능한 함수의 집합 V를 정의하라.
(2) 변분방정식을 유도하라.
(3) 이산문제를 유도하라.
(4) 연립방정식을 유도하라.

10. 미분방정식 (14.1)의 해가

$$u=\frac{2e^{2\sqrt{\sigma}}-(2+\sigma)e^{\sqrt{\sigma}}}{\sigma^2(1-e^{2\sqrt{\sigma}})}e^{-x}+\frac{(2+\sigma)e^{\sqrt{\sigma}}-2}{e^2(1-e^{2\sqrt{\sigma}})}e^x+\frac{1}{\sigma}x^2+\frac{2}{\sigma^2}$$

임을 보여라.

11. 균일하게 분포된 점 $x_{i-2},\ x_{i-1},\ x_i,\ x_{i+1},\ x_{i+2}$에서 다음과 같이 정의된 함수 $\phi_i(x)$를 x_i에서 3차 B-스플라인 함수라고 한다. 단, h는 점 사이의 간격이다.

$$\phi_i(x)=\begin{cases}0, & x<x_{i-2}\\ (x-x_{i-2})^3, & x_{i-2}\le x\le x_{i-1}\\ h^3+3h^2(x-x_{i-1})+3h(x-x_{i-1})^2-3(x-x_{i-1})^3, & x_{i-1}\le x\le x_i\\ h^3+3h^2(x_{i+1}-x)+3h(x_{i+1}-x)^2-3(x_{i+1}-x)^3, & x_i\le x<x_{i+1}\\ (x_{i+1}-x)^3, & x_{i+1}\le x\le x_{i+2}\\ 0, & x_{i+2}<x\end{cases}$$

(1) $h=1$일 때 $x=0$에서 3차 B-스플라인 함수의 그래프를 $[-2, 2]$ 위에서 그려라.

(2) $0=x_0<x_1<x_2<x_3<x_4<x_5=5$일 때 $\{\phi_i \mid i=-1, \cdots, 5\}$의 그래프를 $[0, 4]$ 위에서 그려라.

(3) $\{\phi_i \mid i=-1, \cdots, 5\}$은 일차독립임을 보여라.

(4) $[0, 4]$ 위에서 $\sum_{i=-1}^{5} \phi_i(x)=6$임을 보여라.

(5) V는 $\{\phi_i \mid i=-1, \cdots, 5\}$으로 생성된 공간이라고 하면 V에 속하는 함수의 2계 도함수는 모두 연속이고 3계 도함수는 모두 조각적 연속임을 설명하라.

12. 균일한 물질로 이루어지고 두께가 일정한 막대에서 열이 전달되는 과정을 알아보자. 막대의 표면은 완전히 절연되어 열이 통할 수 없다고 가정하고 막대의 길이는 l이라고 하자. 이러한 상태를 나타내어 주는 수학적 모형은 함수 $u(x, t)$를 t시간 후 x지점에서의 막대의 온도라고 할 때, 다음과 같이 표현될 수 있다.

$$\alpha^2 u_{xx}(x, t)=u_t(x, t),\ 0<x<l,\ t>0$$
$$u(x, 0)=f(x)$$
$$u(0, t)=u(l, t)=0$$

여기서 α는 열전도 상수이고 $f(x)$는 초기의 열분포를 나타내는 함수이다. 이 미분방정식을 풀기 위하여 유한차분법을 사용하면 다음과 같은 연립방정식을 얻을 수 있음을 보여라.

$$\begin{array}{lllll}
(1+2r)u_1^j & -ru_2^j & & & =u_1^{j-1} \\
-ru_1^j & +(1+2r)u_2^j & -ru_3^j & & =u_2^{j-1} \\
 & \ddots & & & \vdots \\
 & -ru_{N-3}^j & +(1+2r)u_{N-2}^j & -ru_{N-1}^j & =u_{N-2}^{j-1} \\
 & & -ru_{N-2}^j & +(1+2r)u_{N-1}^j & =u_{N-1}^{j-1}
\end{array}$$

여기서 $r=\dfrac{a^2k}{h^2}$, $h=\dfrac{l}{N}$이며 k, N은 양의 정수 그리고 $u_i^0=u(ih, 0)=f(ih)$, u_i^j는 jk시간 후 ih지점에서의 온도, 즉 $u(ih, jk)$의 근사값을 나타낸다. 따라서 그 전시간의 열분포 $u(\cdot, (j-1)k)$(또는 근사값 u_i^{j-1}, $1 \le i \le N-1$)를 알면 위 방정식의 해가 현 시간의 열분포 $u(\cdot, jk)$의 근사값이 된다.

13. (14.4)의 계수행렬은 양의 정부호임을 보여라.

실습문제

1. 연습문제 3에서 구한 연립방정식을 이용하여 경계치 문제의 해를 구하는 프로그램을 작성하라.

2. 연습문제 3을 이용하여 경계치 문제 $y''(x)-y(x)=0$, $y(0)=1$, $y(1)=e^{-1}$의 각 마디점에서 근사해를 구하고 참값 $y=e^{-x}$와 함께 그래프를 그려라. 단, $N=3, 5, 0$.

3. 연습문제 5에서 구한 연립방정식을 이용하여 경계치 문제의 해를 구하는 프로그램을 작성하라.

4. 연습문제 6을 이용하여 $N=10$일 때 $y''+3y'+2y=x^2$, $y(1)=0$, $y(2)=5$의 각 마디점에서 근사해를 구하라.

5. 연습문제 7과 같은 유형에 적합한 유한요소법 프로그램을 작성하고 경계치 문제 $y''(x)-y(x)=0$, $y(0)=1$, $y(1)=e^{-1}$의 각 마디점에서 근사해를 구하라. 단 $N=3, 5, 10$

6. 연습문제 9를 이용하여 $N=5$일 때 $\sigma=1$, $f(x)=x^2$의 경우 연립방정식을 구하고 각 마디점에서 근사해를 구하라.

C 부록

수의 진법

수의 진법에는 일상생활에서 주로 쓰는 **10진법** (decimal system)과 컴퓨터에서 주로 사용되는 **2진법** (binary system), **8진법** (octal system) 그리고 **16진법** (hexadecimal system) 등이 있다. 일반적으로 다음과 같이 진법을 정의한다.

정의 1 자연수 k보다 작은 자연수 a_i, $b_j (i=0, 1, 2, \cdots, r, j=1, 2, \cdots)$에 대하여, $(a_r \cdots a_1 a_0 . b_1 b_2 \cdots)_k$를 **$k$진법**으로 나타낸 수라고 하며 그 수의 10진법 수는 다음과 같다.

$$(a_r \cdots a_1 a_0 . b_1 b_2 \cdots)_k = a_r \times k^r + \cdots + a_1 \times k + a_0 + b_1 \times k^{-1} + b_2 \times k^{-2} + \cdots$$

여기서 $a_r \cdots a_1 a_0$을 **정수부분**, $b_1 b_2 \cdots$을 **소수부분** 그리고 k를 **기저** (base)라고 한다.

이 정의에 의하여 k진법의 수는 정의 1의 오른쪽 항과 같이 10진법으로 바꿀 수 있다. 보통 10진법인 경우 괄호와 k를 생략하며 16진법인 경우 $A=10$, $B=11$, $C=12$, $D=13$, $E=14$, $F=15$로 정의하여 사용한다.

예제 1 2진법 수 $(1101.11)_2$와 16진법 수 $(\mathrm{ABE.8C})_{16}$를 10진법으로 변환하여라.

풀이 (1) $(1101.11)_2 = 1\times 2^3 + 1\times 2^2 + 0\times 2 + 1\times 1 + 1\times 2^{-1} + 1\times 2^{-2}$
$= 13.75$

(2) $(\mathrm{ABE.8C})_{16} = 10\times 16^2 + 11\times 16 + 14\times 1 + 8\times 16^{-1} + 12\times 16^{-2}$
$= 2750.546875$ ■

10진법의 수를 k진법으로 나타내기 위하여 정수부분과 소수부분을 나누어 생각해보자. 10진법 정수 N의 k진법 수를 $(a_r \cdots\ a_1 a_0)_k$이라고 하자. 즉,

$$\begin{aligned} N &= (a_r \cdots\ a_1 a_0)_k \\ &= a_r \times k^r + \cdots + a_1 \times k + a_0 \\ &= (\cdots\ (a_r k + a_{r-1})k + \cdots + a_{2k}) + a_1)k + a_0 \end{aligned}$$

이 식으로부터 나머지정리를 이용하면 k진법의 수 a_r, $\cdots$, a_1, a_0는 10진법의 수 N을 k로 처음 나눌 때 나온 나머지가 a_0, 그 몫을 다시 k로 나누어 나온 나머지가 a_1, 다시 그 몫이 k보다 작을 때까지 되풀이하여 그 나머지를 나온 반대 순서로 나열하면 10진법의 수를 k진법으로 나타낼 수 있다.

예제 2 10진법 수 37과 2689를 각각 2진법 수와 16진법 수로 변환하여라.

풀이 (1)

$$\begin{array}{r|l} 2 & 37 \\ \hline 2 & 18 \cdots\cdots 1 \\ \hline 2 & 9 \cdots\cdots 0 \\ \hline 2 & 4 \cdots\cdots 1 \\ \hline 2 & 2 \cdots\cdots 0 \\ \hline & 1 \cdots\cdots 0 \end{array}$$

(2)

$$\begin{array}{r|l} 16 & 2689 \\ \hline 16 & 168 \cdots\cdots 1 \\ \hline & 10 \cdots\cdots 8 \end{array}$$

따라서 $37=(100101)_2$이고 $2689=(\text{A}81)_{16}$ ■

한편 10진법의 소수 D의 k진법 수를 $(0.b_1b_2b_3\cdots)_k$이라고 하면

$$D=(0.b_1b_2b_3\cdots)_k=b_1\times k^{-1}+b_2\times k^{-2}+b_3\times k^{-3}+\cdots$$

이므로 10진법의 소수 D에 처음 k를 곱한 후 나온 정수부분이 b_1이고, $D\times k-b_1$에 다시 k를 곱해주어 나온 정수부분 (b_2)을 다시 빼내고 그 나머지에 다시 곱하는 과정을 되풀이하면 된다. 이때 빼내어진 정수부분이 나온 순서대로 k진법의 수 b_i가 된다.

예제 3 다음은 10진법의 소수를 2진법과 16진법으로 변환한 예이다.

풀이 (1) $0.75\times 2=1.5$

$0.5\times 2=1.0$

따라서 $0.75=(0.11)_2$

(2) $0.546875\times 16=8.75$

$0.75\times 16=12$

따라서 $0.546875=(0.8\text{C})_{16}$

(3) $0.1\times 2=0.2,\ 0.2\times 2=0.4,\ 0.4\times 2=0.8,\ 0.8\times 2=1.6$

$0.6\times 2=1.2,\ 0.2\times 2=0.4,\ 0.4\times 2=0.8,\ \cdots$

따라서 $0.1=(0.0001100110011\cdots)_2$

(4) $0.1\times 16=1.6,\ 0.6\times 16=9.6,\ 0.6\times 16=9.6,\ \cdots$

따라서 $0.1=(0.199\cdots)_{16}$ ■

정수와 소수부분이 혼합된 10진법 수는 각각 변환한 다음 합하면 된다.

예제 4 다음은 10진법의 수를 2진법과 16진법으로 변환한 예이다.

풀이 (1) $37.75=37+0.75=(100101)_2+(0.11)_2$

$=(100101.11)_2$

(2) $2689.546875 = 2689 + 0.546875 = (\mathrm{A81})_{16} + (0.8\mathrm{C})_{16}$

$= (\mathrm{A81.8C})_{16}$ ■

2진법의 수와 16진법 수 간의 변환은 $2^4 = 16$이므로 2진법의 수 4자리와 16진법의 수 1자리는 서로 같다. 그러므로 2진법을 16진법으로 바꾸기 위해서는 2진법 수의 소수점을 중심으로 4자리씩 16진법으로 변환시키고 16진법을 2진법으로 바꾸기 위해서는 소수점을 중심으로 16진법의 수 각각의 자리를 2진법의 4자리 수로 바꾸면 된다.

예제 5 다음은 2진법의 수를 16진법으로 16진법은 2진법으로 변환한 예이다.

풀이 (1) $(100101110)_2 \Rightarrow 1|0010|1110$

$\quad 1 \quad 2 \quad 14 \Rightarrow (12\mathrm{E})_{16}$

(2) $(12\mathrm{E})_{16} \Rightarrow 1| \quad 2| \quad \mathrm{E}$

$\quad 1 \ \ 0010 \ \ 1110 \Rightarrow (100101110)_2$ ■

소수부분을 서로 변환하기 위하여

$$(0.b_1b_2b_3b_4b_5b_6b_7\cdots)_2 = (0.c_1c_2c_3\cdots)_{16}$$

이라고 하자. 그러면

$$\begin{aligned} & b_1 \times 2^{-1} + b_2 \times 2^{-2} + b_3 \times 2^{-3} + b_4 \times 2^{-4} + b_5 \times 2^{-5} \\ & + b_6 \times 2^{-6} + b_7 \times 2^{-7} + \cdots \\ & = c_1 \times 16^{-1} + c_2 \times 16^{-2} + c_3 \times 16^{-3} + \cdots \end{aligned}$$

양변에 16을 곱하면

$$\begin{aligned} & 8b_1 + 4b_2 + 2b_3 + b_4 + b_5 \times 2^{-1} + b_6 \times 2^{-2} + b_7 \times 2^{-3} + \cdots \\ & = c_1 + c_2 \times 16^{-1} + c_3 \times 16^{-2} + \cdots \end{aligned}$$

그러므로 $8b_1 + 4b_2 + 2b_3 + b_4 = c_1$. 즉, $(b_1b_2b_3b_4)_2 = (c_1)_{16}$. 같은 방법으로 $(b_5b_6b_7b_8)_2 = (c_2)_{16}$ 등을 얻을 수 있다. 따라서 소수점을 중심으로 4자리씩 서로 변환하면 된다.

예제 6 다음은 2진법의 소수를 16진법으로 16진법은 2진법으로 변환한 예이다.

풀이 (1) $(0.8A)_{16} \Rightarrow$ 8| A

1000 1010 $\Rightarrow (0.1000\ 101)_2$

(2) $(0.1000\ 101)_2 \Rightarrow$ 1000|1010

8 10 $\Rightarrow (0.8A)_{16}$ ■

$2^3 = 8$이므로 위와 비슷한 방법으로 2진법과 8진법의 변환도 쉽게 할 수 있다.

수치해석학에 필요한 C언어 입문

1. 기본 C 언어 문법

(1) C 프로그램에는 반드시 void main(void)라는 함수 머리(header)와 {와 }로 구분되는 함수 몸체(body)가 있어야 한다. void가 반드시 필요한 것은 아니고 컴파일러에 따라 필요할 수도 있고 빈 공간으로 할 수도 있다. return 문이 있으면 void가 필요하다. 함수의 앞부분은 되돌려주는 함수의 형을 말하며 뒤의 괄호 안은 매개변수의 형을 뜻한다.

(2) 프로그램 첫 부분에 #include <stdio.h>를 입력하면 stdio.h 파일을 프로그램에 포함시켜 printf()나 scanf()를 비롯한 표준 C의 입출력 함수들을 사용할 수 있게 한다.

(3) 프로그램 안의 모든 명령문은 세미콜론(;)으로 끝나야 한다.

(4) /*과 */으로 둘러싸인 문장이나, //로 시작한 줄의 문장은 프로그램을 설명하는 설명문으로 처리된다.

```
#include<stdio.h>
void main(void)
{                               //프로그램 시작
   문장;
    ⋮
}                               //프로그램 끝
```

예제 1.1 가장 간단한 프로그램

```
#include<stdio.h>
void main(void)
{
printf("안녕하세요, 여러분.");  /* 명령문은 ;으로 끝남  */
}
```

출력

안녕하세요, 여러분.

프로그램을 작성할 때에는 자신이나 다른 사람이 볼 때 이해하기 쉽도록 들여쓰기와 설명문을 이용하여야 한다.

표준입출력함수

```
printf("형식문자열", 변수1, 변수2, …);
```

(1) printf( )는 출력을 하기 위해 사용되는 함수로 " " 안에 있는 것을 그대로 출력한다.
(2) printf( )의 " " 안에 있는 %f는 순서대로 대응되는 변수가 소수형, %d는 정수형, %lf는 이배정도 실수형 그리고 %c는 문자, %s는 문자열을 출력할 때 사용한다.
(3) printf()는 자동으로 줄을 바꾸지 않는다. 그러나 " " 안에 있는 \n은 다음 줄로 바꾸고, \t는 한 탭만큼 간격을 띄우는 표시이다.

scanf("형식문자열", &변수1, &변수2, …);

(1) scanf( )는 입력을 받기 위해 사용되는 함수로 변수 앞에 &을 붙이나, 배열형 문자열인 경우는 &을 붙이지 않는다.
(2) 공백이나 enter 키는 데이터의 구분으로 사용되므로 문자열을 입력할 때는 공백을 넣지 않는다.

예제 1.2

입력과 출력

```
#include<stdio.h>
void main(void)
{
        int age;                    //age는 정수형 변수로 선언됨
        float height;               //height는 실수형 변수로 선언됨
        char name[20];              //name은 문자열 변수로 선언됨
        printf("나이와 키는?\n");
        scanf("%d %f", &age, &height);
        printf("이름은\n");
        scanf("%s", name);          //문자열 변수는 &를 안 붙임
        printf("이름은 %s,\t 나이는 %d,\t키는 %f\n", name, age, height);
}
```

출력

```
나이와 키는?
20 170
이름은
이행수
이름은 이행수,      나이는 20,      키는 170.000000
```

2. 기본자료형과 변수선언

기본자료형

기본자료형의 종류와 예약어, 크기 및 각각의 값이 표현할 수 있는 범위는 다음 표와 같다.

자료형		예약어	크기 (byte)	값의 표현 범위
정수형	정수형	int, short	2	−32768 −32767
	부호없는 정수형	unsigned int(short)	2	0 −65535
	긴 정수형	long	4	−2147483648 −2147483647
	부호없는 긴 정수형	unsigned long	4	0 −4294967295
실수형	실수형	float	4	$10^{-38} \sim 10^{38}$
	이배정도 실수형	double	8	$10^{-306} \sim 10^{306}$
	확장된 이배정도 실수형	long double	10	$10^{-4932} \sim 10^{4932}$
문자형	문자형	char	1	−128~127, ‘ ’를 사용
	부호없는 문자형	unsigned char	1	0~255
	문자열	char*		“ ”을 사용

변수

(1) 변수(variable)는 소문자와 대문자를 구별한다.

(2) 변수명, 함수명 등은 영문자 또는 _로 시작하여야 한다.

(3) 변수명, 함수명 등은 영문자, 숫자, _로 구성되며 공백을 사용할 수 없다.

(4) 예약어는 변수명으로 사용할 수 없다.

(5) 모든 변수는 변수의 자료형과 변수명을 함수의 시작에서 선언한다.

(6) 광역변수는 main( ) 함수 보다 먼저 선언되고 프로그램 어디에서도 사용이 가능하다. 지역변수는 함수 내에서 선언되며 그 함수를 벗어난 곳에서는 사용할 수가 없다.

(7) 변수 선언시 ,(쉼표)로 변수명을 구분할 수 있다.

(8) 선언과 동시에 초기값을 줄 수 있다.

보기 2.1

```
int 변수1, 변수2;
int 변수3 = 상수1, 변수4 = 상수2;
```

상수

(1) 상수(constant)란 프로그램 실행 중에 그 값이 변하지 않는 수로 정수형, 실수형, 문자형, 문자열 상수가 있다.

(2) 정수형 상수에는 10진수, 8진수, 16진수 상수가 있으며 long형 상수도

가능하다. 8진 상수는 0으로 시작하며, 16진수 상수는 0x(또는 0X)로 시작하고 long형 상수는 상수 뒤에 L(또는 l)을 붙인다.

(3) 실수형 상수는 소수형 표현과 지수형 표현이 있다.

(4) 문자형 상수는 ‘ ’으로 나타낸다.

(5) 문자열 상수는 “ ”으로 표현하며 이중부호 안에 \n이나 \t와 같은 문자를 사용할 수 있다.

(6) printf( )의 “ ” 안에 있는 %f는 대응되는 변수가 소수형일 때, %d는 정수형, %lf는 이배정도 실수형, %ld는 이배정도 정수형일 때 사용한다. 정수형 중 %d는 10진수, %o는 8진수, %x는 16진수로 출력한다.

예제 2.1 문자형 상수

```
#include<stdio.h>
void main(void)
{
        char ch;
        int a, b, c, d, e;
        a=84, b=85, c=82, d=66, e=79;
        ch=‘C’;
        printf(“%c%c%c%c%c\n”, a, b, c, d, e);
        printf(“name=  %c\n”, ch);
        printf(“name=  %d\t%o\t%x”, ch, ch, ch);
                                        \\아스키 번호의 10진수, 8진수, 16진수
}
```

출력

```
TURBO
name=C
name=67     103     43
```

예제 2.2 실수형 상수

```
#include<stdio.h>
void main(void)
{
        float x;
```

```
        double y, z;
        x = 1.23456789;
        y = 1.23456789e-10;
        z = 1.23456789e10;
        printf("x = %f, y = %f, z = %f\n", x, y, z);
        printf("x = %e, y = %e, z = %e", x, y, z);
}
```

출력

```
x = 1.23456789, y = 0.000000, z = 12345678900.000000
x = 1.234568e+00, y = 1.234568e-10, z = 1.234568e+10
```

변수 선언

(1) int는 정수형, long은 이배정도 정수형을 선언한다. 출력에는 %d를 사용한다.

(2) float는 실수형, double은 이배정도 실수형을 선언한다. 출력에는 %f, %e를 사용한다. %16.8e은 소수의 자리수가 8인 지수형식으로 나타난다.

(3) char은 문자형, char *는 문자열을 선언한다. 문자는 ' '를, 문자열은 " "을 사용한다. 출력에는 %c, %s를 사용한다.

(4) scanf( )의 변수에는 &를 변수 앞에 사용해야 한다.

(5) 광역변수는 main( ) 함수 보다 먼저 선언되고 프로그램 어디에서도 사용이 가능하다.

(6) 지역변수는 함수 내에서 선언되며 그 함수를 벗어난 곳에서는 사용할 수가 없다.

(7) const와 define은 상수를 정의할 때 사용된다. const인 경우 변수는 변경할 수 없으나 define 된 상수는 변경할 수 있다.

예제 2.3

n, m은 정수형, Pi, E는 실수형, ch는 문자형으로 선언되었다면 출력문은 다음과 같다.

```
#include<stdio.h>
#define E 2.7182818
const float Pi = 3.141592;
```

```
void main(void)
{
        int n, m;
        char ch;
        # define E 0.123
        printf("정수 n, m과 문자 ch는?\n");
        scanf("%d %d %c", &n, &m, &ch);
        printf("n %c m=%d %c %d\n", ch, n, ch, m);
        printf("Pi=%f,  E=%10.5f \t", Pi, E);
        printf("%s", "Hello.");
}
```

출력

```
정수 n, m과 문자 ch는? 3 5 +
n+m=8
Pi=3.141592   E=2.12346   Hello.
```

3. 연산자

연산자를 정리하면 다음과 같다.

연산자 이름	종류	기능
산술	+, −, *, /, %	산술 계산
관계	<, <=, = =, =>, >, !=	크기 비교
논리	!, &&, ||	논리부정, 곱, 합
증감	++, − −	1증가, 1감소
비트	&, |, ^, <<, >>, ~	비트 처리
대입	=, op=	왼쪽에 연산 결과 대입
조건	? :	조건 연산의 간결한 표현
sizeof	sizeof( )	자료 크기 계산
포인터	&, *	포인터변수 처리 연산

산술, 관계, 증감, 대입 연산자

(1) 산술연산자는 +, −, *, /이고 나머지 계산은 %이다.

(2) 관계연산자는 <, <=, >, >=, ==, !=을 사용한다.

(3) 논리연산자에서 &&은 and를 ||은 or를 !은 not을 뜻한다.

(4) 대입연산자에는 =, +=, −=, *=, /=, %= 등을 사용한다. 즉 'a op=b'는 'a=a op b'를 뜻한다. 예를 들어, i += 4는 i=i+4이다.

(5) 증감연산자에는 ++, −−가 있다. ++는 1을 증가하고 −−는 1을 감소한다. 연산자가 변수 앞에 있으면 변수가 먼저 증감하고 수식이 실행되나 변수 뒤에 있으면 수식이 먼저 실행되고 난 후 변수가 증감된다. 즉, j=k + i++; 는 j=k+i; i=i+1; 이고 j=k + ++i; 는 i=i+1; j=k+i;가 되어 j 값은 서로 다르다.

(6) sum=k=n;은 k=n; sum=k;를 뜻한다.

(7) 연산자의 우선 순위를 아는 것보다 괄호를 이용하는 것이 좋다.

보기 3.1 다음은 같은 표현이다.

for(k=1; k<=n; k=k+1), for(k=1; k<=n; k+=1), for(k=1; k<=n; k++)

예제 3.1 산술과 증감연산자

```
#include<stdio.h>
main ( )
{
    int i=10, j=6;
    float x=6.0;
    printf("i=%d, j=%d, x=%f\n", i, j, x);
    printf("i/j=%d, i%%j=%d, i/x=%f\n", i/j, i%j, i/x);
    printf("i++=%d, ++j=%d\n", i++, ++j);
    printf("i=%d, j=%d", i, j);
}
```

출력

```
i=10, j  6, x=6.000000
```

```
i/j = 1, i%j = 4, i/x = 1.666667
i++ = 10, ++j = 7
i = 11, j = 7
```

예제 3.2 대입과 관계연산자

```
#include<stdio.h>
main( )
{
    int k, sum = 0, prod = 1;
    for(k = 1;k<= 10;k++)
    {
        sum += k;
        prod *= k;
    }
    printf("1부터 10까지의 합과 곱은 %d, %d\n", sum, prod);
    printf("sum = prod 입니까? %d", sum == prod);
}
```

출력

```
1부터 10까지의 합과 곱은 55, 24320
sum = prod 입니까? 0
```

조건과 sizeof 연산자

```
조건식? 수식1: 수식2;              //참이면 수식1로 거짓이면 수식2로
조건식1? 수식1: 조건식2? 수식2: 수식3;
```

보기 3.2 min = (x<y)? x: y; //x, y 중 작은 수를 min에 대입

예제 3.3 조건연산자

```
#include<stdio.h>
main( )
{
    int a, b, c, max;
```

```
    printf("Enter a, b, c:\t");
    scanf("%d %d %d", &a, &b, &c);
    max=(a>b)? a: b;
    max=(max>c)? max: c;            //a, b, c 중 가장 큰 수를 max에 대입
    printf("max=%d\n", max);
}
```

출력

```
Enter a, b, c: 10 5 20
max=20
```

예제 3.4 sizeof 연산자

```
#include<stdio.h>
main( )
{
    char a; int b; float c; double d;
    char *name="Math Dept";
    printf("char=%d, int=%d, float=%d, double=%d bytes\n", sizeof(a),
          sizeof(b), sizeof(c), sizeof(d));
    printf("%s=%d 단어", name, sizeof(name));
}
```

출력

```
char=1, int=2, float=4, double =8 bytes
Math Dept=2 단어
```

4. 제어문

프로그램의 실행 순서를 변경시키는 명령문을 제어문이라 하며 조건문, 반복문, 분기문이 있다.

조건문

(1) if( ) 문

두 개의 상황(참, 거짓)을 판단하여 실행하는 함수로 ( ) 안이 참인 경우만 그 다음을 수행하고 다음과 같은 형식을 갖는다.

```
if(조건식) 문장;                if(조건식)
  또는                          {
if(조건식)                         문장 1;
{                               }
    문장;                       else
}                               {
                                   문장 2;
                                }
```

보기 4.1 중첩된 if( ) 문

```
if(jumsu >= 90) printf("A");
else if(jumsu >= 80) printf("B");
else if(jumsu >= 70) printf("C");
else if(jumsu >= 60) printf("D");
else printf("F");
```

예제 4.1 2차 방정식$ax^2+bx+c=0$의 두 근을 다음과 같이 구하여라. 단 $a \neq 0$이다.

if $b^2-4ac \geqq 0$ then

$$x1=\frac{-b+\sqrt{b^2-4ac}}{2a},\ x2=\frac{-b-\sqrt{b^2-4ac}}{2a}$$

else

$$x1=\frac{-b+\sqrt{4ac-b^2}\,i}{2a},\ x2=\frac{-b-\sqrt{4ac-b^2}\,i}{2a}$$

```
#include<stdio.h>
#include<math.h>
main( )
{
    float a, b, c, d, re, im;
    printf("Enter a, b, c\t");
    scanf("%f %f %f", &a, &b, &c);
    d=b*b-4*a*c;
    if(d>0)
```

```
        printf("x1=%f, \t x2= %f\n", (-b+sqrt(d))/(2*a),
              (-b-sqrt(d))/(2*a));
    else if(d==0.0)
        printf("x=%f\n", -b/(2*a));
    else
    {
        re=-b/(2.*a), im=sqrt(-d)/(2*a);
        printf("x1=%f + %f I, \t x2=%f-%f i", re, im, re, im);
    }
}
```

출력

```
Enter a, b, c 1 3 1
x1=-1.000000, x2=-2.000000
```

(2) switch( ) 문

여러 개의 상황을 판단하여 실행하는 함수로 ( )과 일치하는 곳으로 건너가 실행하며 일치하는 것이 없는 경우는 default로 간다. break 문을 만나면 즉시 switch 문을 빠져 나오나 break 문이 없으면 그 다음을 실행하며 다음과 같은 형식을 갖는다.

switch(수식)
{
case 수식 1: 문장 1;
case 수식 2: 문장 2;
  ⋮
default: 문장 n;
}
	switch(수식)
	{
	case 수식 1: 문장 1;
	      break;
	case 수식 2: 문장 2;
	      break;
	  ⋮
	default: 문장 n;
	}

보기 4.2 다음 문장에서 break가 없고 n=1이면 모두 출력된다.

```
switch(n)
{
case 1: printf("회장은 홍길동");
```

```
        break;
case 2: printf("회장은 심순애");
        break;
default: printf("무효");
}
```

예제 4.2 사칙연산

```
#include<stdio.h>
main( )
{
   float a=100, b=10;
   char ch;
   printf("Enter +, −, *, /\t");
   scanf("%c", &ch);
   switch(ch)
   {
        case '+': printf("a + b=%f\n", a+b); break;
        case '−': printf("a − b=%f\n", a−b); break;
        case '*': printf("a * b=%f\n", a*b); break;
        case '/': printf("a / b=%f\n", a/b); break;
        default: printf("Try again!");
   }
}
```

출력

```
Enter +, −, *, /
a + b=110
```

예제 4.3 성적

```
#include<stdio.h>
main( )
{
   int jumsu;
   char grade;
   while(1)           //반복해서 입력함
```

```
    {
        printf("점수(0 - 100)는?\t");
        if(scanf("%d", &jumsu) = = EOF) break;        //Ctrl/z를 누르면 끝남
        {
            switch(jumsu/10)
            {
                case 10: grade = 'A'; break;
                case 9: grade = 'A'; break;
                case 8: grade = 'B'; break;
                case 7: grade = 'C'; break;
                case 6: grade = 'D'; break;
                default: grade = 'F';
            }
        printf("학점은 %c\n", grade);
        }
    }
}
```

출력

```
점수(0 - 100)는? 85
학점은 B
점수(0 - 100)는? 70
학점은 C
점수(0 - 100)는?
```

EOF(End Of File)는 파일의 데이터가 끝날 때 반환되는 값으로 실제 값은 <stdio.h>에 －1로 저장되어 있다. Ctrl/z를 누르면 반복을 벗어난다.

반복문

(1) for( ) 문

초기식을 수행하고 조건식이 참인 경우만 다음 문장을 수행하고 증감식를 실행하며 다시 조건식이 참이면 반복 실행하는 문으로 다음과 같은 형식을 갖는다.

```
for(초기식; 조건식; 증감식 )
{
        명령문;
}
```

보기 4.3

```
for(k=0; k<10; k++)
for( ; ; ) 무한 반복
for(k=1, j=1; k<10; k++, j++)
```

예제 4.4 구구단 출력

```
#include<stdio.h>
main( )
{
    int i, j;
    for(i=2; i<=9; i++)
    {
        for(j=2; j<=9; j++)
        printf("%d*%d=%2d", i, j, i*j);
        printf("\n");          //단이 바뀔 때마다 줄을 바꿈
    }
}
```

출력

```
2*2=4  2*3=8  2*4=8  2*5=10  2*6=12  2*7=14  2*8=16  2*9=18
3*2=6  3*3=9  3*4=12  3*5=15  3*6=18  3*7=21  3*8=24  3*9=27
4*2=8  4*3=12  4*4=16  4*5=20  4*6=24  4*7=28  4*8=32  4*9=36
5*2=10  5*3=15  5*4=20  5*5=25  5*6=30  5*7=35  5*8=40  5*9=45
6*2=12  6*3=18  6*4=24  6*5=30  6*6=36  6*7=42  6*8=48  6*9=54
7*2=14  7*3=21  7*4=28  7*5=35  7*6=42  7*7=49  7*8=56  7*9=63
8*2=16  8*3=24  8*4=32  8*5=40  8*6=48  8*7=56  8*8=64  8*9=72
9*2=18  9*3=27  9*4=36  9*5=45  9*6=54  9*7=63  9*8=72  9*9=81
```

(2) while( ) 문과 do-while( ) 문

while( ) 문은 조건식이 참인 경우만 다음 문장을 수행하고 다시 조건

식이 참이면 반복 실행하는 문이며, do-while( ) 문은 우선 문장을 수행하고 조건식이 참이면 다시 반복 실행하는 문으로 다음과 같은 형식을 갖는다.

while(조건식)
{
    명령문;
}
	do
	{
	    명령문;
	}
	while(조건)

보기 4.4 1부터 n까지의 합

sum = 0;
for(k = 1; k<=n; k++)
    sum+=k;
	sum = 0; k = 1;
	while(k<=n)
	{ sum+=k; k++; }
		sum = k = 0;
		do
		{ sum+=k; k++; }
		while(k<=n)

예제 4.5

```
#include<stdio.h>
main( )
{
    int n=1, ascii=65;
    do
    {
        while(n<=7 && ascii<=90)   //7줄씩 출력
        {
            printf("%c=%3d", ascii, ascii);
            ascii++ ; n++ ;
        }
        printf("\n"); n=1;
    }
    while(ascii<=90);
}
```

출력

A=65 B=66 C=67 D=68 E=69 F=70 G=71
H=72 I=73 J=74 K=75 L=76 M=77 N=78

O = 79 P = 80 Q = 81 R = 82 S = 83 T = 84 U = 85
V = 86 W = 87 X = 88 Y = 89 Z = 90

분기문

(1) break 문과 continue 문

break 문은 switch( ) 문, for( ) 문, while( ) 문, do-while( ) 문의 안에서 사용되며 break 문을 만나면 문 외부로 빠져나온다. 그러나 contimue 문은 문 안에서 새로운 반복단계로 건너뛰어 조건식을 확인하고 다시 반복한다.

예제 4.6 다음 프로그램에서 break 문과 continue 문의 차이점을 알아보자.

```
#include<stdio.h>
main( )
{
    int k, sum1 = 0, sum2 = 0;
    for( k = 1; k<= 10; k++)
    {
        if(5<k && k<7) break;
        sum1 = sum1+k;          //1부터 5까지의 합
    }
    for( k = 1; k<= 10; k++)
    {
        if(5<k && k<7) continue;
        sum2 = sum2+k;          //6을 뺀 1부터 10까지의 합
    }
    printf("break sum = %d, continue sum = %d", sum1, sum2);
}
```

출력

```
break sum = 15, continue sum = 49
```

예제 4.7

```
#include<stdio.h>
main( )
```

```
{
    int k, n=100, osum=0, esum=0;
    for( k=1; k<=n; k++)
    {
        if(k%2==0) continue;
        esum+=k;            //짝수의 합
    }
    for( k=1; k<=n; k++)
    {
        if(k%2!=0) continue;
        osum+=k;            //홀수의 합
    }
    printf("even sum=%d, odd sum=%d", esum, osum);
}
```

출력

even sum=2500, odd sum=2550

(2) goto 문

명령어 goto label;은 프로그램 안의 label:로 가게 한다.

예제 4.8 소수 찾기

```
#include<stdio.h>
main( )
{
        int i, n=20, k, j=1, a[20]={1, 2}; //a는 소수의 배열
        for(k=3; k<=n; k++)
        {
                for(i=1; i<=j; i++)
                    if(k%a[i]==0) goto end; //나누어지므로 소수가 아님
                a[++j]=k;           //소수 k를 a에 첨가
                end:
        }
        for(i=0; i<=j; i++)
                printf("%d\t", a[i]);
}
```

출력

1 2 3 5 7 11 13 17 19

5. 함수선언

(1) 함수선언의 기본형은 다음과 같다.

```
[자료형]함수명([매개변수])
[매개변수선언;]
{
    내부변수선언;
    문장;
}
```

(2) 위에서 [ ]로 둘러싸인 것은 없을 수도 있다.

(3) 형이름을 생략하면 정수형으로 본다. 단, C++에서는 생략할 수 없다.

(4) 함수가 어떠한 값도 출력하지 않을 경우 함수명 앞에 void를 사용할 수 있다.

(5) 함수내부에서 선언되면 지역변수로 선언된 함수 안에서 만 사용되며, 외부에서 선언되면 광역변수가 되어 전체에서 사용된다.

(6) 함수를 사용하려면 호출한 프로그램에서 함수를 선언해야 한다.

(7) return 문은 함수로부터 호출한 프로그램으로 되돌아가게 한다.

```
return;  또는 return(수식);
```

(8) 호출프로그램 인수의 형과 호출된 함수의 인수의 형은 같아야 한다.

(9) 함수는 자신을 되부를 수 있다.

(10) 수학함수을 사용하려면 #include<math.h>를 프로그램 첫 부분에 선언해야 한다.

(11) 수학함수는 거의 double 형의 매개변수를 사용하고 double형의 값을 반환한다.

(12) rand( )와 srand( )는 #include<stdlib.h>가 필요하다.

예제 5.1 간단한 함수 사용

```
#include<stdio.h>
func( );          //함수 선언
main( )
{
        func( );          //함수 호출
}
        func( )          //함수문
{
        printf("This is a simple function program.");
}
```

출력

```
This is a simple function program.
```

예제 5.2 최대값

```
#include<stdio.h>
max(int x, int y);
main( )
{
        int a=100, b=200;
        printf("max=%d", max(a, b));          //함수를 호출하여 값을 출력
}
max(int x, int y)
{
        int max;
        if(x>y) max=x;
        else max=y;
        return(max);
}
```

출력

```
max=200
```

예제 5.3 다음은 1부터 n까지 합을 출력하는 프로그램이다.

```
#include<stdio.h>
int sum(int);
main( )
{
    int n;
    printf("n은?");
    scanf("%d", &n);
    printf("1부터 %d까지 합은 %d이다.", n, sum(n));
}
int sum(int n)
{
    int k, hab=0;
    for(k=1; k<=n; k++)
        hab+=k;
    return hab;
}
```

출력

```
n은? 10
1부터 10까지 합은 55이다.
```

함수문은 반복문 형태와 되부름 형태로 만들 수 있다. 되부름 형태란 함수문 안에서 자신의 함수를 다시 호출하는 것을 뜻한다. 다음 예제에서 $n!$을 계산하는 함수를 반복문 형태와 되풀이 형태로 만들어 보자.

반복문	되풀이문

int factorial(int n)
{
    int prod=1;
    for(; n>1; n--)
        prod*=n;
    return(prod);
}
	int factorial(int n)
	{
	    int prod=1;
	    if(n<=1)
	        return(1);
	    else //되부름
	        return(n*factorial(n-1));
	}

예제 5.4

다음은 $n!$을 계산하는 프로그램이다. $n \neq n(n-1)!$이므로 자신의 함수를 호출할 수 있다.

```
#include<stdio.h>
int factorial(int);
main( )
{
        int n;
        printf("n은?");
        scanf("%d", &n);
        printf("%d!=%d", n, factorial(n));        //n은 음이 아닌 정수
}
```

출력

```
n은? 10
10 != 24320
```

되부름 함수를 이용하면 프로그램 작성이 쉬우나 무한반복에 빠질 우려가 있다. 함수 호출에는 값에 의한 호출과 참조에 의한 호출이 있다.

참조에 의한 함수	값에 의한 함수

change1(int *x, int *y)
{
int *z;
*z=*x;
*x=*y;
*y=*z;
}
	change(int x, int y)
	{
	int z;
	z=x;
	x=y;
	y=z;
	}

예제 5.5 교환

```
#include<stdio.h>
change(int x, int y);          //값에 의한 호출
change1(int *x, int *y);       //참조에 의한 호출
main( )
{
        int a=100, b=200, c, d;
        c=a; d=b;
        printf("a=c=%d, b=d=%d\n", a, b);
        change1(&a, &b);
        change(c, d);
        printf("After change1, a=%d, b=%d\n", a, b);      //변경됨
        printf("After change, c=%d, d=%d\n", c, d);       //변경되지 않음
}
```

결과

```
a=c=100, b=d=200
After change1, a=200, b=100
After change, c=100, d=200
```

함수내부에서 선언되면 지역변수로 선언된 함수 안에서 만 사용되며, 외부에서 선언되면 광역변수가 되어 전체에서 사용된다.

예제 5.6 광역변수와 지역변수

```
#include<stdio.h>
```

```
int n=10;           //광역변수
func( );
main( )
{
   int n=100;
   {
       int n=1000;           //지역변수
       printf(“n=%d\t”, n);
   }
   printf(“n=%d\t”, n); func( );
}
func( )
{
   printf(“n=%d”, n);
}
```

출력

n=1000   n=100   n=10

수학함수 명령어

<table>
<tr><th>명령어</th><th>의미</th><th>인수의 형</th><th>함수의 형</th></tr>
<tr><td>abs(x)</td><td>$|x|$</td><td>int</td><td>int</td></tr>
<tr><td>cabs(x)</td><td>$|x|$</td><td>complex</td><td>double</td></tr>
<tr><td>fabs(x)</td><td>$|x|$</td><td rowspan="12" colspan="2">double
double</td></tr>
<tr><td>exp(x)</td><td>e^x</td></tr>
<tr><td>log(x)</td><td>$\ln x$</td></tr>
<tr><td>log10(x)</td><td>$\log_{10}(x)$</td></tr>
<tr><td>sqrt(x)</td><td>$\sqrt{x}$</td></tr>
<tr><td>pow(x, n)</td><td>x^n</td></tr>
<tr><td>pow10(x)</td><td>10^x</td></tr>
<tr><td>sin(x)</td><td>$\sin x$</td></tr>
<tr><td>cos(x)</td><td>$\cos x$</td></tr>
<tr><td>tan(x)</td><td>$\tan x$</td></tr>
<tr><td>asin(x)</td><td>$\sin^{-1}x$, 범위 $-\pi/2 \sim \pi/2$</td></tr>
<tr><td>acos(x)</td><td>$\cos^{-1}x$, 범위 $0 \sim \pi$</td></tr>
</table>

atan(x)	$\tan^{-1}x$, 범위 $-\pi/2 \sim \pi/2$		
atan2(y,x)	$\tan^{-1}(y/x)$, 범위 $-\pi \sim \pi$		
sinh(x)	$\sinh x$		
cosh(x)	$\cosh x$		
tanh(x)	$\tanh x$		
ceil(x)	x보다 작지 않은 최소정수		
floor(x)	$[x]$, x보다 크지 않은 최대정수		
rand( )	0부터 32767까지의 무작위 수	void	int
srand( )	무작위 수, 개시점 설정	int	void

예제 5.7 난수 발생

```
#include<stdio.h>
#include<stdlib.h>          //rand( ) 함수에 필요함
void main( )
{
    int i;
    for(i=1; i<=5; i++)
        printf("%f\t", rand( )/32767.);          //0부터 1 사이의 난수
}
```

출력

```
0.010559    0.003967    0.335154    0.033265    0.355724
```

예제 5.8 삼각함수 출력

```
#include<stdio.h>
#include<math.h>
#define PI 3.14159265
void main( )
{
    double x, r;
    for(x=0.; x<=180.; x+=30.)
    {
        r=x*PI/180.;          //각도를 라디안으로 변환
        printf("%5.1f %10.6f %10.6f %10.6f\n", x, sin(r), cos(r), tan(r));
    }
```

```
}
```

출력

```
  0.0   0.000000    1.000000    0.000000
 30.0   0.500000    0.866025    0.577350
 60.0   0.866025    0.500000    1.732051
 90.0   1.000000    0.000000    557135183.935742
120.0   0.866025   -0.500000   -1.732051
150.0   0.500000   -0.866025   -0.577350
180.0   0.000000   -1.000000   -0.000000
```

6. 배열

1차원 배열

(1) 배열의 크기는 양의 정수로 선언한다.
(2) 첨자는 0부터 시작한다.
(3) 배열의 이름은 그 자체의 주소가 [0]번째 원소의 주소와 같다.
(4) 초기값을 줄 때에는 크기를 생략할 수 있다.
(5) 초기화가 안되면 메모리에 상주해 있는 어떤 값(garbage)이 배정된다.
(6) 일부가 초기화 된 것은 초기화가 안된 값을 0으로 간주한다.

보기 6.1

```
int x[10];        //x[0]부터 x[9]까지의 저장공간이 생긴다.
char ch[20];  double grade[10], score[10];
int x[2]={1, 2};  int x[ ]={1, 2};
```

예제 6.1 총점과 평균

```
#include<stdio.h>
main( )
{
        float score[10], sum=0.;
        int i, n=3;
        for(i=0; i<n; i++)
        {
```

```
        printf("%d 번째 점수는?\t", i+1);
        scanf("%f", &score[i]);
    }
    for(i=0; i<n; i++)
        sum+=score[i];
    score[n]=sum;        //총점
    score[n+1]=sum/n;        //평균
    printf("\nsum=%f\t mean=%f", score[n], score[n+1]);
}
```

출력

```
1 번째 점수는? 10
2 번째 점수는? 30
3 번째 점수는? 20
sum=60.000000        mean=20.000000
```

예제 6.2 최대값 찾기

```
#include<stdio.h>
#define N 20
main( )
{
    int i, n;
    float max, numb[N];
    printf("n=");
    scanf("d", &n);
    for(i=0; i<n; i++)
    {
        printf("numb[%d]=", i);
        scanf("%f", &numb[i]);
    }
    max=numb[0];
    for(i=1; i<n; i++)
        if(max<numb[i]) max=numb[i];
    printf("Maximum Value is %.0f\n", max);
}
```

출력

```
n=3
numb[0]=20
numb[1]=50
numb[2]=10
Maximum Value is 50
```

정렬방식

(1) 직접선택정렬(direct selection sort) : 최대(소)값을 찾아 차례로 자료 맨 앞에 놓는다.

(2) 버블정렬(bubble sort) : 인접한 두 수간에 큰(작은)것으로 교환한다.

예제 6.3 직접선택정렬과 버블정렬

```
#include<stdio.h>
#define N 10
d_sort(int score[ ], int n);        //직접선택정렬
b_sort(int score[ ], int n);        //버블정렬
main( )
{
        int i, n, score[N];
        printf("Number of data ?\t ");
        scanf("%d", &n);
        for(i=0; i<n; i++)
        {
                printf("score[%d]=", i);
                scanf("%d", &score[i]);
        }
        //d_sort(score, n);        //둘 중 하나 선택
        b_sort(score, n);        //
        for(i=0; i<n; i++)
                printf("%d\t %d\n", i+1, score[i]);
}
d_sort(int score[ ], int n)
{
        int min, start, temp, i, j, k;
```

```
        for(i = 0;  i<n - 1;  i++)
        {
                min = score[i];
                start = i;
                for(j = i+1;  j<n;  j++)
                {
                        if(score[j]<min)
                        {
                                min = score[j];
                                start = j;
                        }
                }
                temp = score[i];
                score[i] = score[start];
                score[start] = temp;
        }
}
b_sort(int  score[  ],  int  n)
{
        int  temp,  i,  j;
        for(i = 0;  i<n - 1;  i++)
        {
                for(j = i+1;  j<n;  j++)
                    if(score[j]<score[i])
                    {
                        temp = score[i];
                        score[i] = score[j];
                        score[j] = temp;
                    }
        }
}
```

이차원배열

```
자료형 배열명[첨자1][첨자2];
```

(1) 행렬과 같은 이차원 배열은 float A[10][10];와 같이 한다. 이 경우 A[0][0]부터 A[9][9]까지 저장할 수 있다.

(2) 행 우선 저장방식에 따라 행 방향으로 저장한 후 열방향으로 저장하게 된다.

	1열	2열	3열
1행	x[0][0]	x[0][1]	x[0][2]
2행	x[1][0]	x[1][1]	x[1][2]

(3) 초기값 설정은 int a[2][2]={{1,2},{3,4}};와 같이 한다.

(4) 행의 원소개수는 생략해도 좋으나 열의 개수는 생략하면 안 된다.

```
자료형 배열명[첨자1][첨자2]={
        {초기값1, ……, 초기값n},
        {초기값1, ……, 초기값n},
                ……
        {초기값1, ……, 초기값n}};
자료형 배열명[ ][첨자]={초기값1, ……, 초기값n},
```

(5) 배열원소의 수보다 더 적은 수의 초기값이 존재하면 남아있는 원소는 0으로 초기화된다.

보기 6.2

```
int x[2][3]={1,2,3,4,5,6};
int x[2][3]={{1,2,3}, {4,5,6}}
int x[ ][3]={{1,2,3}, {4,5,6}}
int x[ ][3]={1,2,3,4,5,6};
```

예제 6.4 전치행렬

```
#include<stdio.h>
main( )
{
```

```
        int matrix[3][4] = {1,2,3,4,5,6,7,8,9,10,11,12};
        int row, col;
        printf("Given matrix\n");
        for(row = 0; row<3; row++)
        {
              for(col = 0; col<4;col++)
                  printf("%5d", matrix[row][col]);
              printf("\n");
        }
        printf("Transpose matrix\n");
        for(col = 0; col<4; col++)
        {
              for(row = 0; row<3;row++)
                  printf("%5d", matrix[row][col]);
              printf("\n");
        }
}
```

출력

```
Geiven matrix
        1    2    3    4
        5    6    7    8
        9    10   11   12
Transpose matrix
        1    5    9
        2    6    10
        3    7    11
        4    8    12
```

예제 6.5 행렬과 벡터의 곱을 나타내는 프로그램을 알아보자. m 행 n 열인 행렬 $A=(a_{ij})$ 와 크기가 n 인 벡터 $b=(b_j)$ 의 곱은 다음과 같이 정의된다.

$$(\sum_{j=1}^{n} a_{1j}b_j,\ \sum_{j=1}^{n} a_{2j}b_j,\ \cdots,\ \sum_{j=1}^{n} a_{mj}b_j)$$

```
#include<stdio.h>
#define m 3
#define n 5
```

```
void main( )
{
        int i, j;
        float A[m][n], b[n], c[m], sum;
        for(j = 0; j<n; j++)        /* 행렬 A와 벡터 b 입력 */
        {
            for(i = 0; i<m; i++)
                A[i][j] = 1./(i+j+1);
            b[j] = j+1;
        }
        for(i = 0; i<m; i++)        /* i = 1, …, m까지 Σ(j=1..n) a_ij b_j 생성 */
        {
            sum = 0;
            for(j = 0; j<n; j++)
                sum+ = A[i][j]*b[j];
            c[i] = sum;
        }
        printf("(");
        for(i = 0; i<m; i++)
            printf("%f", c[i]);
        printf(")");
        return;
}
```

출력

(5.000000   3.550000   2.814286)

보기 6.3 char name [ ] = "book";

'b'	'o'	'o'	'k'	\0

char 배열명[첨자] = "문자열"

char 배열명[ ] = "문자열"

char 배열명[첨자1][첨자2] = {"문자열1", …, "문자열n"}

char 배열명[ ][첨자2] = {"문자열1", …, "문자열n"}

char 배열명[ ][ ] = {"문자열1", …, "문자열n"}

예제 6.6 문자배열

(1) 문자열(string)이란 ASCII 문자로 이루어져 있으며 문자열 끝에 null 문자(\0)가 있는 1차원 배열이다.

(2) 문자는 단일인용부호 ‘ ’, 문자열은 이중인용부호 ‘ ’를 사용한다.

```
#include<stdio.h>
main( )
{
        int i, j;
        char x[5] = "book";
        char week[ ][4] = {"SUN", "MON", "TUE", "WED", "THU", "FRI",
                           "SAT"};
        for(i = 0; i<5; i++)
        {
            printf("%3c\t", x[i]);
        }
        printf("\n");
        for(i = 0; i<7; i++)
        {
            for(j = 0; j<4; j++)
                printf("%3c", week[i][j]);
            printf("\n");
        }
}
```

출력

```
b    o    o    k
S U N
M O N
T U E
W E D
T H U
F R I
S A T
```

7. 자료 입출력 파일

(1) FILE *fp;은 fp라는 파일 포인터를 선언한다. FILE은 stdio.h에 정의되어 있다.

(2) fp = fopen("data.txt", "w")은 파일 포인터 변수 fp에 data.txt 주소를 넘기기 위해서 사용하며, 나중에 fclose( ) 함수로 닫아주어야 한다. "w"는 접근모드로서 읽기 쓰기가 가능한 상태로 open할 경우 사용하며 파일에서 자료를 읽어들이기만 할 경우 접근 모드 "r"을 사용하고 덧붙일 경우 "a"를 사용한다.

(3) fscanf( ); fprintf( );는 실행창에서 데이터를 입력하고, 출력하는 것이 아니라 임의로 정해진 파일에서 데이터를 읽어들이고, 지정된 파일에 결과값을 저장할 경우 사용하는 입출력 함수이다.

예제 7.1 다음과 같은 학생들의 수학 성적 파일 data.txt을 읽고 평균을 output.txt로 출력하는 프로그램과 출력은 다음과 같다.

data.txt

```
        10 20 30 40 50 60
#include<stdio.h>
main( )
{
        int k, count = 0;
        float sum = 0.;
        FILE *infile, *outfile;
        infile = fopen("data.txt", "r");          /* 읽기 전용 */
        outfile = fopen("output.txt", "w");        /* 쓰기 전용 */
        while(fscanf(infile, "%d", &k) >0 ) /* 입력 파일의 자료를 모두 읽을
                                                때까지 */
        {
            sum+ = k;
            count++;
            fprintf(outfile, "%d, ", k);
        }
        fprintf(outfile, "의 평균은 %f", sum/count);
        fclose(infile);
        fclose(outfile);
```

```
	return;
}
```

output.txt

```
	10, 20, 30, 40, 50, 60, 의 평균은 35.000000
```

알고리즘과 C 프로그램 표

알고리즘	프로그램
알고리즘 1.1 연속적인 수의 덧셈	프로그램 1.1 rounding_off.cpp
알고리즘 1.2 Taylor 전개식	프로그램 1.2 taylor_exp.cpp
알고리즘 1.3 기계오차	프로그램 1.3 machine_eps.cpp
알고리즘 2.1 행렬의 곱셈	프로그램 2.1 matrix_mult.cpp
알고리즘 2.2 벡터의 내적	프로그램 2.2 inner_product.cpp
알고리즘 2.3 2×2 행렬의 역행렬	프로그램 2.3 inverse_2by2.cpp
	프로그램 2.4 row_change.cpp
알고리즘 3.1 Gauss 소거법	프로그램 3.1 gauss.cpp
알고리즘 3.2 삼중대각행렬의 Gauss 소거법	
알고리즘 3.3 Cholesky 방법	프로그램 3.3 cholesky.cpp
알고리즘 3.4 Gauss-Jordan 소거법	프로그램 3.4 gauss_jordan.cpp
알고리즘 4.1 벡터노름의 계산	프로그램 4.1 vector_norm.cpp
알고리즘 4.2 Jacobi 방법	프로그램 4.2 jacobi.cpp
알고리즘 4.3 Gauss-Seidel 방법	프로그램 4.3 gauss_seidel.cpp
알고리즘 4.4 SOR 방법	프로그램 4.4 sor.cpp
알고리즘 5.1 거듭제곱방법	프로그램 5.1 power.cpp
알고리즘 5.2 역거듭제곱방법	프로그램 5.2 inverse_power.cpp
알고리즘 5.3 Gram-Schmidt 방법	프로그램 5.3 modified_gs.cpp
알고리즘 5.4 QR 방법	프로그램 5.4 QR.cpp
알고리즘 6.1 이분법	프로그램 6.1 bisection_method.cpp
알고리즘 6.2 Regular-Falsi 방법	프로그램 6.2 regula_falsi.cpp
알고리즘 6.3 Newton 방법	프로그램 6.3 newton.cpp
알고리즘 6.4 할선법	프로그램 6.4 Secant_Method.cpp
알고리즘 7.1 고정점 반복법	프로그램 7.1 fixed-point.cpp
알고리즘 7.2 Honer 방법	프로그램 7.2 horner.cpp
알고리즘 7.3 Muller 방법	프로그램 7.3 muller.cpp
알고리즘 8.1 Largrange 보간법	프로그램 8.1 Lagrange.cpp

알고리즘 8.2 Newton의 분할차분법	프로그램 8.2 Newton.cpp
알고리즘 8.3 Hermite보간법	프로그램 8.3 Hermite.cpp
알고리즘 9.1 일차스플라인함수	프로그램 9.1 Linear_spline.cpp
알고리즘 9.2 이차스플라인함수	프로그램 9.2 quadratic_spline.cpp
알고리즘 9.3 자연삼차스플라인함수	프로그램 9.3 cubic_spline.cpp
알고리즘 10.1 개선된 Gram-Schmidt 방법	
알고리즘 10.2 최소제곱직선	프로그램 10.2 least_square.cpp
알고리즘 10.3 최소제곱함수	프로그램 10.3 least.cpp
알고리즘 11.1 Taylor 수치미분법 1	프로그램 11.1 diff.cpp
알고리즘 11.2 Taylor 수치미분법 2	프로그램 11.2 second_diff.cpp
알고리즘 11.3 Richardson 외삽법	프로그램 11.3 Richardson.cpp
알고리즘 11.4 수치적분	프로그램 11.4 integrate.cpp
알고리즘 12.1 복합 사다리꼴 공식과 Simpson 공식	프로그램 12.1 composite_int.cpp
알고리즘 12.2 복합 Gauss-Legendre 구적법	프로그램 12.2 Gauss_le.cpp
알고리즘 12.3 Romberg 방법	프로그램 12.3 Romberg.cpp
알고리즘 13.1 Euler 방법	프로그램 13.1 Euler.cpp
알고리즘 13.2 k차 Taylor 방법	프로그램 13.2 Taylor.cpp
알고리즘 13.3 Heun의 방법	
알고리즘 13.4 개량된 Euler 방법	프로그램 13.4 Heun_Euler.cpp
알고리즘 13.5 4차 Runge-Kutta 방법	프로그램 13.5 Runge_Kutta4.cpp
알고리즘 14.1 유한차분법	프로그램 14.1 fdm.cpp
알고리즘 14.2 유한요소법	프로그램 14.2 fem.cpp

연습문제 풀이

제 1 장

1.

```
2) 11
2)  5 …… 1
2)  2 …… 1
    1 …… 0
```

```
16) 500
16)  31 …… 4
      1 …… 15
```

$11 = (1011)_2$ $500 = (1F4)_{16}$

위와 같은 방법으로 나머지 수들을 2진법과 16진법의 수로 나타내면 다음과 같다.

10진법	2진법	16진법
11	1011	B
37	100101	25
100	1100100	64
234	11101010	EA
500	111110101	1F4
2689	101010000001	A81

* 16진법으로 표현할 때 10은 A, 11은 B, 12는 C, 13은 D, 14는 E, 15는 F로 표현한다.

3. $(12)_{16} = 1\times16^1 + 2\times16^0 = 16+2 = 18$

$$\begin{aligned}(ABCD)_{16} &= A(10)\times16^3 + B(11)\times16^2 \\ &\quad + C(12)\times16^1 + D(13)\times16^0 \\ &= 10\times16^3 + 11\times16^2 \\ &\quad + 12\times16^1 + 13\times1 \\ &= 40960 + 2816 + 192 + 13 = 43981\end{aligned}$$

같은 방법으로 나머지 수들을 10진법으로 표현하면 다음과 같다.

16진법	12	123	A10	ABCD	10101
10진법	18	291	2576	43981	257

5. $(1.1)_2 = 1\times2^0 + 1\times\frac{1}{2} = \frac{3}{2} = 1.5$

$$\begin{aligned}(100.101)_2 &= 1\times2^2 + 0\times2^1 + 0\times2^0 + 1\times\frac{1}{2} \\ &\quad + 0\times\frac{1}{4} + 1\times\frac{1}{8} \\ &= \frac{37}{8} \\ &= 4.625\end{aligned}$$

같은 방법으로 나머지 수를 표현하면 다음과 같다.

2진법	1.1	11.11	100.101	1101.11	0.1000101
10진법	1.5	3.75	4.625	13.75	0.5390625

7. 표현할 수 있는 정수는
$2^{64} = 18446744073709551616$개이므로, 이중 음수는 반인 9223372036854775808개이고, 0, 그리고 양수는 9223372036854775807개다. 따라서 최소의 정수는 −9223372036854775808이고 최대의 정수는 9223372036854775807이다.

9.

$f(x) = \sin x$	$f(0) = 0$
$f'(x) = \cos x$	$f'(0) = 1$
$f''(x) = -\sin x$	$f''(0) = 0$
$f'''(x) = -\cos x$	$f'''(0) = -1$
$f^{(4)} = \sin x$	$f^{(4)}(0) = 0$

다시 반복하므로

$$\sin x = x - \frac{x^3}{3!} + \frac{x^5}{5!} - \frac{x^7}{7!} + \cdots$$

같은 방법으로 나머지 함수의 테일러 전개식을 구하면 다음과 같다.

$$\cos x = 1 - \frac{x^2}{2!} + \frac{x^4}{4!} - \frac{x^6}{6!} + \cdots$$

$$\ln(x+1) = \frac{x}{1} - \frac{x^2}{2} + \frac{x^3}{3} - \frac{x^4}{4} + \cdots + (-1)^{n-1}\frac{x^n}{n}$$

$$e^x = 1 + x + \frac{x^2}{2!} + \frac{x^3}{3!} + \cdots$$

11. 0.0005 이상이면 반올림되어 0.001이 되고 0.0005 미만이면 0이 되므로 최대오차는 0.0005가 된다.

13. $x_1 + x_2 + \cdots + x_{10}$

$= (((((1015 + 0.4) + 0.4) + 0.4) + \cdots) + 0.4)$

$= 1015$ …… ①

$x_{10} + x_9 + \cdots + x_1$

$= ((((0.4 + 0.4) + \cdots) + 0.4) + 1015)$

$= 1019$ …… ②

1015에 0.4를 더한 식 ①은 1015.4는 반올림되어 다시 1015가 되고 작은 수끼리 먼저 더한 식 ②는 3.6이 반올림되어 1019가 된다.

15. 예를 들어 소수점 둘째 자리에서 반올림한다고 하자. 버림의 경우 2.19999는 2.1이 된다. 따라서 오차의 한계는 0.1이 된다. 그러나 반올림의 경우 2.14999가 2.1이 되고 2.15는 2.2가 되므로 오차의 한계는 0.05가 된다. 즉, 반올림의 경우가 버림의 경우보다 오차의 한계는 반이 된다.

제 2 장

1. $A = \begin{pmatrix} 1 & 2 & -2 \\ 2 & -1 & 5 \end{pmatrix}$, $B = \begin{pmatrix} -1 & 0 & 2 \\ 3 & 2 & -2 \end{pmatrix}$,

$C = \begin{pmatrix} 1 & 2 \\ -2 & 1 \\ 3 & 5 \end{pmatrix}$

$$A + B = \begin{pmatrix} 1 & 2 & -2 \\ 2 & -1 & 5 \end{pmatrix} + \begin{pmatrix} -1 & 0 & 2 \\ 3 & 2 & -2 \end{pmatrix} = \begin{pmatrix} 0 & 2 & 0 \\ 5 & 1 & 3 \end{pmatrix}$$

$$3B = 3\begin{pmatrix} -1 & 0 & 2 \\ 3 & 2 & -2 \end{pmatrix} = \begin{pmatrix} -3 & 0 & 6 \\ 9 & 6 & -6 \end{pmatrix}$$

$$AC = \begin{pmatrix} 1 & 2 & -2 \\ 2 & -1 & 5 \end{pmatrix}\begin{pmatrix} 1 & 2 \\ -2 & 1 \\ 3 & 5 \end{pmatrix} = \begin{pmatrix} -9 & -6 \\ 19 & 28 \end{pmatrix}$$

$$B - 3A = \begin{pmatrix} -1 & 0 & 2 \\ 3 & 2 & -2 \end{pmatrix} - \begin{pmatrix} 3 & 6 & -6 \\ 6 & -3 & 15 \end{pmatrix} = \begin{pmatrix} -4 & -6 & 8 \\ -3 & 5 & -17 \end{pmatrix}$$

3. $A = (a_{ij})_{n\times n}$, $B = (b_{ij})_{n\times n}$, $C = (c_{ij})_{n\times n}$

(1) $A + O = A$

$$A + 0 = (a_{ij} + 0) = (a_{ij}) = A$$

(2) $(A+B)+C = A+(B+C)$

$$(A+B)+C = [(a_{ij}+b_{ij})+c_{ij}] = [a_{ij}+(b_{ij}+c_{ij})] = A+(B+C)$$

(3) $A+B = B+A$

$$A+B = (a_{ij}+b_{ij}) = (b_{ij}+a_{ij}) = B+A$$

(4) $a(A+B) = aA+aB$

$$a(A+B) = a\cdot(a_{ij}+b_{ij}) = a\cdot(a_{ij}) + a\cdot(b_{ij}) = aA+aB$$

(5) $(a+b)A = aA+bA$

$$(a+b)A = (a+b)\cdot(a_{ij}) = a\cdot(a_{ij}) + b\cdot(a_{ij}) = aA+bA$$

(6) $(ab)A = a(bA)$

$$(ab)A = (a\cdot b)\cdot(a_{ij}) = a\cdot(b\cdot a_{ij}) = a(bA)$$

5. (1) $u = (1, 0, -3)$, $v = (2, 5, 1)$

$$|u\cdot v| = |2\cdot 1 + 1\cdot(-3)| = |-1| = 1$$

$$\|u\|\|v\| = \sqrt{1^2+0^2+(-3)^2}\cdot\sqrt{2^2+5^2+1^2} = \sqrt{10}\cdot\sqrt{10\cdot 3} = 10\sqrt{3}$$

(2) $u = (1, 2, 0, -3)^T$, $v = (-2, 2, 5, 1)^T$

$|u \cdot v| = |-2+4+0+(-3)| = |-1| = 1$

$\|u\|\|v\| = \sqrt{14} \cdot \sqrt{34} = 2\sqrt{119}$

(3) $u=(1, 2, -3),\ v=(2, 4, -6)$

$|u \cdot v| = |28| = 28$

$\|u\|\|v\| = \sqrt{14} \cdot \sqrt{4 \cdot 14} = 28$

(4) $u=(1, 2, 2, -2)^T,\ v=(3, -5, 5, 1)^T$

$|u \cdot v| = |3+(-10)+10-3| = 0$

$\|u\|\|v\| = \sqrt{9 \cdot 2} \cdot \sqrt{4 \cdot 15} = 6\sqrt{30}$

7. $A=\begin{pmatrix}1 & 2 & -2\\ 2 & -1 & 5\end{pmatrix},\ B=\begin{pmatrix}-1 & 0 & 2\\ 3 & 2 & -2\end{pmatrix},$

$C=\begin{pmatrix}1 & 2\\ -2 & 1\\ 3 & 5\end{pmatrix}$

$$(A+B)^T=\begin{pmatrix}0 & 2 & 0\\ 5 & 1 & 3\end{pmatrix}^T=\begin{pmatrix}0 & 5\\ 2 & 1\\ 0 & 3\end{pmatrix}$$

$$A^TC^T=\begin{pmatrix}1 & 2\\ 2 & -1\\ -2 & 5\end{pmatrix}\begin{pmatrix}1 & -2 & 3\\ 2 & 1 & 5\end{pmatrix}=\begin{pmatrix}5 & -1 & 13\\ 0 & -5 & 1\\ 8 & 9 & 19\end{pmatrix}$$

$$(AC)^T=\begin{pmatrix}-9 & -6\\ 19 & 28\end{pmatrix}^T=\begin{pmatrix}-9 & 19\\ -6 & 28\end{pmatrix}$$

$$C^TA^T=\begin{pmatrix}1 & -2 & 3\\ 2 & 1 & 5\end{pmatrix}\begin{pmatrix}1 & 2\\ 2 & -1\\ -2 & 5\end{pmatrix}=\begin{pmatrix}-9 & 19\\ -6 & 28\end{pmatrix}$$

9. (1) A는 정칙이다.

(2) 임의의 벡터 b에 대하여 $Ax=b$는 단 하나의 해 $x=A^{-1}b$를 갖는다.

(3) $Ax=0$는 단 하나의 해 $x=0$을 갖는다.

(4) 행렬 A의 열(또는 행) 벡터는 일차독립이다.

증명 (1) ⇔ (2), (2) ⇒ (3) ⇒ (4) ⇒ (2)임을 보이자.

(1) ⇒ (2)

임의의 벡터 b에 대하여 $Ax=b$이라고 하자. A가 정칙행렬이라고 하면 A^{-1}가 존재한다. 따라서 양변에 A^{-1}을 곱하면

$$A^{-1}(Ax)=(A^{-1}A)x=Ix=x=A^{-1}b$$

이므로 $Ax=b$는 해 $x=A^{-1}b$를 갖는다. $Ax=b$가 해 u, v를 갖는다고 하자. 그러면 $u=A^{-1}b$이고 $v=A^{-1}b$이므로 $u=v$이다.

(2) ⇒ (1)

e_i는 i번째행만 1이고 나머지는 모두 0인 벡터라 하자. (2)에 의하여

$$Ax_1=e_1, \cdots, Ax_n=e_n$$

을 만족하는 해 x_1, $\cdots$, x_n이 존재한다.

$A=[x_1, \cdots, x_n]$이라 하면

$$AX=A[x_1, \cdots, x_n]=[Ax_1, \cdots, Ax_n]=[e_1, \cdots, e_n]=I$$

이 되어 역행렬이 존재한다. 그러므로 A는 정칙이다.

(2) ⇒ (3)

$b=0$라고 하자. 그러면 (2)에 의하여 $x=A^{-1}b=A^{-1}0=0$이므로 $Ax=0$은 오직 하나의 해 $x=0$을 갖는다.

(3) ⇒ (4)

$A=[x_1, x_2, \cdots, x_n]$라고 하자. $a_1x_1+a_2x_2+\cdots+a_nx_n=a_nx_n=0$라 하면

$$a_1x_1+a_2x_2+\cdots+a_nx_n=[x_1, \cdots, x_n]\begin{bmatrix}a_1\\ \vdots\\ a_n\end{bmatrix}=Ab=0$$

따라서 (3)에 의하여 $b=0$이다. 그러므로 행렬 A의 열(또는 행) 벡터는 일차독립이다.

(4) ⇒ (2)

$Ax=b$는 두 개의 해 α, β를 갖는다고 가정하자. 그러면 $A(\alpha-\beta)=0$이다. 여기서 $(\alpha-\beta)=C$라고 하면 $c_1x_1+\cdots+c_nx_n=0$. (4)에 의하여 $c_1=\cdots=c_n=0$이다. 그러므로 $\alpha_1=\beta_1$, $\cdots$, $\alpha_n=\beta_n$이므로 $Ax=b$는 단 하나의 해를 갖는다.

11. 정칙행렬 A에 대하여 B와 C가 모두 A의 역행렬이라고 하자. 그러면

$$B=BI=B(AC)=(BA)C=IC=C$$

따라서 A가 정칙행렬일 때 역행렬은 단 하나 존재한다.

13. (1) 행렬 A의 첫 번째 행과 세 번째 행을 교환하면

$$\begin{pmatrix}0&0&1&0\\0&1&0&0\\1&0&0&0\\0&0&0&1\end{pmatrix}\begin{pmatrix}1&2&0&3\\2&4&1&0\\3&0&1&5\\4&3&0&1\end{pmatrix}=\begin{pmatrix}3&0&1&5\\2&4&0&1\\1&2&0&3\\4&3&0&1\end{pmatrix}$$

(2) 행렬 A의 세 번째 행에 -1을 곱하면

$$\begin{pmatrix}1&0&0&0\\0&1&0&0\\0&0&-1&0\\0&0&0&1\end{pmatrix}\begin{pmatrix}1&2&0&3\\2&4&1&0\\3&0&1&5\\4&3&0&1\end{pmatrix}=\begin{pmatrix}1&2&0&1\\2&4&1&0\\-3&0&-1&-5\\4&3&0&1\end{pmatrix}$$

(3) 행렬 A의 두 번째 행에 -2를 곱하여 세 번째 행에 더하면

$$\begin{pmatrix}1&0&0&0\\0&1&0&0\\0&0&1&0\\0&-2&0&1\end{pmatrix}\begin{pmatrix}1&2&0&3\\2&4&1&0\\3&0&1&5\\4&3&0&1\end{pmatrix}=\begin{pmatrix}1&2&0&3\\2&4&1&0\\3&0&1&5\\0&-5&-2&-1\end{pmatrix}$$

(4) 행렬 A의 첫 번째 행과 세 번째 행을 교환하고 세 번째 행에 -1을 곱하면

$$\begin{pmatrix}0&0&1&0\\0&1&0&0\\-1&0&0&0\\0&0&0&1\end{pmatrix}\begin{pmatrix}1&2&0&3\\2&4&1&0\\3&0&1&5\\4&3&0&1\end{pmatrix}=\begin{pmatrix}3&0&1&5\\2&4&1&0\\-1&-2&0&-3\\4&3&0&1\end{pmatrix}$$

(5) 행렬 A의 두 번째 행에 2를 곱하고 2행에 -2를 곱하여 네 번째 행에 더하면

$$\begin{pmatrix}1&0&0&0\\0&2&0&0\\0&0&1&0\\0&-4&0&1\end{pmatrix}\begin{pmatrix}1&2&0&3\\2&4&1&0\\3&0&1&5\\4&3&0&1\end{pmatrix}=\begin{pmatrix}1&2&0&3\\4&8&2&0\\3&0&1&5\\-4&-13&-4&1\end{pmatrix}$$

제 3 장

1. 가우스 소거법

$$\begin{pmatrix}0.0001&1&1\\1&1&2\end{pmatrix}$$

위의 덧붙인 행렬의 1행에 10000을 곱하여 2행에 더하면 $1-10000=-9999$와 $2-10000=-9998$이 된다. 그러나 세 자리만 표현하면 둘 다 -10000이 된다. 따라서

$$\begin{pmatrix}1&10000&10000\\0&-9999&-9998\end{pmatrix}\to\begin{pmatrix}1&10000&10000\\0&-10000&-10000\end{pmatrix}$$

$$1x+10000y=10000$$

$$-10000y=-10000$$

$$y=1,\ x=0$$

부분피벗 가우스 소거법

$$\begin{pmatrix}0.0001&1&1\\1&1&2\end{pmatrix}$$

1열 2행이 1행보다 크므로 2행과 1행을 교환한다.

$$\begin{pmatrix}1&1&2\\0.0001&1&1\end{pmatrix}$$

1행 $*$ (-0.0001)을 2행에 더한다. 이것도 마찬가지로

$$\begin{pmatrix}1&1&2\\0&1&1\end{pmatrix}$$

$$x+y=2$$

$$1y=1$$

$$y=1,\ x=1$$

3. $3(n-1)+1+2(n-1)=5n-4=O(n)$

5. $\begin{pmatrix}0&1\\1&0\end{pmatrix}$이 LU분해 된다고 가정하자 즉,

$\begin{pmatrix}0&1\\1&0\end{pmatrix}=\begin{pmatrix}a&0\\b&c\end{pmatrix}\begin{pmatrix}d&e\\0&f\end{pmatrix}$라 하면

$0=ad,\ 1=ae,\ 1=bd,\ 0=be+cf$가 된다. 따라서 $a=0$ 또는 $d=0$이다. 그러나 이것은 $1=ae,\ 1=bd$에 모순이므로 LU분해 되지 않는다.

7. 크라우트 방법 : LU 분해

$$\begin{pmatrix}2&1\\4&7\end{pmatrix}\begin{pmatrix}x\\y\end{pmatrix}=\begin{pmatrix}3\\11\end{pmatrix}$$

$$\begin{pmatrix}2&1\\4&7\end{pmatrix}=\begin{pmatrix}b&0\\a&d\end{pmatrix}\begin{pmatrix}1&c\\0&1\end{pmatrix}$$

라 하면

$b=2,\ bc=1,\ a=4,\ ac+d=7$이므로

$a=4,\ b=2,\ c=\frac{1}{2},\ d=5$

대입법

$\begin{pmatrix}2&0\\4&5\end{pmatrix}\begin{pmatrix}u\\v\end{pmatrix}=\begin{pmatrix}3\\11\end{pmatrix}$ 에서

$u=1.5,\ v=1/5(11-4u)=1$

역대입법

$\begin{pmatrix}1&0.5\\0&1\end{pmatrix}\begin{pmatrix}u\\v\end{pmatrix}=\begin{pmatrix}1.5\\1\end{pmatrix}$에서

$x=1,\ y=1$

9. 알고리즘 3.3을 보면 고정된 i에 대하여 첫 번째 for 문에서 $(n-i+1)(i-1)$, 두 번째 for 문에서 $(n-i)i$ 만큼의 곱셈이 필요하다. i는 1부터 n까지 변하고

$$\begin{aligned}&(n-i+1)(i-1)+(n-i)i\\&=2ni-2i^2+2i-(n+1)\end{aligned}$$

이므로 전체 필요한 곱셈의 수는 다음과 같다.

$$\begin{aligned}&\sum_{i=1}^{n}[2ni-2i^2+2i-(n+1)]\\&=2n\frac{n(n+1)}{2}-2\frac{n(n+1)(2n+1)}{6}\\&\quad+2\frac{n(n+1)}{2}-n(n+1)\\&\approx\frac{1}{3}n^3\end{aligned}$$

11. $\begin{pmatrix}1&3&1\\2&1&1\\4&0&2\end{pmatrix}\begin{pmatrix}x&u\\y&v\\z&u\end{pmatrix}=\begin{pmatrix}2&4\\3&2\\6&2\end{pmatrix}$

한 번의 위삼각행렬화

$\begin{pmatrix}1&3&1&2&4\\2&1&1&3&2\\4&0&2&6&2\end{pmatrix}=\begin{pmatrix}1&3&1&2&4\\0&1&0&0&1\\0&0&2&2&2\end{pmatrix}$

두 번의 역대입법

$$\begin{aligned}x+3y+z&=2 & u+3v+w&=4\\ y&=0 & v&=1\\ z=\frac{2}{2}&=1 & w=\frac{2}{2}&=1\end{aligned}$$

$\therefore\ x=1,\ y=0,\ z=1\ \therefore\ u=0,\ v=1,\ w=1$

13. $\begin{pmatrix}1&2&1\\2&1&0\\4&2&2\end{pmatrix}\begin{pmatrix}x_1\\x_2\\x_3\end{pmatrix}=\begin{pmatrix}4\\3\\8\end{pmatrix}$

LU 분해

$$\begin{aligned}\begin{pmatrix}1&2&1\\2&1&1\\4&2&2\end{pmatrix}&=\begin{pmatrix}1&0&0\\a&1&0\\b&c&1\end{pmatrix}\begin{pmatrix}d&e&f\\0&i&g\\0&0&h\end{pmatrix}\\&=\begin{pmatrix}d&e&f\\ad&ae+i&af+g\\bd&be+ci&bf+cg+h\end{pmatrix}\end{aligned}$$

$\therefore\ a=2,\ b=4,\ c=2,\ d=1,\ e=2,\ f=1,$
$g=-2,\ h=2,\ i=-3$

대입법

$$\begin{pmatrix}1&0&0\\2&1&0\\4&2&1\end{pmatrix}\begin{pmatrix}u\\v\\w\end{pmatrix}=\begin{pmatrix}4\\3\\8\end{pmatrix}$$

$$\begin{aligned}u&=4\\2u+v&=3\\4u+2v+w&=8\\\therefore\ u=4,\ v=-5,\ w&=2\end{aligned}$$

역대입법

$$\begin{pmatrix}1&2&1\\0&-3&-2\\0&0&2\end{pmatrix}\begin{pmatrix}x_1\\x_2\\x_3\end{pmatrix}=\begin{pmatrix}4\\-5\\2\end{pmatrix}$$

$$\begin{aligned}x_1+2x_2+x_3&=4\\-3x_2-2x_3&=-5\\2x_3&=2\end{aligned}$$

$\therefore\ x_1=1,\ x_2=1,\ x_3=1$

15. 알고리즘 3.1에서 $|i-j|\geq 2$인 경우 $a_{ij}=0$으로 놓으면 for 문 하나가 필요없으므로 알고리즘 3.2를 구할 수 있다.

17. $\left(\begin{array}{ccc|ccc}8&1&6&1&0&0\\3&5&7&0&1&0\\4&9&2&0&0&1\end{array}\right)$

1행에 $-\frac{3}{8}$을 곱하여 2행에 더하고, 1행에 $-\frac{1}{2}$을 곱하여 3행에 더한다.

$$\left(\begin{array}{ccc|ccc} 8 & 1 & 6 & 1 & 0 & 0 \\ 0 & \frac{37}{8} & \frac{9}{4} & \frac{-3}{8} & 1 & 0 \\ 0 & \frac{17}{2} & -1 & \frac{-1}{2} & 0 & 1 \end{array}\right)$$

2행에 $-\dfrac{68}{37}$을 곱하여 3행에 더한다.

$$\left(\begin{array}{ccc|ccc} 8 & 1 & 6 & 1 & 0 & 0 \\ 0 & \frac{37}{8} & \frac{19}{4} & -\frac{3}{8} & 1 & 0 \\ 0 & 0 & -\frac{360}{37} & \frac{14}{74} & -\frac{68}{37} & 1 \end{array}\right)$$

3행에 $\dfrac{703}{1400}$을 곱하여 2행에 더하고, 3행에 $\dfrac{37}{60}$을 곱하여 1행에 더한다.

$$\left(\begin{array}{ccc|ccc} 8 & 1 & 0 & \frac{67}{60} & -\frac{17}{15} & \frac{37}{60} \\ 0 & \frac{37}{8} & 0 & -\frac{7}{25} & \frac{37}{360} & \frac{703}{1440} \\ 0 & 0 & -\frac{360}{37} & \frac{14}{74} & -\frac{68}{37} & 1 \end{array}\right)$$

2행에 $-\dfrac{8}{37}$을 곱하여 1행에 더한다.

$$\left(\begin{array}{ccc|ccc} 1 & 0 & 0 & 0.1472 & -0.144 & 0.0638 \\ 0 & 1 & 0 & -0.061 & 0.0222 & 0.1055 \\ 0 & 0 & 1 & -0.019 & 0.1888 & -0.102 \end{array}\right)$$

제 4 장

1. 임의의 벡터 $x \in R^n$에 대하여
$\|x\|_2 = \sqrt{x_1^2 + \cdots + x_n^2}$라 하자. 그러면

(1) 모든 $x \in R^n$에 대하여 $\|x\|_2 \geq 0$

(2) $\|x\|_2 = \sqrt{x_1^2 + \cdots + x_n^2} = 0$이면 당연히 각 성분 $x_1^2 = \cdots = x_n^2 = 0$이다. 따라서 모든 $i = 1, 2, \cdots, n$에 대하여 $x_i = 0$이므로 $x = 0$가 된다. 그 역도 당연히 성립한다.

(3) 실수 $\alpha \in R$에 대하여

$$\begin{aligned} \|\alpha x\|_2 &= \sqrt{(\alpha x_1)^2 + \cdots + (\alpha x_n)^2} \\ &= \sqrt{\alpha^2 (x_1^2 + \cdots + x_n^2)} = |\alpha| \cdot \|x\| \end{aligned}$$

(4) 모든 $x, y \in R^n$에 대하여

$$\begin{aligned} \|x+y\|_2^2 &= (x_1 + y_1)^2 + \cdots + (x_n + y_n)^2 \\ &= (x_1^2 + x_2^2 + \cdots + x_n^2) \\ &\quad + (y_1^2 + y_2^2 + \cdots + y_n^2) \\ &\quad + 2(x_1 y_1 + x_2 y_2 + \cdots + x_n y_n) \\ &= \|x\|_2^2 + \|y\|_2^2 + 2|xy| \\ &\leq \|x\|_2^2 + \|y\|_2^2 + 2\|x\|_2 \|y\|_2 \\ &= (\|x\|_2 + \|y\|_2)^2 \end{aligned}$$

이 성립하므로

$$\|x+y\|_2 \leq \|x\|_2 + \|y\|_2$$

이다. 따라서 $\|\cdot\|_2$은 노름이 된다.

임의의 벡터 $x \in R^n$에 대하여
$\|x\|_\infty = \max\{x_1, x_2, \cdots, x_n\}$라고 하자. 그러면

(1) 모든 $x \in R^n$에 대하여 $\|x\|_\infty \geq 0$이다.

(2) $\|x\|_\infty = \max\{|x_1|, \cdots, |x_n|\} = 0$이면 당연히 각 성분 $|x_1| = \cdots = |x_n| = 0$이다. 따라서 모든 $i = 1, 2, \cdots, n$에 대하여 $x_i = 0$이므로 $x = 0$이 된다. 그 역도 당연히 성립한다.

(3) 상수 $\alpha \in R$에 대하여

$$\begin{aligned} \|\alpha x\|_\infty &= \max\{|\alpha x_1|, \cdots, |\alpha x_n|\} \\ &= |\alpha| \max\{|x_1|, \cdots, |x_n|\} = |\alpha| \cdot \|x\| \end{aligned}$$

(4) 모든 $x, y \in R^n$에 대하여

$$\begin{aligned} \|x+y\|_\infty &= \max\{|x_1 + y_1|, \cdots, |x_n + y_n|\} \\ &\leq \max\{|x_1|, \cdots, |x_n|\} \\ &\quad + \max\{|y_1|, \cdots, |y_n|\} \\ &= \|x\|_\infty + \|y\|_\infty \end{aligned}$$

이 성립하므로 이 $\|\cdot\|_\infty$은 노름이 된다.

3. $\|x\|_C = \|Cx\|$라고 하자. 그러면

(1) $\|x\|$가 노름이므로, 모든 $x \in R^n$에 대하여 $\|x\| \geq 0$이다. 따라서 $\|x\|_C = \|Cx\| \geq 0$

(2) $\|x\|$가 노름이고 C는 정칙행렬이므로,

$$\|x\|_C = 0 \Rightarrow \|Cx\| = 0 \Rightarrow Cx = 0 \Rightarrow x = 0$$

(3) 모든 $x, y \in R^n$에 대하여,

$$\begin{aligned}\|x+y\|_C &= \|C(x+y)\| \\ &= \|Cx+Cy\| \\ &\le \|Cx\|+\|Cy\| = \|x\|_C+\|y\|_C\end{aligned}$$

이므로 $\|x\|_C$ 는 R^n 위에서 노름이다.

5. (1) $\|A\|_1 = \max\{\|A_1\|_1, \cdots, \|A_n\|_1\} \ge 0$

(2) $\|A\|_1 = 0 \Rightarrow \|A_1\|_1 = \cdots = \|A_n\|_1 = 0$

$\Rightarrow A_1 = 0, \cdots, A_n = 0$

$\Rightarrow A = 0$

(3) $\|A+B\|_1$

$$\begin{aligned}&= \max\{\|A_1+B_1\|_1, \cdots, \|A_n+B_n\|_1\} \\ &\le \max\{\|A_1\|_1+\|B_1\|_1, \cdots, \|A_n\|_1+\|B_n\|_1\} \\ &\le \max\{\|A_1\|, \cdots, \|A_n\|\} \\ &\quad +\max\{\|B_1\|, \cdots, \|B_n\|\} \\ &= \|A\|_1+\|B\|_1\end{aligned}$$

(4) $B=[B_1, \cdots, B_n]$이라 하면

$A \cdot B = [AB_1, \cdots, AB_n]$이다. 따라서

$$\begin{aligned}\|A \cdot B\|_1 &= \|[AB_1, \cdots, AB_n]\|_1 \\ &= \max\{\|AB_1\|_1, \cdots, \|AB_n\|_1\} \\ &\le \|A\|\max\{\|B_1\|_1, \cdots, \|B_n\|_1\} \\ &= \|A\|_1\|B\|_1\end{aligned}$$

비슷한 방법으로 나머지도 노름임을 보일 수 있다.

7. (1) $A=\begin{pmatrix}1 & -3\\ 0 & 1\end{pmatrix}$, $x=\begin{pmatrix}2\\5\end{pmatrix}$이므로 $Ax=\begin{pmatrix}-13\\5\end{pmatrix}$

$\|A\|_1 = 4, \|A\|_\infty = 4, \|A\|_F = \sqrt{11}$,

$\|x\|_1 = 7, \|x\|_2 = \sqrt{29}, \|x\|_\infty = 5$

$\|Ax\|_1 = 18 \le \|A\|_1\|x\|_1 = 4 \cdot 7 = 28$

$\|Ax\|_\infty = 13 \le \|A\|_\infty\|x\|_\infty = 4 \cdot 5 = 20$

$\|Ax\|_2 = \sqrt{194} \le \|A\|_F\|x\|_2 = \sqrt{319}$

(2) $A=\begin{pmatrix}4 & 2 & 0\\ 2 & 4 & 2\\ 0 & 2 & 4\end{pmatrix}$, $x=\begin{pmatrix}2\\3\\5\end{pmatrix}$이므로 $Ax=\begin{pmatrix}14\\26\\26\end{pmatrix}$

$\|A\|_1 = 8, \|A\|_\infty = 8, \|A\|_F = \sqrt{64} = 8$,

$\|x\|_1 = 10, \|x\|_2 = \sqrt{38}, \|x\|_\infty = 5$

$\|Ax\|_1 = 66 \le \|A\|_1 \cdot \|x\|_1 = 80$

$\|Ax\|_\infty = 26 \le \|A\|_\infty \cdot \|x\|_\infty = 40$

$\|Ax\|_2 = \sqrt{1548} \le \|A\|_F \cdot \|x\|_2 = 40$

9. (1) $\|N^{-1}P\| \le \lambda < 1$이므로

$$\begin{aligned}\|x-x^{(k)}\| &\le \|N^{-1}P\| \cdot \|x-x^{(k-1)}\| \\ &\le \|N^{-1}P\|^2 \cdot \|x-x^{(k-2)}\| \\ &\ \ \vdots \\ &\le \|N^{-1}P\|^k \cdot \|x-x^{(0)}\| \\ &\le \lambda^k\|x-x^{(0)}\|\end{aligned}$$

(2) $\|x-x^{(0)}\| \le \|x-x^{(1)}\|+\|x^{(1)}-x^{(0)}\|$

$\le \lambda\|x-x^{(0)}\|+\|x^{(1)}-x^{(0)}\|$이므로

$\|x-x^{(0)}\| \le \dfrac{1}{1-\lambda}\|x^{(1)}-x^{(0)}\|$이다. 따라서

(1)에 의하여

$$\|x-x^{(k)}\| \le \frac{\lambda^k}{1-\lambda}\|x^{(1)}-x^{(0)}\|$$

11. (1) $\begin{pmatrix}4 & 1\\ 1 & -4\end{pmatrix}\begin{pmatrix}x_1^{(1)}\\ x_2^{(1)}\end{pmatrix}=\begin{pmatrix}5\\5\end{pmatrix}$, $x^{(0)}=\begin{pmatrix}0\\0\end{pmatrix}$이므로

가우스-사이델 방법은

$$\begin{pmatrix}4 & 0\\ 1 & -4\end{pmatrix}\begin{pmatrix}x_1^{(1)}\\ x_2^{(1)}\end{pmatrix}=\begin{pmatrix}0 & -1\\ 0 & 0\end{pmatrix}\begin{pmatrix}x_1^{(0)}\\ x_2^{(0)}\end{pmatrix}+\begin{pmatrix}5\\5\end{pmatrix}$$

이므로

$$\begin{pmatrix}4x_1^{(1)}\\ -4x_2^{(1)}\end{pmatrix}=\begin{pmatrix}-x_2^{(0)}+5\\ -x_1^{(1)}+5\end{pmatrix}$$

이다. 따라서

$$x_1^{(1)} = 1.25,\ x_2^{(1)} = -0.94$$

반복하여 다음 표와 같이 구할 수 있다.

	$x(0)$	$x(1)$	$x(2)$	$x(3)$
x	0	1.25	1.49	1.47
y	0	−0.94	−0.88	−0.88

(3) $\begin{pmatrix}1 & -3\\ 0 & 1\end{pmatrix}\begin{pmatrix}x\\y\end{pmatrix}=\begin{pmatrix}2\\5\end{pmatrix}$의 가우스-사이델 방법은

$$\begin{pmatrix}1 & 0\\ 0 & 0\end{pmatrix}\begin{pmatrix}x_1^{(1)}\\ x_2^{(1)}\end{pmatrix}=\begin{pmatrix}0 & 3\\ 0 & 0\end{pmatrix}\begin{pmatrix}x_1^{(0)}\\ x_2^{(0)}\end{pmatrix}+\begin{pmatrix}2\\5\end{pmatrix}$$

이고 $x^{(0)}=\begin{pmatrix}0\\0\end{pmatrix}$이므로

$x_1^{(1)}=2.00,\ x_2^{(1)}=5.00,\ x_1^{(2)}=17.00,\ x_2^{(2)}=5.00$

13. (1) $\begin{pmatrix}4 & 1\\ 1 & -4\end{pmatrix}\begin{pmatrix}x\\ y\end{pmatrix}=\begin{pmatrix}5\\ 5\end{pmatrix},\ x^{(0)}=\begin{pmatrix}0\\ 0\end{pmatrix}$

이므로

$$\begin{pmatrix}4 & 0\\ 0 & -4\end{pmatrix}\begin{pmatrix}x^{(1)}\\ y^{(1)}\end{pmatrix}=\begin{pmatrix}4 & 0\\ 0 & -4\end{pmatrix}\begin{pmatrix}x^{(0)}\\ y^{(0)}\end{pmatrix}$$

$$-w\left[\begin{pmatrix}0 & 0\\ 1 & 0\end{pmatrix}\begin{pmatrix}x^{(1)}\\ y^{(1)}\end{pmatrix}+\begin{pmatrix}4 & 1\\ 0 & -4\end{pmatrix}\begin{pmatrix}x^{(0)}\\ y^{(0)}\end{pmatrix}-\begin{pmatrix}5\\ 5\end{pmatrix}\right]$$

이다. 따라서

$w=0.5$이면 $x^{(1)}=1.5625,\ y^{(1)}=-1.0742$

$w=1.3$이면 $x^{(1)}=1.625,\ y^{(1)}=-1.0969$

$w=1.8$이면 $x^{(1)}=2.25,\ y^{(1)}=-1.2375$

같은 방법으로 (2), (3), (4)도 구할 수 있다.

15. 임의의 $x\in R^2$에 대하여

$$(x_1 x_2)\begin{pmatrix}2 & 1\\ 1 & 3\end{pmatrix}\begin{pmatrix}x_1\\ x_2\end{pmatrix}=(2x_1+x_2,\ x_1+3x_2)\begin{pmatrix}x_1\\ x_2\end{pmatrix}$$

$$=2x_1^2+2x_1x_2+3x_2^2$$

$$=2\left(x_1+\frac{1}{2x_2}\right)^2+\frac{5}{2}x_2^2>0$$

이므로 양의 정부호를 갖는다.

17. 주어진 연립방정식은

$$\begin{pmatrix}4 & 3 & 0\\ 3 & 4 & -1\\ 0 & -1 & 4\end{pmatrix}\begin{pmatrix}x\\ y\\ z\end{pmatrix}=\begin{pmatrix}24\\ 30\\ -24\end{pmatrix},\ x^{(0)}=\begin{pmatrix}1\\ 1\\ 1\end{pmatrix}$$

이므로 가우스-사이델 방법에 의하면

$$\begin{pmatrix}4 & 0 & 0\\ 3 & 4 & 0\\ 0 & -1 & 4\end{pmatrix}\begin{pmatrix}x^{(1)}\\ y^{(1)}\\ z^{(1)}\end{pmatrix}=\begin{pmatrix}0 & -3 & 0\\ 0 & 0 & 1\\ 0 & 0 & 0\end{pmatrix}\begin{pmatrix}x^{(0)}\\ y^{(0)}\\ z^{(0)}\end{pmatrix}+\begin{pmatrix}24\\ 30\\ -24\end{pmatrix}$$

이다. 따라서

$$\begin{pmatrix}4x^{(1)}\\ 4y^{(1)}\\ 4z^{(1)}\end{pmatrix}=\begin{pmatrix}-3y^{(0)}+24\\ -3x^{(1)}+z^{(0)}+30\\ y^{(1)}-24\end{pmatrix}$$

$x^{(1)}=5.25,\ y^{(1)}=3.8125,\ z^{(1)}=-5.046875$

같은 방법으로

$$\begin{pmatrix}4x^{(2)}\\ 4y^{(2)}\\ 4z^{(2)}\end{pmatrix}=\begin{pmatrix}-3y^{(1)}+24\\ -3x^{(2)}z^{(1)}+30\\ y^{(2)}-24\end{pmatrix}$$

$x^{(2)}=3.140625,\ y^{(2)}=3.882812,$
$z^{(2)}=-5.029297$

$$\begin{pmatrix}4x^{(3)}\\ 4y^{(3)}\\ 4z^{(3)}\end{pmatrix}=\begin{pmatrix}-3y^{(2)}+24\\ -3x^{(3)}+z^{(2)}+30\\ y^{(3)}-24\end{pmatrix}$$

$x^{(3)}=3.087891,\ y^{(3)}=3.926758,$
$z^{(3)}=-5.018311$

SOR 방법에 의하면 $\omega=1.25$이므로

$$\begin{pmatrix}4 & 0 & 0\\ 0 & 4 & 0\\ 0 & 0 & 4\end{pmatrix}\begin{pmatrix}x^{(1)}\\ y^{(1)}\\ z^{(1)}\end{pmatrix}=\begin{pmatrix}4 & 0 & 0\\ 0 & 4 & 0\\ 0 & 0 & 4\end{pmatrix}\begin{pmatrix}x^{(0)}\\ y^{(0)}\\ z^{(0)}\end{pmatrix}$$

$$-1.25\left[\begin{pmatrix}0 & 0 & 0\\ 3 & 0 & 0\\ 0 & -1 & 0\end{pmatrix}\begin{pmatrix}x^{(1)}\\ y^{(1)}\\ z^{(1)}\end{pmatrix}+\begin{pmatrix}4 & 3 & 0\\ 0 & 4 & -1\\ 0 & 0 & 4\end{pmatrix}\begin{pmatrix}x^{(0)}\\ y^{(0)}\\ z^{(0)}\end{pmatrix}-\begin{pmatrix}24\\ 30\\ -24\end{pmatrix}\right]$$

$$\begin{pmatrix}4x^{(1)}\\ 4y^{(1)}\\ 4z^{(1)}\end{pmatrix}=\begin{pmatrix}4x^{(0)}\\ 4y^{(0)}\\ 4z^{(0)}\end{pmatrix}-1.25\begin{pmatrix}4x^{(0)}+3y^{(0)}-24\\ 3x^{(1)}+4y^{(0)}-z^{(0)}-30\\ -y^{(1)}+4z^{(0)}+24\end{pmatrix}$$

$x^{(1)}=5.375,\ y^{(1)}=4.398,\ z^{(1)}=-6.376$

$$\begin{pmatrix}4x^{(2)}\\ 4y^{(2)}\\ 4z^{(2)}\end{pmatrix}=\begin{pmatrix}4x^{(1)}\\ 4y^{(1)}\\ 4z^{(1)}\end{pmatrix}-1.25\begin{pmatrix}4x^{(1)}+3y^{(1)}-24\\ 3x^{(2)}+4y^{(1)}-z^{(1)}-30\\ -y^{(2)}+4z^{(1)}+24\end{pmatrix}$$

$x^{(2)}=2.033,\ y^{(2)}=4.495,\ z^{(2)}=-4.501$

$$\begin{pmatrix}4x^{(3)}\\ 4y^{(3)}\\ 4z^{(3)}\end{pmatrix}=\begin{pmatrix}4x^{(2)}\\ 4y^{(2)}\\ 4z^{(2)}\end{pmatrix}-1.25\begin{pmatrix}4x^{(2)}+3y^{(2)}-24\\ 3x^{(3)}+4y^{(2)}-z^{(2)}-30\\ -y^{(3)}+4z^{(2)}+24\end{pmatrix}$$

$x^{(3)}=2.778,\ y^{(3)}=4.010265,\ z^{(3)}=-4.756$

제5장

1. $A=\begin{pmatrix}1 & -2\\ 1 & 4\end{pmatrix}$ 이면

$$P(\lambda)=|A-\lambda I|=\begin{vmatrix}1-\lambda & -2\\ 1 & 4-\lambda\end{vmatrix}=(1-\lambda)(4-\lambda)+2=\lambda^2-5\lambda+6=(\lambda-2)(\lambda-3)$$

$\therefore\ \lambda_1=2,\ \lambda_2=3$

$\lambda_1=2$일 때, $\begin{pmatrix}-1 & -2\\ 1 & 2\end{pmatrix}\begin{pmatrix}x\\ y\end{pmatrix}=\begin{pmatrix}0\\ 0\end{pmatrix}$이므로

$x+2y=0 \quad \therefore\ u=\begin{pmatrix}-2\\ 1\end{pmatrix}$

$\lambda_2=3$일 때, $\begin{pmatrix}-2 & -2\\ 1 & 1\end{pmatrix}\begin{pmatrix}x\\ y\end{pmatrix}=\begin{pmatrix}0\\ 0\end{pmatrix}$이므로

$x+y=0 \quad \therefore\ v=\begin{pmatrix}-1\\ 1\end{pmatrix}$

$\begin{pmatrix}2 & -2\\ -2 & 3\end{pmatrix}$ 이면

$$P(\lambda)=\begin{vmatrix}2-\lambda & -2\\ -2 & 3-\lambda\end{vmatrix}=(2-\lambda)(3-\lambda)-4=\lambda^2-5\lambda+2$$

$\therefore\ \lambda_1=\dfrac{5+\sqrt{17}}{2},\ \lambda_2=\dfrac{5-\sqrt{17}}{2}$

$\lambda_1=\dfrac{5+\sqrt{17}}{2}$ 이면

$\begin{pmatrix}\dfrac{-1-\sqrt{17}}{2} & -2\\ -2 & \dfrac{1-\sqrt{17}}{2}\end{pmatrix}\begin{pmatrix}x\\ y\end{pmatrix}=\begin{pmatrix}0\\ 0\end{pmatrix}$ 이므로

$\dfrac{-1-\sqrt{17}}{2}x-2y=0,$

$-2x+\dfrac{1-\sqrt{17}}{2}y=0.$

첫 번째 방정식에 $\dfrac{-1+\sqrt{17}}{4}$을 곱하면 두 번째 방정식이 되므로 두 방정식은 동치이다. 따라서 $\dfrac{-1-\sqrt{17}}{2}x-2y=0 \ \therefore\ u=\begin{pmatrix}-4\\ 1+\sqrt{17}\end{pmatrix}$

$\lambda_2=\dfrac{5-\sqrt{17}}{2}$ 이면

$\begin{pmatrix}\dfrac{-1+\sqrt{17}}{2} & -2\\ -2 & \dfrac{1+\sqrt{17}}{2}\end{pmatrix}\begin{pmatrix}x\\ y\end{pmatrix}=\begin{pmatrix}0\\ 0\end{pmatrix}$이므로 위와 같은 이유로 $-2x+\dfrac{1+\sqrt{17}}{2}y=0$이다.

$\therefore\ v=\begin{pmatrix}-4\\ 1-\sqrt{17}\end{pmatrix}$

$\begin{pmatrix}1 & -2\\ -2 & 4\end{pmatrix}$ 이면

$$P(\lambda)=\begin{vmatrix}1-\lambda & -2\\ -2 & 4-\lambda\end{vmatrix}=(1-\lambda)(4-\lambda)-4=\lambda(\lambda-5)$$

$\therefore\ \lambda_1=0,\ \lambda_2=5$

$\lambda_1=0$이면

$\begin{pmatrix}1 & -2\\ -2 & 4\end{pmatrix}\begin{pmatrix}x\\ y\end{pmatrix}=\begin{pmatrix}0\\ 0\end{pmatrix}$ 이므로 $x-2y=0$

$\therefore\ u=\begin{pmatrix}2\\ 1\end{pmatrix}$

$\lambda_2=5$이면

$\begin{pmatrix}-4 & -2\\ -2 & -1\end{pmatrix}\begin{pmatrix}x\\ y\end{pmatrix}=\begin{pmatrix}0\\ 0\end{pmatrix}$이므로 $-2x-y=0$

$\therefore\ v=\begin{pmatrix}1\\ -2\end{pmatrix}$

$\begin{pmatrix}1 & -1\\ 1 & 3\end{pmatrix}$ 이면

$$P(\lambda)=\begin{vmatrix}1-\lambda & -1\\ 1 & 3-\lambda\end{vmatrix}=(1-\lambda)(3-\lambda)+1=(\lambda-2)^2$$

$\therefore\ \lambda_1=\lambda_2=2$

$\lambda_1=2$이면

$\begin{pmatrix}-1 & -1\\ 1 & 1\end{pmatrix}\begin{pmatrix}x\\ y\end{pmatrix}=\begin{pmatrix}0\\ 0\end{pmatrix}$ 이므로 $x+y=0$

$\therefore\ u=\begin{pmatrix}1\\ -1\end{pmatrix}$

$\begin{pmatrix} 3 & -2 \\ 4 & -3 \end{pmatrix}$ 이면

$$P(\lambda) = \begin{vmatrix} 3-\lambda & -2 \\ 4 & -3-\lambda \end{vmatrix}$$
$$= (3-\lambda)(-3-\lambda)+8$$
$$= (\lambda+1)(\lambda-1)$$

$\therefore\ \lambda_1 = 1,\ \lambda_2 = -1$

$\lambda_1 = 1$일 때

$\begin{pmatrix} 2 & -2 \\ 4 & -4 \end{pmatrix}\begin{pmatrix} x \\ y \end{pmatrix} = \begin{pmatrix} 0 \\ 0 \end{pmatrix}$ 이므로 $2x-2y=0$

$\therefore\ u = \begin{pmatrix} 1 \\ 1 \end{pmatrix}$

$\lambda_2 = -1$일 때

$\begin{pmatrix} 4 & -2 \\ 4 & -2 \end{pmatrix}\begin{pmatrix} x \\ y \end{pmatrix} = \begin{pmatrix} 0 \\ 0 \end{pmatrix}$ 이므로 $4x-2y=0$

$\therefore\ v = \begin{pmatrix} 1 \\ 2 \end{pmatrix}$

3. $Au_1 = \lambda_1 u_1,\ \cdots,\ Au_n = \lambda_n u_n$이라 하고 $\lambda_1,\ \cdots,\ \lambda_n$을 모두 다르다고 하자.

수학적 귀납법에 의하여 다음과 같이 증명된다.

(1) $n=2$인 경우

$\alpha_1 u_1 + \alpha_2 u_2 = 0$라 하자. 그러면

$$A(\alpha_1 u_1 + \alpha_2 u_2) = \alpha_1 A u_1 + \alpha_2 A u_2$$
$$= \alpha_1 \lambda_1 u_1 + \alpha_2 \lambda_2 u_2 = 0$$

$\lambda_1(\alpha_1 u_1 + \alpha_2 u_2) = \alpha_1 \lambda_1 u_1 + \alpha_2 \lambda_1 u_2 = 0$

아랫식에서 윗식을 빼면

$\alpha_2(\lambda_1 - \lambda_2)u_2 = 0,\ \lambda_1 \neq \lambda_2$이므로 $\alpha_2 = 0$

$\therefore\ \alpha_1 u_1 = 0 \qquad \therefore\ \alpha_1 = 0$

$\therefore\ u_1,\ u_2$는 일차독립이다.

(2) $u_1,\ \cdots,\ u_{n-1}$이 일차독립이라고 가정하고, $\alpha_1 u_1 + \cdots + \alpha_{n-1}u_{n-1} + \alpha_n u_n = 0$라 하자. 그러면

$$A(\alpha_1 u_1 + \cdots + \alpha_n u_n) = \alpha_1 A u_1 + \cdots + \alpha_n A u_n$$
$$= \alpha_1 \lambda_1 u_1 + \cdots + \alpha_n \lambda_n u_n$$
$$= 0$$

$$\lambda_n(\alpha_1 u_1 + \cdots + \alpha_n u_n) = \alpha_1 \lambda_{\nu_1} + \cdots + \alpha_n \lambda_n u_n$$
$$= 0$$

$$\therefore\ \alpha_1(\lambda_1 - \lambda_n)u_1 + \cdots + \alpha_{n-1}(\lambda_{n-1} - \lambda_n)u_{n-1}$$
$$= 0$$

$u_1,\ \cdots,\ u_{n-1}$이 일차독립이고 $\lambda_1 - \lambda_n \neq 0,\ \cdots,\ \lambda_{n-1} - \lambda_n \neq 0$이므로 $\alpha_1 = \cdots = \alpha_{n-1} = 0$

따라서 $\therefore\ \alpha_n u_n = 0 \quad \therefore\ \alpha_n = 0$

그러므로 $u_1,\ \cdots,\ u_n$은 일차독립이다.

7. 임의의 n차 벡터는 n개의 일차독립인 고유벡터의 일차결합으로 만들어지고 직교하는 벡터는 일차독립이므로 정리 5.8에 의하여 성립한다.

9. 행렬 A가 대칭이고 $Au = \lambda u$라 하자. 그러면

$\bar{u}^T A u = \lambda \bar{u}^T u$이고

$(\overline{Au})^T = (\overline{\lambda u})^T \Rightarrow \bar{u}^T A = \bar{\lambda}\,\bar{u}^T$

$\therefore\ \bar{u}^T A u = \bar{\lambda}\,\bar{u}^T u$

윗식에서 아랫식을 빼면 $(\lambda - \bar{\lambda})\bar{u}^T u = 0$이고 $\bar{u}^T u \neq 0$이므로 $\lambda = \bar{\lambda}$이다. 그러므로 λ는 실수이다. (여기서 $\bar{u}$는 u의 각 성분의 켤레복소수로 구성된 벡터이다.)

11. $\begin{pmatrix} 6 & -1 & 1 \\ -1 & 5 & -2 \\ 1 & -2 & 5 \end{pmatrix} - \begin{pmatrix} \lambda & 0 & 0 \\ 0 & \lambda & 0 \\ 0 & 0 & \lambda \end{pmatrix}$

$$= \begin{vmatrix} 6-\lambda & -1 & 1 \\ -1 & 5-\lambda & -2 \\ 1 & -2 & 5-\lambda \end{vmatrix}$$
$$= (6-\lambda)\begin{vmatrix} 5-\lambda & -2 \\ -2 & 5-\lambda \end{vmatrix}$$
$$-(-1)\begin{vmatrix} -1 & -2 \\ 1 & 5-\lambda \end{vmatrix} + 1\begin{vmatrix} -1 & 5-\lambda \\ 1 & -2 \end{vmatrix}$$
$$= (6-\lambda)(\lambda^2 - 10\lambda + 21) + (\lambda - 3) + (\lambda - 3)$$
$$= -\lambda^3 + 16\lambda^2 - 79\lambda + 120$$
$$= (\lambda-3)(\lambda-5)(8-\lambda) = 0$$

고유치 $\lambda = 3, 5, 8$

$\|A\|_1 = \max\{8, 8, 8\} = 8,$

$\|A\|_\infty = \max\{8, 8, 8\} = 8,\ \|A\|_F = \sqrt{98}$

$\lambda = 3$일 때

$$\begin{pmatrix} 3 & -1 & 1 \\ -1 & 2 & -2 \\ 1 & -2 & 2 \end{pmatrix}\begin{pmatrix} x \\ y \\ z \end{pmatrix} = \begin{pmatrix} 0 \\ 0 \\ 0 \end{pmatrix}$$

$$\Rightarrow \begin{array}{r} 3x-y+z=0 \\ -x+2y-2z=0 \end{array}$$

$$\Rightarrow 3x-y+z=0 \qquad \Rightarrow x=0$$
$$5x=0 \qquad -y+z=0$$

$\therefore$ 고유벡터$=\begin{pmatrix} 0 \\ 1 \\ 1 \end{pmatrix}$

$\lambda=5$일 때

$$\begin{pmatrix} 1 & -1 & 1 \\ -1 & 0 & -2 \\ 1 & -2 & 0 \end{pmatrix}\begin{pmatrix} x \\ y \\ z \end{pmatrix}=\begin{pmatrix} 0 \\ 0 \\ 0 \end{pmatrix} \Rightarrow \begin{array}{r} x-y+z=0 \\ -x-2z=0 \\ x-2y=0 \end{array}$$

$$\Rightarrow \begin{array}{l} x=y-z \\ x=-2z \\ x=2y \end{array}$$

$\therefore$ 고유벡터$=\begin{pmatrix} 2 \\ 1 \\ -1 \end{pmatrix}$

$\lambda=8$일 때

$$\begin{pmatrix} -2 & -1 & 1 \\ -1 & -3 & -2 \\ 1 & -2 & -3 \end{pmatrix}\begin{pmatrix} x \\ y \\ z \end{pmatrix}=\begin{pmatrix} 0 \\ 0 \\ 0 \end{pmatrix}$$

$$\Rightarrow \begin{array}{r} -2x-y+z=0 \\ -x-3y-2z=0 \\ x-2y-3z=0 \end{array}$$

$$\Rightarrow -5y-5z=0 \qquad \Rightarrow -y=z$$
$$x+y=0 \qquad -y=x$$

$\therefore$ 고유벡터$=\begin{pmatrix} -1 \\ 1 \\ -1 \end{pmatrix}$

정리 5.7 대칭행렬의 고유치가 다르면 그에 대응하는 고유벡터는 직교한다.

$(0, 1, 1)\begin{pmatrix} 2 \\ 1 \\ -1 \end{pmatrix}=0,\ (2, 1, -1)\begin{pmatrix} -1 \\ 1 \\ -1 \end{pmatrix}=0,$

$(-1, 1, -1)\begin{pmatrix} 0 \\ 1 \\ 1 \end{pmatrix}=0$이므로 직교한다.

정리 5.8 n차 대칭행렬은 서로 직교하는 고유벡터는 n개이다.

3차 대칭행렬이므로 직교하는 고유벡터는 3개.

13. $-3, 1, 3$

15. $\begin{pmatrix} 2 & -1 & 1 \\ -1 & 1 & -2 \\ 1 & -2 & 1 \end{pmatrix}$

$\lambda_2=1$

$$\begin{pmatrix} 2-\lambda & -1 & 1 \\ -1 & 1-\lambda & -2 \\ 1 & -2 & 1-\lambda \end{pmatrix}=\begin{pmatrix} 2-1 & -1 & 1 \\ -1 & 1-1 & -2 \\ 1 & -2 & 1-1 \end{pmatrix}$$

$$\begin{pmatrix} 1 & -1 & 1 \\ -1 & 10 & -2 \\ 1 & -2 & 0 \end{pmatrix}\begin{pmatrix} x \\ y \\ z \end{pmatrix}=\begin{pmatrix} 0 \\ 0 \\ 0 \end{pmatrix}$$

$$\Rightarrow x-y+z=0 \qquad \Rightarrow x=y-z$$
$$-x-2z=0 \qquad x=-2z$$
$$x-2y=0 \qquad x=2y$$

$\therefore$ 고유벡터$=\begin{pmatrix} 2 \\ 1 \\ -1 \end{pmatrix}$

$\lambda_3=-1$

$$\begin{pmatrix} 3 & -1 & 1 \\ -1 & 2 & -2 \\ 1 & -2 & 2 \end{pmatrix}\begin{pmatrix} x \\ y \\ z \end{pmatrix}=\begin{pmatrix} 0 \\ 0 \\ 0 \end{pmatrix}$$

$$\Rightarrow 3x-y+z=0$$
$$-x+2y-2z=0$$

$$\Rightarrow 3x-y+z=0 \qquad \Rightarrow x=0$$
$$5x=0 \qquad -y+z=0$$

$\therefore$ 고유벡터$=\begin{pmatrix} 0 \\ 1 \\ 1 \end{pmatrix}$

17. $Q_kR_k=A_{k-1}-\rho I$이므로

$$\begin{aligned} A_k &= R_kQ_k+\rho I \\ &= Q_k^TQ_kR_kQ_k+\rho I \\ &= Q_k^T(A_{k-1}-\rho)Q_k+\rho I \\ &= Q_k^TA_{k-1}Q_k-\rho Q_k^TQ_k+\rho I \\ &= Q_k^TA_{k-1}Q_k \end{aligned}$$

따라서

$$\begin{aligned} A_k &= Q_k^TQ_{k-1}^T\cdots Q_1^TA_0Q_1Q_2\cdots Q_k \\ &= (Q_1Q_2\cdots Q_k)^TA_0(Q_1Q_2\cdots Q_k) \end{aligned}$$

$\therefore$ A와 A_k는 모두 비슷한 행렬이다.

19. $x_k=\alpha_1\lambda_1^ku_1+\alpha_2\lambda_2^ku_2+\cdots+\alpha_n\lambda_n^ku_n$이고

$Ax_k = \alpha_1\lambda_1^{k+1}u_1 + \alpha_2\lambda_2^{k+1}u_2 + \cdots + \alpha_n\lambda_n^{k+1}u_n$

이다. 여기서 $u_1, \cdots, u_n$의 크기가 1이라 하자.

A가 대칭이므로 $u_1, \cdots, u_n$은 직교하고 따라서

$$\begin{aligned} x_k^T A x_k &= (\alpha_1\lambda_1^k u_1 + \cdots + \alpha_n\lambda_n^k u_n)^T \\ &\quad \cdot (\alpha_1\lambda_1^{k+1}u_1 + \cdots + \alpha_n\lambda_n^{k+1}u_n) \\ &= \alpha_1^2\lambda_1^{2k+1}u_1^T \cdot u_1 + \cdots + \alpha_n^2\lambda_n^{2k+1}u_n^T \cdot u_n \\ &= \alpha_1^2\lambda_1^{2k+1} + \cdots + \alpha_n\lambda_n^{2k+1} \end{aligned}$$

같은 방법으로

$$\begin{aligned} x_k^T x_k &= \alpha_1^2\lambda_2^{2k}u_1^T \cdot u_1 + \cdots + \alpha_n^2\lambda_{2n}^{2k}u_n^T \cdot u_n \\ &= \alpha_1^2\lambda_2^{2k} + \cdots + \alpha_n^2\lambda_n^{2k} \end{aligned}$$

이다. 그러므로

$$\beta_k = \frac{\lambda_1\alpha_1^2 + \alpha_2^2\left(\frac{\lambda_2}{\lambda_1}\right)^{2k+1} + \cdots + \alpha_n^2\left(\frac{\lambda_n}{\lambda_1}\right)^{2k+1}}{\alpha_1^2 + \alpha_2^2\left(\frac{\lambda_2}{\lambda_1}\right)^{2k} + \cdots + \alpha_n^2\left(\frac{\lambda_n}{\lambda_1}\right)^{2k}}$$

은 λ_1에 $Q\left(\left(\frac{\lambda_2}{\lambda_1}\right)^{2k}\right)$의 속도로 수렴한다.

21. (1) $A = \begin{pmatrix} -4 & 14 & 0 \\ -5 & 13 & 0 \\ -1 & 0 & 2 \end{pmatrix}$, $x_0 = (1, 1, 1)^T$, $\alpha = 0$

$Ay = x_0$의 해 $y = \left(-\frac{1}{18}, \frac{1}{18}, \frac{17}{36}\right)^T$

$$\beta = y^T \cdot x_0 = \begin{pmatrix} \frac{-1}{18} & \frac{1}{18} & \frac{17}{36} \end{pmatrix}\begin{pmatrix} 1 \\ 1 \\ 1 \end{pmatrix} = \frac{17}{36}$$

$$\beta_1 = \frac{1}{\beta} = \frac{36}{17}$$

$$\eta = \sqrt{y^T y} = \sqrt{\frac{297}{1296}} = \sqrt{0.299} = 0.478$$

$$x_1 = y/\eta = \begin{pmatrix} -1.621 \\ 1.621 \\ 0.987 \end{pmatrix}$$

(3) $A = \begin{pmatrix} 4 & 2 & 2 \\ 0 & 4 & 0 \\ 2 & 0 & 4 \end{pmatrix}$, $x_0 = (1, 0, 1)^T$, $\alpha = -2$

$Ay = x_0$의 해 $y = \left(\frac{1}{4}, -\frac{1}{8}, \frac{1}{8}\right)^T$

$$\beta = y^T \cdot x_0 = \begin{pmatrix} \frac{1}{4} & -\frac{1}{8} & \frac{1}{8} \end{pmatrix}\begin{pmatrix} 1 \\ 0 \\ 1 \end{pmatrix} = \frac{3}{8}$$

$$\beta_1 = \frac{1}{\beta} - \alpha = \frac{8}{3} - 2 = \frac{2}{3}$$

$$\eta = \sqrt{y^T y} = \frac{\sqrt{6}}{8}$$

$$x_1 = y/\eta = \begin{pmatrix} 0.817 \\ -0.4083 \\ 0.449 \end{pmatrix}$$

23. $Ax = \lambda x$라 하자. 그러면 $< Ax, x > = < \lambda x, x >$ $= \lambda < x, x >$. 따라서

$$\frac{< Ax, x >}{< x, x >} = \lambda$$

그러므로 양의 정부호이면 고유치는 양수이고 그 역도 성립한다.

제 6 장

1. (1) $f(x) = x - \cos x$, $[0, 1]$

$f(0) = 0 - \cos 0 < 0$, $f(1) = 1 - \cos 1 > 0$

이므로 $f(0)f(1) < 0$.

따라서 구간 $[0, 1]$ 사이에 해가 존재.

$$c = \frac{(0+1)}{2} = 0.5 = x_1$$

$$\begin{aligned} f(c) &= 0.5 - \cos(0.5) = 0.5 - 0.878 \\ &= -0.378 < 0 \end{aligned}$$

이므로 $a = 0.5$, $b = 1$. 따라서

$$c = \frac{(0.5+1)}{2} = 0.75 = x_2$$

$$\begin{aligned} f(c) &= 0.75 - \cos(0.75) = 0.75 - 0.73 \\ &= 0.02 > 0 \end{aligned}$$

이므로 $a = 0.5$, $b = 0.75$

$c = (0.5 + 0.75)/2 = 0.625 = x_3$

(3) $f(x) = x^2 - 4x + 3$, $[2, 5]$

$f(2) = -1$, $f(5) = 8$. 따라서 구간 $[2, 5]$ 사이에 해가 존재.

$$c=\frac{(2+5)}{2}=3.5=x_1$$

$f(c)=12.25>0$이므로 $a=2,\ b=3.5$

$$c=\frac{(3.5+2)}{2}=2.75=x_2$$

$f(2.75)=-0.4375<0$이므로

$a=2.75,\ b=3.5$

$c=(2.75+3.5)/2=3.125=x_3$

(5) $f(x)=e^x-\cos x,\ [-2,-0.2]$

$f(-2)=e^{(-2)}-\cos(-2)$

$=0.14-(-0.42)>0$

$f(-0.2)=e^{(-02)}-\cos(-0.2)$

$=0.82-0.98<0$

따라서 구간 $[-2,-0.2]$ 사이에 해가 존재

$$c=\frac{-2+(-0.2)}{2}=-1.1=x_1$$

$f(c)=f(-1.1)=-0.12<0$이므로

$a=-1.1,\ b=-0.2$

$$c=\frac{-1.1+(-0.2)}{2}=-0.65=x_2$$

$f(c)=f(-0.65)=-0.28<0$이므로

$a=-0.65,\ b=-0.2$

$c=\{-0.65+(-0.2)\}=-0.425=x_3$

(7) $f(x)=x+\ln x,\ [0.2,1]$

$f(0.2)=0.2+\ln 0.2<0,$

$f(1)=1+\ln 1>0$

따라서 구간 $[0.2,1]$ 사이에 해가 존재

$$c=\frac{(0.2+1)}{2}=0.6=x_1$$

$f(c)=0.6+\ln(0.6)=0.6+\ln 6-\ln 1$

$=2.39>0$

이므로 $a=0.2,\ b=0.6$

$$c=\frac{(0.2+0.6)}{2}=0.4=x_2$$

$f(c)=0.4+\ln(0.4)=0.4+\ln 4-\ln 1$

$=1.786>0$

이므로 $a=0.4,\ b=0.6$

$c=(0.4+0.6)/2=0.5=x_3$

3. (1) $f(x)=x-\cos x,\ [0,1],\ x_0=0,\ x_1=1$

$f(0)=0-\cos 0=-1,$

$f(1)=1-\cos 1=1-0.54=0.45$

$$x_2=1-f(1)\frac{1-0}{f(1)-f(0)}=0.69$$

$f(0.69)=0.69-\cos(0.69)=-0.08$

$$x_3=0.69-f(0.69)\frac{(0.69-1)}{f(0.69)-f(1)}=1$$

(3) $f(x)=x^2-4x+3,\ [2,5]$

$x_0=2,\ x_1=5$이고 $f(2)=-1,\ f(5)=8$이므로

$$x_2=5-f(5)\frac{5-2}{f(5)-f(2)}=7/3=2.33$$

$f(7/3)=-8/9$이므로

$$x_3=7/3-f(7/3)\frac{(7/3-5)}{f(7/3)-f(5)}$$

$=39/15=2.6$

(5) $f(x)=e^x-\cos x,\ [-2,-0.2]$

$x_0=-2,\ x_1=-0.2$이고 $f(-2)=0.56,$

$f(-0.2)=-0.16$이므로

$$x_2=-0.2-f(-0.2)\frac{-0.2-(-2)}{f(-0.2)-f(-2)}$$

$=-0.6$

$f(-0.6)=-0.28$이므로

$$x_3=-0.6-f(-0.6)\frac{-0.6-(-0.2)}{f(-0.6)-f(-0.2)}$$

$=0.33$

(7) $f(x)=x+\ln x,\ [0.2,1]$

$x_0=0.2,\ x_1=1$이고

$f(0.2)=-1.409,\ f(1)=1$이므로

$$x_2=1-f(1)\frac{1-0.2}{f(1)-f(0.2)}=0.67$$

$f(0.67)=0.67+\ln(0.67)=0.27$이므로

$$x_3=0.67-f(0.67)\frac{(0.67-1)}{f(0.67)-f(1)}$$

$=0.58$

5. $\frac{|b-a|}{2^n}<10^{-3}$이라 하면 $|b-a|10^3<2^n$이다.

양변에 log를 취하면

$\log(|b-a|)+3\log 10<n\log 2$이다.

따라서 $\dfrac{\log(|b-a|)+3\log 10}{\log 2}<n$인 n 이상의 횟수만큼 반복하면 오차가 10^{-3}보다 작게된다.

7. 구간 $[a, b]$에 있는 $f(x)=0$의 근 주위에서 함수의 기울기가 매우 큰 함수 $f(x)$는 $|b-a|$가 작아도 $|f(c)|$는 클 수 있다. 예를 들면, $f(x)=x^{10}-2^{10}$에서 $a=1.99$, $b=2.03$의 중점 $c=2.01$에서 $f(c)=2.01^{10}-2^{10}=52.4$

9. 참고문헌 11의 162쪽 참조

11. $f(x)=(x-1)^2(x+3)$, 2와 1

제7장

1. (1) $g(x)=\cos x$, $x_0=0$

$x_1=g(0)=\cos 0=1$

$x_2=g(1)=\cos 1=0.54$

(3) $g(x)=x^2-3x+3$, $x_0=2$

$x_1=g(2)=4-6+3=1$

$x_2=g(1)=1-3+3=1$

(5) $g(x)=x+e^x-\cos x$, $x_0=0$

$x_1=g(0)=e^0-\cos 0=0$

$x_2=g(0)=e^0-\cos 0=0$

(7) $g(x)=2x-\ln x$, $x_0=1$

$x_1=g(1)=2-\ln 1=2$

$x_2=g(2)=4-\ln 2=3.31$

3. 함수 $g:[a, b]\to[a, b]$가 연속이고 (a, b)에서 미분가능하며 $|g'(x)|\le k<1$인 상수 k가 존재하면 임의의 초기값 $x_0\in[a, b]$에 대하여 $x_n=g(x_{n-1})$, $n\ge 1$은 고정점에 수렴하며 고정점은 단 하나 존재한다.

증명 $x_n=g(x_{n-1})$, $g(x)=x$라 하자. 그러면

$$
\begin{aligned}
|x_n-x| &= |g(x_{n-1})-g(x)| \\
&= |g'(c)(x_{n-1}-x)| \quad \text{(평균값 정리)} \\
&= |g'(c)||x_{n-1}-x| \\
&\le k|x_{n-1}-x| \\
&\ \vdots \\
&\le k^n|x_0-x|\to 0 \quad (k<1\text{이므로})
\end{aligned}
$$

$\therefore\ x_n\to x$

5. (1) $p(x)=3x+2$, $x_0=1$

$$
\begin{array}{r|ll}
 & 3 & 2 \\
1 & & 3 \\ \hline
 & 3 & 5=p(1) \\
1 & & \\ \hline
 & 3=p'(1) &
\end{array}
$$

$x_1=1-\dfrac{5}{3}=-\dfrac{2}{3}$

$$
\begin{array}{r|ll}
 & 3 & 2 \\
-\frac{2}{3} & & -2 \\ \hline
 & 3 & 0=p\left(-\frac{2}{3}\right) \\
-\frac{2}{3} & & \\ \hline
 & 3=p'\left(-\frac{2}{3}\right) &
\end{array}
$$

$x_2=-\dfrac{2}{3}-\dfrac{0}{3}=-\dfrac{2}{3}$

(2) $p(x)=x^2-3x+2$, $x_0=1$

$$
\begin{array}{r|lll}
 & 1 & -3 & 2 \\
1 & & 1 & -2 \\ \hline
 & 1 & -2 & 0=p(1) \\
1 & & 1 & \\ \hline
 & 1 & -1=p'(1) &
\end{array}
$$

$x_1=1-\dfrac{0}{-1}=1$

$$
\begin{array}{r|rrr}
 & 1 & -3 & 2 \\
1 & & 1 & -2 \\ \hline
 & 1 & -2 & 0=p(1) \\
1 & & 1 & \\ \hline
 & 1 & -1=p'(1) &
\end{array}
$$

$$x_2=1-\frac{0}{-1}=1$$

(3) $p(x)=(x-2)^2$, $x_0=1$

$$
\begin{array}{r|rrr}
 & 1 & -4 & 4 \\
1 & & 1 & -3 \\ \hline
 & 1 & -3 & 1=p(1) \\
1 & & 1 & \\ \hline
 & 1 & -2=p'(1) &
\end{array}
$$

$$x_1=1-\frac{1}{-2}=\frac{3}{2}$$

$$
\begin{array}{r|rrr}
 & 1 & -4 & 4 \\
\frac{3}{2} & & \frac{3}{2} & -\frac{15}{4} \\ \hline
 & 1 & -\frac{5}{2} & \frac{1}{4}=p(1) \\
\frac{3}{2} & & \frac{3}{2} & \\ \hline
 & 1 & -1=p'(1) &
\end{array}
$$

$$x_2=\frac{3}{2}+\frac{1}{4}=\frac{7}{4}$$

(4) $p(x)=x^3+2x^2-3x+2$, $x_0=0$

$$
\begin{array}{r|rrrr}
 & 1 & 2 & -3 & 2 \\
0 & & 0 & 0 & 0 \\ \hline
 & 1 & 2 & -3 & 2=p(0) \\
0 & & 0 & 0 & \\ \hline
 & 1 & 2 & -3=p'(1) &
\end{array}
$$

$$x_1=0-\frac{2}{-3}=\frac{2}{3}$$

$$
\begin{array}{r|rrrr}
 & 1 & 2 & -3 & 2 \\
\frac{2}{3} & & \frac{2}{3} & \frac{16}{9} & -\frac{22}{27} \\ \hline
 & 1 & \frac{8}{3} & -\frac{11}{9} & \frac{32}{27}=p\left(\frac{2}{3}\right) \\
\frac{2}{3} & & \frac{2}{3} & \frac{20}{9} & \\ \hline
 & 1 & \frac{10}{3} & 1=p'\left(\frac{2}{3}\right) &
\end{array}
$$

$$x_2=\frac{2}{3}-\frac{32}{27}=-\frac{14}{27}$$

7. (1) $f(x)=\cos x$, $x_0=0$, $x_1=\frac{\pi}{6}$, $x_2=\frac{\pi}{4}$

$f(x_0)=1$, $f(x_1)=\frac{\sqrt{3}}{2}$, $f(x_2)=\frac{\sqrt{2}}{2}$이므로

$c=f(x_2)=\frac{\sqrt{2}}{2}$이고

$$b=\frac{\left(0-\frac{\pi}{4}\right)^2\left[\frac{\sqrt{3}}{2}-\frac{\sqrt{2}}{2}\right]-\left(\frac{\pi}{6}-\frac{\pi}{4}\right)^2\left[1-\frac{\sqrt{2}}{2}\right]}{\left(0-\frac{\pi}{4}\right)\left(\frac{\pi}{6}-\frac{\pi}{4}\right)\left(0-\frac{\pi}{6}\right)}$$

$$\approx -1.175$$

$$a=\frac{\frac{-\pi}{12}\left(1-\frac{\sqrt{2}}{2}\right)+\frac{\pi}{4}\left(\frac{\sqrt{3}-\sqrt{2}}{2}\right)}{-\frac{\pi^3}{288}}$$

$$\approx -0.549$$

$|-1.175\pm\sqrt{1.38+1.552}|$가 크게 되는 부호를 택하면

$$x_3=\frac{\pi}{4}-\frac{1.414}{-2.888}\approx 1.275$$

(3) $f(x)=x^2-3x+3$, $x_0=0$, $x_1=1$, $x_2=2$

$f(x_0)=3$, $f(x_1)=1$, $f(x_2)=1$이므로

$c=f(x_2)=1$이고

$$b=\frac{(0-2)^2[1-1]-(1-2)^2[3-1]}{(0-2)(1-2)(0-1)}$$

$$=\frac{-2}{-2}=1$$

$$a=\frac{(1-2)[3-1]-(0-2)[1-1]}{(0-2)(1-2)(0-1)}$$

$$= \frac{-2}{-2} = 1$$

$|1 \pm \sqrt{3}i| = \sqrt{4} = 2$로 크기가 같으므로 양수를 택하면

$$x_3 = 2 - \frac{2}{1+\sqrt{3}i} = \frac{3+\sqrt{3}i}{2}$$

(5) $f(x) = 3x+2,\ x_0 = 1,\ x_1 = 2,\ x_2 = 3$

$f(x_0) = 5,\ f(x_1) = 8,\ f(x_2) = 11$이므로

$c = f(x_2) = 11$이고

$$b = \frac{(1-3)^2[8-11]-(2-3)^2[5-11]}{(1-3)(2-3)(1-2)}$$

$$= \frac{-6}{-2} = 3$$

$$a = \frac{(2-3)[-6]-(1-3)[-3]}{-2}$$

$$= \frac{0}{-2} = 0$$

$|3 \pm 3|$의 값이 크게 되는 부호를 택하므로 양수를 택하면

$$x_3 = 3 - \frac{22}{3+3} = \frac{-4}{6} = \frac{-2}{3}$$

(7) $f(x) = 2x^2 + \ln x,\ x_0 = 1,\ x_1 = 2,\ x_2 = 3$

$f(x_0) = 2,\ f(x_1) = 4 + \ln 2,\ f(x_2) = 6 + \ln 3$

이므로 $c = f(x_2) = 6 + \ln 3$이고

$$b = \frac{(1-3)^2[(4+\ln 2)-(6+\ln 3)]-(2-3)^2[2-(6+\ln 3)]}{(1-3)(2-3)(1-2)}$$

$$= \frac{4(-2+\ln 2-\ln 3)+4+\ln 3}{-2}$$

$$= \frac{3\ln 3 - 4\ln 2}{2} \approx 0.2595$$

$$a = \frac{(2-3)[2-6-\ln 3]-(1-3)[-2+\ln 2-\ln 3)]}{-2}$$

$$= \frac{4+\ln 3+2\ln 2-4-2\ln 3}{-2}$$

$$= \frac{\ln 3 - 2\ln 2}{2} \approx -0.1445$$

$|0.2595 \pm \sqrt{0.067+4.102}| = |0.26 \pm 2.042|$가 크게 되는 부호를 택하면

$$x_3 = 3 - \frac{14.194}{2.302} \approx -3.166$$

제8장

1. (1) $(0, 2),\ (1, 3)$

$$P_1(x) = 2\left(\frac{x-1}{0-1}\right) + 3\left(\frac{x-0}{1-0}\right)$$

$$= -2x+2+3x$$

$$= x+2$$

$P_1(1.5) = 3.5$

(2) $(0, 2),\ (1, 3),\ (2, 1)$

$$P_2(x) = 2\frac{(x-1)(x-2)}{(0-1)(0-2)} + 3\frac{(x-0)(x-2)}{(1-0)(1-2)} + 1\frac{(x-0)(x-1)}{(2-0)(2-1)}$$

$$= x^2 - 3x + 2 - 3x^2 + 6x + \frac{x^2+x}{2}$$

$$= \frac{-4x^2+6x+2}{2} + \frac{x^2-x}{2}$$

$$= \frac{-3x^2+5x+4}{2}$$

$P_2(1.5) = 2.375$

3. $f(x) = \sin\left(\frac{\pi}{2}x\right)$

(1) 0, 1

$f(0) = \sin 0 = 0,\ f(1) = \sin\frac{\pi}{2} = 1$

$$p_1(x) = 1\left(\frac{x-0}{1-0}\right) = x$$

보간값 $p_1\left(\frac{1}{3}\right) = \frac{1}{3}$

참값 $f\left(\frac{1}{3}\right) = \frac{1}{2}$

참값과 보간값의 오차를 구하면

$$|f''(x)| = \left|-\frac{\pi^2}{4}\sin\left(\frac{\pi}{2}x\right)\right| \le \frac{\pi^2}{4} \equiv M$$

$$\left|\frac{1}{2} - \frac{1}{3}\right| \le \frac{\pi^{2/4}}{2!}|(x-0)(x-1)|$$

$$0.16666667 = \frac{1}{6} \le \frac{\pi^2}{8}\left|-\frac{2}{9}\right| = \frac{\pi^2}{36}$$

$= 0.27415568$

따라서 참값과 보간값의 오차는 정리 8.3의 결과를 만족한다.

(3) 0, 1, 3

$f(0) = \sin 0 = 0,\ f(1) = \sin\frac{\pi}{2} = 1,$

$f(3) = \sin\frac{3\pi}{2} = -1$

$$P_2(x) = 1\frac{(x-1)(x-2)}{(1-0)(1-3)} + (-1)\frac{(x-0)(x-1)}{(3-0)(3-1)}$$
$$= \frac{x(x-3)}{-2} - \frac{x(x-1)}{6}$$
$$= \frac{-3x^2+9x-x^2+x}{6}$$
$$= \frac{-2x^2+5x}{3}$$

보간값 $P_2\left(\frac{1}{3}\right) = \frac{13}{27}$

참값 $f\left(\frac{1}{3}\right) = \frac{1}{2}$

참값과 보간값의 오차를 구하면

$$|f'''(x)| = \left|-\frac{\pi^3}{8}\cos\left(\frac{\pi}{2x}\right)\right| \le \frac{\pi^3}{8} \equiv M$$

$$\left|\frac{1}{2} - \frac{1}{3}\right| \le \frac{\frac{\pi^3}{8}}{3!}|(x-0)(x-1)(x-3)|$$

$$0.16666667 = \frac{1}{6} \le \frac{\pi^3}{48}\left|\frac{16}{27}\right| = \frac{\pi^3}{81}$$
$$= 0.38279354$$

따라서 참값과 보간값의 오차는 정리 8.3의 결과를 만족한다.

5. (1) 0, 1

$a_0 = f(x_0) = 0$

$$f[x_0, x_1] = \frac{f(x_1) - f(x_0)}{x_1 - x_0} = \frac{1-0}{1-0} = 1$$

x_i	$f[x_i]$	$f[\cdot, \cdot]$
0	0	1
1	1	

$P_1 = 0 + 1(x-0) = x$

$P_1\left(\frac{1}{3}\right) = \frac{1}{3}$

(3) 0, 1, 3

$$f[x_1, x_2] = \frac{f(x_2) - f(x_1)}{x_2 - x_1} = \frac{-1-1}{3-1} = -1$$

$$f[x_0, x_1, x_2] = \frac{f[x_1, x_2] - f[x_0, x_1]}{x_2 - x_0} = \frac{-1-1}{3-0} = \frac{-2}{3}$$

x_i	$f[x_i]$	$f[\cdot, \cdot]$	$f[\cdot, \cdot, \cdot]$
0	0	1	$\frac{-2}{3}$
1	1	-1	
3	-1		

$$P_2(x) = 0 + 1(x-0) - \frac{2}{3}(x-0)(x-1)$$
$$= \frac{-2x^2+5x}{3}$$

$P_2\left(\frac{1}{3}\right) = \frac{13}{27}$

7. $$L_0(x) = \frac{\left(x-\frac{1}{3}\right)\left(x-\frac{1}{2}\right)}{\left(0-\frac{1}{3}\right)\left(0-\frac{1}{2}\right)} = \frac{\left(x-\frac{1}{3}\right)\left(x-\frac{1}{2}\right)}{\frac{1}{6}}$$
$$= 6\left(x-\frac{1}{3}\right)\left(x-\frac{1}{2}\right)$$

$$L_1(x) = \frac{(x-0)\left(x-\frac{1}{2}\right)}{\left(\frac{1}{3}-0\right)\left(\frac{1}{3}-\frac{1}{2}\right)} = \frac{(x-0)\left(x-\frac{1}{2}\right)}{\frac{1}{3}\left(-\frac{1}{6}\right)}$$
$$= -18x\left(x-\frac{1}{2}\right)$$

$$L_2(x) = \frac{(x-0)\left(x-\frac{1}{3}\right)}{\left(\frac{1}{2}-0\right)\left(\frac{1}{2}-\frac{1}{3}\right)} = \frac{(x-0)\left(x-\frac{1}{3}\right)}{\frac{1}{2}\left(\frac{1}{6}\right)}$$

$$= 12x\left(x - \frac{1}{3}\right)$$

$$f(0) = 0,\ f\left(\frac{1}{3}\right) = \frac{1}{2},$$

$$f\left(\frac{1}{2}\right) = \sin\left(\frac{\pi}{2} \cdot \frac{1}{2}\right) = \sin\frac{\pi}{4} = \frac{\sqrt{2}}{2}$$

$$P_2(x) = \frac{1}{2}(-18x^2 + 9x) + \frac{\sqrt{2}}{2}(12x^2 - 4x)$$

$$= -9x^2 + \frac{9}{2x} + 6\sqrt{2}\,x^2 - 2\sqrt{2}\,x$$

$$= (6\sqrt{2} - 9)x^2 + \left(\frac{9}{2} - 2\sqrt{2}\right)x$$

뉴턴 보간법

x_i	$f[x_i]$	$f[\cdot,\cdot]$	$f[\cdot,\cdot,\cdot]$
0	0	$\frac{3}{2}$	$6\sqrt{2}-9$
$\frac{1}{3}$	$\frac{1}{2}$	$3(\sqrt{2}-1)$	
$\frac{1}{2}$	$\frac{\sqrt{2}}{2}$		

x_i	1	2
$f(x_i)$	2	6
$f'(x_i)$	3	7

1	2	3	1	2
1	2	4	3	
2	6	7		
2	6			

$$\frac{\frac{\sqrt{2}}{2} - \frac{1}{2}}{\frac{1}{2} - \frac{1}{3}} = 3(\sqrt{2} - 1)$$

$$\frac{3(\sqrt{2} - 1) - \frac{3}{2}}{\frac{1}{2} - 0} = 6\sqrt{2} - 9$$

$$P_2(x) = \frac{3}{2}(x - 0) + (6\sqrt{2} - 9)(x - 0)\left(x - \frac{1}{3}\right)$$

$$= \frac{3}{2}x + (6\sqrt{2} - 9)\left(x^2 - \frac{1}{3}x\right)$$

$$= \frac{3}{2}x + 6\sqrt{2}\,x^2 - 2\sqrt{2}\,x - 9x^2 + 3x$$

$$= (6\sqrt{2} - 9)x^2 + \left(\frac{9}{2} - 2\sqrt{2}\right)x$$

라그랑주 보간다항식은 한 점이 추가되면 처음부터 다시 구해야 하나 뉴턴의 분할차분 보간다항식은 그 전의 보간다항식은 그대로 유지하고 마지막 계수만 다시 추가하여 계산량이 적을 뿐 아니라 분할차분표를 이용하여 쉽게 구할 수 있다.

9. 다음 빈칸을 채워 보아라.

x_i	$f[\ ]$	$f[,]$	$f[,,]$	$f[,,,]$	$f[,,,,]$
1	2	3			
1	2				
2	6	7	8		
2	6	7			
2	6				

11. $x_0 = 0,\ x_1 = 1,\ x_2 = 2,\ x_3 = 3$

$$L_0(x) = \frac{(x-1)(x-2)(x-3)}{(0-1)(0-2)(0-3)}$$

$$= -\frac{(x-1)(x-2)(x-3)}{6}$$

$$L_1(x) = \frac{(x-0)(x-2)(x-3)}{(1-0)(1-2)(1-3)}$$

$$= \frac{x(x-2)(x-3)}{2}$$

$$L_2(x) = \frac{(x-0)(x-1)(x-3)}{(2-0)(2-1)(2-3)}$$

$$= -\frac{x(x-1)(x-3)}{2}$$

$$L_3(x) = \frac{(x-0)(x-1)(x-2)}{(3-0)(3-1)(3-2)}$$

$$= \frac{x(x-1)(x-2)}{6}$$

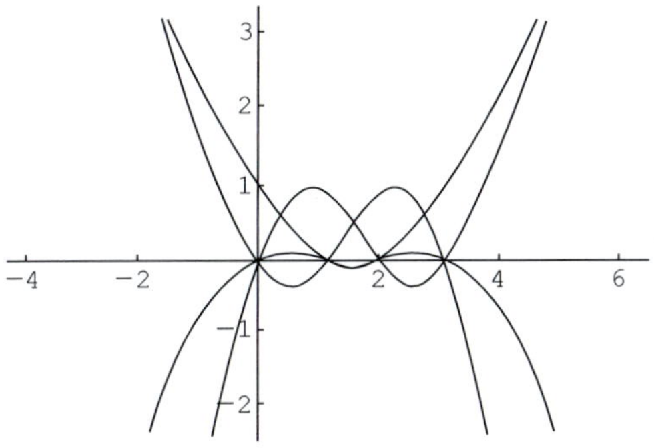

13. $\alpha L_0(x)+\beta L_1(x)+\gamma L_2(x)=0$라 하자.

$$L_0(x)=\frac{(x-x_1)(x-x_2)}{(x_0-x_1)(x_0-x_2)},$$

$$L_1(x)=\frac{(x-x_0)(x-x_2)}{(x_1-x_0)(x_1-x_2)},$$

$$L_2(x)=\frac{(x-x_0)(x-x_1)}{(x_2-x_0)(x_2-x_1)}$$

이므로

$$\alpha\frac{(x-x_1)(x-x_2)}{(x_0-x_1)(x_0-x_2)}+\beta\frac{(x-x_0)(x-x_2)}{(x_1-x_0)(x_1-x_2)}+$$
$$\gamma\frac{(x-x_0)(x-x_1)}{(x_2-x_0)(x_2-x_1)}=0$$

미정계수법에 의하여 위 식을 정리하면

$(x_2-x_1)\alpha+(x_0-x_2)\beta-(x_0-x_1)\gamma=0$

$(x_2-x_1)(x_2+x_1)\alpha+(x_0-x_2)(x_0+x_2)\beta$
$-(x_0-x_1)(x_0+x_1)\gamma=0$

$(x_2-x_1)(x_2x_1)\alpha+(x_0-x_2)(x_0x_2)\beta$
$-(x_0-x_1)(x_0x_1)\gamma=0$

위 세 식이 구해진다.

그런데 $(x_0, 0)$, $(x_1, 0)$, $(x_2, 0)$은 서로 다른 세 점이므로 $x_0\neq x_1\neq x_2$이고,

따라서 $\alpha=\beta=\gamma=0$을 만족한다.

따라서 2차 라그랑주 다항식은 일차독립이 된다.

17. $p_2(x)=a_0+a_1(x-x_0)+a_2(x-x_0)(x-x_1)$

$p_2(x_0)=a_0$. 따라서 $a_0=y_0$.

$p_2(x_1)=a_0+a_1(x_1-x_0)=y_1$이므로

$$a_1=\frac{y_1-y_0}{x_1-x_0}$$

$p_2(x_2)$
$=a_0+a_1(x_2-x_0)+a_2(x_2-x_0)(x_2-x_1)$
$=y_2$

이므로

$a_2(x_2-x_0)(x_2-x_1)$
$=y_2-a_0-a_1(x_2-x_0)$
$=y_2-a_0-a_1(x_2-x_1+x_1-x_0)$
$=y_2-a_0-a_1(x_2-x_1)-(y_1-y_0)$
$=y_2-y_1-a_1(x_2-x_1)$

따라서

$$a_2=\frac{\dfrac{y_2-y_1}{x_2-x_1}-\dfrac{y_1-y_0}{x_1-x_0}}{x_2-x_0}$$

제 9 장

1. (1) $(0, 0)$, $(1, 1)$, $(3, 3)$

$$S_1(x)=0+(x-0)\frac{1-0}{1-0}=x$$

$$S_2(x)=1+(x-1)\frac{3-1}{3-1}=x$$

따라서 $S(x)=x,\ 0\le x\le 3$

(3) $(0, 0)$, $(0.5, 1)$, $(1, 0)$

$$S_1(x)=0+(x-0)\frac{1-0}{0.5-1}=2x$$

$$S_2(x)=1+(x-0.5)\frac{0-1}{1-0.5}=-2x+2$$

따라서 $S(x)=\begin{cases}2x, & 0\le x<0.5\\ -2x+2, & 0.5\le x<1\end{cases}$

(5) $(0, 0)$, $(1, 1)$, $(2, 0)$, $(3, 1)$, $(4, 0)$

$S_1(x)=x$

$$S_2(x)=1+(x-1)\frac{0-1}{2-1}=2-x$$

$$S_3(x)=0+(x-2)\frac{1-0}{3-2}=x-2$$

$$S_4(x) = 1 + (x-3)\frac{0-1}{4-3} = 4 - x$$

따라서 $S(x) = \begin{cases} x, & 0 \le x < 1 \\ 2-x, & 1 \le x < 2 \\ x-2, & 2 \le x < 3 \\ 4-x, & 3 \le x < 4 \end{cases}$

3. (1) $x=1$에서 연속이어야 하므로
$a = 1-2 = -1$

(3) $x=1, 2$에서 연속이어야 하므로
$1+b = a-2,\ a-4 = 2a+b$이다.
따라서 $a = -\frac{1}{2},\ b = -\frac{7}{2}$

5. $S_i(x) = \frac{z_{i+1}-z_i}{2(t_{i+1}-t_i)}(x-t_i)^2 + z_i(x-t_i) + y_i$에서 $S_i(t_i) = y_i$이므로 S_i는 (t_i, y_i)를 지난다. $S_i'(x) = \frac{z_{i+1}-z_i}{(t_{i+1}-t_i)}(x-t_i) + z_i$이므로 $S_i'(t_i) = z_i,\ S_i'(t_{i+1}) = z_{i+1}$이다. 따라서 각각의 기울기가 $z_i,\ z_{i+1}$이다.

7. (1) 이차스플라인함수가 되려면 정의에 의하여 $f(x)$와 $f'(x)$, $x=1$에서 연속이어야 하므로 $a = b-2+1,\ a = 2b-2$가 되어야 한다. 따라서 $b=1,\ a=0$이다.

(3) (1)과 마찬가지 이유로 $f(x)$와 $f'(x)$, $x=1, 2$에서 연속이어야 하므로
$a+b=0,\ 3=2c+d,\ a=0,\ c=2$가 된다.
$b=0,\ d=-1$이다.

9. $S_i''(x)$는 (t_i, z_i)와 (t_{i+1}, z_{i+1})을 지나는 직선이므로 $S_i''(x) = a(x-t_i) + b(t_{i+1}-x)$로 넣고 (또는 $S_i''(x) = ax+b$) 대입한 후 $h_i = t_{i+1} - t_i$로 놓으면 다음을 얻는다.

$$S_i''(x) = \frac{z_{i+1}}{h_i}(x-t_i) + \frac{z_i}{h_i}(t_{i+1}-x)$$

11. $S_i(x) = \frac{z_{i+1}}{6h_i}(x-t_i)^3 + \frac{z_i}{6h_i}(t_{i+1}-x)^3 + a(x-t_i) + b(t_{i+1}-x)$

에서 $S_i(t_i) = y_i,\ S_i(t_{i+1}) = y_{i+1}$이므로 이를 대입하면 다음과 같이 되다.

$$\frac{z_i}{6}h_i^2 + bh_i = y_i,\quad \frac{z_{i+1}}{6}h_i^2 + ah_i = y_{i+1}$$

따라서 상수 a, b는 다음과 같이 구해진다.

$$a = \frac{y_{i+1}}{h_i} - \frac{h_i}{6}z_{i+1},\quad b = \frac{y_i}{h_i} - \frac{h_i}{6}z_i$$

13. (1) $(0, 0), (1, 1), (3, 9)$

$h_1 = 1,\ h_2 = 2,\ c_1 = 1-0 = 1,$

$c_2 = \frac{9-1}{2} = 4,\ u_2 = 2(1+2) = 6,$

$v_2 = 6(4-1) = 18$

$z_1 = 0,\quad h_1z_1 + u_2z_2 + h_2z_3 = v_2,\quad z_3 = 0$이므로 $z_2 = \frac{v_2}{u_2} = 3$이다. 그러므로

$S_1(x) = \frac{1}{2}x^3 - \frac{1}{2}x,$

$S_2(x) = \frac{1}{4}(3-x)^3 + \frac{9}{2}(x-1) - \frac{1}{2}(3-x),$

따라서

$S(x) = \begin{cases} 0.5x^3 + 0.5x, & 0 \le x < 1 \\ 0.25(3-x)^3 + 5x - 6, & 1 \le x < 3 \end{cases}$

(3) $(0, 0), (1, 1), (2, 4), (3, 1), (4, 0)$

$h_1 = h_2 = h_3 = h_4 = 1,\ c_1 = 1-0 = 1,$

$c_2 = 4-1 = 3,\ c_3 = 1-4 = -3,\ c_4 = -1,$

$u_2 = u_3 = u_4 = 2(1+1) = 4,$

$v_2 = 6(3-1) = 12,\ v_3 = 6(-3-3) = -36,$

$v_4 = 6(-1+3) = 12,$

$z_1 = 0,\ h_1z_1 + u_2z_2 + h_2z_3 = v_2,$

$h_2z_2 + u_3z_3 + h_3z_4 = v_3,$

$h_3z_3 + u_4z_4 + h_4z_5 = v_4,$

$z_5 = 0$이므로 $z_2 = 6,\ z_3 = -\frac{84}{7},\ z_4 = 6$이다. 그러므로

$S_1(x) = x^3,$

$S_2(x) = -2(x-2)^3 + (2-x)^3 + 6(x-1),$

$S_3(x) = (x-2)^3 - 2(3-x)^3 + 6(3-x),$

$S_4(x) = (4-x)^3,$

따라서

$$S(x) = \begin{cases} x^3, & 0 \le x < 1 \\ -2(x-1)^3 + (2-x)^3 + 6(x-1), & 1 \le x < 2 \\ (x-2)^3 - 2(3-x)^3 + 6(3-x), & 2 \le x < 3 \\ (4-x)^3 & 3 \le x < 4 \end{cases}$$

제 10 장

1. (1) $\int_{-1}^{1} x \cdot x^2 \cdot 1\,dx = \left[\frac{1}{4}x^4\right]_{-1}^{1} = \frac{1}{4} - \frac{1}{4} = 0$

(3) $\int_{0}^{1} x \cdot x^2 \cdot 1\,dx = \left[\frac{1}{4}x^4\right]_{0}^{1} = \frac{1}{4}$

(5) $\int_{-1}^{1} x \cdot x^2 \cdot \sqrt{1-x^2}\,dx$

$1-x^2$을 t로 치환하면

$-2x\,dx = dt,\ x^2 = 1-t$

$\int -\frac{1}{2}(1-t)\sqrt{t}\,dt$

$= -\frac{1}{2}\left(\int \sqrt{t}\,dt - \int t\sqrt{t}\,dt\right)$

$= -\frac{1}{2}\left[\frac{2}{3}t^{\frac{3}{2}} - \frac{2}{5}t^{\frac{5}{2}}\right]$

$= -\frac{1}{2}\left[\frac{2}{3}(1-x^2)^{\frac{3}{2}} - \frac{2}{5}(1-x^2)^{\frac{5}{2}}\right]_{-1}^{1}$

$= 0$

[다른 방법]

$f(x) = x^3\sqrt{1-x^2}$은 기함수이므로

$\int_{-1}^{1} f(x) = 0$

3. (1) $\|f\| = \sqrt{\int_{-1}^{1} x^2 dx} = \sqrt{\frac{2}{3}}$,

$\|g\| = \sqrt{\int_{-1}^{1} x^4 dx} = \sqrt{\frac{2}{5}}$ 이므로

$\|f\| + \|g\| = \sqrt{\frac{2}{3}} + \sqrt{\frac{2}{5}}$

$= \frac{(\sqrt{10}+\sqrt{6})\sqrt{15}}{15} \approx 1.449$

$\|f+g\| = \sqrt{\int_{-1}^{1} (x+x^2)^2 dx} = \sqrt{\frac{16}{15}}$

$= \frac{4\sqrt{15}}{15} \approx 1.033$

이므로 삼각부등식을 만족한다.

(3) $\|f\| = \sqrt{\int_{0}^{1} x^2 dx} = \sqrt{\frac{1}{3}} \approx 0.57735,$

$\|g\| = \sqrt{\int_{0}^{1} x^4 dx} = \sqrt{\frac{1}{5}} \approx 0.44721$이므로

$\|f\| + \|g\| = \sqrt{\frac{1}{3}} + \sqrt{\frac{1}{5}} \approx 1.02456$이고

$\|f+g\| = \sqrt{\int_{0}^{1} (x+x^2)^2 dx} = \sqrt{\frac{31}{30}}$

≈ 1.01653

이므로 삼각부등식을 만족한다.

(5) $\|f\|^2 = \int_{-1}^{1} x^2\sqrt{1-x^2}\,dx = 0.392699,$

$\|g\|^2 = \int_{-1}^{1} x^4\sqrt{1-x^2}\,dx = 0.19635$이므로

$\|f\| + \|g\| \approx 1.06977$

$\|f+g\|^2 = \int_{-1}^{1} (x+x^2)^2\sqrt{1-x^2}\,dx$

≈ 0.589049

이므로 삼각부등식을 만족한다.

5. (1) $a > b$이고 $(f(x))^2 w(x) \ge 0$이므로 정적분의 정의에 의하여 다음이 성립한다.

$\|f\| = \sqrt{<f, f>} = \sqrt{\int_{a}^{b} (f(x))^2 w(x)\,dx} \ge 0$

(2) $\|f\| = 0$이면 $a \ne b$이고 $(f(x))^2 w(x) \ge 0$ 이므로 연속함수 $(f(x))^2 w(x)$은 $[a, b]$ 위에서 0이다. $[a, b]$ 위에서 $w(x) > 0$이므로 $f(x) = 0$이 된다.

역으로 $f = 0$이면 $<f, f> = \int_{a}^{b} 0 w(x)\,dx$

$=0$이다.

(3) 모든 $f \in C[a, b]$와 상수 α에 대하여 다음이 성립한다.

$$\|\alpha f\|^2 = <\alpha f, \alpha f> = \int_a^b (\alpha f(x))^2 w(x) dx$$

$$= \alpha^2 \int_a^b (f(x))^2 w(x) dx = \alpha^2 \|f\|^2$$

따라서 $\|\alpha f\| = |\alpha| \|f\|$

(4) 삼각부등식에 의하여 성립

7. $q_n(x) = \dfrac{1}{2^n n!} \dfrac{d^n}{dx^n}((x^2-1)^n)$에 의해서

$q_0(x) = 1$

$$q_1(x) = \frac{1}{2} \cdot \frac{d^1}{dx^1}(x^2-1)$$

$$= \frac{1}{2} \cdot 2x = x$$

$$q_2(x) = \frac{1}{2^2 \cdot 2!} \cdot \frac{d^2}{dx^2}(x^2-1)^2$$

$$= \frac{1}{8}\{4(x^2-1) + 4x \cdot 2x\} = \frac{3x^2-1}{2}$$

$$q_3(x) = \frac{1}{2^3 \cdot 3!} \cdot \frac{d^3}{dx^3}(x^2-1)^3$$

$$= \frac{1}{48} \cdot \{24x(x^2-1) + 48x^3 - 48x + 48x^3\}$$

$$= \frac{5x^3-3x}{2}$$

$$q_4(x) = \frac{1}{2^4 \cdot 4!} \cdot \frac{d^4}{dx^4}(x^2-1)^4$$

$$= \frac{1}{384} \cdot \{1680x^4 - 1440x^2 + 144\}$$

$$= \frac{35x^4 - 30x^2 + 3}{8}$$

9. $<q_4, p_3> = \displaystyle\int_{-1}^1 q_4(x) p_3(x) dx$

$$= \int_{-1}^1 \left(\frac{35x^4 - 30x^2 + 3}{8} \cdot (ax^3 + bx^2 + cx + d)\right) dx$$

$$= \int_{-1}^1 \left(\frac{35x^4 - 30x^2 + 3}{8} \cdot (bx^2 + d)\right) dx$$

(기함수의 적분은 0이므로)

$$= \frac{1}{43}\left[\frac{35b}{7}x^7 + \frac{(35d-30b)}{5}x^5 + \frac{(3b-30d)}{3}x^3 + 3xd\right]_0^1$$

$$= 0$$

11. $L_0(x) = 1$

$L_1(x) = (-x+1)L_0(x) = -x+1$

$L_2(x) = (-x+3)L_1(x) - L_0(x)$

$= x^2 - 4x + 2$

$L_3(x) = (-x+5)L_2(x) - 2^2 L_1(x)$

$= (-x+5)(x^2-4x+2) - 4(-x+1)$

$= -x^3 + 9x^2 - 18x + 6$

$L_4(x) = (-x+7)L_3(x) - 3^2 L_2(x)$

$= (-x+7)(-x^3+9x^2-18x+6) - 9(x^2-4x+2)$

$= x^4 - 16x^3 + 72x^2 - 96x + 24$

$L_5(x) = (-x+9)L_4(x) - 4^2 L_3(x)$

$= (-x+9)(x^4-16x^3+72x^2-96x+24) - 16(-x^3+9x^2-18x+6)$

$= -x^5 + 25x^4 - 200x^3 + 600x^2 - 600x + 120$

13. $\displaystyle\int_0^\infty x^5 e^{-x} dx = 120,\ \int_0^\infty x^4 e^{-x} dx = 24,$

$\displaystyle\int_0^\infty x^3 e^{-x} dx = 6,\ \int_0^\infty x^2 e^{-x} dx = 2,$

$\displaystyle\int_0^\infty x e^{-x} dx = 1,\ \int_0^\infty e^{-x} dx = 1$

임을 이용하면 다음을 얻는다.

$$\int_0^\infty (-x^3 + 9x^2 - 18x + 6)(ax^2 + bx + c)e^{-x} dx$$

$$= 0$$

15. $T_0 = 1,\ T_1 = x$이므로

$$T_2 = 2xT_1 - T_0 = 2x^2 - 1$$
$$T_3 = 2xT_2 - T_1 = 2x(2x^2-1) - x = 4x^3 - 3x$$
$$T_4 = 2xT_3 - T_2 = 2x(4x^3-3x) - (2x^2-1)$$
$$= 8x^4 - 8x^2 + 1$$

17. $T_k(x) = \cos(k\cos^{-1}x)$에서 $x = \cos$로 치환하면 다음 관계식을 얻는다.

$$< T_k,\ T_l > = \int_{-1}^{1} T_k(x)T_l(x)\sqrt{1-x^2}\,dx$$
$$= \int_0^{\pi} \cos(k\theta)\cos(l)\theta d\theta$$
$$= \begin{cases} 0, & k \neq l \\ \pi, & k = l = 0 \\ \dfrac{\pi}{2}, & k = l \neq 0 \end{cases}$$

19. $< T_3, p_2 >$
$$= \int_{-1}^{1} (4x^3-3x)(ax^2+bx+c)\sqrt{1-x^2}\,dx = 0$$

21. 예제 11.8과 같은 방법으로 하면 된다.

23. $(0, 0),\ \left(\frac{1}{6}, \frac{1}{12}\right),\ \left(\frac{1}{4}, \frac{\sqrt{2}}{8}\right),$
$\left(\frac{1}{3}, \frac{\sqrt{3}}{6}\right), \left(\frac{1}{2}, \frac{1}{2}\right)$

$$\sum_{k=1}^{5} x_k^2 = \frac{1}{36} + \frac{1}{16} + \frac{1}{9} + \frac{1}{4} = \frac{65}{144}$$
$$\sum_{k=1}^{5} x_k = \frac{1}{6} + \frac{1}{4} + \frac{1}{3} + \frac{1}{2} = \frac{15}{12}$$
$$\sum_{k=1}^{5} x_k y_k = \frac{1}{6}\cdot\frac{1}{12} + \frac{1}{4}\cdot\frac{\sqrt{2}}{8} + \frac{1}{3}\cdot\frac{\sqrt{3}}{6} + \frac{1}{2}\cdot\frac{1}{2}$$
$$= \frac{76+9\sqrt{2}+16\sqrt{3}}{288}$$
$$\sum_{k=1}^{5} y_k = \frac{1}{12} + \frac{\sqrt{2}}{8} + \frac{\sqrt{3}}{6} + \frac{1}{2}$$
$$= \frac{14+3\sqrt{2}+4\sqrt{3}}{24}$$
$$\frac{65}{144}a + \frac{15}{12}b = \frac{76+9\sqrt{2}+16\sqrt{3}}{288}$$
$$\frac{15}{12}a + 5b = \frac{14+3\sqrt{2}+4\sqrt{3}}{24}$$
$$a = \frac{17+2\sqrt{3}}{20} = 1.023,$$
$$b = \frac{11+6\sqrt{2}+6\sqrt{3}}{240} = 0.124$$

최소제곱직선은 $y = 1.023x + 0.124$

25. $\phi(a, b, c) = \sum_{k=1}^{n}(ax_k^2 + bx_k + c - y_k)^2$

$$\frac{\partial\phi}{\partial a} = \sum_{k=1}^{n} 2(ax_k^2 + bx_k + c - y_k)x_k^2 = 0$$
$$\frac{\partial\phi}{\partial b} = \sum_{k=1}^{n} 2(ax_k^2 + bx_k + c - y_k)x_k = 0$$
$$\frac{\partial\phi}{\partial c} = \sum_{k=1}^{n} 2(ax_k^2 + bx_k + c - y_k) = 0$$

위의 식을 간단히 정리하면

$$\begin{cases} \left(\sum_{k=1}^{n} x_k^4\right)a + \left(\sum_{k=1}^{n} x_k^3\right)b + \left(\sum_{k=1}^{n} x_k^2\right)c = \sum_{k=1}^{n} y_k x_k^2 \\ \left(\sum_{k=1}^{n} x_k^3\right)a + \left(\sum_{k=1}^{n} x_k^2\right)b + \left(\sum_{k=1}^{n} x_k\right)c = \sum_{k=1}^{n} y_k x_k \\ \left(\sum_{k=1}^{n} x_k^2\right)a + \left(\sum_{k=1}^{n} x_k\right)b + nc = \sum_{k=1}^{n} y_k \end{cases}$$

27. 정세영 외 3인, 수치해석학, 경문사(1997), 208쪽 참조

29. 정규방정식에서 $n = 5,\ m = 1$인 경우로

$g_1(x) = \dfrac{1}{x}$이다.

$g_1(0.5) = 2,\ g_1(1) = 1,\ g_1(1) = 1,$

$g_1(2) = 0.5,\ g_1(3) = \dfrac{1}{3}$이므로

$G^TG = 4 + 1 + 1 + 0.25 + \dfrac{1}{9} = 6.36,$

$G^Ty = 12.18$이다.

따라서 $a=\dfrac{6.36}{12.18}=1.915$이고 최소제곱함수는

$y=\dfrac{1.915}{x}$이다.

제 11 장

1. $x=x_0$, $h=0.1$

(1) $f(x)=x^2-2x+2$, $x_0=1$, 3

참값은 $x_0=1$일 때 0, $x_0=3$일 때 4

전향수치미분식

$x_0=1$일 때

$$\frac{(1+0.1)^2-2(1+0.1)+2-(1^2-2+2)}{0.1}$$

$$=\frac{0.01}{0.1}=0.1$$

$x_0=3$일 때

$$\frac{(3+0.1)^2-2(3+0.1)+2-(3^2-6+2)}{0.1}$$

$$=\frac{0.41}{0.1}=4.1$$

후향수치미분식

$x_0=1$일 때

$$\frac{(1^2-2+2)-((1-0.1)^2-2(1-0.1)+2)}{0.1}$$

$$=-\frac{0.01}{0.1}=-0.1$$

$x_0=3$일 때

$$\frac{(3^2-6+2)-((3-0.1)^2-2(3-0.1)+2)}{0.1}$$

$$=\frac{0.39}{0.1}=3.9$$

중앙수치미분식

$x_0=1$일 때

$$\frac{((1+0.1)^2-2(1+0.1)+2)-((1-0.1)^2-2(1-0.1)+2))}{2(0.1)}$$

$$=0$$

$x_0=3$일 때

$$\frac{((3+0.1)^2-2(3+0.1)+2)-((3-0.1)^2-2(3-0.1)+2))}{2(0.1)}$$

$$=\frac{0.8}{0.2}=4$$

(3) $f(x)=\sin x$, $x_0=0$, $\dfrac{\pi}{3}$

참값은 $x_0=0$일 때 1, $x_0=\dfrac{\pi}{3}$일 때 0.5

전향수치미분식

$x_0=0$일 때

$$\frac{\sin(0+0.1)-\sin(0)}{0.1}=0.0998334$$

$x_0=\dfrac{\pi}{3}$일 때

$$\frac{\sin\left(\frac{\pi}{3}+0.1\right)-\sin\left(\frac{\pi}{3}\right)}{0.1}=0.456156$$

후향수치미분식

$x_0=0$일 때

$$\frac{\sin(0)-\sin(0-0.1)}{0.1}=0.0998334$$

$x_0=\dfrac{\pi}{3}$일 때

$$\frac{\sin\left(\frac{\pi}{3}\right)-\sin\left(\frac{\pi}{3}-0.1\right)}{0.1}=0.542178$$

중앙수치미분식

$x_0=0$일 때

$$\frac{\sin(0+0.1)-\sin(0-0.1)}{2(0.1)}=0$$

$x_0=\dfrac{\pi}{3}$일 때

$$\frac{\sin\left(\frac{\pi}{3}+0.1\right)-\sin\left(\frac{\pi}{3}-0.1\right)}{2(0.1)}=0.499167$$

(5) $f(x)=\cos(\pi x)$, $x_0=0$, $\dfrac{1}{4}$

참값은 $x_0=0$일 때

0, $x_0=\dfrac{1}{4}$일 때 $-\dfrac{\pi}{\sqrt{2}}=-2.221$

전향수치미분식

$x_0=0$일 때

$$\frac{\cos(\pi(0+0.1))-\cos(\pi\cdot 0)}{0.1}=-0.48943$$

$x_0=\frac{1}{4}$일 때

$$\frac{\cos\left(\pi\left(\frac{1}{4}+0.1\right)\right)-\cos\left(\pi\frac{1}{4}\right)}{0.1}=-2.5311678$$

후향수치미분식

$x_0=0$일 때

$$\frac{\cos(\pi\cdot 0)-\cos(\pi(0-0.1))}{0.1}=0.48943$$

$x_0=\frac{1}{4}$일 때

$$\frac{\cos\left(\pi\frac{1}{4}\right)-\cos\left(\pi\left(\frac{1}{4}-0.1\right)\right)}{0.1}=-0.183900$$

중앙수치미분식

$x_0=0$일 때

$$\frac{\cos(\pi(0+0.1))-\cos(\pi(0-0.1))}{2(0.1)}=0$$

$x_0=\frac{1}{4}$일 때

$$\frac{\cos\left(\pi\left(\frac{1}{4}+0.1\right)\right)-\cos\left(\pi\frac{1}{4}-0.1\right)\right)}{2(0.1)}=-2.1851$$

3. (1) $f(x)=x^2-2x+2,\ x_0=1,\ 3$

참값은 $x_0=1$일 때 2, $x_0=3$일 때 2

$x_0=1$일 때

$$\frac{((1+0.1)^2-2(1+0.1)+2)-2(1)+((1-0.1)^2-2(1-0.1)+2))}{0.1^2}$$

$=2$

$x_0=3$일 때

$$\frac{((3+0.1)^2-2(3+0.1)+2)-2(9-6+2)+((3-0.1)^2-2(3-0.1)+2))}{0.1^2}$$

$=2$

(3) $f(x)=\sin x,\ x_0=0,\ \frac{\pi}{3}$

참값은 $x_0=0$일 때 0, $x_0=\frac{\pi}{3}$일 때 -0.5

$x_0=0$일 때

$$\frac{\sin(0+0.1)-2\sin(0)+\sin(0-0.1)}{0.1^2}=0$$

$x_0=\frac{\pi}{3}$일 때

$$\frac{\sin\left(\frac{\pi}{3}+0.1\right)-2\sin\left(\frac{\pi}{3}\right)+\sin\left(\frac{\pi}{3}-0.1\right)}{0.1^2}$$

$=-0.86525$

(5) $f(x)=\cos(\pi x),\ x_0=0,\ \frac{1}{4}$

참값은 $x_0=0$일 때 $\pi^2=9.8696$, $x_0=\frac{1}{4}$일 때 $-\frac{\pi}{\sqrt{2}}=-6.9789$

$x_0=0$일 때

$$\frac{\cos(\pi(0+0.1))-2\cos(\pi\cdot 0)+\cos(\pi(0-0.1))}{0.1^2}$$

$=-9.7887$

$x_0=\frac{1}{4}$일 때

$$\frac{\cos\pi\left(\frac{1}{4}+0.1\right)-2\cos\left(\pi\cdot\frac{1}{4}\right)+\cos\left(\pi\left(\frac{1}{4}-0.1\right)\right)}{0.1^2}$$

$=-6.922356$

5. 정세영 외 3인, 수치해석학, 경문사(1997), 217쪽 참조

7. 사다리꼴 공식의 정밀도는 1이므로 $f(x)=cx^3+dx^2$인 경우만 알아보아도 된다. 적분구간 $[a, b]$를 $[0, 1]$로 치환하여도 $f(x)$는 같은 형태가 되므로 $a=0$, $b=1$로 보아도 좋다.

$\int_0^1 f(x)dx=\frac{c}{4}+\frac{d}{3}$이고

$$\begin{aligned}CT(f)&=T(f)+\frac{(b-a)^2}{12}(f'(a)-f'(b))\\&=\frac{1}{2}(c+d)+\frac{1}{12}(-3c-2d)\\&=\frac{1}{4}c+\frac{1}{3}d\end{aligned}$$

이다. 한편 $f(x)=x^4$인 경우 $\int_0^1 f(x)dx=\frac{1}{5}$이나 $CT(f)=\frac{1}{2}+\frac{4}{12}=\frac{1}{6}$이므로 정밀도는 3이 된다.

9. (1) $\int_0^3 (2x-1)dx = [x^2-x]_0^3 = 6$

$$T(f) = \frac{h}{2}(f_0+f_1) = \frac{3}{2}(-1+5) = 6$$

$$CT(f) = 6 + \frac{(3-0)^2}{12}(2-2) = 6$$

(3) $\int_0^2 (x^2+2x-1)dx = \left[\frac{1}{3}x^3+x^2-x\right]_0^2$

$$= 4.6667$$

$$T(f) = \frac{2}{2}(-1+7) = 6$$

$$CT(f) = 6 + \frac{(2-0)^2}{12}(2-6) = 4.6667$$

(5) $\int_{-1}^2 (3x^3-2x^2+x-1)dx$

$$= \left[\frac{3}{4}x^4 - \frac{2}{3}x^3 + \frac{1}{2}x^2 - x\right]_{-1}^2 = 3.75$$

$$T(f) = \frac{3}{2}(-7+17) = 15$$

$$CT(f) = 15 + \frac{(2+1)^2}{12}(14-29) = 3.75$$

(7) $\int_{-1}^2 (5x^4-2x^2+x-1)dx$

$$= \left[x^5 - \frac{2}{3}x^3 + \frac{1}{2}x^2 - x\right]_{-1}^2 = 25.5$$

$$T(f) = \frac{3}{2}(1+73) = 111$$

$$CT(f) = 111 + \frac{(2+1)^2}{12}(-15-153) =- 15$$

(9) $\int_0^\pi \sin x dx = [-\cos x]_0^\pi = 2$

$$T(f) = \frac{\pi}{2}(0+0) = 0$$

$$CT(f) = 0 + \frac{(\pi-0)^2}{12}(1+1) = 1.645$$

(11) $\int_0^2 e^x dx = [e^x]_0^2 = 6.389056$

$$T(f) = \frac{2}{2}(1+e^2) = 8.389$$

$$CT(f) = 8.389 + \frac{(2-0)^2}{12}(1-e^2) = 5.926$$

제 12 장

1. $n=2$

(1) $\int_0^3 (2x-1)dx = [x^2-x]_0^3 = 6$

$$T(f, h) = \frac{\frac{3}{2}}{2}\left[f(0)+2f\left(\frac{3}{2}\right)+f(3)\right]$$

$$= \frac{3}{4}[-1+4+5]$$

$$= 6$$

$$S(f, h) = \frac{\frac{3}{2}}{3}\left[f(0)+4f\left(\frac{2}{3}\right)+f(3)\right]$$

$$= \frac{1}{2}[-1+8+5]$$

$$= 6$$

(3) $\int_0^2 (x^2+2x-1)dx = \left[\frac{1}{3}x^3+x^2-x\right]_0^2$

$$= 4.6667$$

$$T(f, h) = \frac{\frac{2}{2}}{2}[f(0)+2f(1)+f(2)]$$

$$= \frac{1}{2}[-1+4+7]$$

$$= 5$$

$$S(f, h) = \frac{\frac{2}{2}}{3}[f(0)+4f(1)+f(2)]$$

$$= \frac{1}{3}[-1+8+7]$$

$$= 4.6667$$

(5) $\int_{-1}^2 (3x^3-2x^2+x-1)dx$

$$= \left[\frac{3}{4}x^4 - \frac{2}{3}x^3 + \frac{1}{2}x^2 - x\right]_{-1}^2 = 3.75$$

$$T(f, h) = \frac{\frac{3}{2}}{2}\left[f(-1)+2f\left(\frac{1}{2}\right)+f(2)\right]$$

$$= \frac{3}{4}\left[-7-\frac{5}{4}+17\right]$$

$$= 6.5625$$

$$S(f,h)=\frac{\frac{3}{2}}{3}\left[f(-1)+4f\left(\frac{1}{2}\right)+f(2)\right]$$
$$=\frac{1}{2}\left[-7-\frac{5}{2}+17\right]$$
$$=3.75$$

(7) $\int_{-1}^{2}(5x^4-2x^2+x-1)dx$

$$=\left[x^5-\frac{2}{3}x^3+\frac{1}{2}x^2-x\right]_{-1}^{2}=25.5$$

$$T(f,h)=\frac{\frac{3}{2}}{2}\left[f(-1)+2f\left(\frac{1}{2}\right)+f(2)\right]$$
$$=\frac{3}{4}\left[1-\frac{11}{8}+73\right]$$
$$=54.46875$$

$$S(f,h)=\frac{\frac{3}{2}}{3}\left[f(-1)+4f\left(\frac{1}{2}\right)+f(2)\right]$$
$$=\frac{1}{2}\left[1-\frac{11}{4}+73\right]$$
$$=35.625$$

(9) $\int_{0}^{\pi}\sin x dx=[-\cos x]_0^{\pi}=2$

$$T(f,h)=\frac{\frac{\pi}{2}}{2}\left[f(0)+2f\left(\frac{\pi}{2}\right)+f(\pi)\right]$$
$$=\frac{\pi}{4}[0+2+0]$$
$$=1.57$$

$$S(f,h)=\frac{\frac{\pi}{2}}{3}\left[f(0)+4f\left(\frac{\pi}{2}\right)+f(\pi)\right]$$
$$=\frac{\pi}{6}[0+4+0]$$
$$=2.094$$

3. 정세영 외 3인, 수치해석학, 경문사(1997), 230쪽 참조

5. 정리 12.1에 의하여 2차다항식과 직교가 되는 3차다항식을 찾아야 한다. 그람-슈미트 정리에 의하여 $\omega(x)=1$로 하면 $q(x)=5x^3-3x$은 2차다항식과 직교한다. 즉,

$$\int_{-1}^{1}(ax^2+bx+c)(5x^3-3x)dx$$
$$=b\int_{-1}^{1}x(5x^3-3x)dx$$
$$=2b\int_{0}^{1}(5x^4-3x^2)dx=0$$

정리 12.1에 의하여 $q(x)=5x^3-3x=0$의 근 $x=0,\ \pm\sqrt{\frac{3}{5}}$ 이 마디점이 되고 가중치는

$$\omega_0=\int_{-1}^{1}l_0(x)dx=\frac{5}{9},$$
$$\omega_1=\int_{-1}^{1}l_1(x)dx=\frac{8}{9},$$
$$\omega_2=\int_{-1}^{1}l_2(x)dx=\frac{5}{9}$$

이 되어 구간 $[-1,1]$에서 정밀도가 3인 가우스 구적법은 다음과 같이 표현된다.

$$Q[f]=\frac{5}{9}f\left(-\sqrt{\frac{3}{5}}\right)+\frac{8}{9}f\left(\frac{1}{\sqrt{3}}\right)+\frac{5}{9}f\left(\sqrt{\frac{3}{5}}\right)$$

7. $\frac{h}{2}\sum_{j=0}^{m-1}\left(\sum_{i=0}^{n}\omega_i f\left(\frac{2a+(2j+1)h}{2}+\frac{h}{2}x_i\right)\right)$

(1) $\int_{-1}^{2}4x^3dx=15$

$$\frac{3}{4}\sum_{j=0}^{1}\left(\sum_{i=1}^{1}\omega_i f\left(\frac{-2+(2j+1)\frac{3}{2}}{2}+\frac{3}{4}x_i\right)\right)$$
$$=\frac{3}{4}\left(\omega_0 f\left(\frac{-2+(2\cdot 0+1)\frac{3}{2}}{2}+\frac{3}{4}x_0\right)\right.$$
$$+\omega_1 f\left(\frac{-2+(2\cdot 0+1)\frac{3}{2}}{2}+\frac{3}{4}x_1\right)$$
$$+\omega_0 f\left(\frac{-2+(2\cdot 1+1)\frac{3}{2}}{2}+\frac{3}{4}x_0\right)$$

$$+\omega_1 f\left(\frac{-2+(2\cdot 1+1)\frac{3}{2}}{2}+\frac{3}{4}x_1\right)\Bigg)$$

$$=\frac{3}{4}(-1.274519+0.024519+2.181252$$

$$+19.068747)$$

$$=14.999999$$

(3) $\int_0^1 x^5\,dx=1.6667$

$$\frac{1}{4}\sum_{j=0}^{1}\left(\sum_{i=1}^{1}\omega_i f\left(\frac{0+(2j+1)\frac{1}{2}}{2}+\frac{1}{4}x_i\right)\right)$$

$$=\frac{1}{4}\Bigg(\omega_0 f\left(\frac{0+(2\cdot 0+1)\frac{1}{2}}{2}+\frac{1}{4}x_0\right)$$

$$+\omega_1 f\left(\frac{0+(2\cdot 0+1)\frac{1}{2}}{2}+\frac{1}{4}x_1\right)$$

$$+\omega_0 f\left(\frac{0+(2\cdot 1+1)\frac{1}{2}}{2}+\frac{1}{4}x_0\right)$$

$$+\omega_1 f\left(\frac{0+(2\cdot 1+1)\frac{1}{2}}{2}+\frac{1}{4}x_1\right)\Bigg)$$

$$=\frac{1}{4}(0.000013+0.009535+0.081499$$

$$+0.572147)$$

$$=0.165799$$

(5) $\int_1^e \ln x\,dx=1$

$$=\frac{e-1}{4}\Bigg(\omega_0 f\left(\frac{2+(2\cdot 0+1)\frac{e-1}{2}}{2}+\frac{e-1}{4}x_0\right)$$

$$+\omega_1 f\left(\frac{2+(2\cdot 0+1)\frac{e-1}{2}}{2}+\frac{e-1}{4}x_1\right)$$

$$+\omega_0 f\left(\frac{2+(2\cdot 1+1)\frac{e-1}{2}}{2}+\frac{e-1}{4}x_0\right)$$

$$+\omega_1 f\left(\frac{2+(2\cdot 1+1)\frac{e-1}{2}}{2}+\frac{e-1}{4}x_1\right)\Bigg)$$

$$=\frac{e-1}{4}(0.166834+0.517353+0.713292$$

$$+0.930873)$$

$$=1.000190$$

(7) $\int_0^2 e^x\,dx=6.38906$

$$=\frac{1}{2}\Bigg(\omega_0 f\left(\frac{0+(2\cdot 0+1)1}{2}+\frac{1}{2}x_0\right)$$

$$+\omega_1 f\left(\frac{0+(2\cdot 0+1)1}{2}+\frac{1}{2}x_1\right)$$

$$+\omega_0 f\left(\frac{0+(2\cdot 1+1)1}{2}+\frac{1}{2}x_0\right)$$

$$+\omega_1 f\left(\frac{0+(2\cdot 1+1)1}{2}+\frac{1}{2}x_1\right)\Bigg)$$

$$=\frac{1}{2}(0.574440+2.143839+3.292720$$

$$+4.862119)$$

$$=5.436585$$

9. $n=2$

(1) $\int_0^\infty e^{-x}\,dx=1$

$$\int_0^\infty f(x)e^{-x}dx$$

$$=\omega_0 f(x_0)+\omega_1 f(x_1)+\omega_2 f(x_2)$$

$$=0.71109300+0.27851773+0.01038926$$

$$=0.9999999$$

(3) $\int_0^\infty x^5 e^{-x}dx=120$

$$\int_0^\infty f(x)e^{-x}dx$$

$$=\omega_0 f(x_0)+\omega_1 f(x_1)+\omega_2 f(x_2)$$

$$=0.71109300(0.41577455)^5$$

$$+0.27851773(2.29428036)^5$$

$$+0.01038926(6.28994508)^5$$

$$=120.000034$$

(5) $\int_0^\infty \cos x e^{-x}dx=1$

$$\int_0^\infty f(x)e^{-x}dx$$

$$=\omega_0 f(x_0)+\omega_1 f(x_1)+\omega_2 f(x_2)$$

$$=0.71109300\cos(0.41577455)$$

$+0.27851773\cos(2.29428036)$
$+0.01038926\cos(6.28994508)$
$=0.999694$

11. $\int_{-\infty}^{\infty} f(x)e^{-x}dx$

$\approx 0.88622692[f(-0.70710678)$
$+f(0.70710678)]$

13. (1) $x_1=\cos\left(\frac{\pi}{2}\right)=0,\ \omega_1=\pi$이므로

$$\int_{-1}^{1} f(x)\frac{1}{\sqrt{1-x^2}}dx \approx \pi f(0)$$

(2) $x_1=\cos\left(\frac{\pi}{4}\right)=\frac{1}{\sqrt{2}},$

$x_2=\cos\left(\frac{3\pi}{4}\right)=-\frac{1}{\sqrt{2}},$

$\omega_1=\omega_2=\frac{\pi}{2}$이므로

$$\int_{-1}^{1} f(x)\frac{1}{\sqrt{1-x^2\,dx}}$$
$$\approx \frac{\pi}{2}\left[f\left(\frac{1}{\sqrt{2}}\right)+f\left(-\frac{1}{\sqrt{2}}\right)\right]$$

15. $\int_0^2 x^5dx$

$h=2-0=2,$

$T(0)=\frac{2}{2}(0+32)=32$

$h=\frac{2-0}{2}=1,$

$T(1)=\frac{T(0)}{2}+1=16+1=17$

$h=\frac{2-0}{2^2}=\frac{1}{2},$

$T(2)=\frac{T(1)}{2}+\frac{1}{2}\left(\left(\frac{1}{2}\right)^5+\left(\frac{3}{2}\right)^5\right)=12.3123$

$h=\frac{2-0}{2^3}=\frac{1}{4},$

$T(3)=\frac{T(2)}{2}+\frac{1}{4}\left(\left(\frac{1}{4}\right)^5+\left(\frac{3}{4}\right)^5\right.$
$\left.+\left(\frac{5}{4}\right)^5+\left(\frac{7}{4}\right)^5\right)$

$=11.082031$

17. (1) $\int_{-1}^{2} 3x^3dx=11.25$

$R(0,0)=\frac{h}{2}(f(a)+f(b))=\frac{3}{2}(-3+24)$
$=31.5$

$R(1,0)=\frac{1}{2}R(0,0)+hf(a+h)$
$=15.75+0.5625=16.3125$

$R(2,0)=\frac{1}{2}R(1,0)$
$+h(f(a+h)+f(a+3h))$
$=8.15625+4.359375=12.515625$

$R(1,1)=\frac{1}{3}(4R(1,0)-R(0,0))$
$=11.25$

$R(2,1)=\frac{1}{3}(4R(2,0)-R(1,0))$
$=11.25$

$R(2,2)=\frac{1}{15}(16R(2,1)-R(1,1))$
$=11.25$

(3) $\int_0^1 6x^5dx=1$

$R(0,0)=\frac{h}{2}(f(a)+f(b))=\frac{1}{2}(0+6)=3$

$R(1,0)=\frac{1}{2}R(0,0)+hf(a+h)$
$=1.5+0.09375=1.59375$

$R(2,0)=\frac{1}{2}R(1,0)$
$+h(f(a+h)+f(a+3h))$
$=0.796875+0.357422=1.154296$

$R(1,1)=\frac{1}{3}(4R(1,0)-R(0,0))$
$=1.125$

$R(2,1)=\frac{1}{3}(4R(2,0)-R(1,0))$
$=1.007813$

$$R(2,\ 2)=\frac{1}{15}(16R(2,\ 1)-R(1,\ 1))$$
$$=1$$

(5) $\displaystyle\int_1^e x\ln x\,dx=2.09726$

$$R(0,\ 0)=\frac{h}{2}(f(a)+f(b))$$
$$=\frac{e-1}{2}(1\ln 1+e\ln e)$$
$$=0.85914(0+2.718278)=2.335382$$
$$R(1,\ 0)=\frac{1}{2}R(0,\ 0)+hf(a+h)$$
$$=1.167691+0.8591f\left(1+\frac{e-1}{2}\right)$$
$$=2.158176$$
$$R(2,\ 0)=\frac{1}{2}R(1,\ 0)$$
$$+h(f(a+h)+f(a+3h))$$
$$=1.079088+\frac{e-1}{4}\left(f\left(1+\frac{e-1}{4}\right)\right.$$
$$\left.+f\left(1+3\left(\frac{e-1}{4}\right)\right)\right)$$
$$=1.079088+1.033509=2.112597$$
$$R(1,\ 1)=\frac{1}{3}(4R(1,\ 0)-R(0,\ 0))$$
$$=2.099107$$
$$R(2,\ 1)=\frac{1}{3}(4R(2,\ 0)-R(1,\ 0))$$
$$=2.097404$$
$$R(2,\ 2)=\frac{1}{15}(16R(2,\ 1)-R(1,\ 1))$$
$$=2.097290$$

(7) $\displaystyle\int_0^2 e^x\,dx=6.38906$

$$R(0,\ 0)=\frac{h}{2}(f(a)+f(b))=\frac{2}{2}(1+e^2)$$
$$=8.389056$$
$$R(1,\ 0)=\frac{1}{2}R(0,\ 0)+hf(a+h)$$
$$=4.194528+2.71828=6.912808$$
$$R(1,\ 1)=\frac{1}{3}(4R(1,\ 0)-R(0,\ 0))$$
$$=6.420725$$
$$R(2,\ 0)=\frac{1}{2}R(1,\ 0)$$
$$+h(f(a+h)+f(a+3h))$$
$$=6.52161$$
$$R(2,\ 1)=\frac{1}{3}(4R(2,\ 0)-R(1,\ 0))$$
$$=6.39121$$
$$R(2,\ 2)=\frac{1}{15}(16R(2,\ 1)-R(1,\ 1))$$
$$=6.38924$$

19. $x=t+a$로 치환하면

$$\int_a^\infty f(x)e^{-x}dx=\int_0^\infty f(t+a)e^{-(t+a)}dt$$

이다. 따라서

$$\int_a^\infty f(x)e^{-x}dx=e^{-a}\int_0^\infty f(t+a)e^{-t}dt$$
$$=e^{-a}\sum_{i=0}^{n}\omega_i f(x_i+a)$$

제 13 장

1. (1) $f(t,\ y)=2ty$, $[0,\ 1]$이므로

$$|f(t,\ y_1)-f(t,\ y_2)|$$
$$=|2ty_1-2ty_2|$$
$$=|2t||y_1-y_2|\le 2|y_1-y_2|$$

따라서 립쉬츠 상수는 2이다.

(3) $f(t,\ y)=e^{-t^2}y$, $[-\infty,\ \infty]$이므로

$$|f(t,\ y_1)-f(t,\ y_2)|$$
$$=|e^{-t^2}y_1-e^{-t^2}y_2|$$
$$=|e^{-t^2}||y_1-y_2|\le|y_1-y_2|$$

따라서 립쉬츠 상수는 1이다.

3. $\dfrac{y'}{y}=2x$ 의 양변을 적분하면 $\ln y=x^2+c$

따라서 $y=ce^{x^2}$, $y(0)=c=1$

5. (1) $y' = 0.2ty,\ y(1) = 1 \Rightarrow y(1.3) = ?$

$y_{n+1} = y_n + h(0.2t_n y_n)$

$t_0 = 1,\ y_0 = 1$

$y_1 = y_0 + (0.1)(0.2t_0 y_0)$

$= 1 + (0.1)[0.2(1)(1)] = 1.02$

$t_1 = 1.1,\ y_1 = 1.02$

$y_2 = y_1 + (0.1)(0.2t_1 y_1)$

$= 1 + (0.1)[0.2(1.1)(1.02)] = 1.04$

$t_2 = 1.2,\ y_2 = 1.04$

$y_3 = y_2 + (0.1)(0.2t_2 y_2)$

$= 1 + (0.1)[0.2(1.2)(1.04)] = 1.07$

$t_3 = 1.3,\ y_3 = 1.07$

(3) $y' = (t+y-1)^2,\ y(0) = 2 \Rightarrow y(0.3) = ?$

$t_0 = 0,\ y_0 = 2$

$y_1 = y_0 + (0.1)(t_0 + y_0 - 1)^2$

$= 2 + (0.1)(1)^2 = 2.1$

$t_1 = 0.1,\ y_1 = 2.1$

$y_2 = y_1 + (0.1)(t_1 + y_1 - 1)^2$

$= 2 + (0.1)(1.1 + 2.1 - 1)^2 = 2.24$

$t_2 = 0.2,\ y_2 = 2.24$

$y_3 = y_2 + (0.1)(t_2 + y_2 - 1)^2$

$= 2 + (0.1)(1.2 + 2.24 - 1)^2 = 2.45$

$t_3 = 0.3,\ y_3 = 2.45$

(5) $y' = y - y^2,\ y(0) = 1 \Rightarrow y(0.3) = ?$

$t_0 = 0,\ y_0 = 1$

$y_1 = y_0 + (0.1)(y_0 - y_0^2)$

$= 1 + (0.1)(1-1) = 1$

$y_2 = y_1 + (0.1)(y_1 - y_1^2)$

$= 1 + (0.1)(1-1) = 1$

$y_3 = y_2 + (0.1)(y_2 - y_2^2)$

$= 1 + (0.1)(1-1) = 1$

(7) $y' = e^{-y},\ y(0) = 0 \Rightarrow y(0.3) = ?$

$y_1 = y_0 + (0.1)(e^{-y_0}) = 0 + (0.1) \cdot 1 = 0.1$

$y_2 = y_1 + (0.1)(e^{-y_1}) = 0.1 + (0.1) \cdot (0.94)$

$= 0.19$

$y_3 = y_2 + (0.1)(e^{-y_2}) = 0.19 + (0.1) \cdot (0.83)$

$= 0.27$

(9) $y' = (t-y)^2,\ y(0) = 1 \Rightarrow y(0.3) = ?$

$y_1 = y_0 + (0.1)(t_0 - y_0)^2 = 1 + (0.1)(0-1)^2$

$= 1.1$

$y_2 = y_1 + (0.1)(t_1 - y_1)^2$

$= 1.1 + (0.1)(0.1 - 1.1)^2 = 1.2$

$y_3 = y_2 + (0.1)(t_2 - y_2)^2$

$= 1.2 + (0.1)(0.2 - 1.2)^2 = 1.3$

7. (1) $y' = 0.2ty,\ y(1) = 1 \Rightarrow y(1.3) = ?$

$f(t, y) = 0.2ty$

$f'(t, y) = 0.2y + 0.2ty'$

$= 0.2y + 0.2t(0.2)ty$

$= 0.2y + 0.04t^2 y$

$$y_{n+1} = y_n + h\left[0.2t_n y_n + \frac{h}{2}(0.2y_n + 0.04t_n^2 y_n)\right]$$

$y_1 = y_0 + 0.1[0.2 \cdot 1 \cdot 1 + 0.01y_0 + 0.002 \cdot 1 \cdot 1]$

$= 1 + 0.1[0.2 + 0.01 + 0.002]$

$= 1.02$

$y_2 = 1.02 + 0.1[0.2 \cdot 1.1 \cdot 1.02 + 0.05(0.2 \cdot 1.02 + 0.04 \cdot (1.1)^2 \cdot 1.02)]$

$= 1.03$

$y_3 = 1.03 + 0.1[0.2 \cdot 1.2 \cdot 1.03 + 0.05(0.2 \cdot 1.03 + 0.04 \cdot (1.2)^2 \cdot 1.03)]$

$= 1.06$

(3) $y' = (t+y-1)^2,\ y(0) = 2 \Rightarrow y(0.3) = ?$

$f(t, y) = (t+y-1)^2$

$f'(t, y) = 2(t+y-1)(1+y')$

$= 2(t+y-1)\{1 + (t+y-1)^2\}$

$y_{n+1} = y_n + h\Big[(t_n + y_n - 1)^2$

$$+\frac{h}{2}\cdot 2(t_n+y_n-1)\{1+(t_n+y_n-1)^2\}\Big]$$

$$y_1=2+0.1[(0+2-1)^2$$
$$+0.1(0+2-1)\{1+(0+2-1)^2\}]$$
$$=2.12$$

$$y_2=2.12+0.1[(0.1+2.12-1)^2$$
$$+0.1(0.1+2.12-1)$$
$$\{1+(0.1+2.12-1)^2\}]$$
$$=2.30$$

$$y_3=2.30+0.1[(0.2+2.30-1)^2$$
$$+0.1(0.2+2.30-1)$$
$$\{1+(0.2+2.30-1)^2\}]$$
$$=2.57$$

(5) $y'=y-y^2,\ y(0)=1 \Rightarrow y(0.3)=?$

$$f(t,y)=y-y^2$$
$$f'(t,y)=y'-2yy'=y'(1-2y)$$
$$=(y-y^2)(1-2y)$$
$$y_{n+1}=y_n+h\Big[(y_n-y_n^2)$$
$$+\frac{h}{2}\{(y_n-y_n^2)(1-2y_n)\}\Big]$$

$$y_1=1+0.1[(1-1^2)$$
$$+0.05\{(1-1^2)(1-2\cdot 1)\}]=1$$
$$y_2=1+0.1[(1-1^2)$$
$$+0.05\{(1-1^2)(1-2\cdot 1)\}]=1$$
$$y_3=1+0.1[(1-1^2)$$
$$+0.05\{(1-1^2)(1-2\cdot 1)\}]=1$$

(7) $y'=e^{-y},\ y(0)=0 \Rightarrow y(0.3)=?$

$$f(t,y)=e^{-y}$$
$$f'(t,y)=-e^{-y}y'=-e^{-2y}$$
$$y_{n+1}=y_n+h\left[e^{-y}-\frac{h}{2}e^{-2y_n}\right]$$

(9) $y'=(t-y)^2,\ y(0)=1 \Rightarrow y(0.3)=?$

$$f(t,y)=(t-y)^2$$
$$f'(t,y)=2(t-y)(1-y')$$
$$=2(t-y)\{1-(t-y)^2\}$$
$$y_{n+1}=y_n+h\Big[(t_n-y_n)^2$$
$$+\frac{h}{2}\cdot 2(t_n-y_n)\{1-(t_n-y_n)^2\}\Big]$$

$$y_1=1+0.1[(0-1)^2$$
$$+0.1(0-1)\{1-(0-1)^2\}]=1.1$$
$$y_2=1.1+0.1[(0.1-1.1)^2$$
$$+0.1(0.1-1.1)\{1-(0.1-1.1)^2\}]$$
$$=1.2$$
$$y_3=1.2+0.1[(0.2-1.2)^2$$
$$+0.1(0.2-1.2)\{1-(0.2-1.2)^2\}]$$
$$=1.3$$

9. 룽게-쿠타 방법은 반복식

$$y_{n+1}=y_n+h\phi(t_n, y_n; h)$$

에서 증분함수 $\phi(t_n, y_n; h)$를 적당하게 선택한다. 2차 룽게-쿠타 방법은

$$y_{n+1}=y_n+aF_1+bF_2$$
$$F_1=hf(t_n, y_n)$$
$$F_2=hf(t_n+\alpha h, y_n+\beta B_1)$$

$$y_{n+1}=y_n+bhf(t_n, t_n)$$
$$+bhf(t_n+\alpha h, y_n+\beta hF_1)$$
$$=y_n+h[af(t_n, y_n)$$
$$+bf(t_n+\alpha h, y_n+\beta hf(t_n, y_n))]$$
$$\therefore\ \phi(t, y; h)=af(t, y)$$
$$+bf(t+\alpha h, y+\beta hf(t, y))$$

이고, 13.2에 의하면 테일러 정리에 의해

$$f(t+\alpha h, y+\beta hf(t, y))$$
$$=f(t, y)+h[\alpha f_t(t, y)+\beta f_y(t, y)f(t, y)]$$
$$+O(h^2)$$

이므로 증분함수는

$$\phi(t, y; h)$$
$$=af(t, y)+bf(t+\alpha h, y+\beta hf(t, y))$$
$$=af(t, y)+b[f(t, y)$$
$$+h\{f_t(t, y)+\beta f_y(t, y)f(t, y)\}+O(h^2)]$$
$$=(a+b)f(t, y)$$
$$+hb[\alpha f_t(t, y)+\beta f_y(t, y)f(t, y)]+O(h^2)$$

이다. 2차 테일러 방법의 증분함수는

$$T_2(t, y; h) = f(t, y) + \frac{h}{2} f'(t, y)$$
$$= f(t, y) + \frac{h}{2}[f_t(t, y) + f_y(t, y) f(t, y)]$$
$$(\because f'(t, y) = f_t(t, y) + f_y(t, y) f(t, y))$$

이므로 위 두 증분함수를 비교하면 $a+b=1$, $b\alpha = \frac{1}{2}$, $b\beta = \frac{1}{2}$가 된다.

11. 개량된 오일러 방법

$$y_{n+1} = y_n + hf\left(t_n + \frac{1}{2}h, y_n + \frac{1}{2}hf(t_n, y_n)\right)$$

(1) $y' = 0.2ty$, $y(1) = 1 \Rightarrow y(1.3) = ?$

$$y_{n+1} = y_n + 0.2h\left(t_n + \frac{1}{2}h\right)\left(y_n + \frac{1}{2}h \cdot 0.2t_n y_n\right)$$
$$= y_n + 0.2h\left(t_n + \frac{1}{2}h\right)(y_n + 0.1ht_n y_n)$$

$$y_1 = y_0 + 0.2h\left(t_0 + \frac{1}{2}h\right)(y_0 + 0.1ht_0 y_0)$$
$$= 1 + 0.2 \cdot 0.1\left(1 + \frac{1}{2} \cdot 0.1\right)(1 + 0.1 \cdot 0.1 \cdot 1 \cdot 1)$$
$$= 1.02$$

$$y_2 = y_1 + 0.2h\left(t_1 + \frac{1}{2}h\right)(y_1 + 0.1ht_1 y_1)$$
$$= 1.02 + 0.2 \cdot 0.1(1.1 + \frac{1}{2} \cdot 0.1)(1.02 + 0.1 \cdot 0.1 \cdot 1.1 \cdot 1.02)$$
$$= 1.04$$

$$y_3 = y_2 + 0.2h\left(t_2 + \frac{1}{2}h\right)(y_2 + 0.1ht_2 y_2)$$
$$= 1.04 + 0.2 \cdot 0.1\left(1.2 + \frac{1}{2} \cdot 0.1\right)(1.04 + 0.1 \cdot 0.1 \cdot 1.2 \cdot 1.04)$$
$$= 1.07$$

(3) $y' = (t+y-1)^2$, $y(0) = 2 \Rightarrow y(0.3) = ?$

$$y_{n+1} = y_n + h\left(t_n + \frac{1}{2}h + y_n \frac{1}{2} f(t_n, y_n) - 1\right)^2$$
$$= y_n + h\left(t_n + \frac{1}{2}h + y_n \frac{1}{2}h(t_n + y_n - 1)^2 - 1\right)^2$$

$$y_1 = y_0 + h\left(t_0 + \frac{1}{2}h + y_0 + \frac{1}{2}h(t_0 + y_0 - 1)^2 - 1\right)^2$$
$$= 2 + 0.1(0 + 0.05 + 2 + 0.05(0 + 2 - 1)^2 - 1)^2$$
$$= 2.12$$

$$y_2 = y_1 + h\left(t_1 + \frac{1}{2}h + y_1 + \frac{1}{2}h(t_1 + y_1 - 1)^2 - 1\right)^2$$
$$= 2.12 + 0.1(0.1 + 0.05 + 2.12 + 0.05(0.1 + 2.12 - 1)^2 - 1)^2$$
$$= 2.30$$

$$y_3 = y_2 + h\left(t_2 + \frac{1}{2}h + y_2 + \frac{1}{2}h(t_2 + y_2 - 1)^2 - 1\right)^2$$
$$= 2.30 + 0.1(0.2 + 0.05 + 2.30 + 0.05(0.2 + 2.30 - 1)^2 - 1)^2$$
$$= 2.58$$

(5) $y' = y - y^2$, $y(0) = 1 \Rightarrow y(0.3) = ?$

$$y_{n+1} = y_n + h\left[\left\{y_n + \frac{1}{2}hf(t_n, y_n)\right\} - \left\{y_n + \frac{1}{2}hf(t_n, y_n)\right\}^2\right]$$
$$= y_n + h\left[\left\{y_n + \frac{1}{2}h(y_n - y_n^2)\right\} - \left\{y_n + \frac{1}{2}h(y_n - y_n^2)\right\}^2\right]$$

$$y_1 = y_0 + h\left[\left\{y_0 + \frac{1}{2}h(y_0 - y_0^2)\right\} - \left\{y_0 + \frac{1}{2}h(y_0 - y_0^2)\right\}^2\right]$$
$$= 1 + h\left[\left\{1 + \frac{1}{2}h(1 - 1^2)\right\} - \left\{1 + \frac{1}{2}h(1-1)^2\right\}^2\right]$$
$$= 1$$

$$y_2 = y_1 + h\left[\left\{y_1 + \frac{1}{2}h(y_1 - y_1^2)\right\} - \left\{y_1 + \frac{1}{2}h(y_1 - y_1^2)\right\}^2\right]$$
$$= 1 + h\left[\left\{1 + \frac{1}{2}h(1 - 1^2)\right\} - \left\{1 + \frac{1}{2}h(1-1)^2\right\}^2\right]$$

$$=1$$

$$y_3 = y_2 + h\left[\left\{y_2 + \frac{1}{2}h(y_2 - y_2^2)\right\} - \left\{y_2 + \frac{1}{2}h(y_2 - y_2^2)\right\}^2\right]$$

$$= 1 + h\left[\left\{1 + \frac{1}{2}h(1 - 1^2)\right\} - \left\{1 + \frac{1}{2}h(1-1)^2\right\}^2\right]$$

$$=1$$

(7) $y' = e^{-y},\ y(0) = 0 \Rightarrow y(0.3) = ?$

$$y_{n+1} = y_n + he^{-\left(y_n + \frac{1}{2}hf(t_n,\ y_n)\right)}$$

$$= y_n + he^{-\left(y_n + \frac{1}{2}he^{-y_n}\right)}$$

$$y_1 = y_0 + he^{-\left(y_0 + \frac{1}{2}he^{-y_0}\right)}$$

$$= 0 + 0.1e^{-(0+0.05e^0)}$$

$$= 0.10$$

$$y_2 = y_1 + he^{-\left(y_1 + \frac{1}{2}he^{-y_1}\right)}$$

$$= 0.1 + 0.1e^{-(01+0.05e^{-0.1})}$$

$$= 0.19$$

$$y_3 = y_2 + he^{-\left(y_2 + \frac{1}{2}he^{-y_2}\right)}$$

$$= 0.19 + 0.1e^{-(0.19+0.05e^{-0.19})}$$

$$= 0.27$$

(9) $y' = (t-y)^2,\ y(0) = 1 \Rightarrow y(0.3) = ?$

$$y_{n+1} = y_n + h\left[t_n + \frac{1}{2}h - \left\{y_n + \frac{1}{2}hf(t_n,\ y_n)\right\}\right]^2$$

$$= y_n + h\left[t_n + \frac{1}{2}h - \left\{y_n + \frac{1}{2}h(t_n - y_n)^2\right\}\right]^2$$

$$y_1 = y_0 + h\left[t_0 + \frac{1}{2}h - \left\{y_0 + \frac{1}{2}h(t_0 - y_0)^2\right\}\right]^2$$

$$= 1 + 0.1[0 + 0.05 - \{1 + 0.05(0-1)^2\}]^2$$

$$= 1.1$$

$$y_2 = y_1 + h\left[t_1 + \frac{1}{2}h - \left\{y_1 + \frac{1}{2}h(t_1 - y_1)^2\right\}\right]^2$$

$$= 1.1 + 0.1[0.1 + 0.05 - \{1.1 + 0.05(0.1 - 1.1)^2\}]^2$$

$$= 1.2$$

$$y_3 = y_2 + h\left[t_2 + \frac{1}{2}h - \left\{y_2 + \frac{1}{2}h(t_2 - y_2)^2\right\}\right]^2$$

$$= 1.2 + 0.1[0.2 + 0.05 - \{1.2 + 0.05(0.2 - 1.2)^2\}]^2$$

$$= 1.3$$

제 14 장

1. $-m^2 + 1 = 0$이므로 $m = \pm 1$

$u_c = c_1 e^{-x} + c_2 e^x$

$u_p = A + Bx + Cx^2$에서 $A = 2,\ B = 0,\ C = 1$

따라서 $u = c_1 e^{-x} + c_2 e^x + x^2 + 2$

$c_1 + c_2 + 2 = 0,\ c_1 e^{-1} + c_2 e + 3 = 0$에서

$$c_1 = \frac{2e^2 - 3e}{1 - e^2},\quad c_2 = \frac{3e - 2}{1 - e^2}$$

3. $u(x_0) = \alpha,\ u(x_{N+1}) = \beta$이므로 방정식 (14.3)에 $u''(x_j)$ 대신 근사식 (14.2)을 대입하고 $u_j = u(x_j),\ f_j = f(x_j)$라 하면 다음과 같은 연립방정식을 얻는다.

$$-\frac{u_{j-1} - 2u_j + u_{j+1}}{h^2} + \sigma u_j = f_j,\quad 1 \le j \le N$$

$$u_0 = \alpha,\quad u_{N+1} = \beta$$

이 방정식을 행렬로 표현하면

$$\frac{1}{h^2}\begin{pmatrix} 2+\sigma h^2 & -1 & & & \\ -1 & 2+\sigma h^2 & -1 & & \\ & -1 & 2+\sigma h^2 & -1 & \\ & & \ddots & \ddots & -1 \\ & & & -1 & 2+\sigma h^2 \end{pmatrix}\begin{pmatrix} u_1 \\ u_2 \\ \vdots \\ u_{N-1} \\ u_N \end{pmatrix} = \begin{pmatrix} f_1 + \alpha/h^2 \\ f_2 \\ \vdots \\ f_{N-1} \\ f_N + \beta/h^2 \end{pmatrix}$$

5. 경계조건이 $u'(1) = 0$인 경우 h가 아주 작으면 해의 대칭성에 의하여 $u(1-h) = u(1+h)$ 또는 $u_N = u_{N+2}$로 생각할 수 있다. 이 경우 연립

방정식

$$-\frac{u_{j-1}-2u_j+u_{j+1}}{h^2}+\sigma u_j=f_j,\ \ 1\le j\le N+1$$

$$u_0=\alpha$$

에서 $j=N+1$일 때 방정식은

$$-\frac{u_N-2u_{N+1}+u_{N+2}}{h^2}+\sigma u_{N+1}$$

$$=\frac{1}{h^2}[-2u_N+(2+h^2\sigma)u_{N+1}]=f_{N+1}$$

이므로 연립방정식은 다음과 같이 된다.

$$\frac{1}{h^2}\begin{pmatrix}2+\sigma h^2 & -1 & & & & \\ -1 & 2+\sigma h^2 & -1 & & & \\ & -1 & 2+\sigma h^2 & -1 & & \\ & & \ddots & & & \\ & & & -1 & 2+\sigma h^2 & -1 \\ & & & & -2 & 2+\sigma h^2\end{pmatrix}\begin{pmatrix}u_0\\ u_1\\ u_2\\ \vdots\\ u_{N-1}\\ u_N\end{pmatrix}$$

$$=\begin{pmatrix}f_0+\alpha/h^2\\ f_1\\ f_2\\ \vdots\\ f_{N-1}\\ f_N\end{pmatrix}$$

7. $V=\{v\,|\,v(0)=v(1)=0,\ v'$이 $[0,1]$에서 조각적 연속함수$\}$라 하자. 임의의 $v\in V$에 대하여 v는 미분가능하고 $v(0)=v(1)=0$이므로 부분적분에 의하여

$$\int_0^1 f(x)v(x)dx$$

$$=\int_0^1(-u''(x)+\sigma u(x))v(x)dx$$

$$=\int_0^1 u'(x)v'(x)+\sigma u(x)v(x)dx$$

$$-u'(1)v(1)+u'(0)v(0)$$

$$=\int_0^1 u'(x)v'(x)+\sigma u(x)v(x)dx$$

따라서 변분방정식은 (14.6)과 같다. 해 u는 0과 1에서 0이 아니므로 U^h를 모자함수 ϕ_0, …, ϕ_{N+1}으로 생성된 공간이라 하면 이산문제는 다음과 같다.

> 모든 $v^h\in V^h$에 대하여 $u^h\in U^h$는 다음 방정식을 만족한다.
>
> $$\int_0^1(u^h)'(x)(v^h)'(x)+\sigma u^h(x)v^h(x)dx$$
>
> $$=\int_0^1 f(x)v^h(x)dx$$

u^h는 U^h에 속하므로 $u^h=\sum_{j=0}^{N+1}u_j\phi_j$로 표현하고 모든 ϕ_i, $i=1$, …, N에 대하여 계산하면 (14.9)와 비슷한 형태의 연립방정식을 얻는다(각자 해보라).

9. $V=\{v\,|\,v(0)=0,\ v'$이 $[0,1]$에서 조각적 연속함수$\}$라 하면 변분방정식은 (14.6)과 같다. U^h를 모자함수 ϕ_1, …, ϕ_{N+1}으로 생성된 공간이라 하면 이산문제는 문제 7과 같다. 연립방정식은 각자 구해보라.

11. (1)

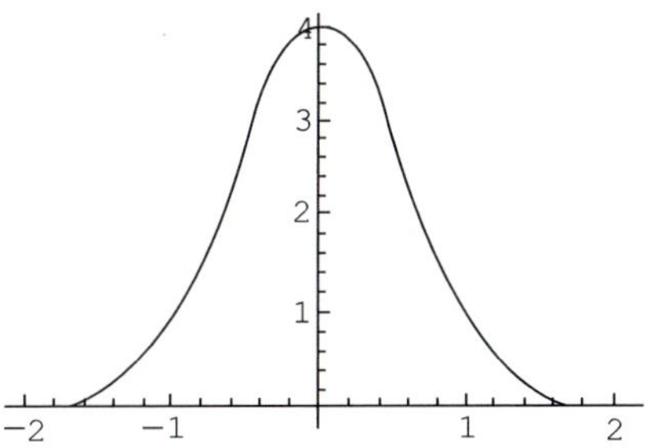

(2)

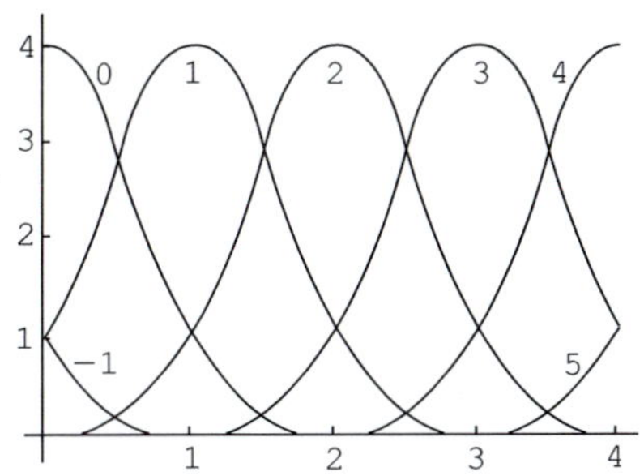

(3) (2)의 그래프에서 보듯이 어떤 그래프도 다른 그래프의 일차결합으로 만들 수 없다.

(4) 위 그래프를 모두 합하면 상수함수 6이 된다.

(5) 각 함수를 직접 미분해 보면 알 수 있다. 참고로 다음 그래프는 2계 도함수의 그래프이다.

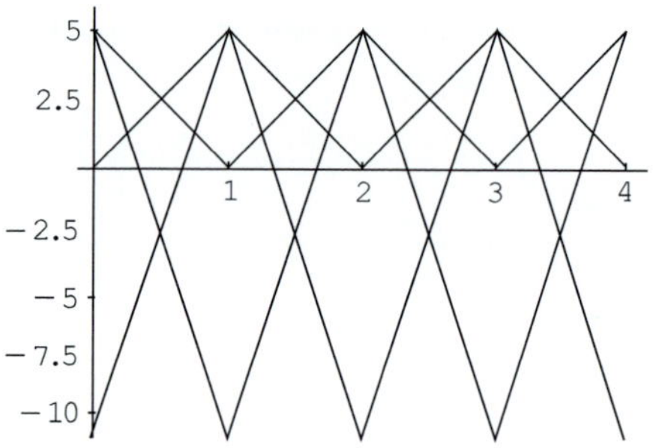

13. $N=2$인 경우, 모든 $\begin{pmatrix} x \\ y \end{pmatrix} \neq 0$,

$$\begin{aligned}
&(x,\, y)\begin{pmatrix} 2+\sigma h^2 & -1 \\ -1 & 2+\sigma h^2 \end{pmatrix}\begin{pmatrix} x \\ y \end{pmatrix} \\
&= (2+\sigma h^2)x^2 - 2xy + (2+\sigma h^2)y^2 \\
&= (x-y)^2 + (1+\sigma h^2)(x^2+y^2) > 0
\end{aligned}$$

참고문헌

1. 김영익, 이규봉, 아름다운 수학 Mathematica와 함께, 교우사, 1999
2. 이규봉, C와 Numerica로 배우는 알기쉬운 수치해석학, 경문사, 2001
3. 조승제, 정동명, 실해석학 개론, 이우, 1983
4. 하수철, 원유헌, Turbo C 프로그래밍, 정익사, 1994
5. R. L. Burden & J. D. Faires, *Numerical Analysis*, PWS, 1993
6. J. W. Demmel, *Applied Numerical Linear Algebra*, SIAM, 1997
7. L. W. Johnson 외 2인, *Introduction to Linear Algebra*, Addison-Wesley, 1993
8. D. Kaplan & L. Glass, *Understanding Nonlinear Dynamics*, Springer, 1995
9. S. Nakamura, *Applied Numerical Methods in C*, Prentice-Hall, 1993
10. A. Quarteroni, *Scientific computing with MATLAB*, Springer, 2003
11. R. D. Riess & L. W. Johnson, *Numerical Analysis*, Addison-Wesley, 1982
12. F. Scheid, *2000 Solved Problems in Numerical Analysis*(Schaum's series), McGraw-Hill, 1990
13. R. D. Skeel & J. B. Keiper, *Elementary Numerical Computing with Mathematica*, McGraw-Hill, 1993
14. G. W. Stewart, *Afternotes on Numerical Analysis*, SIAM, 1998
15. G. B. Thomas & R. L. Finney, *Calculus and Analytic Geometry*, 8ed., Addison-Wesley, 1992
16. D. G. Zill A First *Course in Differential Equations*, PWS, 1993

찾아보기

ㅌ

ㅍ

ㅎ

기타

C로 실습하는

수치해석학

인지

지은이 이규봉
펴낸이 조경희
펴낸곳 경문사
펴낸날 2016년 3월 5일 1판 1쇄
2024년 3월 1일 1판 2쇄
등 록 1979년 11월 9일 제 313-1979-23호

주 소 121-818, 서울특별시 마포구 와우산로 174
전 화 (02)332-2004 팩스 (02)336-5193
이메일 kyungmoon@kyungmoon.com

값 32,000원

ISBN 978-89-6105-371-6